U0352283

高等职业教育土建类专业课程改革规划教材
国家级骨干院校教材建设成果

# 建筑设备工程冷热源系统

主　编　贾永康
副主编　杨二虎　韩　荣
参　编　崔　毅　张　炯
主　审　贺俊杰

机械工业出版社

本书参照相关专业教学文件的基本教学要求而编写，全书分为两篇，第一篇热源系统阐述了建筑设备工程涉及的热源基本类型、构造，工业锅炉房系统的组成、安装工艺及设计原理；第二篇空调用冷源系统则介绍了压缩式和吸收式制冷原理、制冷剂与载冷剂、制冷装置的基本性能与构造、常用冷机机组类型、制冷系统设计与安装等。本书的编写以岗位需求为依据，以着重注意培养学生专业能力为目的，在每个单元后附有复习思考题，以便于学生学习掌握和灵活运用知识要点。

本书可用作高等职业院校建筑设备工程技术专业、供热通风与空调工程技术专业教学用书，也可作为建筑设备工程从业人员的参考用书和培训教材。

为方便教学，本书配有电子课件，凡使用本书作为教材的教师可登录机工教育服务网 www.cmpedu.com 注册下载。咨询邮箱：cmpgaozhi@ sina. com。咨询电话：010-88379375。

## 图书在版编目（CIP）数据

建筑设备工程冷热源系统/贾永康主编.—北京：机械工业出版社，2013.5
高等职业教育土建类专业课程改革规划教材
ISBN 978 - 7 - 111 - 41859 - 7

Ⅰ.①建…　Ⅱ.①贾…　Ⅲ.①房屋建筑设备 - 制冷系统②房屋建筑设备 - 热源 - 供热系统　Ⅳ. ①TU8

中国版本图书馆 CIP 数据核字（2013）第 053900 号

机械工业出版社（北京市百万庄大街 22 号　邮政编码 100037）
策划编辑：覃密道　李俊玲　责任编辑：常金锋
版式设计：潘　蕊　　　　　责任校对：刘秀丽
封面设计：张　静　　　　　责任印制：张　楠
北京京丰印刷厂印刷
2013 年 6 月第 1 版·第 1 次印刷
184mm×260mm·18 印张·1 插页·445 千字
0 001—3 000 册
标准书号：ISBN 978 - 7 - 111 - 41859 - 7
定价：36.00 元

凡购本书，如有缺页、倒页、脱页，由本社发行部调换
电话服务　　　　　　　　　网络服务
社 服 务 中 心：(010)88361066　教材网：http://www.cmpedu.com
销 售 一 部：(010)68326294　机工官网：http://www.cmpbook.com
销 售 二 部：(010)88379649　机工官博：http://weibo.com/cmp1952
读者购书热线：(010)88379203　**封面无防伪标均为盗版**

# 前　言

由于近年来新材料、新工艺、新设备的大量推广使用，以及国家规范、规程、标准的更新，许多教材已不能满足教学需要。不论是新的部颁教学文件，还是各高职院校实施性教学计划，都对专业课程体系进行了大的调整。"建筑设备工程冷热源系统"正是针对目前供热与空调的冷热源系统清洁化而导致设备日趋机组化，进而系统更加简约的情况，对原来"空调用制冷技术"和"锅炉及锅炉房设备"两门课程内容进行适当取舍、有机整合后的一门新课程。

"建筑设备工程冷热源系统"作为建筑设备类专业的一门主要专业课程，在保证本门课程所需基本理论深度、基本知识广度的前提下，为体现高职教育的特点，在内容整合、章节编辑等方面力求简约、实用，重视与其他相关课程的横向和纵向的衔接与联系，并直接将工程实际应用引入到专业课程中来，使得专业课内容更加贴近就业岗位的需要。

本书参照相关指导性教学文件进行编写，全书包括热源系统和空调用冷源系统两部分内容：热源系统在介绍了供热通风与空调工程热源类型与组成、燃煤和燃油、燃气锅炉基本构造及其系统组成等基本概念后，较详细地讨论了锅炉房及换热站设备安装工艺，并列举说明了工程中常用热源类型的工艺布置原则及设备选型应用。空调用冷源系统部分在介绍了蒸气压缩式制冷原理、制冷剂、载冷剂、制冷装置等基本概念后，针对当前空调冷源状况，对冷水机组常用类型、特点、工作原理及参数性能作了较详细介绍，并举例说明了设备选型和机房布置原则等工程应用内容。总学时按70学时考虑，基本可以满足高职层次建筑设备类专业的教学需求。

本书的单元1由山西建筑职业技术学院崔毅编写，单元2、单元3、单元5由内蒙古建筑职业技术学院杨二虎编写，单元4由山西建筑职业技术学院张炯编写，单元6、单元7由山西建筑职业技术学院贾永康编写，单元8、单元9、单元10、单元11由山西建筑职业技术学院韩荣编写，全书由贾永康统稿。本书由内蒙古建筑职业技术学院贺俊杰教授主审。

本书编写过程中参考了大量文献著作和相关教材，在此谨向有关作者表示感谢！

由于作者编写水平有限，书中缺点和不足之处诚望广大读者指正。

编　者

# 目　　录

# 第一篇　热　源　系　统

## 单元1　供热通风与空调工程热源系统概述

**主要知识点：**热源的类型、锅炉的基本构造和工作过程、锅炉的基本特性、燃料的组成及特性、锅炉机组的热平衡；标准煤、发热量、空气量、烟气量、软化水等基本术语。

**学习目标：**掌握热源系统的基本组成、循环原理及基本计算，理解标准煤、发热量、空气量、烟气量、软化水等基本概念。

### 课题1　供热通风与空调工程热源类型及组成

将自然界的能源直接或间接转化为热能的工程，称为热源工程。随着经济及技术的发展和人们生活水平的提高，对热源的生产技术的要求也越来越高，其中供热通风与空调工程所需要的热能消耗量占很大比例。如何节约能源，提高能源的利用率，因地制宜地综合利用能源，研制高效率的能量转换设备，减少热损失，采用现代化的自动调节控制系统，是热源工程技术要研究和解决的问题。同时，还应考虑对新能源的研究利用。

**1. 供热通风与空调工程热源的类型**

供热通风与空调工程应用最广泛的热媒是热水和蒸汽，其中以热水居多。生产热源的系统主要是锅炉房和热电厂。

（1）区域锅炉房供热系统

1）以热水为热媒的区域锅炉房供热系统如图1-1所示。它利用循环水泵使水在系统中循环，水在热水锅炉中被加热到需要的温度后，供采暖、通风和空调用热与生活用热水。循环水在各热用户散热冷却后，又通过循环水泵送入热水锅炉重新加热。

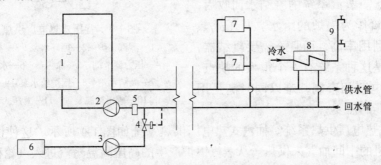

图1-1　区域热水锅炉房供热系统

1—热水锅炉　2—循环水泵　3—补给水泵　4—压力调节阀　5—除污器　6—水处理装置
7—供暖散热器　8—生活热水加热器　9—生活用热水

2）以蒸汽为热媒的区域锅炉房供热系统如图1-2所示。蒸汽锅炉产生的蒸汽，通过蒸汽干管输送到汽—水换热器，经换热加热热水后供采暖、通风、空调用热与生活用热水。各热用户的凝结水经过凝结水干管流到锅炉房的凝结水箱，再由锅炉给水泵送入锅炉进行加热。

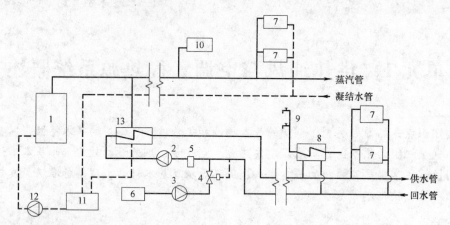

图1-2　区域蒸汽锅炉房供热系统

1—蒸汽锅炉　2—循环水泵　3—补给水泵　4—压力调节阀　5—除污器　6—水处理装置
7—供暖散热器　8—生活热水加热器　9—生活用热水　10—生产用蒸汽　11—凝结水箱
12—锅炉给水泵　13—热网水供暖换热器

（2）热电厂供热系统　以热电厂为热源的供热系统也称热电联产，主要有背压式热电厂供热系统和抽汽式热电厂供热系统。

1）背压式热电厂供热系统。背压式热电厂供热系统如图1-3所示。蒸汽锅炉产生的高压高温蒸汽进入背压式汽轮机，在汽轮机中进行膨胀，推动汽轮机转子高速旋转，带动发电机发出电能供给电网。蒸汽在汽轮机中膨胀至压力降为0.8～1.3MPa时，由汽轮机排出进入热网的汽—水换热器，加热供热通风及空调用热水。蒸汽系统的凝结水回收后，再经净化、除氧作为锅炉的给水。背压式热电循环的热能利用率高，而且不需要凝结器，设备简单；但是这种系统有一个很大的缺点，就是供热与供电互相牵制，难以同时满足用户对热能和电能的需要。

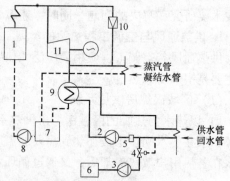

图1-3　背压式热电厂供热系统

1—蒸汽锅炉　2—循环水泵　3—补给水泵
4—压力调节阀　5—除污器　6—水处理装置
7—凝结水箱　8—锅炉给水泵　9—冷凝器
10—减压减温装置　11—背压式汽轮机

2）抽汽式热电厂供热系统。抽汽式热电厂供热系统如图1-4所示。这种供热系统实质上是利用汽轮机的中间抽气来供热。从蒸汽锅炉产生的高压高温蒸汽进入汽轮机，蒸汽在汽轮机中进行膨胀，推动汽轮机转子高速旋转，带动发电机发出电能供给电网。在汽轮机中，当蒸汽膨胀至压力降为0.8～1.3MPa时，可由汽轮机中抽出适量的蒸汽进入热网的汽—水换热器，加热供热通风及空调用热水。剩余的蒸汽继续在汽轮机中膨胀做功，蒸汽经换热器变为凝结水回收后，再经净化、除氧作为锅炉的给水。具有可调节抽汽口的供热汽轮发电机组，可以根据热用户的用热负荷的变化调节抽气量。

这种系统的主要优点是能够自动调节热、电出力，保证供电、供汽参数一定，从而可以较好地满足用户对热、电负荷的不同要求。

本课程专门讲述以蒸汽或热水锅炉房为热源的系统，即锅炉及锅炉房设备。

### 2. 锅炉及锅炉房设备的基本知识

（1）锅炉的基本构造和工作过程

1）锅炉的基本构造。锅炉由汽锅和炉子两大部分组成。燃料在炉子里进行燃烧，将它的化学能转化为热能；高温的燃烧产物——烟气则通过锅炉受热面将热量传递给汽锅内温度较低的水，水被加热，进而生成蒸汽或热水。下面以 SHL 型锅炉（即双锅筒横置式链条炉排锅炉）（图 1-5）为例，简要介绍锅炉的基本构造。

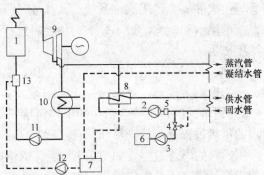

图 1-4　抽汽式热电厂供热系统

1—蒸汽锅炉　2—循环水泵　3—补给水泵
4—压力调节阀　5—除污器　6—水处理装置
7—凝结水箱　8—热网水加热器　9—汽轮机
10—冷凝器　11、12—凝结水泵　13—除氧器

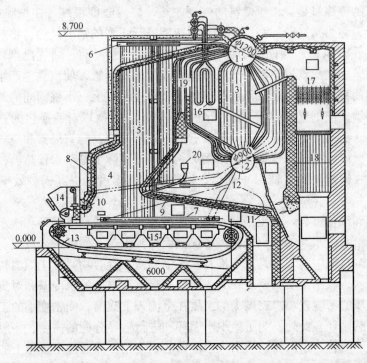

图 1-5　SHL 型锅炉

1—上锅筒　2—下锅筒　3—对流管束　4—炉膛　5—侧墙水冷壁　6—侧水冷壁上集箱
7—侧水冷壁下集箱　8—前墙水冷壁　9—后墙水冷壁　10—前水冷壁下集箱　11—后水冷壁下集箱
12—下降管　13—链条炉排　14—加煤斗　15—风仓　16—蒸汽过热器　17—省煤器　18—空气预热器
19—烟窗及防渣管　20—二次风管

汽锅是容纳锅水的受压部件，它是由锅筒（又称汽包）、对流管束、水冷壁、集箱和下降管等组成的一个封闭汽水系统，其任务是吸收燃料燃烧放出的热量，把水加热成规定压力和温度的热水和蒸汽。炉子是锅炉中燃料进行燃烧产生高温烟气的场所，主要由燃烧设备和炉膛组成。

此外，为了保证锅炉安全可靠地工作，锅炉还必须装设安全阀、水位计、高低水位警报器、压力表、主汽阀、排污阀、止回阀等。

2）锅炉的工作过程。锅炉的工作包括三个同时进行着的过程：燃料的燃烧过程、烟气向水的传热过程及水的受热和汽化过程。

①燃料的燃烧过程。如图 1-5 所示，锅炉的炉子设置在汽锅的前下方，此种炉子——链条炉排炉是供热锅炉中应用较为普遍的一种燃烧设备。燃料在加煤斗中借自重下落到炉排面上，炉排借电动机通过变速齿轮箱减速后由链轮来带动，犹如带式运输机，将燃料带入炉内。燃料一面燃烧，一面向后移动。燃烧需要的空气由风机送入炉排腹中风仓后，向上穿过炉排到达燃料层，进行燃烧反应形成高温烟气。燃料最后烧尽成灰渣，在炉排末端被除渣板（俗称老鹰铁）铲除于灰渣斗后排出，整个过程称为燃烧过程。燃烧过程的完善进行，是锅炉正常工作的根本条件。要保证良好的燃烧，必须要有高温的环境、必需的空气量和空气与燃料的良好混合。当然为了锅炉燃烧的持续进行，还得连续不断地供应燃料、空气和排出烟气、灰渣。为此，就需配备送、引风设备和运煤、出渣设备。

②烟气向水的传热过程。由于燃料的燃烧放热，炉内温度很高。在炉膛的四周墙面上，都布置一排水管，称为水冷壁。高温烟气与水冷壁进行强烈的辐射换热，将热量传递给管内工质。继而烟气受引风机、烟囱的引力作用而向炉膛上方流动。烟气出烟窗（炉膛出口）并掠过防渣管后，冲刷蒸汽过热器——一组垂直放置的蛇形管，使汽锅中产生的饱和蒸汽在其中受烟气加热而得到过热。烟气流经过热器后又掠过接在上、下锅筒间的对流管束。管束中间设置了折烟墙，使烟气呈"S"形曲折地横向冲刷，再次以对流换热的方式将热量传递给管束内的工质。沿途降低着温度的烟气最后进入尾部烟道，与省煤器和空气预热器内的工质进行热交换后，以经济的较低烟温排出锅炉。省煤器实际上是给水预热器，它和空气预热器一样，都设置在锅炉尾部（低温）烟道，以降低排烟温度，提高锅炉效率，从而节省燃料。

③水的受热和汽化过程。它也是蒸汽的生产过程，主要包括水循环和汽水分离过程。经过水处理的锅炉给水由水泵加压，先流经省煤器而得到预热，然后进入汽锅。

锅炉工作时，汽锅中的工质是处于饱和状态下的汽水混合物。位于烟温较低区段的对流管束，因受热较弱，汽水工质的密度较大；而位于烟气高温区的水冷壁和对流管束，因受热强烈，相应地工质的密度较小。密度大的工质往下流入下锅筒，而密度小的工质向上流入上锅筒，形成了自然循环。此外，为了组织水循环和进行输导分配的需要，一般还设有置于炉墙外的不受热的下降管，借以将工质引入水冷壁的下集箱，而通过上集箱上的汽水引出管将汽水混合物导入上锅筒。

借助上锅筒内装设的汽水分离设备，以及在锅筒本身空间中的重力分离作用，汽水混合物得到了分离。蒸汽在上锅筒顶部引出后进入蒸汽过热器中，而分离下来的水仍回落到上锅筒下半部的水空间。汽锅中的水循环，也保证了与高温烟气相接触的金属受热面得以冷却而不被烧坏，是锅炉能长期安全可靠运行的必要条件。汽水混合物的分离设备则是保证蒸汽品质和蒸汽过热器可靠工作的必要设备。

（2）锅炉的基本特性　为区别各类锅炉构造、燃用燃料、燃烧方式、容量大小、参数高低以及运行经济性等特点，常用下列锅炉基本特性来说明。

1）蒸发量、热功率。蒸发量是指蒸汽锅炉每小时所产生的额定蒸汽量，用以表征锅炉容量的大小。蒸发量常用符号 $D$ 表示，单位是 t/h。供热锅炉，可用额定热功率来表征其容量的大小，常以符号 $Q$ 表示，单位是 MW。热功率与蒸发量之间的关系，可由下式表示。

对于蒸汽锅炉：

$$Q = 0.000278D(h_q - h_{gs}) \tag{1-1}$$

式中　$D$——锅炉的蒸发量（t/h）；

$h_q$、$h_{gs}$——蒸汽和给水的焓（kJ/kg）。

对于热水锅炉：

$$Q = 0.000278G(h''_{rs} - h'_{rs}) \tag{1-2}$$

式中　$G$——热水锅炉每小时送出的水量（t/h）；

$h'_{rs}$、$h''_{rs}$——锅炉进、出热水的焓（kJ/kg）。

2）蒸汽（或热水）参数。锅炉产生蒸汽或热水的参数，是指锅炉出口处蒸汽或热水的额定压力（表压力）和温度。对生产饱和蒸汽的锅炉来说，一般只标明蒸汽压力；对生产过热蒸汽（或热水）的锅炉，则需标明压力和蒸汽（或热水）温度。

供热锅炉的容量、参数，既要满足生产工艺对工质的要求，又要便于锅炉房的设计、锅炉配套设备的供应以及锅炉本身的标准化，因而要求有一定的锅炉参数系列。表 1-1 所列是我国目前所用的蒸汽锅炉的参数系列，表 1-2 所列是热水锅炉的参数系列。

表 1-1　蒸汽锅炉参数系列

| 额定蒸发量 /(t/h) | 额定蒸汽压力（表压）/MPa | | | | | | | | | | | |
| --- | --- | --- | --- | --- | --- | --- | --- | --- | --- | --- | --- | --- |
| | 0.1 | 0.4 | 0.7 | 1.0 | 1.25 | | | 1.6 | | 2.5 | | |
| | 额定蒸汽温度/℃ | | | | | | | | | | | |
| | 饱和 | 饱和 | 饱和 | 饱和 | 饱和 | 250 | 350 | 饱和 | 350 | 饱和 | 350 | 400 |
| 0.1 | △ | △ | | | | | | | | | | |
| 0.2 | △ | △ | △ | | | | | | | | | |
| 0.3 | △ | △ | △ | | | | | | | | | |
| 0.5 | △ | △ | △ | △ | | | | | | | | |
| 0.7 | | △ | △ | △ | | | | | | | | |
| 1 | | △ | △ | △ | | | | | | | | |
| 1.5 | | | △ | △ | | | | | | | | |
| 2 | | | △ | △ | △ | | | △ | | | | |
| 3 | | | | △ | △ | | | | | | | |
| 4 | | | | △ | △ | | | △ | | △ | | |
| 6 | | | | | △ | △ | △ | | | | | |
| 8 | | | | | △ | △ | △ | △ | △ | | | |
| 10 | | | | | △ | △ | △ | △ | △ | | △ | △ |

（续）

| 额定蒸发量 /(t/h) | 额定蒸汽压力(表压)/MPa | | | | | | | | | | | |
|---|---|---|---|---|---|---|---|---|---|---|---|---|
| | 0.1 | 0.4 | 0.7 | 1.0 | 1.25 | | | 1.6 | | 2.5 | | |
| | 额定蒸汽温度/℃ | | | | | | | | | | | |
| | 饱和 | 饱和 | 饱和 | 饱和 | 饱和 | 250 | 350 | 饱和 | 350 | 饱和 | 350 | 400 |
| 12 | | | | | △ | △ | △ | △ | △ | △ | △ | △ |
| 15 | | | | | | △ | △ | △ | △ | △ | △ | △ |
| 20 | | | | | | △ | △ | △ | △ | △ | △ | △ |
| 25 | | | | | | △ | △ | △ | △ | △ | △ | △ |
| 35 | | | | | | △ | △ | △ | △ | △ | △ | △ |
| 65 | | | | | | | | | | | △ | △ |

注：表中标"△"处所对应的参数宜优先选用。

### 表1-2　热水锅炉参数系列

| 额定热功率 /MW | 额定出水压力(表压)/MPa | | | | | | | | | | | |
|---|---|---|---|---|---|---|---|---|---|---|---|---|
| | 0.4 | 0.7 | 1.0 | 1.25 | 0.7 | 1.0 | 1.25 | 1.0 | 1.25 | 1.25 | 1.6 | 2.5 |
| | (额定出水温度/℃)/(进水温度/℃) | | | | | | | | | | | |
| | 95/70 | | | | 115/70 | | | 130/70 | | 150/90 | | 180/110 |
| 0.05 | △ | | | | | | | | | | | |
| 0.1 | △ | | | | | | | | | | | |
| 0.2 | △ | | | | | | | | | | | |
| 0.35 | △ | △ | | | | | | | | | | |
| 0.5 | △ | △ | | | | | | | | | | |
| 0.7 | △ | △ | △ | △ | △ | | | | | | | |
| 1.05 | △ | △ | △ | △ | △ | | | | | | | |
| 1.4 | △ | △ | △ | △ | △ | | | | | | | |
| 2.1 | △ | △ | △ | △ | △ | | | | | | | |
| 2.8 | △ | △ | △ | △ | △ | △ | △ | △ | △ | △ | | |
| 4.2 | | △ | △ | △ | △ | △ | △ | △ | △ | △ | △ | |
| 5.6 | | △ | △ | △ | △ | △ | △ | △ | △ | △ | △ | |
| 7.0 | | △ | △ | △ | △ | △ | △ | △ | △ | △ | △ | |
| 8.4 | | | △ | △ | △ | △ | △ | △ | △ | △ | △ | |
| 10.5 | | | | △ | △ | △ | △ | △ | △ | △ | | |
| 14.0 | | | | △ | △ | △ | △ | △ | △ | △ | △ | |
| 17.5 | | | | | | △ | △ | △ | △ | △ | △ | |
| 29.0 | | | | | | △ | △ | △ | △ | △ | △ | △ |
| 46.0 | | | | | | △ | △ | △ | △ | △ | △ | △ |
| 58.0 | | | | | △ | △ | △ | △ | △ | △ | △ | △ |
| 116.0 | | | | | | | | | | △ | △ | △ |
| 174.0 | | | | | | | | | | | △ | △ |

注：表中标"△"处所对应的参数宜优先选用。

3）受热面蒸发率、受热面发热率。锅炉受热面是指汽锅和附加受热面等与烟气接触的金属表面积，即烟气与水（或蒸汽）进行热交换的金属表面。受热面的大小，工程上一般以烟气放热的一侧来计算，用符号 $H$ 表示，单位为 $m^2$。

对于蒸汽锅炉，每 $m^2$ 受热面每小时所产生的蒸汽量，叫做锅炉受热面的蒸发率，用符号 $D/H$ 表示，单位为 $kg/(m^2 \cdot h)$。各受热面所处的烟气温度水平不同，它们的受热面的蒸发率也有很大差异，例如，炉内辐射受热面的蒸发率可达 $80kg/(m^2 \cdot h)$，而对流管受热面的蒸发率只有 $20 \sim 30kg/(m^2 \cdot h)$。因此，对整台锅炉的总受热面来说，这个指标只反映蒸发率的一个平均值。

对于热水锅炉，则采用受热面发热率这个指标，即每 $m^2$ 受热面每小时能生产的热量，用符号 $Q/H$ 表示，单位为 $kJ/(m^2 \cdot h)$ 或 $MW/m^2$。

一般蒸汽锅炉的 $D/H < 30 \sim 40kg/(m^2 \cdot h)$，热水锅炉的 $Q/H < 8370kJ/(m^2 \cdot h)$ 或 $Q/H < 0.002325MW/m^2$。

受热面蒸发率或发热率越高，则表示传热好，锅炉所耗金属量少，锅炉结构也紧凑。

4）锅炉的热效率。锅炉的热效率是指单位时间内锅炉有效利用热量占锅炉输入热量的百分比，即相应于每千克固体或液体燃料或每标准立方米气体燃料所对应的输入热量中有效利用热量所占的百分比，用符号 $\eta_{gl}$ 表示。它是一个能真实反映锅炉运行经济性的指标，本书后面的单元中将专门予以分析讨论。目前生产的供热锅炉，其 $\eta_{gl} \approx 60\% \sim 80\%$。

有时为了概略反映或比较供热锅炉运行的经济性，常用"煤汽比"或"煤水比"来表示，就是指每千克燃煤，能产生多少千克蒸汽（或水）。

5）锅炉的金属耗率及耗电率。锅炉不仅要求热效率高，而且也要求金属材料耗量低，运行时耗电量少，但是这三方面常是相互制约的。因此，衡量锅炉总的经济性应从这三方面综合考虑，切忌片面性。金属耗率是相应于锅炉每吨蒸发量所耗用的金属材料的重量，目前生产的供热锅炉，这个指标为 $2 \sim 6t(金属)/t(蒸发量)$。耗电率则为产生 $1t$ 蒸汽所耗用电的千瓦小时数。耗电率计算时，除了锅炉本体配套的辅机外，还涉及破碎机、筛煤机等辅助设备的耗电量，一般为 $10kW \cdot h/t(蒸汽)$ 左右。

6）锅炉型号的表示方法。我国供热（工业）锅炉型号由三部分组成，各部分之间用短横线相连，如图1-6所示。

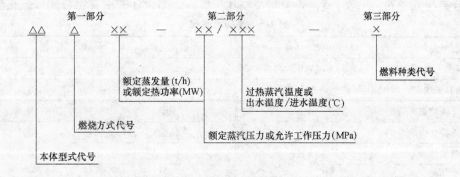

图1-6 锅炉型号

型号的第一部分表示锅炉型式、燃烧方式和额定蒸发量，共分三段：第一段用两个汉语拼音字母代表锅炉本体型式，其意义见表1-3；第二段用一个汉语拼音字母代表燃烧方式（废热锅炉无燃烧方式代号），其意义见表1-4；第三段用阿拉伯数字表示额定蒸发量或热功率（废热锅炉则以受热面平方米数表示）。

**表1-3  锅炉本体型式代号**

| 锅炉本体型式 | 代  号 | 锅炉本体型式 | 代  号 |
| --- | --- | --- | --- |
| 立式水管 | LS | 单锅筒纵置式 | DZ |
| 立式火管 | LH | 单锅筒横置式 | DH |
| 立式无管 | LW | 双锅筒纵置式 | SZ |
| 卧式内燃 | WN | 双锅筒横置式 | SH |
| 卧式外燃 | WW | 强制循环式 | QX |
| 单锅筒立式 | DL | | |

**表1-4  燃烧方式代号**

| 燃烧方式 | 代  号 | 燃烧方式 | 代  号 |
| --- | --- | --- | --- |
| 固定炉排 | G | 下饲炉排 | A |
| 固定双层炉排 | C | 抛煤机 | P |
| 链条炉排 | L | 鼓泡流化床燃烧 | F |
| 往复炉排 | W | 循环流化床燃烧 | X |
| 滚动炉排 | D | 室燃炉 | S |

水管锅炉有快装、组装和散装三种型式。为了区别快装锅炉与其他两种型式，在型号的第一部分的第一段用K（快）代替锅筒数量代号，组成KZ（快、纵）、KH（快、横）和KL（快、立）三个型式代号。对纵横锅筒式也用KZ（快、纵）型式代号，强制循环式用KQ（快、强）型式代号。

型号的第二部分表示蒸汽（或热水）参数，共分为两段，中间以斜线分开。第一段用阿拉伯数字表示额定蒸汽压力或允许工作压力；第二段用阿拉伯数字表示过热蒸汽（或热水）温度。生产饱和蒸汽的锅炉，无第二段和斜线。

型号的第三部分表示燃料种类，以汉语拼音字母代表燃料类别，同时以罗马数字代表燃料品种分类与其并列，见表1-5。如同时使用几种燃料，则设计的主要燃料代号放在前面。

**表1-5  燃料品种代号**

| 燃料品种 | 代  号 | 燃料品种 | 代  号 |
| --- | --- | --- | --- |
| Ⅱ类无烟煤 | WⅡ | 型煤 | X |
| Ⅲ类无烟煤 | WⅢ | 水煤浆 | J |
| Ⅰ类烟煤 | AⅠ | 木柴 | M |
| Ⅱ类烟煤 | AⅡ | 稻壳 | D |
| Ⅲ类烟煤 | AⅢ | 甘蔗渣 | G |
| 褐煤 | H | 油 | Y |
| 贫煤 | P | 气 | Q |

如型号为 SHL10-1.25/350-WⅡ锅炉，表示双锅筒横置式链条炉排锅炉，额定蒸发量为10t/h，额定蒸汽压力（表压）为 1.25MPa，过热蒸汽温度为 350℃，燃用Ⅱ类无烟煤的蒸汽锅炉。

又如型号 QXW2.8-1.25/90/70-AⅡ锅炉，表示强制循环往复炉排锅炉，额定热功率为2.8MW，允许工作压力为 1.25MPa，额定出水温度为 90℃，额定进水温度为 70℃，燃用Ⅱ类烟煤的热水锅炉。

（3）锅炉房设备的组成 如前所述，锅炉房是供热之源。它在工作时，源源不断地产生蒸汽（或热水），供应用户的需要；工作后的冷凝水（或回水），又被送回锅炉房，与经水处理后的补给水一起，再进入锅炉继续加热、汽化。因此，锅炉房中除锅炉本体以外，还必须装设如水泵、风机、水处理设备等辅助设备，以保证锅炉房的生产过程能持续不断地正常运行，达到安全可靠、经济有效供热。

锅炉本体和它的辅助设备，总称为锅炉房设备，如图 1-7 所示。

1）锅炉本体。前面已经介绍了锅炉的基本构造，通常将锅炉的基本组成部分称为锅炉本体，它包括锅筒、水冷壁、对流管束、蒸汽过热器、省煤器和空气预热器。一般常将前三者称为锅炉的主要受热面，后三者称为锅炉的附加受热面。其中省煤器和空气预热器因装设在锅炉尾部的烟道中，又称为尾部受热面。供热锅炉除工厂生产工艺上有特殊要求外，一般较少设置蒸汽过热器，而省煤器则是广泛设置的尾部受热面。

2）锅炉房的辅助设备。以燃煤锅炉为例，锅炉房的辅助设备，可按它们围绕锅炉所进行的工作过程，由以下几个系统组成。

①运煤、除灰系统。其作用是为锅炉运入燃料和送出灰渣，如图 1-7 所示，煤由带式运输机 11 送入煤仓 12，而后借自重下落，再通过炉前小煤斗而落于炉排上。燃料燃尽后的灰渣，则由灰斗进入灰车 13 送出。

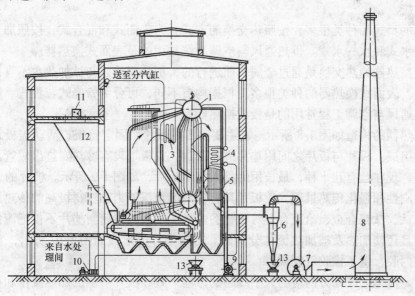

图 1-7 锅炉房设备简图

1—锅筒 2—链条炉排 3—蒸汽过热器 4—省煤器 5—空气预热器 6—除尘器
7—引风机 8—烟囱 9—送风机 10—给水泵 11—带式运输机 12—煤仓 13—灰车

②送、引风系统。其作用是给炉子送入燃烧所需空气和从锅炉引出燃烧产物——烟气，以保证燃烧的正常进行，并使烟气以必需的流速冲刷受热面。锅炉的通风设备有送风机9、引风机7和烟囱8，为了改善环境卫生和减少烟尘污染，锅炉还常设有除尘器6，除尘器收下的飞灰，也可由灰车13送走。

③水、汽系统（包括排污系统）。汽锅内具有一定的压力，因而给水须借助给水泵10提高压力后送入。此外，为了保证给水质量，避免锅筒内壁结垢或受腐蚀，锅炉房通常还设有水处理设备（包括软化、除氧）；为了储存给水，也需设有一定容量的水箱等。锅炉生产的蒸汽，一般先送至锅炉房内的分汽缸，由此再接出分送至各用户的管道。锅炉的排污水因具有相当高的温度和压力，因此须排入排污减温池或专设的扩容器，进行膨胀减温。

④仪表控制系统。除了锅炉本体上装有的仪表外，为监督锅炉设备安全经济运行，还常设有一系列的仪表和控制设备，如安全阀、压力表、水位计、蒸汽流量计、水量表、烟温计、风压计、排烟二氧化碳指示仪等常用仪表。在有的工业锅炉房中，还设有给水自动调节装置，烟、风闸门远距离操纵或遥控装置，以及现代化的自动控制系统，以便更科学地监督锅炉运行。

根据上述介绍，锅炉辅助设备配备不尽相同，而是随锅炉的容量、型式、燃料特性和燃烧方式以及水质特点等多方面的因素，因地制宜、因时制宜，根据实际要求和客观条件进行配置。

**3. 换热站的基本知识**

从国家对能源实行开发和节约并重的方针出发，为了实现合理利用能源，降低能源消耗，很多城市都实行了城市集中供热。城市集中供热是集中热源（锅炉房或热电厂）产生的蒸汽、高温热水（一次水），经过热力管网进入换热器加热二次水，以供建筑物采暖通风、空调系统。

换热器的型式和种类很多。按照热交换的方式分为表面式和混合式；按照加热热媒的种类分为汽—水式和水—水式。供热通风与空调系统常用的是表面式换热器。

表面式换热器的热交换是通过金属表面进行的，加热用热媒与被加热水不直接接触，也称为间接式。表面式换热器的种类很多，根据构造不同，可分为管壳式、板式、螺旋式、板壳式。供热通风与空调工程常用的是板式换热器。

板式换热器的构造如图1-8所示。它主要由传热板片、固定盖板、活动盖板、定位螺栓及压紧螺栓组成。板片与板片之间用垫片进行密封，盖板上设有冷热媒进出短管。板片的结构形式很多，现在已有几十种，最长用的是人字形板片，如图1-9所示。板片的人字波纹用于增加板片刚性和强化传热过程，使板片具有较高的承压能力和获得极高的传热系数。板片由不锈钢、钛、钛钯合金、哈氏合金等材料的薄板压制而成。密封垫片不仅把流体密封在换热器中，而且还使加热及被加热流体分隔开。密封垫片的形式如图1-10所示，它由丁腈橡胶、三元乙丙胶、氯丁橡胶等制成。

安装时，流体的流动方向应与人字纹路的方向一致，板片一侧的加热流体和板片另一侧的被加热流体应逆向流动，如图1-11所示为安装流程示意图。板式换热器是一种先进、高效、节能的换热器，具有传热系数高、结构紧凑、灵活性大、维修方便等优点。

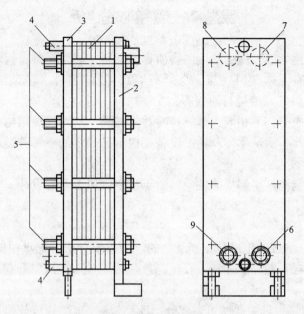

图 1-8　板式换热器

1—传热板片　2—固定盖板　3—活动盖板　4—定位螺栓　5—压紧螺栓

6—被加热水进口　7—被加热水出口　8—加热水进口　9—加热水出口

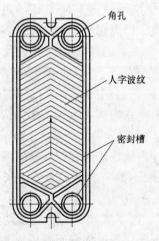

图 1-9　人字形板片

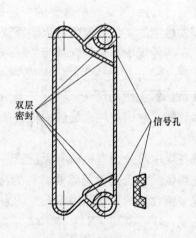

图 1-10　密封垫片

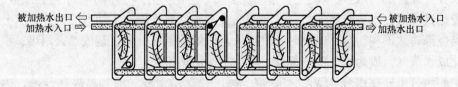

图 1-11　板式换热器安装流程示意图

## 课题2  燃 料 分 析

经过燃烧能将其化学能转变为热能的物质称为燃料。燃料是维持锅炉工作的基本物质。

锅炉所用的燃料有固体燃料（煤、煤矸石等）、液体燃料（轻柴油、重油、渣油等）、气体燃料（天然气、煤气、液化石油气等）。

不同的燃料所含成分各不相同，其燃烧特性也各异，这对锅炉结构型式的选取和操作运行方法影响极大。因此，锅炉本体及辅助设备要根据已确定的燃料种类进行选型设计。

### 1. 煤的组成及特性

煤是我国的主要能源。了解煤的性质，对于从事供热事业的设计、安装及运行人员都是非常重要的。

（1）煤的元素分析

1）煤的组成成分。煤的组成是相当复杂的。为方便分析，把煤中的固态不可燃物称为灰分，这时煤的基本组成成分有碳（C）、氢（H）、硫（S）、氧（O）、氮（N）、水分（$M$）和灰分（$A$）。

①碳（C）：碳是煤中最主要的可燃成分。1kg 纯碳完全燃烧可放出 32866kJ 的热量。一般说来，质量好的煤，含碳量越多的煤，其发热量就越高。

纯碳是很难着火的，所以煤中的碳含量越高越难着火，燃烧过程也越缓慢，燃尽时间也越长。一般煤中碳的含量为 50% ~95%。

②氢（H）：氢是煤中重要的可燃成分。1kg 氢完全燃烧可放出 125600kJ 的热量，大约是纯碳发热量的 4 倍。氢的着火温度较低，燃烧速度较快，所以煤中氢的含量越多对燃烧越有利。在各种煤中，氢的含量为 2% ~6%。

③硫（S）：硫是煤中的有害成分。它虽可燃烧，但发热量不大，1kg 硫完全燃烧可放出 9050kJ 的热量。硫的燃烧产物是二氧化硫和三氧化硫气体，当烟气与水蒸汽相遇会生成亚硫酸和硫酸，对锅炉尾部受热面将会产生严重腐蚀；如果将它们排入大气，则会造成大气污染。

硫在煤中可分为有机硫和无机硫两大类，无机硫又分为硫铁矿硫和硫酸盐硫两种。其中有机硫和硫铁矿硫能参与燃烧，称为可燃硫；硫酸盐硫则不参与燃烧，而成为灰分的一部分。煤中硫含量的变动范围很大，约为可燃成分的 0.1% ~8.0%。

④氧（O）和氮（N）：氧和氮是煤中的不可燃成分。由于氧和氮的存在，使煤中的碳和氢的含量减少，降低了煤的发热量。煤中氧的含量随着碳化程度加深而减少，如泥煤中氧的含量可高达 40%，而无烟煤中氧的含量仅为 1% ~2%。氮的含量通常在 0.2% 左右。

⑤水分（$M$）：水分是煤中的主要杂质。由于水分的存在，占据了煤中可燃成分的含量，使煤的发热量降低；水分对煤的加工和磨制造成困难，而且增加了能量的消耗；水分对煤的着火、燃烧都非常不利，它在汽化时吸收热量，使炉膛温度下降，造成着火困难；水分在高温下汽化成水蒸气，成为烟气的一部分，增加了排烟热损失。

煤中的水分由外在水分（$W_W$）和内在水分（$W_N$）组成。前者是煤在开采、运输、储存和洗选过程中附着在煤粒表面的水分，可通过自然风干而除去；后者是吸附和凝聚在煤块内部毛细孔中的水分，也称固有水分。内水分不易蒸发，在 105 ~110℃ 的温度下可以烘干。

外水分和内水分的总和称为煤的全水分。不同的煤的水分含量差别甚大，低者仅为 2% ~ 5%，高者可达 50% ~ 60%，一般随煤的碳化程度增高而逐渐减少。

⑥灰分（$A$）：灰分是煤中不可燃的矿物质。由于灰分的存在，减少了煤中可燃成分的含量，降低了煤的发热量；灰分增加了煤在开采、运输、储存、加工过程中的工作量和能量消耗以及设备的磨损；灰分影响煤的着火和燃烧，造成锅炉受热面结渣、积灰、磨损和腐蚀，并影响其传热效果，降低了锅炉的热效率；烟尘随烟气排入大气，污染环境。煤中灰分的波动幅度很大，一般在 5% ~ 35% 之间，劣质煤中灰分的含量高达 75%。

以上是煤的组成成分，为便于燃料的热工计算和燃烧机理的分析，对煤的各组成成分用相应的质量百分数表示，各成分质量百分数的总和为 100%。即元素分析

$$C + H + O + N + S + A + M = 100\% \tag{1-3}$$

2）煤的各种"基"的表示方法。煤的元素分析成分是用各成分质量百分数表示的。在开采、运输、储存过程中，水分、灰分随外界条件的变化而改变，必然对其他可燃成分的质量百分数造成影响，各种成分的质量百分数也随之而变动，不能很确切地表示其含量。因此，需要根据煤的存在条件定出几种基准，提供或应用燃料成分分析数据时，必须标明其分析基准。只有分析基准相同的分析数据，才能确切地说明燃料的特性，评价和比较燃料的优劣。

分析基准，也叫计算基数。通常采用以下四种分析基准进行计算。图 1-12 表示煤的成分及各种"基"的关系。

①接收基。接收基表示实际应用的煤（炉前煤且未经过任何处理的煤）中各组成成分的质量分数总和，它以包括全部水分在内的七种成分之和作为 100%，用下标 ar 表示。其表达式为

$$C_{ar} + H_{ar} + O_{ar} + N_{ar} + S_{ar} + A_{ar} + M_{ar} = 100\%$$
$$\tag{1-4}$$

在进行锅炉热工计算以及分析锅炉运行工况时，以接收基作为原始依据。

②空气干燥基。空气干燥基表示不含外在水

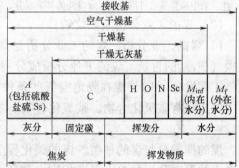

图 1-12 煤的成分及各种"基"的关系

分条件下，煤中各组成成分的质量分数总和，它以包括内在水分在内的七种成分之和作为 100%，用下标 ad 表示。其表达式为

$$C_{ad} + H_{ad} + O_{ad} + N_{ad} + S_{ad} + A_{ad} + M_{ad} = 100\% \tag{1-5}$$

空气干燥基是在实验室中进行煤样分析时采用的基准。

③干燥基。干燥基表示不含水分条件下，煤中各组成成分的质量分数总和，它以不包括水分在内的六种成分之和作为 100%，用下标 d 表示。其表达式为

$$C_d + H_d + O_d + N_d + S_d + A_d = 100\% \tag{1-6}$$

干燥基成分不受水分变化的影响，常用以表示煤中灰分的含量。

④干燥无灰基

干燥无灰基表示不含水分和灰分条件下，煤中各组成成分的质量分数总和，它以不包括水分和灰分在内的五种成分之和作为 100%，用下标 daf 表示。其表达式为

$$C_{daf} + H_{daf} + O_{daf} + N_{daf} + S_{daf} = 100\% \tag{1-7}$$

干燥无灰基中各成分不受水分和灰分变化的影响，常用以表示煤中挥发分的含量。

3）四种"基"的换算。各种"基"可以相互换算，按下式进行

$$B = KA \tag{1-8}$$

式中　$A$——已知"基"的相应成分；

　　　$B$——换算"基"的相应成分；

　　　$K$——换算系数，如表1-6所示。

表1-6　各种"基"的换算系数 $K$

| 已知"基" | 换算"基" | | | |
| --- | --- | --- | --- | --- |
| | 接收基 | 空气干燥基 | 干燥基 | 干燥无灰基 |
| 接收基 | 1 | $\dfrac{100 - M_{ad}}{100 - M_{ar}}$ | $\dfrac{100}{100 - M_{ar}}$ | $\dfrac{100}{100 - M_{ar} - A_{ar}}$ |
| 空气干燥基 | $\dfrac{100 - M_{ar}}{100 - M_{ad}}$ | 1 | $\dfrac{100}{100 - M_{ad}}$ | $\dfrac{100}{100 - M_{ad} - A_{ad}}$ |
| 干燥基 | $\dfrac{100 - M_{ar}}{100}$ | $\dfrac{100 - M_{ad}}{100}$ | 1 | $\dfrac{100}{100 - A_{d}}$ |
| 干燥无灰基 | $\dfrac{100 - M_{ar} - A_{ar}}{100}$ | $\dfrac{100 - M_{ad} - A_{ad}}{100}$ | $\dfrac{100 - A_{d}}{100}$ | 1 |

注：表中换算系数可用于除水分以外的其余成分、挥发分和高位发热量的换算。

（2）煤的工业分析及燃烧特性

1）煤的工业分析。煤的工业分析是测定煤的水分（$M$）、灰分（$A$）、挥发分（$V$）、固定碳（$C_{gd}$）的含量。煤的工业分析成分用质量百分数表示，即 $C_{gd} + V + M + A = 100\%$

①挥发分（$V$）。煤在隔绝空气的条件下进行加热，所得可燃气体称为挥发分。挥发分的主要成分有碳氢化合物、碳氧化合物、氢气和焦油蒸气等，它是煤中有机物质热分解的产物。

煤的挥发分与煤的种类、煤的碳化程度关系密切，煤龄越久远，挥发分含量越少，挥发分逸出的温度和煤的着火温度相应也越高；与此相反，煤龄越短，挥发分含量越高；挥发分逸出温度越低，着火温度也越低，此种煤容易燃烧。

②灰分（$A$）。灰分是指煤完全燃烧后残留的固定物质。

③水分（$M$）。水分是指煤中的全部水分，包括外在水分和内在水分。

④固定碳（$C_{gd}$）。从煤的试样中减去其中的灰分、水分及挥发分，剩下的含量就是煤的固定碳含量。

2）焦炭。焦炭是煤中挥发分析出后在坩埚中的残留物。焦炭包括煤中的固定碳及灰分。焦炭特性随煤种不同而变化，它对锅炉（尤其是层燃炉）的燃烧过程影响较大。

3）煤灰熔融性（灰熔点）。煤灰的熔融性习惯上称为煤的灰熔点。灰熔点对锅炉的燃烧工况影响很大，它是煤灰的重要指标之一。通常采用"角锥法"测定其熔融性。

所谓角锥法，就是将灰样制成高为20mm，底面为边长7mm的正三角形、且一个棱面垂直于底面的灰锥体，然后将灰锥体置于高温加热炉中升温加热，观察或拍摄试样变化情况，并记录灰锥体形状发生变化的三个特征温度：变形温度 $t_1$（灰锥体尖端开始变圆或弯曲时的温度）；软化温度 $t_2$（灰锥体弯曲且锥尖触及底板，或灰锥体变成球形，或高度小于等于底

边长度的半球形时的温度）；熔融温度 $t_3$（灰锥体完全熔化或展开成高度小于等于 1.5mm 的薄层时的温度）。软化温度高于 1425℃ 的灰称为难熔性灰，在 1200 ~ 1425℃ 之间的灰称为可熔性灰，低于 1200℃ 的灰称为易熔性灰。

4）煤的发热量（$Q$）。煤的发热量是指单位质量的煤完全燃烧时所放出的全部热量，单位为 kJ/kg。发热量分为高位发热量和低位发热量两种。

高位发热量是指 1kg 煤完全燃烧后所产生的全部热量，包括水蒸气全部凝结成水所放出的凝结热，用 $Q_{gr,××}$ 表示，单位为 kJ/kg。（×× 代表相应的"基"）。

低位发热量是指 1kg 煤完全燃烧后所产生的全部热量减去其中水蒸气凝结时放出的凝结热，低位发热量用 $Q_{net,××}$ 表示，单位为 kJ/kg。

燃煤工业锅炉的排烟温度一般在 160 ~ 200℃ 之间，烟气中的水蒸气处于蒸汽状态，其汽化热随烟气带走，所以在燃烧锅炉的热工计算中，均采用低位发热量作为计算依据。

①标准煤的概念。由于各种煤的发热量差别很大，为了便于比较不同型式锅炉的燃煤消耗量，将接收基的低位发热量为 29308kJ/kg 的煤规定为标准煤。因此，对于不同的锅炉所用的不同煤种，可以通过下式换算成统一的标准煤来进行比较。

$$B_b = \frac{B Q_{net,ar}}{29308} \tag{1-9}$$

式中　$B_b$——折算成标准煤的消耗量（kg/h）；

　　　$B$——实际煤的消耗量（kg/h）；

$Q_{net,ar}$——实际煤的接收基的低位发热量（kJ/kg）。

②煤的发热量的确定。煤的发热量通常用实验方法直接测定，也可以根据燃料的元素分析结果近似计算得出。发热量计算的经验公式如下：

$$Q_{net,ar} = 339C_{ar} + 1030H_{ar} - 109(O_{ar} - S_{ar}) - 25M_{ar} \tag{1-10}$$

$$Q_{gr,daf} = 335(327)C_{daf} + 1298(1256)H_{daf} + 63S_{daf} - 105O_{daf} - 21(A_d - 1) \tag{1-11}$$

式（1-11）中，当 $C_{daf} > 95\%$ 或 $H_{daf} < 1.5\%$ 时，$C_{daf}$ 前面的数采用 327，其余都采用 335；当 $C_{daf} < 7\%$ 时，$H_{daf}$ 前面的数采用 1256，其余都采用 1298。$Q_{gr,daf}$ 的单位为 kJ/kg。

（3）煤的分类　煤的组成比较复杂，目前国内尚无统一的划分方法。根据干燥无灰基挥发分和接收基低位发热量作为分类的基本依据，并考虑到煤的接收基水分及灰分含量，将煤分为无烟煤、贫煤、烟煤、褐煤四类。

1）无烟煤。无烟煤的干燥无灰基挥发分 $V_{daf} \leq 10\%$，其挥发分析出温度较高，因此着火比较困难，不易燃尽。无烟煤的煤龄最长，炭化程度很深，含碳量高，灰分含量都不多，发热量高，无烟煤接收基低位发热量 $Q_{net,ar} = 22000 ~ 28000kJ/kg$。

无烟煤呈灰黑色，表面具有金属光泽，质地坚硬，储存时性能稳定，不容易发生自燃现象。

2）贫煤。贫煤的挥发分含量较低，其干燥无灰基挥发分 $V_{daf} \approx 10\% ~ 20\%$。不易着火和燃烧，燃烧时火焰较短，焦结性差；发热量较高，介于无烟煤和烟煤之间。

3）烟煤。烟煤挥发分含量很高，其干燥无灰基挥发分 $V_{daf} > 20\% ~ 40\%$；含碳量也高，接收基碳 $C_{ar} \approx 40\% ~ 60\%$ 或更高。烟煤的发热量较高，其接收基低位发热量 $Q_{net,ar} \approx 20000 ~ 27000kJ/kg$。

烟煤大多为有光泽的黑色均匀体，质地松软，燃烧时火焰比较长、烟多。烟煤是自然界中分布最广、品种最多的煤种。

4）褐煤。褐煤是煤龄较短、炭化程度较低的煤，挥发分含量高，其干燥无灰基挥发分 $V_{daf} \approx 40\% \sim 50\%$，燃烧时挥发分析出温度也低，故很容易着火燃烧；褐煤的发热量不高，其接收基低位发热量 $Q_{net,ar} \approx 1000 \sim 15000 kJ/kg$。

褐煤呈棕褐色，因故而得名。褐煤质地松脆，容易风化，容易自燃，难于储存，也不宜远运，属于地方性燃料。

除了上述煤种外，用作锅炉燃料的还有泥煤、油叶岩和煤矸石等劣质煤。

泥煤也叫泥炭，是一种棕褐色的不均匀可燃物质。泥煤炭化程度最浅，含碳量少，发热量低，极易着火燃烧；水分含量高，其接收基水分 $M_{ar} \approx 90\%$；含氧量高，其干燥无灰基含氧量 $O_{daf} \approx 30\%$。泥煤的发热量很低，其接收基低位发热量 $Q_{net,ar} \approx 8000 \sim 10000 kJ/kg$。

油页岩也是一种劣质燃料。它的发热量很低，其接收基低位发热量 $Q_{net,ar} < 7000 kJ/kg$。油页岩大多呈暗褐色，容易粉碎，容易风化，不宜长途运输和长期储存，通常只作为地方性燃料使用。

煤矸石是夹于煤层中的石子煤，质坚似石，灰分含量很高，其接收基灰分 $A_{ar} \approx 70\%$；发热量很低，其接收基低位发热量 $Q_{net,ar} < 10000 kJ/kg$。

石煤是一种含有可燃物质的岩体，坚如石头而得名，其灰分含量、发热量与煤矸石相近。

由于煤矸石、石煤灰分含量很高、发热量又很低，故不宜远距离运输，可建坑口电站，就地利用。

（4）工业锅炉用煤的分类 为了使工业锅炉更好地适应不同煤种和便于实现工业锅炉产品生产的标准化、系列化，工业锅炉用煤一般按表1-7分类。

表1-7 工业锅炉用煤分类表

| 煤种分类 | | $V_{ar}(\%)$ | $M_{ar}(\%)$ | $A_{ar}(\%)$ | $Q_{net,ar}/(kJ/kg)$ |
|---|---|---|---|---|---|
| 石煤、煤矸石 | I类 | | | >50 | <5500 |
| | II类 | | | | 5500 ~ 8400 |
| | III类 | | | | >8400 |
| 褐煤 | | >40 | >20 | <30 | 8400 ~ 15000 |
| 无烟煤 | I类 | 5 ~ 10 | | >25 | 15000 ~ 21000 |
| | II类 | <5 | <10 | <25 | >21000 |
| | III类 | 5 ~ 10 | | <25 | >21000 |
| 贫煤 | | >10 ~ 20 | <10 | <30 | ≥18800 |
| 烟煤 | I类 | ≥20 | | >40 | >11000 ~ 15500 |
| | II类 | ≥20 | 7 ~ 15 | >25 ~ 40 | >15500 ~ 19700 |
| | III类 | ≥20 | | ≤25 | >19700 |
| 油页岩 | | | 10 ~ 20 | >60 | <6300 |
| 甘蔗渣 | | ≥40 | ≥40 | ≤2 | 6300 ~ 11000 |

**2. 液体燃料的组成及特性**

锅炉使用的液体燃料都是石油炼制过程中的副产品，主要有渣油、重油、柴油等。它们都是由各种碳氢化合物组成的复杂的混合物。

(1) 燃料油的组成　燃料油从元素成分分析看与煤一样，也是由碳、氢、氧、氮、硫、灰分、水分等七种成分组成，但它的主要成分是碳和氢，其含量甚高（$C_{ar} = 81\% \sim 87\%$，$H_{ar} = 11\% \sim 14\%$），接收基发热量高而稳定，通常 $Q_{net,ar} = 37000 \sim 42000 kJ/kg$。

燃料油的元素分析方法、分析基准和煤一样，分为四种，即接收基、空气干燥基、干燥基与干燥无灰基，实际应用较多的是接收基基准。

(2) 燃料油的特性　燃料油是一种优质燃料，其影响燃烧的主要特征物理量如下。

1) 密度。单位体积物质的质量称为密度，用符号 $\rho$ 表示，单位为 $kg/m^3$。

2) 相对密度。在 20℃时油的密度与 4℃时纯水密度之比值称为该油品的相对密度，用 $a_4^{20}$ 表示，也称为标准相对密度。燃料油的标准相对密度在 $0.8 \sim 0.98$ 之间。

3) 比热容。1kg 的燃料油温度升高 1℃所需要的热量，称为该燃料油的比热容，用符号 $c$ 表示，单位为 $kJ/(kg \cdot ℃)$。燃料油的比热容 $c \approx 2.1 kJ/(kg \cdot ℃)$。

4) 热导率。热导率是表示燃料油导热能力的特性指标，用符号 $\lambda$ 表示，单位为 $W/(m \cdot ℃)$。

5) 凝固点。油品丧失流动能力，即油品在试管中倾斜 45°，试管中油面经过 $5 \sim 10s$ 不流动的最高温度为该燃料油的凝固点。密度越大，则凝固点越高。

6) 粘度。粘度是流体流动时的内部阻力，是表征流体流动性能的指标。粘度越大，流体的流动性能越差，在管内输送时的阻力越大，装卸和物化都会发生困难。

燃料油的粘度常用恩氏粘度表示。温度 $t$℃的燃料油从粘度计（底部带一小孔，体积为 200mL 的容器）底部小孔流出的时间，与同体积 20℃蒸馏水流出的时间之比值，称为该燃料油在 $t$℃时的恩氏粘度，用符号 $^0E$ 表示。

燃料油的粘度随着压力升高而增大。压力较低时（1MPa 以下），压力对粘度的影响可不考虑。

燃料油的粘度和温度有很大的关系，温度上升，粘度下降，但油温对粘度影响不是均衡的。一般情况下，温度低于 50℃，温度对燃料油的粘度影响较大，而温度超过 100℃时，温度对燃料油的粘度影响较小。

7) 闪点、燃点、自燃点。油温升高时油面上的油蒸气增多，其与空气的混合气和明火接触后发生一闪即灭的短暂闪光，这时的油温称为该种燃料油的闪点。

闪点的测定方法有开口杯法和闭口杯法两种。对于高闪点的油品（如重油等）都采用开口杯法，而对于低闪点的油品（如汽油等）则采用闭口杯法。一般情况下开口杯法测定的闪点要比闭口杯法测定的闪点高出 $15 \sim 25$℃。

燃点为常压下对燃料油加热，液体表面的油蒸气与空气的混合物遇明火点燃，并连续燃烧 5s 以上，这时油的最低温度称为该种燃料油的燃点。

自燃点是指燃料油在缓慢氧化升温中开始自行着火燃烧的温度。压力越高、密度越大，自燃点越低。

8) 静电特性。燃料油属不良导体，用金属管道输送时，由于摩擦而产生静电，电荷在油面上积聚，能产生很高的电压，一旦放电，就会产生火花，使油品发生燃烧和爆炸，所以输油管道和贮油设备都必须有良好的接地，一般接地电阻在 5Ω 以下。此外，金属管道内的油品流速应控制在 4m/s 以内，以减少静电的产生。

9）残炭。残炭是当重油加热到很高的温度时聚合形成的坚固油垢沉淀物，这是燃烧器喷口堵塞和磨损的主要原因。燃烧器喷口堆积炭化物，使重油雾化质量降低，燃烧状况恶化。

重油的残留炭量与燃烧工况有关，其残留炭质量分数约为 1.5% ～10% 。

10）稳定性。重油的稳定性是指重油在贮藏和加热过程中，生成重质黏稠状物质和难溶解性物质，这些油垢油渣物会引起贮油箱、油管路系统、过滤器、加热器、燃烧器等堵塞，导致燃烧恶化。为防止和减少油渣的生成，应避免将重油重复加热、快速加热和温度发生急剧变化等运行工况，同时应定期通过疏放阀排除已生成的淤渣物，以提高重油的稳定性。

11）发热量。1kg 燃料油完全燃烧所放出的全部热量，称为该燃料油的发热量。与煤相同，也有高位发热量和低位发热量之分。

燃料油的发热量很高，通常使用的燃料油，其接收基低位发热量 $Q_{\mathrm{net,ar}}$ = 37000 ～ 42000kJ/kg。

燃料油的发热量一般用实验方法测定，也可以用近似公式计算。计算燃料油发热量的近似公式有二：

①由元素组成计算发热量

$$Q_{\mathrm{gr,ar}} = 339 C_{\mathrm{ar}} + 1256 H_{\mathrm{ar}} - 109 (O_{\mathrm{ar}} - S_{\mathrm{ar}}) \tag{1-12}$$

$$Q_{\mathrm{net,ar}} = 339 C_{\mathrm{ar}} + 1030 H_{\mathrm{ar}} - 109 (O_{\mathrm{ar}} - S_{\mathrm{ar}}) - 25.1 M_{\mathrm{ar}} \tag{1-13}$$

式中　$Q_{\mathrm{gr,ar}}$、$Q_{\mathrm{net,ar}}$——接收基燃料油的高、低位发热量（kJ/kg）。

②由 20℃时的燃料油密度 $\rho^{20}$ 计算发热量

$$Q_{\mathrm{gr,ar}} = 51916.3 - 8892.8 (\rho^{20})^2 \times 10^{-6} \tag{1-14}$$

$$Q_{\mathrm{net,ar}} = 46424.5 + 3.1864 (\rho^{20}) - 8892.8 (\rho^{20})^2 \times 10^{-6} \tag{1-15}$$

式中　$Q_{\mathrm{gr,ar}}$、$Q_{\mathrm{net,ar}}$——接收基燃料油的高、低位发热量（kJ/kg）；

　　　　$\rho^{20}$——20℃时燃料油的密度（kg/m³）。

（3）锅炉常用的燃料油　目前工业锅炉使用的液体燃料主要是重油、渣油和轻柴油。

1）重油。从广义上讲密度较大的燃料油称为重油。重油的特点是：

①密度大、粘度大。密度大，则脱水较困难；粘度大，则流动性较差。为了保证重油能在管道内顺利地输送和在燃烧器内良好地雾化，在使用时应根据其特性将重油预热到适当的温度。

②燃点和闪点较高。重油的燃点和闪点较高，因此火灾的危险性较小。

2）渣油。渣油是石油炼制过程中形成的塔底残油，是国产标准重油规格以外的重油。

渣油有减压渣油、裂化渣油和混合渣油等。原油不同，渣油的质量指标也不同，即使是同一种原油，由于生产工艺不同，渣油的质量指标也不相同。因此，当选用渣油作锅炉燃料时，应先对渣油的粘度、密度、凝点、闪点、残留炭、水分、含硫量等主要性能指标进行工业分析，取得正确资料，从而采取相应的技术措施，以确保渣油的贮存、运输、雾化及燃烧安全、可靠、稳定。

3）柴油。从广义上讲，密度较小的燃料油称为柴油，又称轻柴油。其特点是：

①粘度小。由于粘度小，则流动性能好。因此，轻柴油便于管道输送和雾化，不需要预热。

②含硫量较少。柴油含硫低，燃烧时产生的 $SO_2$ 和 $SO_3$ 也比较少，因此其燃烧生成的

烟气对锅炉金属受热面的腐蚀和大气环境的污染较燃用重油的锅炉小。

③轻柴油易挥发。轻柴油与重油、渣油相比，其闪点低，火灾危险性也较大。因此，在设置油库和工作油箱时，应特别注意防火。

根据《轻柴油》（GB 252—2000）规定，轻柴油按凝点的高低分为10、5、0、-10、-20、-35、-50七个牌号。目前工业锅炉上常用的是0号柴油。

**3. 气体燃料的组成及特性**

所谓气体燃料是指在常温下保持气态的燃料，简称燃气。燃气易点火、易燃烧、易操作、易实现自动调节，而且燃烧产物中无废渣和废液，烟气中 $SO_2$ 和 $NO_x$ 的含量较燃烧液体燃料和煤少得多。因此，燃气是最理想的洁净燃料。

（1）燃气的组成　燃气是多种气体的混合气体，由三大部分组成。

1）可燃组分。燃气中的可燃组分有一氧化碳（CO）、氢（$H_2$）和碳氢化合物（$C_mH_n$）等，燃烧时能放出大量的热量。

2）不可燃组分。燃气中的不可燃组分有氮（$N_2$）、氧（$O_2$）和二氧化碳（$CO_2$）等，它们占去了气体燃料一定的体积，使可燃组分的含量减少，发热量降低。

3）有害杂质。燃气中的杂质不仅占据了一定的体积，而且给燃气的储存、输送和燃烧造成不良的影响。气体燃料中的主要杂质有：

①焦油与灰尘。人工燃气中通常含有焦油和灰尘，其危害是堵塞管道、附件及燃烧器喷嘴，影响锅炉正常燃烧。

②萘。人工燃气特别是干馏煤气中含萘较多，当燃气中含萘量大于燃气温度相应的饱和含萘量时，过饱和部分的气态萘以结晶状态析出，沉积于管内使管道流通断面减小，堵塞甚至堵死管道，造成供气中断。

③硫化氢。硫化氢是燃气中的可燃成分，但它又是有害杂质。燃气中硫化氢能腐蚀储罐、管道、设备和燃烧器，硫化氢燃烧产生的 $SO_2$ 和 $SO_3$，不仅腐蚀锅炉金属受热面，而且还污染大气环境。

④氨。高温干馏煤气中含有氨气。氨对燃气管道、设备及燃烧器起腐蚀作用。燃烧时产生 $NO$、$NO_2$ 等有害气体，影响人体健康，并污染大气环境。

⑤水分。水和水蒸气能与液态和气态碳氢化合物作用，生成固态结晶水化物，堵塞管道、阀门、仪表（流量计、压力表、液位计等）和设备（调压器、过滤器等），影响正常供气；水蒸气还能加剧 $O_2$、$H_2S$ 和 $SO_2$ 对管道、阀门、燃烧器及锅炉金属受热面的腐蚀作用。

⑥残液。液化石油气中 $C_5$ 及 $C_5$ 以上的碳氢化合物组分的沸点高，在常温、常压下不能汽化，而留存在钢瓶、储罐等压力容器内，称为残液。它增加了用户更换气瓶的次数，而且增加了交通运输量。

（2）燃气的特性　如前所述，燃气是由各种气体组成的混合气体，组成燃气的各单一气体在标准状态（绝对压力为101325Pa、温度为273.15K）下均有恒定的物理和热力学性质，燃气的特性正是这些单一气体的性质所决定的。

1）燃气的体积分数。在相同温度和压力条件下，燃气中各单一组分的体积和燃气总体积的比值称为体积分数，用符号 $\gamma$ 表示。

$$\gamma_i = \frac{V_i}{V} \times 100\%$$

（1-16）

式中　$\gamma_i$——燃气中第 $i$ 组分的体积分数（%）；

$\quad\quad V_i$——燃气中第 $i$ 组分的分体积（$m^3$）；

$\quad\quad V$——燃气的总体积（$m^3$）。

2）燃气的平均密度、相对密度。单位体积的燃气所具有的质量称为燃气的平均密度，用符号 $\rho$ 表示，单位为 $kg/m^3$。

燃气的平均密度与相同状态下空气的平均密度的比值称为燃气的相对密度。通常用标准状态下的数值进行计算。

3）燃气的比体积。单位质量的燃气所占有的体积称为燃气的比体积，用符号 $v$ 表示，单位为 $m^3/kg$。燃气的比体积和平均密度之间互为倒数。

4）粘度。气体燃料的粘度用动力粘度、运动粘度和条件粘度表示。条件粘度的定义和测定方法与燃料油相同。

①动力粘度。在流体中，面积为 $1cm^2$、相距 $1cm$ 的两层表面，以 $1cm/s$ 的相对速度运动时，两表面之间产生的内摩擦力叫做该流体的动力粘度，用符号 $\mu$ 表示，单位为 $Pa \cdot s$。

②运动粘度。流体的动力粘度与同温度的流体密度之比值，叫做该流体的运动粘度，用符号 $v$ 表示，单位为 $m^2/s$。

$$v = \frac{\mu}{\rho} \tag{1-17}$$

式中　$v$——运动粘度（$m^2/s$）；

$\quad\quad \mu$——动力粘度（$Pa \cdot s$）；

$\quad\quad \rho$——密度（$kg/m^3$）。

燃气的粘度随着压力升高而增大，这一特性与液体燃料相同。

气体燃料和液体燃料的粘度随温度变化的规律是不相同的。气体粘度随温度升高而增加，而液体的粘度随温度升高而减小。

5）临界参数。当温度不超过某一数值，对气体进行加压可以使气体液化，而在该温度以上，无论施加多大压力都不能使之液化，这个温度称为该气体的临界温度；在临界温度下，使气体液化所需的压力称为临界压力；此时的比体积称为临界比体积。上述参数统称为临界参数。分别用符号 $T_c$、$P_c$、$v_c$ 表示，单位分别为 K、MPa、$m^3/kg$。

6）燃气的比热容。燃气的比热容分比定压热容和比定容热容两种。

比定压热容是指保持燃气压力不变时，$1m^3$ 燃气温度升高（或降低）1K 所吸收（或放出）的热量称为气体的比定压热容，用符号 $c_p$ 表示，单位为 $kJ/(m^3 \cdot K)$。

比定容热容是指保持燃气容积不变时，$1m^3$ 燃气温度升高（或降低）1K 所吸收（或放出）的热量称为气体的比定容热容，用符号 $c_v$ 表示，单位为 $kJ/(m^3 \cdot K)$。

两者之间关系用下式表示

$$c_p = c_v + \frac{8.31}{M} \tag{1-18}$$

式中　$c_p$——标准状态下燃气的比定压热容 $[kJ/(m^3 \cdot K)]$；

$\quad\quad c_v$——标准状态下燃气的比定容热容 $[kJ/(m^3 \cdot K)]$；

$\quad\quad M$——燃气的相对分子质量。

7）着火温度。燃气开始燃烧时的温度称为着火温度。单一可燃气体在空气中的着火温度如表 1-8 所示，在纯氧中的着火温度比在空气中的数值低 50~100℃。

8）爆炸极限。当可燃气体或油气与空气混合物的含量达到某个范围时，一遇明火或温度升高到某一数值就会发生爆炸，此含量范围称为爆炸极限。爆炸极限有上限和下限。爆炸上限是指可燃气体或油气在爆炸性混合物中的最高含量值；爆炸下限是指可燃气体或油气在爆炸性混合物中的最低含量值。可燃气体或油气与空气混合物在爆炸上限和爆炸下限之间的任何值，都有爆炸的危险。可燃物的爆炸极限范围越大，则该可燃物引起火灾和爆炸的危险性就越大。

表 1-8 单一可燃气体在空气中的着火温度

| 气体名称 | 氢 | 一氧化碳 | 甲烷 | 乙炔 | 乙烯 | 乙烷 | 丙烯 | 丙烷 | 丁烯 | 正丁烷 | 戊烯 | 戊烷 | 苯 | 硫化氢 |
|---|---|---|---|---|---|---|---|---|---|---|---|---|---|---|
| 着火温度/K | 673 | 878 | 813 | 612 | 698 | 788 | 733 | 723 | 658 | 638 | 563 | 533 | 833 | 543 |

9）燃气的发热量。燃气的发热量是指标准状态下，单位数量燃气完全燃烧所放出的全部热量，用符号 $Q$ 表示，单位为 $kJ/m^3$ 或 $kJ/kg$。

燃气发热量分为高位发热量和低位发热量两种。高位发热量是指单位数量的燃气完全燃烧后，其燃烧产物和周围环境恢复至燃烧前的温度，而其中的水蒸气被凝结成同温度水后放出的全部热量；低位发热量是指单位数量燃气完全燃烧后，其燃烧产物和周围环境恢复至燃烧前温度，所放出的全部热量中扣除水蒸气的凝结热。

目前国产燃气锅炉及其他燃烧设备的排烟温度均在 100℃ 以上，故烟气中的水蒸气一般以气体状态排出。因此，在燃气热工计算中，应用燃气的低位发热量进行计算。

干燃气的发热量可按下式计算

$$Q_{gr}^g = \frac{1}{100} \sum_{i=1}^{n} \gamma_i^g Q_{gr,i} \tag{1-19}$$

$$Q_{net}^g = \frac{1}{100} \sum_{i=1}^{n} \gamma_i^g Q_{net,i} \tag{1-20}$$

式中 $Q_{gr}^g$、$Q_{net}^g$——干燃气的高、低位发热量（$kJ/m^3$）；

$\gamma_i^g$——干燃气中第 $i$ 组分的体积分数（%）；

$Q_{gr,i}$、$Q_{net,i}$——干燃气中第 $i$ 组分的高、低位发热量（$kJ/m^3$）。

干燃气高、低位发热量之间的换算关系如下式

$$Q_{gr}^g - Q_{net}^g = 20.2\left(H_2^g + 2CH_4^g + 2C_2H_4^g + \frac{n}{2}C_mH_n^g + H_2S^g\right) \tag{1-21}$$

式中 $H_2^g$、$CH_4^g$、$C_2H_n^g$、$C_mH_n^g$、$H_2S^g$——单一气体组分在混合干燃气中的体积分数（%）。

燃气中总含有一定量的水分，故实际燃气接收基的发热量按下式计算

$$Q_{net}^{ar} = Q_{net}^g \times \frac{0.833}{0.833 + d} \tag{1-22}$$

式中 $Q_{net}^{ar}$——接收基气体燃料的低位发热量（$kJ/m^3$）；

$Q_{net}^g$——干燃气的低位发热量（$kJ/m^3$）；

$d$——气体燃料中的水分含量（$kg/m^3$）；

0.833——标准状况下水蒸气的密度（$kg/m^3$）。

（3）锅炉常用的气体燃料

1）天然气。天然气是从地下开采出来的可燃气体，以烃类为主要成分。天然气分为四种类型：

①气田气（纯天然气）。气田气是从气井直接开采出来的可燃气体，其主要组分 $CH_4$（甲烷）的体积分数 $\gamma > 90\%$，低位发热量 $Q_{net} \approx 36 MJ/m^3$。

②油田伴生气。油田伴生气是指与石油共生的天然气，它包括气顶气和溶解气两种。油田伴生气的主要组分 $CH_4$ 的体积分数 $\gamma \geq 80\%$，乙烷及其以上烃类含量一般较高，低位发热量 $Q_{net} \approx 48 MJ/m^3$。

③凝析气田气。凝析气田气是一种深层的天然气，它除了含有大量的甲烷外，戊烷与戊烷以上的烃类含量也较高，还含有汽油和煤油组分，低位发热量 $Q_{net} \approx 42 MJ/m^3$。

④矿井气（煤层气）。矿井气又称为矿井瓦斯，是成煤过程中的伴生气，其主要组分甲烷的体积分数 $\gamma = 30\% \sim 55\%$，低位发热量 $Q_{net} \approx 12 \sim 20 MJ/m^3$。

2）人工燃气。以煤或石油为原料，经过各种热加工过程制得的可燃气体，称为人工燃气。人工燃气可分为以下几种类型。

①干馏煤气。以煤为原料，利用焦炉、连续直立式炭化炉、水平炉或立箱炉等，在隔绝空气的条件下，对煤加热制得的可燃气体称为干馏煤气，其主要组分有 $H_2$、$CH_4$、$CO$，低位发热量 $Q_{net} = 15 \sim 17 MJ/m^3$。

②气化煤气。以固定燃料为原料，在气化炉中通入气化剂，在高温条件下经气化反应而得到的可燃气体，称为气化煤气。气化煤气又分为混合炉发生炉煤气和水煤气两种类型。

以煤或焦炭为原料，以空气和水蒸气为气化剂，在常压发生炉中制得的可燃气体，称为混合炉发生炉煤气，其组分中 $N_2$ 的体积分数大于等于 $50\%$，其次为 $CO$ 和 $H_2$。混合炉发生炉煤气热值很低，低位发热量 $Q_{net} \approx 5.4 MJ/m^3$。

以煤或焦炭为原料，以水蒸气为气化剂，在常压发生炉中制得的可燃气体，称为水煤气，其组分中 $H_2$ 的体积分数 $\gamma \approx 50\%$，$CO$ 的体积分数 $\gamma \geq 30\%$，低位发热量 $Q_{net} \approx 10 MJ/m^3$。

3）液化石油气。以凝析气田气、石油伴生气和炼厂气（石油炼制时的副产品）为原料气，经加工而制得的可燃物，称为液化石油气。其主要组分有 $C_3H_8$（丙烷）、$C_3H_6$（丙烯）、$C_4H_{10}$（丁烷）、$C_4H_8$（丁烯）。气态液化石油气的低位发热量 $Q_{net} \approx 93 MJ/m^3$，液态液化石油气的低位发热量 $Q_{net} \approx 46 MJ/m^3$。

组成液化石油气的各种碳氢化合物，其临界压力较低，而临界温度较高。所以，在常温、常压条件下呈气态，利于燃烧；而适当升高压力或降低温度，就可以使它成为液态，便于贮存、灌装和运输。通常情况下，锅炉并不直接燃烧液化石油气，而是将液化石油气与空气（或低热值燃气）混合成非爆炸性混合气体，作为锅炉燃料气。

# 课题3　锅炉热工计算

锅炉热工计算包括燃料燃烧所需空气量、燃烧生成的烟气量、锅炉热效率及各项热损失、燃料消耗量的计算等。热工计算是锅炉设备通风计算的基础，也是其他有关计算的重要依据。

进行热工计算时，将空气与烟气中的成分（包括水蒸气）视为理想气体，并认为每千摩尔气体在标准状态（101325Pa，273.15K）下的体积为22.4m³（标准）。对于任何非标准状态下的空气和烟气体积，必须事先注明温度及压力条件。

**1. 煤和燃料油的燃烧计算**

燃料的燃烧，是燃料的可燃元素和氧气在高温条件下进行剧烈氧化反应的过程，同时放出大量的热量，燃烧后生成烟气和灰。

燃料的燃烧计算，就是计算燃料燃烧时所需要的空气量和生成的烟气量。

燃料的燃烧计算时，对固体燃料和液体燃料以1kg质量燃料为基准，对气体燃料以标准状况下1m³体积燃料为基准。

（1）煤及燃料油燃烧所需空气量的计算

1）理论空气量的计算。理论空气量是指1kg接收基燃料中的各种可燃成分完全燃烧时所需的标准状态下的空气量，用符号$V_k^0$表示，单位为$m^3/kg$。

燃料完全燃烧所需的空气量可以根据燃烧化学反应方程式来计算。假定空气只是氧和氮的混合气体，体积比为79:21。

碳完全燃烧反应方程式为

$$C + O_2 = CO_2$$
$$12kgC + 22.4m^3（标准）O_2 = 22.4m^3（标准）CO_2$$

1kg碳完全燃烧时需要1.866m³（标准）氧气，并产生1.866m³（标准）二氧化碳。

硫的完全燃烧反应方程式为

$$S + O_2 = SO_2$$
$$32kgS + 22.4m^3（标准）O_2 = 22.4m^3（标准）SO_2$$

1kg硫完全燃烧时需要0.7m³（标准）氧气，并产生0.7m³（标准）二氧化硫。

氢的完全燃烧反应方程式为

$$2H_2 + O_2 = 2H_2O$$
$$2 \times 2.016kgH_2 + 22.4m^3（标准）O_2 = 2 \times 22.4m^3（标准）H_2O$$

1kg氢完全燃烧时需要5.55m³（标准）氧气，并产生11.1m³（标准）水蒸气。

每千克接收基燃料中的可燃元素分别为碳$\frac{C_{ar}}{100}$kg，硫$\frac{S_{ar}}{100}$kg，氢$\frac{H_{ar}}{100}$kg，而每千克燃料中已含有氧$\frac{O_{ar}}{100}$kg，相当于$\frac{22.4}{32} \times \frac{O_{ar}}{100} = 0.7\frac{O_{ar}}{100}m^3$（标准）。这样每千克接收基燃料完全燃烧时所需外界供应的理论氧气量[m³（标准）/kg]为

$$V_{O_2}^0 = 1.866\frac{C_{ar}}{100} + 0.7\frac{S_{ar}}{100} + 5.55\frac{H_{ar}}{100} - 0.7\frac{O_{ar}}{100}$$

那么理论空气量[m³（标准）/kg]为

$$V_k^0 = \frac{1}{0.21}\left(1.866\frac{C_{ar}}{100} + 0.7\frac{S_{ar}}{100} + 5.55\frac{H_{ar}}{100} - 0.7\frac{O_{ar}}{100}\right)$$
$$= 0.0889(C_{ar} + 0.375S_{ar}) + 0.265H_{ar} - 0.0333O_{ar} \tag{1-23}$$

当缺乏燃料的元素分析资料时，理论空气量也可以根据燃料的发热量进行近似计算。这

些简化计算公式有：

①对于 $V_{daf} < 15\%$ 的贫煤和无烟煤

$$V_k^0 = 0.241 \frac{Q_{net,ar}}{1000} + 0.61 \tag{1-24}$$

②对于 $V_{daf} > 15\%$ 的烟煤和贫煤

$$V_k^0 = 0.253 \frac{Q_{net,ar}}{1000} + 0.278 \tag{1-25}$$

③对于 $Q_{net,a} < 125000 kJ/kg$ 的劣质烟煤

$$V_k^0 = 0.241 \frac{Q_{net,ar}}{1000} + 0.455 \tag{1-26}$$

④对于燃料油

$$V_k^0 = 0.263 \frac{Q_{net,ar}}{1000} \tag{1-27}$$

上列各式中　　$V_k^0$——理论空气量$[m^3(标准)/kg]$；

　　　　　　$Q_{net,ar}$——煤或燃料油的接收基低位发热量（kJ/kg）。

2）实际所需空气量的计算。在锅炉燃烧过程中，空气和烟气在炉内停留时间是很短暂的，不可能做到空气与燃料的理想混合。如果仅送理论空气量供锅炉燃烧，这样将会有一部分燃料因没有与空气很好混合而不能燃烧或燃烧不完全。因此，锅炉运行时，供给的空气量应比理论空气量多。比理论空气量多出的这部分空气量称为过量空气。实际供给的空气量与理论空气量之比值 $\alpha$ 称为过量空气系数。

$$\alpha = \frac{V_k}{V_k^0} 或 V_k = \alpha V_k^0 \tag{1-28}$$

式中　　$\alpha$——过量空气系数；

　　　$V_k$——实际供给的空气量$[m^3(标准)/kg]$；

　　　$V_k^0$——理论空气量$[m^3(标准)/kg]$。

过量空气系数 $\alpha$ 是锅炉运行的重要指标，它直接影响到锅炉运行的经济性和安全性。通常用锅炉炉膛出口处的过量空气系数 $\alpha_l''$ 表示锅炉过量空气系数的大小。

过量空气系数 $\alpha_l''$ 值的确定原则是：在保证完全燃烧的前提下，尽量减小过量空气系数，$\alpha_l''$ 值的选取要考虑燃料种类、燃烧方式、燃烧设备结构形式等因素。

（2）煤及燃料油完全燃烧时生成烟气量的计算　燃料燃烧时生成的气态燃烧产物称为烟气。燃料完全燃烧生成的烟气成分有二氧化碳、二氧化硫、氮气、水蒸气等；燃料不完全燃烧生成的烟气成分除上述几种以外，还有一氧化碳等少量的可燃气体。

1kg 接收基燃料在理论空气量（即 $\alpha = 1$）的条件下完全燃烧，其生成的烟气量称为理论烟气量，用符号 $V_y^0$ 表示。

1kg 接收基燃料在实际空气量（即 $\alpha > 1$）的条件下完全燃烧，其生成的烟气量称为实际烟气量，用符号 $V_y$ 表示。

1）理论烟气量的计算。理论烟气量是根据煤与燃料油完全燃烧的化学反应方程式来计算的。完全燃烧时理论烟气量由二氧化碳、二氧化硫、理论水蒸气量、理论氮气量四部分组成，理论烟气量就是这四种气体的体积之和，即

$$V_y^0 = V_{CO_2} + V_{SO_2} + V_{H_2O}^0 + V_{N_2}^0 = V_{RO_2} + V_{H_2O}^0 + V_{N_2}^0 \tag{1-29}$$

式中　$V_y^0$——理论烟气量 $[m^3(标准)/kg]$；

　　　$V_{CO_2}$——烟气中二氧化碳的体积 $[m^3(标准)/kg]$；

　　　$V_{SO_2}$——烟气中二氧化硫的体积 $[m^3(标准)/kg]$；

　　　$V_{H_2O}^0$——烟气中理论水蒸气的体积 $[m^3(标准)/kg]$；

　　　$V_{N_2}^0$——烟气中理论氮气的体积 $[m^3(标准)/kg]$；

　　　$V_{RO_2}$——烟气中三原子气体的体积 $[m^3(标准)/kg]$。

①烟气中三原子气体的体积 $V_{RO_2}$。由碳的燃烧计算可知，1kg 碳完全燃烧产生 $1.866m^3 CO_2$，所以 1kg 燃料燃烧产生的 $CO_2$ 的体积为

$$V_{CO_2} = 1.866 \times \frac{C_{ar}}{100} = 0.01866C_{ar} \tag{1-30}$$

由硫的燃烧计算可知，1kg 硫燃烧产生 $0.7m^3$（标准）$SO_2$，所以 1kg 燃料燃烧产生标准状态下的 $SO_2$ 的体积为

$$V_{SO_2} = 0.7 \times \frac{S_{ar}}{100} = 0.007S_{ar} \tag{1-31}$$

所以，燃烧 1kg 燃料产生标准状态下的三原子气体体积为

$$V_{RO_2} = V_{CO_2} + V_{SO_2} = 0.01866(C_{ar} + 0.375S_{ar}) \tag{1-32}$$

②烟气中的理论水蒸气量 $V_{H_2O}^0$。燃料中氢完全燃烧生产的水蒸气，由氢的燃烧计算可知，1kg 氢完全燃烧生成 $11.1m^3$（标准）水蒸气，而 1kg 煤或燃料油中有 $\frac{H_{ar}}{100}$kg 的氢，所以 1kg 燃料中的氢完全燃烧生成的水蒸气的体积 $[m^3(标准)/kg]$ 为

$$11.1 \times \frac{H_{ar}}{100} = 0.11H_{ar}$$

燃料中水分在高温下生成的水蒸气，1kg 水汽化后生成的水蒸气量为 $\frac{22.4}{18}m^3$，而 1kg 固体燃料或燃料油中有 $\frac{M_{ar}}{100}$kg 水分，所以 1kg 燃料中的水分燃烧生成标准状态下的水蒸气的体积为

$$\frac{22.4}{18} \times \frac{M_{ar}}{100} = 0.0124M_{ar}$$

理论空气量中含有水蒸气，通常按 1kg 干空气中含 10g 水蒸气量计算。已知干空气密度为 $1.293kg/m^3$，水蒸气密度为 $\frac{18}{22.4}kg/m^3 = 0.804kg/m^3$，所以 $1m^3$ 干空气中含有水蒸气的体积为

$$\frac{1.293 \times \frac{10}{1000}}{0.804}m^3 = 0.016m^3$$

则理论空气量中含有水蒸气的体积为 $0.016V_k^0 m^3$（标准）/kg。

燃用重油且用蒸汽雾化时带入炉内的水蒸气，将成为烟气体积的一部分。雾化 1kg 重油

消耗的水蒸气量为 $G_{wh}$ kg，而 1kg 水蒸气的体积为 $\frac{22.4}{18}$ m³。

则雾化 1kg 重油消耗的水蒸气的体积为

$$\frac{22.4}{18} \times G_{wh} \, m^3 = 1.24 G_{wh} \, m^3$$

所以，燃烧 1kg 燃料产生的理论水蒸气的体积为

$$V_{H_2O}^0 = 0.111 H_{ar} + 0.016 V_k^0 + 0.0124 M_{ar} + 1.24 G_{wh} \tag{1-33}$$

式中　$V_{H_2O}^0$——理论水蒸气量[m³（标准）/kg]。

理论氮气量 $V_{N_2}^0$ 来自于燃料中所含的氮和空气中的氮气。

燃料中 1kg 氮生成 $\frac{22.4}{28}$ m³ 氮气，而 1kg 燃料中有 $\frac{N_{ar}}{100}$ kg 氮，则生成氮气体积为 $\frac{22.4}{28} \times \frac{N_{ar}}{100} = 0.008 N_{ar}$ m³。

空气中的氮气是随理论空气量带入炉内的，其氮气量为 $0.79 V_k^0$ m³（标准）/kg。

所以，燃烧 1kg 燃料产生的理论氮气的体积为

$$V_{N_2}^0 = 0.008 N_{ar} + 0.79 V_k^0 \tag{1-34}$$

式中　$V_{N_2}^0$——理论氮气量[m³（标准）/kg]。

将所求出的 $V_{RO_2}^0$、$V_{H_2O}^0$ 及 $V_{N_2}^0$ 代入式（1-29），即可求出 1kg 煤或燃料油燃烧产生的理论烟气量。

2）用经验公式计算理论烟气量。当缺乏燃料的元素分析成分资料时，理论烟气量[m³（标准）/kg]也可以根据燃料的发热量进行近似计算。

①对于无烟煤、贫煤及烟煤

$$V_y^0 = 0.248 \frac{Q_{net,ar}}{1000} + 0.77 \tag{1-35}$$

②对于劣质煤，当 $Q_{net,ar} < 12560$ kJ/kg 时

$$V_y^0 = 0.248 \frac{Q_{net,ar}}{1000} + 0.54 \tag{1-36}$$

③对于燃料油

$$V_y^0 = 0.256 \frac{Q_{net,ar}}{1000} \tag{1-37}$$

3）实际烟气量的计算

①过量空气的体积按下式计算：

$$V_k - V_k^0 = (\alpha - 1) V_k^0 \tag{1-38}$$

②实际烟气量由理论烟气量与过量空气（包括过量的氧气、氮气和相应的水蒸气）两部分组成。即

$$\begin{aligned}
V_y &= V_y^0 + 0.21(\alpha-1)V_k^0 + 0.79(\alpha-1)V_k^0 + 0.0161(\alpha-1)V_k^0 \\
&= V_y^0 + 1.0161(\alpha-1)V_k^0 \\
&= V_{RO_2} + V_{H_2O}^0 + V_{N_2}^0 + 0.21(\alpha-1)V_k^0 + 0.79(\alpha-1)V_k^0 + 0.0161(\alpha-1)V_k^0 \\
&= V_{RO_2} + V_{H_2O} + V_{N_2} + V_{O_2} \\
&= V_{gy} + V_{H_2O}
\end{aligned} \tag{1-39}$$

式中　$V_{gy}$——干烟气体积 $\left[ m^3 （标准）/kg \right]$。

$$V_{gy} = V_{RO_2} + V_{N_2} + V_{O_2} = V_{RO_2} + V_{N_2}^0 + (\alpha - 1)V_k^0 \tag{1-40}$$

**2. 气体燃料的燃烧计算**

（1）气体燃料燃烧所需空气量的计算

1）理论空气量的计算。理论空气量是指标准状态下每立方米燃气按燃烧反应化学方程式完全燃烧所需的空气量。用符号 $V_k^0$ 表示，单位为 $m^3/m^3$。

燃气燃烧所需理论空气量可按下列近似公式计算

①当燃气的低位发热量 $Q_{net}^g < 10500 kJ/m^3$ （标准）时，

$$V_k^0 = \frac{0.209}{1000}Q_{net}^g \tag{1-41}$$

②当人工燃气的低位发热量 $Q_{net}^g > 10500 kJ/m^3$ （标准）时，

$$V_k^0 = \frac{0.26}{1000}Q_{net}^g - 0.25 \tag{1-42}$$

③对于烷烃类的燃气（天然气、石油伴生气、液化石油气）可采用

$$V_k^0 = \frac{0.268}{1000}Q_{net}^g \tag{1-43}$$

2）实际空气量的计算。在锅炉燃烧过程中，如果只供给理论空气量，燃气与空气不可能混合得非常均匀，就会出现不完全燃烧。因此，实际供给的空气量应大于理论空气量，即要供应一部分过量空气。过量空气的存在增加了燃气分子与空气分子碰撞的可能性，增加了相互作用的机会，从而使燃烧趋于完全。

实际空气量与理论空气量之比，称为过量空气系数。即

$$\alpha = \frac{V_k}{V_k^0} \text{或} V_k = \alpha V_k^0 \tag{1-44}$$

式中　$\alpha$——过量空气系数；

$V_k$——实际空气量；

$V_k^0$——理论空气量。

$\alpha$ 值的大小，与燃气种类、燃烧方式、燃烧设备等有关。

在锅炉燃烧过程中，控制 $\alpha$ 值是非常重要的，$\alpha$ 值过大或过小都会导致不良后果。$\alpha$ 值过小，燃烧不完全，燃料的化学能未能充分发挥作用；$\alpha$ 值过大，烟气体积增大，炉膛温度降低，直接影响到燃料的燃烧和燃尽。因此，最理想的燃烧设备应在保证完全燃烧的条件下，尽量使 $\alpha$ 值趋近于1。

（2）气体燃料完全燃烧生成烟气量的计算

1）理论烟气量的计算。当只供给理论空气量时，燃气完全燃烧所产生的烟气量称为理论烟气量。理论烟气量的成分是 $CO_2$、$SO_2$、$N_2$ 和 $H_2O$。前三者合在一起称为干烟气；连同水蒸气在一起的烟气称为湿烟气。$CO_2$ 和 $SO_2$ 通常称为三原子气体，用符号 $RO_2$ 表示。

燃气燃烧生成的理论烟气量，可按下列经验公式近似计算：

①对烷烃类燃气

$$V_y^0 = \frac{0.239Q_{net}^g}{1000} + a \tag{1-45}$$

式中　$a$——附加值$[m^3（烟气）/m^3（燃气）]$，$a=2$（天然气），$a=2.2$（石油伴生气），$a=4.5$（液化石油气）。

②对炼焦煤气

$$V_y^0 = \frac{0.272Q_{net}^g}{1000} + 0.25 \tag{1-46}$$

③对于低位发热量 $Q_{net}^g < 126000 kJ/m^3$ 的燃气

$$V_y^0 = \frac{0.173Q_{net}^g}{1000} + 1.0 \tag{1-47}$$

2）实际烟气量的计算。燃气燃烧生成的实际烟气量，可按下列经验公式近似计算

$$V_y = V_y^0 + (\alpha - 1)V_k^0 \tag{1-48}$$

### 3. 锅炉机组的热平衡

锅炉机组的热平衡，是指输入锅炉的热量与从锅炉输出的热量（包括有效利用的热量与损失的热量）之间的平衡，如图1-13所示。通过对热量平衡的分析，可以确定锅炉的热效率和燃料消耗量，这对指导锅炉设计及运行具有重要意义。

（1）热平衡方程式　根据图1-13可写出如下热平衡方程式

$$Q_r = Q_1 + Q_2 + Q_3 + Q_4 + Q_5 + Q_6 \tag{1-49}$$

式中　$Q_r$——输入锅炉的热量（kJ/kg）；

　　　$Q_1$——锅炉有效利用的热量（kJ/kg）；

　　　$Q_2$——排烟热损失消耗的热量（kJ/kg）；

　　　$Q_3$——气体未完全燃烧热损失消耗的热量（kJ/kg）；

　　　$Q_4$——固体未完全燃烧损失消耗的热量（kJ/kg）；

　　　$Q_5$——散热损失消耗的热量（kJ/kg）；

　　　$Q_6$——灰渣物理热损失消耗的热量（kJ/kg）。

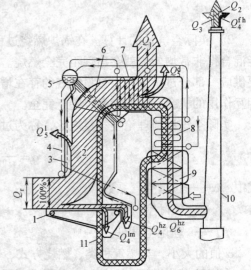

图1-13　锅炉机组热平衡示意图

1—链条炉排　2—炉膛　3—水冷壁　4—下降管
5—锅筒　6—凝渣管　7—过热器　8—省煤器
9—空气预热器　10—烟囱　11—预热空气的循环热流

图1-13中编号11显示预热空气的循环热流，此部分热量来自于燃料燃烧放热，在空气预热器中由烟气将这部分热量放给了空气，随空气带入炉膛，成为烟气焓的组成部分，如此在锅炉内部循环不已，与从外部向锅炉输入的热量和从锅炉向外部输出的热量无关，因此，在热平衡方程式中不予考虑。

在式（1-49）的左右两边分别除以 $Q_r$，则有效利用热与各项热损失消耗的热量，用占输入锅炉总热量的百分数表示。即

$$100\% = q_1 + q_2 + q_3 + q_4 + q_5 + q_6 \tag{1-50}$$

式中　$q_1 = \dfrac{Q_1}{Q_r} \times 100\%$——锅炉有效利用的热量占输入锅炉的热量的百分数（%）；

$$q_2 = \frac{Q_2}{Q_r} \times 100\% \text{——排烟热损失（\%）；}$$

$$q_3 = \frac{Q_3}{Q_r} \times 100\% \text{——气体未完全燃烧热损失（\%）；}$$

$$q_4 = \frac{Q_4}{Q_r} \times 100\% \text{——固体未完全燃烧热损失（\%）；}$$

$$q_5 = \frac{Q_5}{Q_r} \times 100\% \text{——散热损失（\%）；}$$

$$q_6 = \frac{Q_6}{Q_r} \times 100\% \text{——灰渣物理热损失（\%）。}$$

（2）输入锅炉的热量 $Q_r$　输入锅炉的热量包括燃料自身拥有的热量（含燃料燃烧放出的热量和燃料的物理热）、用锅炉外部热源加热空气带入炉内的热量、用蒸汽雾化重油带入炉内的热量等。

煤和燃料油的输入热是以 1kg 燃料为基准计算的；气体燃料的输入热则是以标准状态下 $1m^3$ 燃料为基准计算的。

对于煤及燃料油 $\qquad\qquad Q_r = Q_{net,ar} + h_r + Q_{wr} + Q_{wh}$ （1-51）

对于气体燃料 $\qquad\qquad Q_r = Q_{net}^g + h_r + Q_{wr}$ （1-52）

式中　$Q_{net,ar}$——煤、燃料油的接收基低位发热量（kJ/kg）；

$\quad$ $Q_{net}^g$——干燃气的低位发热量[ $kJ/m^3$（标准）]；

$\quad$ $h_r$——燃料的物理热[ kJ/kg 或 $kJ/m^3$/（标准）]；

$\quad$ $Q_{wr}$——用锅炉外部热源加热空气时，带入炉内的热量[ kJ/kg 或 $kJ/m^3$（标准）]；

$\quad$ $Q_{wh}$——雾化重油所耗用的蒸汽带入炉内的热量（kJ/kg）。

（3）锅炉有效利用热量 $Q_1$　锅炉有效利用热量依据锅炉容量、工质压力和温度进行计算。

$$Q_1 = \frac{Q_{gl}}{B} \tag{1-53}$$

式中　$Q_1$——锅炉有效利用热量[ kJ/kg 或 $kJ/m^3$（标准）]；

$\quad$ $B$——每小时燃料消耗量[ kg/h 或 $m^3$（标准）/h ]；

$\quad$ $Q_{gl}$——锅炉每小时有效吸热量（kJ/h）。

1）生产饱和蒸汽的锅炉每小时有效吸热量

$$Q_{gl} = (D + D_{zy})\left(h_{bq} - h_{gs} - \frac{rw}{100}\right) + D_{ps}(h_{bs} - h_{gs}) \tag{1-54}$$

式中　$D$——锅炉饱和蒸汽流量（kg/h）；

$\quad$ $D_{zy}$——自用蒸汽量（kg/h）；

$\quad$ $h_{bq}$——饱和蒸汽的焓（kJ/kg）；

$\quad$ $h_{gs}$——给水的焓（kJ/kg）；

$\quad$ $h_{bs}$——饱和水的焓（kJ/kg）；

$\quad$ $r$——汽化热（kJ/kg）；

$\quad$ $w$——蒸汽湿度（\%）；

$D_{ps}$——排污水量（kg/h）。

2）生产过热蒸汽的锅炉每小时有效吸热量

$$Q_{gl} = D_{gq}(h_{gq} - h_{gs}) + D_{zy}\left(h_{bq} - h_{gs} - \frac{rw}{100}\right) + D_{ps}(h_{bs} - h_{gs}) \qquad (1-55)$$

式中 $D_{gq}$——过热蒸汽流量（kg/h）；

$h_{gq}$——过热蒸汽的焓（kJ/kg）。

3）生产热水的锅炉每小时有效吸热量

$$Q_{gl} = G(h_{cs} - h_{js}) \qquad (1-56)$$

式中 $G$——热水锅炉循环水流量（kg/h）；

$h_{cs}$——热水锅炉出水的焓（kJ/kg）；

$h_{js}$——热水锅炉进水的焓（kJ/kg）。

（4）锅炉的各项热损失 锅炉运行时，进入炉膛的燃料不可能完全燃烧，未燃烧的可燃成分所折合的损失称为锅炉未完全燃烧热损失；炉内燃料燃烧所放出的热量也不可能全部被有效利用，有的热量被排出炉外的烟气、灰渣带走，有的则经过炉墙、附件散失掉。由此可见，锅炉在运行中存在着各种热损失。

1）排烟热损失 $q_2$。排烟热损失是指烟气离开锅炉排入大气，由于其温度高于进入锅炉空气的温度，排烟所带走的热量称为排烟热损失。排烟热损失可按下式计算

$$q_2 = \frac{Q_2}{Q_r} \times 100(\%) = \frac{(h_{py} - \alpha_{py}h_{lk}^0) \times \dfrac{100 - q_4}{100}}{Q_r} \times 100\% \qquad (1-57)$$

式中 $h_{py}$——从锅炉末级受热面排出的烟气焓[kJ/kg 或 kJ/m³（标准）]；

$h_{lk}^0$——锅炉空气预热器入口的理论冷空气焓[kJ/kg 或 kJ/m³（标准）]；

$\dfrac{100 - q_4}{100}$——考虑到输入锅炉的燃料与在炉膛内参与燃烧反应的燃料之差的修正值；

$\alpha_{py}$——锅炉末级受热面出口的过量空气系数。

锅炉设计计算时，锅炉出口过量空气系数由事先选择的炉膛出口处的过量空气系数与烟气流经的各受热面烟道的漏风系数叠加而得，即 $\alpha_{py} = \alpha_1'' + \sum \Delta\alpha$；锅炉运行时，过量空气系数根据烟气分析结果计算。

排烟热损失是锅炉的主要热损失之一，在煤粉、油、气锅炉中，$q_2$ 是最大的一项。因此，排烟热损失对锅炉热效率的影响很大。

影响排烟热损失大小的关键是排烟温度和排烟容积。

排烟温度越高，排烟热损失越大。据统计，排烟温度每增高 15～20℃，$q_2$ 约增加 1%。排烟温度的确定是受多方面因素制约的，排烟温度增高，排烟热损失增加，锅炉热效率降低，燃料消耗量增加。反之，排烟温度降低，锅炉尾部受热面（省煤器、空气预热器）传热温差减小，受热面增加，则金属耗量增加。此外，排烟温度降低，会造成尾部受热面的金属腐蚀。因此，最佳的排烟温度应根据上述分析综合考虑，对工业锅炉常取 150～200℃。

影响排烟热损失的另一个重要因素是排烟容积。排烟容积增加（即锅炉排烟过量空气系数 $\alpha_{py}$ 增大），排烟热损失增加，排烟过量空气系数每增加 0.15，则 $q_2$ 约增加 1 个百分点。$\alpha_{py}$ 的大小，受炉膛出口处的过量空气系数和各受热面烟道漏风系数的影响，也受燃料水分

含量大小的影响。所以，在锅炉运行中一定要采取有效措施减少漏风量，要经常检查炉门、检查门、看火门是否关严，是否密封；要保持合理的炉膛负压，因为炉内负压太大，漏风量也会随之增加；发现漏风，应查明原因，及时修理。燃料中的水分在高温下形成水蒸气，成为烟气的一部分，增加了排烟体积，使排烟热损失增大。因此，燃料中的水分要尽量减少，但当燃烧结焦性弱而细末又多的煤时，为了减少飞灰热损失，还应保持煤中适当的水分。

2）气体未完全燃料热损失 $q_3$。气体未完全燃烧热损失是由于烟气中存在未燃尽的可燃气体，如 $CO$、$H_2$、$CH_4$ 等，这部分热量未能被有效利用而随烟气排入大气，造成热量损失。这部分热损失可用可燃气体的体积乘以其低位发热量来确定。计算公式为

$$q_3 = \frac{Q_3}{Q_r} = \frac{V_{gy}(126.4CO + 108H_2 + 358.2CH_4)}{Q_r} \times \frac{100 - q_4}{100} \times 100(\%) \qquad (1-58)$$

式中　$CO$、$H_2$、$CH_4$——干烟气中一氧化碳、氢、甲烷的体积分数（%），可由烟气分析测定。

气体未完全燃烧热损失还可以用简化公式计算

$$q_3 = 3.2\alpha_{py}CO \times 100\% \qquad (1-59)$$

影响气体未完全燃烧热损失的因素有燃料性质（挥发分含量）、炉膛过量空气系数、炉内温度和空气动力工况等。保持炉膛足够的高温和适量的过量空气系数，注意炉内一、二次风的配比和强烈混合，以保证火焰充满整个炉膛，是降低 $q_3$ 的有效措施。

锅炉在正常运行工况下，气体未完全燃烧热损失一般很小。在锅炉设计时，按推荐值选取。

3）固体未完全燃烧热损失 $q_4$。固体未完全燃烧热损失是由于燃料的可燃固定颗粒在炉内未燃烧或未能燃尽而直接排出炉外，由此而引起的热量损失。通常情况下 $q_4$ 由三部分组成：

①灰渣热损失 $q_4^{hz}$，未燃烧或未燃尽的碳粒随灰渣排出炉外引起的热损失。

②飞灰热损失 $q_4^{fh}$，未燃烧或未燃尽的碳粒随烟气排出炉外引起的热损失。

③漏煤热损失 $q_4^{lm}$，未燃烧或未燃尽的碳粒经炉排缝隙漏出炉外引起的热损失。

固体未完全燃烧热损失一般通过试验测定，并按下式计算

$$q_4 = \frac{Q_4}{Q_r} \times 100\% = \frac{328.66A_{ar}\left(a_{hz}\dfrac{C_{hz}}{100 - C_{hz}} + a_{lm}\dfrac{C_{lm}}{100 - C_{lm}} + a_{fh}\dfrac{C_{fh}}{100 - C_{fh}}\right)}{Q_r} \times 100\% \qquad (1-60)$$

式中　$a_{hz}$、$a_{lm}$、$a_{fh}$——灰渣、漏煤、飞灰中的灰量占送入锅炉的煤的总灰量的质量分额；

　　$C_{hz}$、$C_{lm}$、$C_{fh}$——灰渣、漏煤、飞灰中碳的质量占其总质量的质量分数（%）。

锅炉运行过程中，一部分飞灰经烟囱排入大气，一部分被除尘器收集，还有一部分沉积于锅炉受热面和烟道之中，要想将飞灰全部收集起来测量，是一件非常困难的工作。因此，往往通过间接的方法——灰平衡法来确定。所谓灰平衡法，即燃料中含灰量应等于灰渣、飞灰、漏煤三项中的灰分之和。只要测定出燃料、灰渣、漏煤中的灰分，就可以计算出飞灰中的灰分含量。按下列公式计算

$$\frac{A_{ar}}{100} = \frac{G_{hz}}{B} \times \left(\frac{100 - C_{hz}}{100}\right) + \frac{G_{fh}}{B} \times \left(\frac{100 - C_{fh}}{100}\right) + \frac{G_{lm}}{B} \times \left(\frac{100 - C_{lm}}{100}\right)$$

式中　$G_{hz}$、$G_{fh}$、$G_{lm}$——单位时间内运行锅炉的灰渣、飞灰、漏煤量（kg/h）；

$$B\text{——运行锅炉单位时间内实际燃料消耗量（kg/h）。}$$

将上式整理后得

$$1 = \frac{G_{hz}(100 - C_{hz})}{BA_{ar}} + \frac{G_{fh}(100 - C_{fh})}{BA_{ar}} + \frac{G_{lm}(100 - C_{lm})}{BA_{ar}}$$

即

$$1 = a_{hz} + a_{fh} + a_{lm} \tag{1-61}$$

固体未完全燃烧热损失还可以用简化公式计算

$$q_4 = k\frac{A_{ar}}{Q_{net,ar}} \times 100\% \tag{1-62}$$

式中　$k$——系数。对于褐煤 $k = 4600$；对于烟煤 $k = 7540$；对于无烟煤 $k = 16750$。

影响固体未完全燃烧热损失的因素很多，有燃料性质、燃烧方式、过量空气系数、炉排结构、炉膛结构及炉内空气动力工况等。保持炉内足够的高温，保证一、二次风的良好配比和适时、充分、强烈的混合，可以有效地降低固体未完全燃烧热损失 $q_4$。

固体未完全燃烧热损失 $q_4$ 是锅炉的主要热损失之一，其值与燃料种类和燃烧方式有关，设计锅炉时，通常按经验数值推荐选取。

4）散热损失 $q_5$。散热损失是指锅炉的介质（烟气）和工质（汽、水、汽水混合物、空气）的热量通过炉墙、烟风道、构架、锅筒及其附件的外表面向大气散发而造成的热量损失。

准确地计算运行锅炉的散热损失 $q_5$ 是比较困难的，其一是由于锅炉与大气接触的表面面积难以准确测量；其二是各外表面温度各异，测量工作也是非常复杂的。

对于中、低压锅炉，散热损失可按表 1-9 的经验数据选取。

表 1-9　锅炉的散热损失 $q_5$　　　　　　　（%）

| 锅炉布置形式 | 锅炉的额定蒸发量 | | | | | | | | |
|---|---|---|---|---|---|---|---|---|---|
| | 1t/h | 2t/h | 4t/h | 6t/h | 10t/h | 15t/h | 20t/h | 35t/h | 65t/h |
| 无尾部受热面 | 5 | 3 | 2.1 | 1.5 | | | | | |
| 有尾部受热面 | | 3.5 | 2.9 | 2.4 | 1.7 | 1.5 | 1.3 | 1.0 | 0.8 |

5）灰渣物理热损失 $q_6$。灰渣物理热损失是指燃烧产物——灰渣从锅炉排出所带走的热量损失。一般情况，均需计算，只有在固态排渣煤粉炉，当煤的接收基灰分 $A_{ar} \leqslant \dfrac{Q_{net,ar}}{418.68}$ 时，才可忽略。其计算公式为

$$Q_6^{hz} = \frac{A_{ar}}{100} \times a_{hz}(c\theta)_h$$

或

$$q_6^{hz} = \frac{a_{hz}A_{ar}(c\theta)_h}{Q_r} \times 100\% \tag{1-63}$$

式中　$a_{hz}$——灰渣中的灰分质量占燃料总灰分质量的质量分额；当层燃炉中漏煤量很少时，该值可近似按 $a_{hz} = 1 - a_{fh}$ 计算；

　　　$(c\theta)_h$——1kg 灰渣在温度为 $\theta℃$ 时的焓（kJ/kg）。对于层燃炉和固态排渣煤粉，灰渣温度取 600℃，对于沸腾炉，灰渣温度取 800℃。

灰渣物理热损失的大小，与锅炉形式（如液态排渣炉排渣温度高，此项热损失较固态

排渣炉大）、燃料性质（如灰分高、发热量低煤，此项热损失就大）以及排渣率等因素有关。

（5）锅炉热效率 $\eta$　锅炉中被有效利用的热量 $Q_1$ 占输入锅炉总热量 $Q_r$ 的百分比，称为锅炉热效率，用符号 $\eta$ 表示。

锅炉热效率是通过锅炉热平衡方法确定的。热平衡方法分正平衡方法和反平衡方法两种，用正平衡方法测定的锅炉效率称正平衡效率，用反平衡方法测定的锅炉效率称反平衡效率。

1）正平衡方法。正平衡方法是指用试验方法，测出锅炉的有效利用热量 $Q_1$ 和输入锅炉的热量 $Q_r$，用下式计算锅炉热效率

$$\eta_1 = \frac{Q_1}{Q_r} \times 100\% \tag{1-64}$$

2）反平衡方法。反平衡方法是指通过试验，逐项测定锅炉热损失，再按下式计算锅炉热效率

$$\eta_2 = q_1 = 100 - (q_2 + q_3 + q_4 + q_5 + q_6) \tag{1-65}$$

（6）锅炉燃料消耗量

1）燃料消耗量 $B$ 的计算。锅炉热效率确定以后，即可按下式计算燃料消耗量 $B$

$$B = \frac{Q_{gl}}{\eta Q_r} \times 100 \tag{1-66}$$

式中　$B$——锅炉每小时消耗的燃料 [kg/h 或 m³（标准）/h]。

2）计算燃料消耗量 $B_j$ 的计算。考虑到固体不完全燃烧热损失 $q_4$ 的存在，使入炉燃料消耗量 $B$ 中实际参与燃料反应的量减少。所以在锅炉燃烧产物计算、空气量计算及烟气对受热面的传热计算中，均应采用由于 $q_4$ 影响的计算燃料消耗量 $B_j$。计算燃料消耗量 $B_j$ 用下列公式计算

$$B_j = B\left(1 - \frac{q_4}{100}\right) \tag{1-67}$$

式中　$B_j$——计算燃料消耗量 [kg/h 或 m³（标准）/h]。

## 课题 4　工业锅炉的水处理

自然界中的各种水源都含有一些杂质，不能直接用于锅炉给水，必须经过处理符合水质标准后才能供锅炉使用，否则会影响锅炉的安全及经济运行。《工业锅炉水质》（GB 1576—2008）对工业锅炉用水质量有明确的规定。因此，锅炉房必须设置合适的水处理设备。

**1. 水中的杂质和水质指标**

（1）水中的杂质　天然水中的杂质是多种多样的，这些杂质按其颗粒大小可分为三类：颗粒最大的称为悬浮物，其次是胶体，最小的是离子和分子，即溶解物质。

悬浮物是指水流动时呈悬浮状态的物质，其颗粒直径在 $10^{-4}$ mm 以上，它通过过滤就可以分离出来。水中的悬浮物主要有泥砂、动植物残渣、工业废物等。

胶体物质是许多分子和离子的集合体，其颗粒直径在 $10^{-6} \sim 10^{-4}$ mm 之间。水中胶体物质有铁、铝、硅的化合物，以及动植物有机体的分解物质——有机物。

溶解物质主要是钙、镁、钾、钠等盐类及氧和二氧化碳等气体。这些盐类在水中大都以离子状态存在，其颗粒直径小于 $10^{-6}$ mm。水中溶解的气体则是以分子状态存在的。

（2）水质指标和水质标准

1）水质指标。用来表示水中杂质含量的指标称为水质指标。水质指标用以表明水的品质，主要指标如下。

①悬浮物：表示水中不溶解的固态杂质含量，即将水样过滤后分离出的固形物，其含量通常用 mg/L 表示。

②溶解固形物：将滤出悬浮物后的水样进行蒸发和干燥后所得的残渣，其含量用 mg/L 表示。

③硬度（$H$）：指溶解于水中能够形成水垢的钙、镁盐类的总含量，其含量用 mmol/L 表示，硬度又可分为碳酸盐硬度和非碳酸盐硬度。

碳酸盐硬度（$H_T$）是指溶解于水中的重碳酸钙 $Ca(HCO_3)_2$、重碳酸镁 $Mg(HCO_3)_2$ 和钙、镁的碳酸盐形成的硬度。一般天然水中钙、镁的碳酸盐含量很少，所以可将碳酸盐硬度看做是钙、镁的重碳酸盐形成的。这些盐类很不稳定，在水加热至沸腾后可分解生成沉淀物析出，即

$$Ca(HCO_3)_2 \triangleq CaCO_3 \downarrow + H_2O + CO_2 \uparrow$$
$$Mg(HCO_3)_2 \triangleq MgCO_3 \downarrow + H_2O + CO_2 \uparrow$$
$$MgCO_3 + H_2O \triangleq Mg(OH)_2 \downarrow + CO_2 \uparrow$$

所以又称其为暂时硬度。

非碳酸盐硬度（$H_{FT}$）是指水中的氯化钙 $CaCl_2$、氯化镁 $MgCl_2$、硫酸钙 $CaSO_4$、硫酸镁 $MgSO_4$ 等非碳酸盐的含量。这些盐类在加热至沸腾时不能立即沉淀析出，只有在水不断蒸发后使水中所含的浓度超过饱和极限时才会沉淀析出，所以又称为永久硬度。

因此，总硬度 = 暂时硬度 + 永久硬度 = 碳酸盐硬度 + 非碳酸盐硬度，即 $H = H_T + H_{FT}$。

④碱度（$A$）：指水中碱性物质的总含量。例如氢氧根 $OH^-$、碳酸根 $CO_3^{2-}$、重碳酸根 $HCO_3^-$ 及其他一些弱酸盐类都可以用酸中和，这些都是水中常见的碱性物质。碱度的单位用 mmol/L 表示。

水中所含的各种硬度和碱度，有着内在的联系和制约。例如，水中不可能同时存在氢氧根碱度和重碳酸根碱度，因为二者会发生化学反应，即

$$HCO_3^- + OH^- \rightarrow CO_3^{2-} + H_2O$$

另外，水中的暂时硬度是钙、镁与 $HCO_3^-$ 及 $CO_3^{2-}$ 形成的盐类，也属于水中的碱度。当水中含有钠盐碱度时，就不会存在非碳酸盐硬度（永久硬度），即

$$CaSO_4 + Na_2CO_3 =\!\!=\!\!= CaCO_3 \downarrow + Na_2SO_4$$

由上列化学反应方程式可见，水中不可能同时存在钠盐碱度和永久硬度，所以常将钠盐碱度称为负硬度。

综合上述分析，水中硬度和碱度的内在关系可归结为以下三种情况：若总硬度大于总碱度，水中必有永久硬度，而无钠盐碱度，则 $H_T = A$，$H_{FT} = H - A$；若总硬度等于总碱度，水中无永久硬度，也无钠盐碱度，则 $H = H_T = A$；若总硬度小于总碱度，水中无永久硬度，而有钠盐碱度，则 $H = H_T$，$A - H =$ 负硬度。

⑤相对碱度：指锅水中氢氧根碱度折算成游离 NaOH 的量与锅水中溶解固形物含量的比

值。相对碱度是为防止锅炉苛性脆化而规定的一项技术指标。

⑥pH 值：它是表示水的酸碱性指标，指水中氢离子浓度的负对数。表 1-10 给出了水的酸碱性与 pH 值的关系。

表 1-10　水的酸碱性与 pH 值的关系

| pH 值 | <5.5 | 5.5~6.5 | 6.5~7.5 | 7.5~10 | >10 |
|---|---|---|---|---|---|
| 酸碱性 | 酸性 | 弱酸性 | 中性 | 弱碱性 | 碱性 |

呈酸性的水会对金属产生酸性腐蚀，因此锅炉给水要求 pH > 7；当水的 pH > 13 时，容易将金属表面的 $Fe_3O_4$ 保护膜溶解，加快腐蚀速度，因此锅水的 pH 值要求控制在 10~12。

⑦溶解氧（$O_2$）：指溶解于水中的氧气含量，单位为 mg/L。水中溶解氧会腐蚀锅炉设备及金属管路，所以水中的溶解氧必须除去。

⑧磷酸根（$PO_4^{3-}$）：天然水中一般不含磷酸根，但有时为了消除给水带入锅内的残余硬度或为了防止锅炉内壁苛性脆化，向锅内加入一定量的磷酸盐。因此，磷酸根也作为锅水的一项控制指标。

⑨亚硫酸根（$SO_3^{2-}$）：给水中的溶解氧可用化学除氧方法除去，常用的化学药剂为亚硫酸钠，给水中亚硫酸钠相对于氧的过剩量越多，则反应速度越快越完全，此时，亚硫酸根也是一项控制指标。

⑩含油量：天然水中一般不含油，可是蒸汽的凝结水或给水在使用过程中可能混入油类，因此也规定了锅炉给水含油量的指标，其单位为 mg/L。含油量只作为定期检测项目。

水质指标中硬度和碱度的单位采用 mmol/L，它以一价离子作为基本单元，对于二价离子则以其 1/2 作为基本单元；硬度单位是以 $1/2Ca^{2+}$ 和 $1/2Mg^{2+}$ 为基本单元的 mmol/L；碱度单位是以 $H^+$ 为基本单元。

硬度和碱度单位还曾采用过德国度（°G）和百万分数（$\times 10^{-6}$）表示。1L 水中含有硬度或碱度物质的总量相当于 10mgCaO 时称为 1°G。换算关系为：1mmol/L = 2.8°G。

用 1L 水（$1 \times 10^6$mg）溶液中杂质的量相当于 1mg 碳酸钙（$CaCO_3$）的量来表示，称为百万分数，换算关系为：1mmol/L = 50.1 × $10^{-4}$%。

德国度与百万分数之间的换算关系为：1°G = 17.9 × $10^{-4}$%。

2）水质标准。为防止锅炉由于结垢、腐蚀及锅水起沫而影响锅炉的安全、经济运行，锅炉给水及锅水均要达到水质标准。

《工业锅炉水质》（GB 1576—2008）适用于额定出口蒸汽压力小于 3.8MPa、以水为介质的固定式蒸汽锅炉和汽水两用锅炉，也适用于以水为介质的固定式承压热水锅炉和常压热水锅炉。

**2. 锅炉受热面的结垢与腐蚀**

天然水中的悬浮物和胶体物质通常在水厂里通过混凝和过滤处理后大部分被清除。如果将这些外观看起来澄清的水直接供给锅炉，水中的一部分溶解盐类（主要是钙、镁盐类）就会析出或浓缩沉淀出来。沉淀物的一部分比较松散，称为水渣；而另一部分附着在受热面内壁，形成坚硬而致密的水垢。

1）水垢的危害

①水垢的导热性能很差，热导率仅为钢的热导率的 1/50~1/30，锅内结垢使受热面传

热能力显著下降，使锅炉的排烟温度升高，耗煤量增加，锅炉的出力和效率降低。根据试验，汽锅内壁附着1mm厚的水垢，就要多耗煤2%~3%。与此同时，受热面的壁温大为增高，引起金属的过热而使其机械强度降低，导致管壁起包或出现裂缝，甚至爆裂。

②锅炉水管结垢后，管内流通截面积减小，水循环的流动阻力增加，严重时会将水管完全堵塞，破坏正常的水循环，最终使管子烧坏。

③水垢附着在受热面上，清理困难，需要耗费大量的人力和物力；还会使受热面受到损伤，缩短锅炉的使用寿命。

2）锅水含盐量过多的危害。锅炉中的水随着不断蒸发、浓缩，其所含的悬浮物和盐分等浓度会有所增加，当浓度达到某一限度时，锅水的蒸发面上会形成大量泡沫，严重时产生汽水共腾现象。此时，蒸汽中会夹带较多锅水盐分，严重影响蒸汽品质；还会造成过热器及蒸汽管道中积盐和结垢，使过热器壁温度升高，以致烧损。

3）溶解性气体的危害。水中含有的溶解氧和二氧化碳会对锅炉的给水管路、受热面产生化学腐蚀。锅炉的给水和锅水又都是电解质，金属在电解质中会产生电化学腐蚀作用。这两种腐蚀均为局部腐蚀，即在金属表面产生溃伤性或点状腐蚀，严重时使管壁穿孔，造成事故。

综上所述，要保证锅炉的安全、经济运行，必须对锅炉的给水进行处理，其任务是：软化（降低水中钙、镁离子的含量），防止锅内结垢；除碱（减低碱物质含量），以减少锅炉排污量；除氧（减少水中的溶解气体），减轻对受热面金属的腐蚀。

工业锅炉的水处理方法常用的有两种：给水经预先处理后送入锅炉，称为锅外水处理；一些小容量的工业锅炉，水处理在汽锅内部进行，称为锅内水处理。

**3. 锅内水处理**

对于一些小容量的锅炉，对锅炉给水的水质标准要求较低，常采用锅内水处理的方法。锅内水处理就是向锅炉（或给水箱）内投加药剂，使水中结垢物质生成松散的水渣，通过排污排出，达到防止结垢和减轻腐蚀的目的。

（1）钠盐法 俗称加碱水处理法，常用的有磷酸三钠、纯碱（碳酸钠）和火碱（氢氧化钠），其中以纯碱使用得最普遍。纯碱进入汽锅后水解，使锅水的 pH 值保持在 10~12 范围内，并保持锅水中过剩的 $CO_3^{2-}$。原水中的碳酸盐硬度在锅内自身受热分解，在碱性环境中生成松散的碳酸钙沉淀，随排污排出。锅水中 $Ca^{2+}$ 浓度的降低，就会减少 $CaSO_4$、$CaCl_2$ 等硬垢的形成。但如果锅炉压力超过 1.5MPa 时，$Na_2CO_3$ 的水解程度太高，不能保持一定的 $CO_3^{2-}$ 浓度。此时，钠盐法采用磷酸三钠为好，其反应过程如下（以钙硬为例）：

$$3Ca(HCO_3)_2 + 2Na_3PO_4 = Ca_3(PO_4)_2\downarrow + 3Na_2CO_3 + 3CO_2\uparrow + 3H_2O$$

$$3CaSO_4 + 2Na_3PO_4 = Ca_3(PO_4)_2\downarrow + 3Na_2SO_4$$

$$3CaCl_2 + 2Na_3PO_4 = Ca_3(PO_4)_2\downarrow + 6NaCl$$

所形成的磷酸盐能增加泥渣的流动性，容易随排污水排出，不致附着在金属表面上变成二次水垢。同时，在金属内表面上，磷酸盐形成保护膜，可防止腐蚀。但磷酸三钠价格比碳酸钠贵，在工业锅炉中常与其他防垢剂配合使用或制成复合防垢剂。

磷酸钠的加药量可根据反应式计算，并保持一定的过剩量，用磷酸根（$PO_4^{3-}$）浓度指标来表示。

加药时可将碱加入给水系统中，随给水直接进入汽锅，也可先将碱在溶解罐中溶解，并

加热至 $70 \sim 80℃$ 后再压入汽锅。前者操作简单，后者的反应效果较好。

此外，采用加碱法水处理后，必须加强排污管理，防止产生汽水共腾或堵塞排污阀等事故。

（2）综合防垢剂法 将氢氧化钠、磷酸三钠、碳酸钠及栲胶配合使用组成综合防垢剂。根据锅炉给水水质，按不同配比混合后投入锅炉进行锅内处理。防垢剂用量经验数值参考表1-11。

表1-11 综合防垢剂用量

| 每吨水<br>用药量(g/t)　　防垢剂 | 原水硬度<br>（以 $CaCO_3$ 表示）<br>（mmol/L） | 0.5 | 0.75 | 1.0 | 1.25 | 1.5 | 1.75 | 2.0 | 2.25 | 2.50 |
|---|---|---|---|---|---|---|---|---|---|---|
| 磷酸三钠 | | 8.4 | 9.4 | 10.4 | 11.4 | 12.4 | 13.4 | 14.4 | 15.4 | 16.4 |
| 纯碱 | | 12.8 | 14.8 | 16.8 | 18.8 | 20.8 | 22.8 | 24.8 | 26.8 | 28.8 |
| 栲胶 | | 2 | 2 | 2 | 2 | 2 | 2 | 2 | 2 | 2 |

锅内加药法有两种，一是间断加药，二是连续加药。锅内加药水处理设备简单，投资少，操作方便，适用于额定蒸发量小于 $2t/h$ 的蒸汽锅炉或额定热功率小于 $2.8MW$ 的热水锅炉。锅炉运行中要加强排污管理，防止锅炉底部出现泥渣堵塞现象，必须先排污后加药，不可加药后立即排污。

**4. 离子交换软化**

水的软化目前广泛采用的是离子交换软化法，通常采用阳离子交换软化法，即利用不产生硬度的阳离子（如 $Na^+$、$H^+$）将水中的 $Ca^{2+}$、$Mg^{2+}$ 置换出来，达到软化的目的。离子交换软化主要通过离子交换剂来实现。

（1）离子交换剂 不溶于水，但可用自己的离子把水溶液中某些同种电荷的离子置换出来的颗粒物质称为离子交换剂，它是一种高分子化合物。常用的有机离子交换剂有磺化煤和合成树脂两种。

磺化煤是将烟煤粉碎过滤，用浓硫酸处理（称磺化）而制成的。由于其交换容量小、化学稳定性差、机械强度低、易碎，正逐步被合成树脂代替。

合成树脂又称离子交换树脂，是人工合成的高分子化合物。合成树脂内部具有较多的孔隙，交换反应不但在颗粒表面，而且在颗粒内部进行，其交换能力大，机械强度高，工作稳定性较好，近年来被广泛使用。离子交换树脂分为四大类：强酸阳离子型、弱酸阳离子型、强碱阴离子型、弱碱阴离子型。采用氢离子及钠离子交换软化时，一般都采用强酸阳离子型树脂。

阳离子型的离子交换剂是由阳离子和复合阴离子根组成的，复合阴离子根是稳定的组成部分，而阳离子则能和水中的钙、镁离子相互交换。通常用 R 表示离子交换剂中复合阴离子根。NaR 表示钠离子交换剂，HR 表示氢离子交换剂。

（2）钠离子交换软化原理 钠离子交换软化是在离子交换器中装入钠离子交换剂，原水流过钠离子交换剂时，交换剂中的 $Na^+$ 与水中的 $Ca^{2+}$、$Mg^{2+}$ 离子进行置换反应，使水得到软化。钠离子交换器如图 1-14 所示。其反应式如下

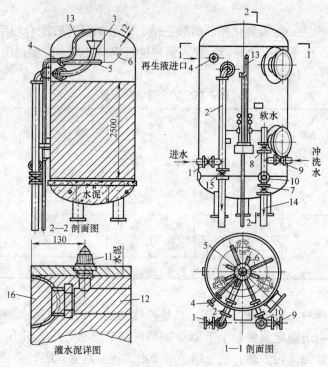

图 1-14　钠离子交换器

1—进水阀　2—进水管　3—分配漏斗　4—法兰　5—环形管　6—喷嘴　7—排水阀

8—软水出水阀　9—冲洗水进水阀　10—三通　11—泄水帽　12—集水管　13—排气管

14—排水管　15—排气阀　16—泄水管

对于碳酸盐硬度 $\qquad Ca(HCO_3)_2 + 2NaR \Longrightarrow CaR_2 + 2NaHCO_3$

$$Mg(HCO_3)_2 + 2NaR \Longrightarrow MgR_2 + 2NaHCO_3$$

对于非碳酸盐硬度 $\qquad CaSO_4 + 2NaR \Longrightarrow CaR_2 + Na_2SO_4$

$$MgCl_2 + 2NaR \Longrightarrow MgR_2 + 2NaCl$$

由以上各式可见，钠离子交换既能除去水中的暂硬度，又能除去永久硬度，但不能除碱。另外，按等物质的量的交换规则进行交换反应，使得软水中的含盐量有所增加。

随交换软化过程的进行，交换剂的 $NaR$ 型变为 $CaR_2$ 和 $MgR_2$ 型。当软化水的硬度超过某一数值后，水质已不符合锅炉给水水质标准的要求时，则认为交换剂已经"失效"，此时应立即停止软化，对交换剂进行再生（也称还原），以恢复交换剂的软化能力。

常用的再生剂是食盐（NaCl）。方法是让浓度为 5% ~ 8% 的工业食盐水溶液流过失效的交换剂层进行再生，再生反应如下

$$CaR_2 + 2NaCl \Longrightarrow 2NaR + CaCl_2$$

$$MgR_2 + 2NaCl \Longrightarrow 2NaR + MgCl_2$$

再生生成物 $CaCl_2$ 和 $MgCl_2$ 易溶于水，可随再生废水一起排掉。再生后，交换剂重新变成 $NaR$ 型，又恢复其置换能力。

（3）固定床钠离子交换设备及其运行　固定床离子交换器，是指运行时交换器中的交换剂层是固定而不流动的，一般原水由上而下经过交换剂层，使水得到软化，简称固定床。

固定床交换器常用的规格有 $\phi500mm$、$\phi750mm$、$\phi1000mm$、$\phi1200mm$、$\phi1500mm$ 及 $\phi2000mm$ 等几种，交换剂层高有 1.5m、2m 及 2.5m。用离子交换树脂作交换剂时，离子交换器内部必须有内衬，防止树脂被"中毒"和筒体腐蚀。

固定床离子交换按其再生运行方式不同，可分为顺流再生和逆流再生两种。

1）顺流再生钠离子交换器及其运行。顺流式再生是指交换运行时再生液的流动方向和原水流动方向相同，一般均由上向下。顺流再生离子交换器操作示意如图 1-15 所示。

离子交换器运行操作通常分四个步骤。

①软化。如图 1-15 所示，阀门 1 和 2 开起，其余阀门关闭，原水由阀门 1 进入交换器内分配漏斗，自上而下均匀地流过交换剂层，使原水软化，软水由底部集水装置汇集，经阀门 2 送往软化水箱。软化时，必须定时对水质进行化验，当出水硬度达到规定的允许值时，应立即停止软化。

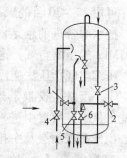

图 1-15　顺流再生离子交换器操作示意

②反洗。反洗的目的是松动软化时被压实了的交换剂层，为还原液与交换剂充分接触创造条件，同时带走交换剂表层的污物和杂质。开起阀门 3 和 5，其余阀门关闭，具有一定压力的反洗水自下而上流过交换剂层，从顶部排出。反洗强度以不冲走完好的交换剂颗粒为宜，一般为 15m/h，反洗时间一般为 10 ~ 15min。

③再生。再生的目的是使失效的交换剂恢复交换能力，开起阀门 4 和 6，其余阀门关闭。盐液由顶部多个辐射型喷嘴喷出，流过失效的交换剂，废盐液经底部集水装置汇集，由阀门 6 排走，再生流速一般为 4 ~ 8m/h。

④正洗。正洗的目的是清除交换剂中残余的再生剂和再生产物。废盐液放尽后，开始正洗，正洗水耗通常为 3 ~ 6m³/m³ 树脂，正洗速度为 6 ~ 8m/h，正洗时间为 30 ~ 40min，正洗后期阶段的含盐分的正洗水可送入反洗水箱贮存起来，供下次反洗使用，以节省用水量和耗盐量。正洗结束后，又可开始软化。

顺流再生固定床的优点是结构简单，运行维修方便，水质适应性强；缺点是再盐液耗量大。

2）逆流再生钠离子交换器及其运行。逆流再生离子交换器如图 1-16 所示。逆流式再生是指再生时再生液的流向和原水软化运行时的流向相反。通常盐液从交换器下部进入，上部排出。新鲜的再生液总是先与交换器底部尚未完全失效的交换剂接触，使其得到很高的再生程度，随着再生液继续向上流动，交换剂的再生程度逐渐降低，当再生液与上部完全失效的交换剂接触时，再生液仍具有一定的"新鲜性"，再生液被充分利用。

在软化运行时，水中钙、镁离子含量随着水流向下越来越少，而下部交换剂的再生程度很高，因此，

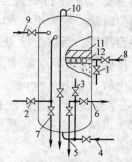

图 1-16　逆流再生离子交换器

1—废再生液出口　2—进水阀
3—冲洗水阀　4—再生液进口
5—排水　6—软化出水　7—排水
8—小反洗进水　9—进气管　10—排气管
11—压实层　12—中间排水装置

交换反应仍能持续进行下去，使交换器的出水水质较好。

综上所述，逆流再生离子交换具有出水质量高、盐耗低等优点，所以被广泛采用。

在逆流再生时，由于再生液是从交换剂下部进入的，当再生液流速较高时，会使交换剂层产生扰动现象。这样，交换剂层上下层次被打乱，称为乱层。如果发生乱层现象，就失去了逆流再生的特点。

为了防止乱层，逆流再生交换器在结构上和运行上都有一些相应的措施。在结构上，在交换剂表面层设有中间排水装置，如图1-16所示，使向上流动的再生液或冲洗水能均匀地从排水装置排走，而不使交换剂层发生扰动。另外在交换剂表面铺设150~200mm厚的压实层，可用25~30目的聚乙烯白球或直接用失效树脂作为压实层。压实层还可以起过滤的作用，把水中带进的悬浮物挡住，保护交换剂。压缩空气顶压法是从交换器顶部送入0.03~0.05MPa的压缩空气，这是防止乱层的理想措施，但需增加空压机设备。

压缩空气顶压法逆流再生操作步骤如下：

①小反洗。交换器运行失效时停止运行，反洗水从中排装置引进，经进水装置排走，以冲去积聚在表面层及中排装置以上的污物。反洗流速控制在5~10m/h，持续时间为3~5min，如图1-17a所示。

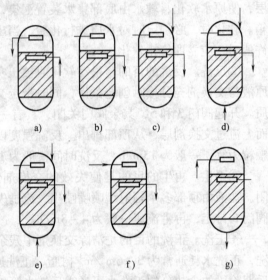

②排水。开起空气阀和再生液出口阀，放掉中排管上部的水，使压实层呈干态，如图1-17b所示。

③顶压。关闭空气阀和排再生液阀，开起压缩空气阀，从顶部通入压缩空气，并维持0.03~0.05MPa顶压，如图1-17c所示。

④再生。在顶压情况下，开起底部进再生液阀门，使再生液以2~5m/h的流速从下部送入，随适量空气从中排装置排出，如图1-17d所示。再生时间一般为40~50min。

图1-17　气顶压法逆流再生操作示意图
a) 小反洗　b) 排水　c) 顶压　d) 再生
e) 逆流冲洗　f) 小正洗　g) 正洗

⑤逆流冲洗。当再生液进完后，关闭再生阀门，开启底部进水阀，在有顶压的状态下进行逆流冲洗，从中排装置排水，如图1-17e所示。时间一般为30~40min。

⑥小正洗。停止逆流冲洗和顶压，放尽交换器内的剩余空气，从顶部进水，由中间排水装置放水，以清洗渗入压实层中及其上部的再生液，如图1-17f所示，流速10~15m/h，时间约为10min。

⑦正洗。水从上部进入，由下部排放，如图1-17g所示，直到出水符合给水标准，即可投入运行。

一般交换器在运行20个周期之后，要进行一次大反洗，以除去交换剂层中的污物和破碎的交换剂颗粒，此时从交换器底部进水，从顶部排水装置排水。由于大反洗松动了整个交换剂层，所以大反洗第一次再生时，再生剂用量要加大一些。

3）钠离子交换软化系统。常用的钠离子交换软化系统有单级钠离子交换软化系统和双级钠离子交换软化系统。当原水总硬度小于等于 6.49mmol/L 时，经单级钠离子软化后，可作为锅炉给水。原水硬度大于 6.49mmol/L，单级钠离子交换系统的出水不能满足锅炉给水水质要求时，可采用双级钠离子交换软化系统。双级钠离子交换软化系统如图 1-18 所示，其主要优点是能降低耗盐量，缺点是设备费用比较高。

4）全自动软水器。全自动软水器的交换和再生操作依靠电脑自动完成，基本上不需要维护人员，而且运行稳定可靠，因此，在中小型工业锅炉中，得到广泛应用。全自动软水器如图 1-19 所示，一般由控制器、控制阀、树脂罐、盐液箱等组成。

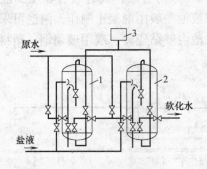

图 1-18　双级钠离子交换软化系统
1——一级钠离子交换器
2—二级钠离子交换器
3—反洗水箱

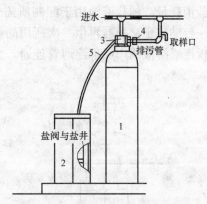

图 1-19　全自动软水器示意图
1—树脂罐　2—盐液箱　3—控制阀
4—流量计　5—吸盐管

①控制器。控制器是指挥软水器自动完成全部运行、再生过程的控制机构，分时间型和流量型。时间型控制器配时钟定时器，到达指定的时间时，自动启动再生过程；流量型控制器配流量监测系统完成控制过程。当软水器处理到指定的周期产水量时，启动再生并完成再生过程。

②控制阀。控制阀大多采用多路阀。多路阀是在同一阀体内设计多个通路的阀门。根据控制器的指令自动开、断不同的通路，完成整个软化过程。常用的有机械旋转式多路阀、柱塞式多路阀、板式多路阀和水力驱动多路阀。

③树脂罐。即钠离子交换器。其材质主要有玻璃钢、碳钢防腐和不锈钢三种。玻璃钢材质防腐性能好，质松，价廉；碳钢必须严格做好内衬防腐处理；不锈钢外观好看，但价格较贵，不是理想的材质。树脂罐可以设 1 个（间断供水）或 2 个（连续供水）。

④盐液箱。其内设有盐液阀控制盐液量。盐液靠控制阀内设置的文丘里喷射器负压吸入，因而不必另设盐液泵。

全自动软水器要有专人管理，管理人员应会设置调节并对水质定期化验，及时发现问题加以解决。自动软水器每运行 1～2 年，要将树脂彻底清洗一次，即用盐酸、氢氧化钠交替浸泡并用水洗至中性（体外清洗），以免因反洗不彻底导致树脂结块和偏流。

（4）再生液（盐液）制备系统　工业锅炉房常用的盐液制备系统有压力盐溶解器和盐液池配盐液泵系统两种。

1）压力盐溶解器。压力盐溶解器为密闭钢制容器，内涂防腐层，内装滤料（石英砂、大理石或无烟煤），有溶解食盐和对盐水过滤的双重作用，其结构如图1-20所示。

压力盐溶解器设备简单，但盐液浓度变化大，不易控制，开始时盐液浓度高，而后浓度降低，适用于小型离子交换器。压力盐溶解器的容量常以可溶食盐量表示，选用时也按需溶食盐量进行选择。

2）盐液池配盐液泵系统。盐液池配盐液泵系统是当前工业锅炉房用得最多的系统，如图1-21所示。盐液池包括浓盐液池和稀盐液池各一个。浓盐液池用于湿法贮存并配制饱和含量的盐溶液（室温时含量为23%~26%），其有效容积按运输条件考虑，一般为5~15d的食盐消耗量。稀盐液池用于配制所需含量（5%~8%）的盐液，其有效容积至少能满足最大一台钠离子交换器再生一次所用的盐耗量。盐溶液池一般用混凝土制作，两池可采用多孔隔板连通溶液或用底部连通管连通。为了防腐可在池内壁贴瓷砖，或用玻璃钢、塑料板做内衬。

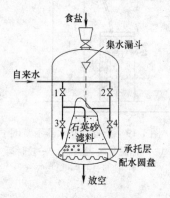

图1-20 压力盐溶解器
1—反洗水 2—进水
3—食盐水出口 4—反洗排水

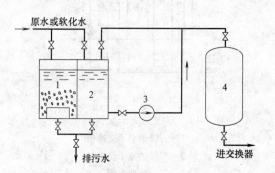

图1-21 盐液池配盐液泵系统
1—食盐溶解池 2—稀盐液计量箱
3—盐液泵 4—盐液过滤器

配制盐液时，先将食盐放入浓盐池加水（最好是软水）溶解，盐液经浓盐液池底部的砂石过滤层过滤，经连通管流入稀盐液池，用比重计指示加水量，使稀盐液调节到所需要的浓度。

盐液泵为耐腐蚀的塑料泵，出口压力一般取0.1~0.2MPa（扬程10~20m），一般不设备用泵。

**5. 离子交换除碱**

（1）氢—钠离子交换原理及系统 如果将离子交换剂用酸（HCl或$H_2SO_4$）溶液去还原，则变成氢离子交换剂（HR），原水流经氢离子交换剂后，水同样可以得到软化，其化学反应方程式如下。

对碳酸盐硬度

$$Ca(HCO_3)_2 + 2HR = CaR_2 + 2H_2O + 2CO_2 \uparrow$$

$$Mg(HCO_3)_2 + 2HR = MgR_2 + 2H_2O + 2CO_2 \uparrow$$

对非碳酸盐硬度

$$CaSO_4 + 2HR = CaR_2 + H_2SO_4$$

$$MgCl_2 + 2HR = MgR_2 + 2HCl$$

由以上化学反应方程式可见：

1）水中的暂时硬度转变成水和二氧化碳，在消除硬度的同时降低了水的碱度和盐分，其除盐、除碱的量与原水中的暂时硬度的量相等。

2）在消除永久硬度的同时生成了等量的酸。

由于出水呈酸性和用酸作为再生剂，因此氢离子交换剂及其管道要有防腐措施，且处理后的水不能直接送入锅炉，所以它不能单独使用，通常必须与钠离子交换联合使用，称为氢—钠离子交换，使氢离子交换后产生的游离酸与经钠离子交换生成的碱相互中和，达到除碱的目的，即

$$H_2SO_4 + 2NaHCO_3 \Longrightarrow Na_2SO_4 + 2H_2O + 2CO_2 \uparrow$$

$$HCl + NaHCO_3 \Longrightarrow NaCl + H_2O + CO_2 \uparrow$$

这样既消除了酸性，降低了碱度，又消除了硬度，并使水中的含盐量有所降低。失效的氢离子交换剂还原时，用浓度分数2%的硫酸或不超过5%的盐酸。

氢—钠离子交换有并联、串联和综合式三种系统。并联氢—钠离子交换系统如图1-22所示。原水按比例一部分经过钠离子交换器，其余的经过氢离子交换器，两部分软化水汇集后，经除二氧化碳器除去生成的二氧化碳，软水存入水箱由水泵送走。为了保证软水混合后不产生酸性水，根据生水水质计算水量分配比例时，应使混合后的软水仍带有一定的碱度，通常为$0.3 \sim 0.5$mmol/L。

串联氢—钠离子交换系统如图1-23所示。进水分两部分，一部分原水进入氢离子交换器，其出水与另一部分原水混合，出水中的酸度和原水中的碱度中和，中和反应产生的$CO_2$由除二氧化碳器去除，再经钠离子交换器，除去未经氢离子交换器的另一部分原水中的硬度，出水即为除硬脱碱了的软化水。

串联氢—钠离子交换系统中，一定要先除去$CO_2$后，再经钠离子交换器，防止$CO_2$形成碳酸后再流经钠离子交换器使出水又重新出现碱度。同样，为保证出水不呈酸性，应使出水具有一定的残余碱度。

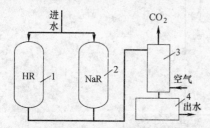

图1-22 并联氢—钠离子交换系统
1—氢离子交换器 2—钠离子交换器
3—二氧化碳除气器 4—水箱

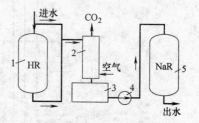

图1-23 串联氢—钠离子交换系统
1—氢离子交换器 2—二氧化碳除气器
3—水箱 4—泵 5—钠离子交换器

（2）铵—钠离子交换原理 铵—钠离子交换与氢—钠离子交换工作原理相同，只是用氯化铵为还原液，使之成为铵离子交换剂$NH_4R$，即

$$CaR_2 + 2NH_4Cl \Longrightarrow 2NH_4R + CaCl_2$$

$$MgR_2 + 2NH_4Cl \Longrightarrow 2NH_4R + MgCl_2$$

铵离子交换剂使水中暂时硬度软化

$$Ca(HCO_3)_2 + 2NH_4R \Longrightarrow CaR_2 + 2NH_4HCO_3$$
$$Mg(HCO_3)_2 + 2NH_4R \Longrightarrow MgR_2 + 2NH_4HCO_3$$

重碳酸铵（$NH_4HCO_3$）在锅内受热以后可以分解

$$NH_4HCO_3 \xrightarrow{\triangle} NH_3\uparrow + H_2O + CO_2\uparrow$$

水中永久硬度软化

$$CaSO_4 + 2NH_4R \Longrightarrow CaR_2 + (NH_4)_2SO_4$$
$$CaCl_2 + 2NH_4R \Longrightarrow CaR_2 + 2NH_4Cl$$
$$MgSO_4 + 2NH_4R \Longrightarrow MgR_2 + (NH_4)_2SO_4$$
$$MgCl_2 + 2NH_4R \Longrightarrow MgR_2 + 2NH_4Cl$$

硫酸铵及氯化铵在锅内受热分解而形成酸

$$(NH_4)_2SO_4 \xrightarrow{\triangle} 2NH_3\uparrow + H_2SO_4$$
$$NH_4Cl \xrightarrow{\triangle} NH_3\uparrow + HCl$$

铵离子交换一般与钠离子交换并联使用，使铵盐受热分解所生成的酸与钠离子交换后的 $NaHCO_3$ 加热分解所生成的碱中和，既去除了酸，又降低了锅水的碱度。

铵—钠离子交换与氢—钠离子交换在原理及产生的效果方面都相同，不同的是：铵离子交换的除碱除盐效果，必须在软水受热后才呈现；铵离子交换要受热后才呈现酸性，同时不用酸还原，不需防酸措施；铵离子交换处理的水受热后产生氨等气体，会对设备及附件产生腐蚀。

**6. 流动床离子交换系统**

流动床离子交换是完全连续的工作系统，能满足连续供水的需要。其主要由交换塔和再生清洗塔组成，如图 1-24 所示。流动床的工艺流程分为软化、再生和清洗三部分，并配有再生液制备和注入设备及流量计等，组成完整的工艺系统。

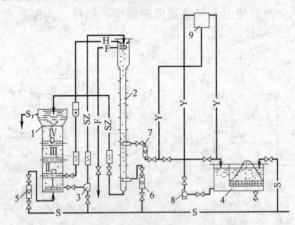

图 1-24　流动床离子交换系统流程图
1—交换塔　2—再生清洗塔　3—树脂喷射器　4—再生液制备槽　5—原水流量计
6—清洗水流量计　7—再生液流量计　8—再生液泵　9—高位再生液箱
Y—再生液管　H—树脂回流管　SZ—树脂流动管　F—再生废液管　$S_r$—软化水　S—原水管

1）软化流程。软化流程是在交换塔内进行的。交换塔通常由三块塔板分隔成四个区间，每块塔板上设有浮球装置及若干过水单元。运行时，原水从交换塔底部送入沿交换塔均匀上升，穿过塔板上的过水单元，与从塔顶送入并通过浮球装置逐层下落的树脂进行逆流、悬浮状离子交换，原水被软化后经塔顶溢流槽排出；失效树脂最后落入塔底并被送至再生塔顶部。

塔板中央的浮球装置，运行时浮球被上升水流顶起，使树脂从上而下沿塔板逐级下落；停止运行时，浮球会下落，关闭锥孔，防止树脂漏落而乱层。每个过水单元有5~6个水孔，孔的上方装有盖板，防止运行和停运时树脂穿过水孔下落。

2）再生流程。失效树脂的再生是在再生清洗塔的上部进行的。交换塔底部的失效树脂借水力喷射器抽送至再生塔顶部，依次流经回流斗、贮存斗、再生段，与自下而上的再生液进行逆流再生，恢复交换能力。再生液由再生段底部送入，向上流动，与失效树脂交换后变成废液，从贮存斗上部的废液管排出，废液通过贮存斗时，还可充分利用其再生能力，从而降低了再生液的耗量。

3）清洗流程。清洗流程是在再生清洗塔的下段进行的。树脂在再生段再生后下落至清洗段，与自下而上的清洗水逆向接触，洗去再生产物和残留再生液，进入清洗段底部，被水压送至交换塔顶部。清洗水从清洗段进入后，分成两股水流，一股向上流动，清洗树脂，流入再生段后作为再生液的稀释液；另一股向下流动，输送清洗好的树脂。

以上各个过程是同时并连续进行的。原水、再生液及清洗水的流量利用转子流量计计量；树脂循环量靠位差及水力喷射器控制。

流动床离子交换系统的优点是敞开式不承受压力，可用塑料制作，设备简单，加工容易，出水质量好，再生剂用量少，不需自控装置便可连续稳定地供水；缺点是对原水质量和流量变化的适应性差，树脂输送平衡不易掌握，运行调整麻烦。因此，一般其可作为中小型锅炉房的给水处理装置。

**7. 其他水处理方法**

工业锅炉给水的软化处理，除了广泛地应用离子交换法之外，还有许多方法，这些方法在软化过程中具有各自的特点，本节重点介绍常用的两种方法。

（1）物理水处理 物理水处理就是不用加药产生化学反应，而是采用物理方法来达到消除水中硬度或改变水中硬度盐类的结垢性质。常用的物理水处理有磁化法和高频水性改变法。

磁化法是将原水流经磁场后，水中钙、镁离子受磁场作用后，破坏了它们原来与其他离子之间静电吸引的状态，而导致其结晶条件改变，使其在锅内不会生成坚硬水垢，而成松散泥渣，随排污排出。

高频水性改变法的原理与磁化法基本相同，只是将原水流经高频电场而使水得到处理。

（2）电渗析水处理 电渗析是一种电化学除盐方法。在直流电场的作用下，利用阴、阳离子膜对水中杂质的阴、阳离子的选择透过性，将水中的阴阳离子和水分离，汇集到一起排掉，达到除盐的目的。

电渗析设备由阳膜、阴膜交替组成的许多水槽及设在两边的通直流电的阳、阴极板组成，如图1-25所示。当水流通过时，水中盐类的阴、阳离子，分别向阳、阴两级移动；由于阳膜只能渗透过阳离子，阴膜只允许阴离子通过，结果使各槽中水的含盐量发生变化，使水槽间隔地形成淡水槽和浓水槽。把淡水汇集引出，即得除盐水，而浓盐水汇总后排掉，把两极室的水引出后相互混合，使其中的酸、碱可以中和。

电渗析器中电极对的数目称为"极";将具有同一水流方向并联的膜对称为"段"。段数越多,原水流程越长,除盐效果越好。单段除盐率一般为60%～75%,两段以上可达75%～95%。

电渗析不仅除盐,同时可软化和除碱。但单靠电渗析,出水不能达到锅炉给水指标,常作为预处理和钠离子交换联合使用。在某些沿海城市,使用电渗析技术预处理除盐,在海水倒灌江河期间,仍能保证锅炉给水符合要求。

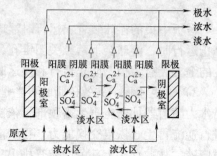

图1-25　电渗析原理图

### 8. 水的除气

水中溶解氧、二氧化碳气体对锅炉金属壁面会产生化学和电化学腐蚀,因此必须采取除气措施。

由气体溶解定律可知,气体在水中的溶解度与该气体在气水界面上的分压力成正比,与水温成反比。在敞开的设备中将水加热,水温升高,汽水界面上的水蒸气分压增大,其他气体的分压降低,当水达到沸点时,水界面上的水蒸气分压力和外界压力相等,其他气体的分压力趋于零,水中溶解气体的含量也趋于零。这是热力除氧的工作原理。

也可采用抽真空的方法(真空除氧)使水温达到沸点。

还可使界面上的空间充满不含氧的气体,使界面上的氧气分压力降低(解吸除氧)。

此外,也有采用水中加药来消除溶解氧的方法(化学除氧)。

(1) 热力除氧。工业蒸汽锅炉常用的大气式热力除氧器的工作压力为0.02MPa,工作温度104℃,便于除氧后的气体排出体外。

常用的喷雾填料式热力除氧器,如图1-26所示。除氧器由除氧头和除氧水箱组成。给水由除氧头上部的进水管进入,进水管又与带有喷嘴的喷水管相连。蒸汽由除氧头下部的进气管进入向上流动,析出的气体及部分蒸汽经顶部的圆锥形挡板折流,由排气管排出。

给水在除氧器内先是喷成雾状,被蒸汽加热,具有很大的表面积,利于氧气从水中逸出,又在填料层中呈水膜状态被加热,与蒸汽有较充分地接触,且填料还有蓄热作用,所以除氧效果较好,对负荷的波动适应性强。

除氧器进水管设有水位自动调节阀,进口蒸汽管上装设蒸汽压力自动调节阀,自动调节蒸汽量和进水量的比例,保证水的加热沸腾。另外,除氧器上还设有安全阀,防止除氧器内压力超过规定值。

大气式热力除氧器应设置在锅炉给水泵的上方,除氧水箱最低水位与给水泵中心线间的高差一般不应小于6～7m,防止水泵入口处发生汽化现象。

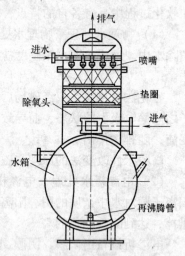

图1-26　喷雾填料式除氧器

(2) 真空除氧　真空除氧是利用抽真空的方法使水的沸点降低,使水在100℃以下沸腾,从而使水中溶解气体析出,达到除氧的目的。

除氧器内的真空度可借蒸汽喷射器或水喷射器来实现。目前常用的是整体式低位水喷射真空除氧器,如图1-27所示。它将除氧器及进水加热器、水喷射器、循环水箱等组成一个整体。待除氧的软化水由水泵加压，经过换热器加热到除氧器内相应真空压力下的饱和温度以上0.5～1.0℃，进入除氧器，由于被除氧水有过热度，一部分被汽化，其余的水处于沸腾状态，水中的溶解气体解析出来，气体随蒸汽被喷射器引出，送入敞开的循环水箱中，喷射用水可循环使用。除氧水通过引水泵机组引出，由锅炉给水泵送入锅炉。

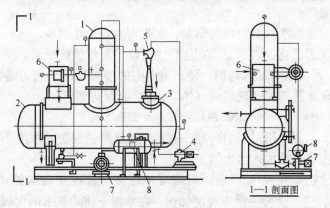

图1-27　整体式低位水喷射真空除氧器

1—真空除氧器　2—除氧水箱　3—循环水箱　4—循环水泵
5—水喷射器　6—换热箱　7—引水泵机组　8—溶氧测定仪

与大气式热力除氧相比，真空除氧的优点是：采用真空泵引水，实现低位安装，节省投资；蒸汽用量少或不用蒸汽，解决了无蒸汽场合的除氧问题；给水温度较低，便于充分利用省煤器，降低锅炉的排烟温度。但对除氧器和给水泵的密封性要求较高，否则无法保证除氧效果。

（3）解吸除氧　解吸除氧是将不含氧的气体与待除氧的软水强烈混合，使软水中的溶解氧大量析出并扩散到无氧气体中去，达到除氧的目的。

解吸除氧装置如图1-28所示。软水经水泵加压后，送至喷射器高速喷出，将由反应器来的无氧气体吸入并与水强烈混合，软水中的溶解氧向无氧气体中扩散，然后流入解吸器中，水与气体分离，无氧水从解吸器流入无氧水箱，含氧气体从解吸器上部经冷却器、汽水分离器后，进入反应器中。反应器中装有催化脱氧剂，采用自动控制温度电加热至300℃左右。在反应器中氧气与催化脱氧剂反应，将氧气消耗，不含氧气体被喷嘴吸走，往复循环工作。无氧水箱可用胶囊密封，保证无氧水不与空气接触。解吸除氧可在常温下除氧，初投资较低。要求喷射器前水压在0.3MPa以上，水温40～60℃，解吸器内水位不超过其高度的1/3。解吸除氧只能除氧，不能除其他气体，除氧后水中的$CO_2$含量有所增加，pH值降低；工业锅炉一般间歇补水，但除氧器要连续运行，浪费电力。

（4）化学除氧　向水中加入化学药剂，或令水流经装有吸氧物质的过滤器，达到除氧的方法称为化学除氧。常用的方法有

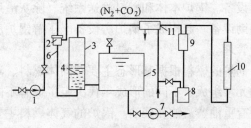

图1-28　解吸除氧装置

1—除氧水泵　2—喷射器　3—解吸器
4—挡板　5—水箱　6—混合管　7—锅炉给水泵
8—水封　9—汽水分离器　10—反应器　11—冷凝器

以下几种。

1）海绵铁除氧。将多孔疏松的海绵铁粒装入过滤器，水经过过滤器后水中的氧与铁粒氧化而除氧。出水带有少量的二价铁，再经钠离子交换层除去水中的二价铁。其定型产品有过滤器与交换器组合为一体的，用管道串联，下室为过滤器，上室为离子交换器，还有过滤器与交换器并列放置的。

海绵铁除氧可对常温水除氧，装置简单，初投资省；操作简单，运行费用较低；出水无毒，除氧剂无毒；不需活化、再生。但在运行中要注意海绵铁粒板结，防止出水含二价铁。

2）药剂除氧。即向水中加入药剂，使其与水中的溶解氧化合成无腐蚀性物质，达到除氧的目的。常用的化学药剂为亚硫酸钠（$Na_2SO_3$），其反应如下

$$2Na_2SO_3 + O_2 \Longrightarrow 2Na_2SO_4$$

为使反应完全，必须使用过量的药剂。通常将亚硫酸钠配置成浓度 2% ~ 10% 的溶液用加药器加入给水泵前或直接加入给水箱中。

亚硫酸钠除氧水温要在 40℃ 以上，否则反应缓慢。若在亚硫酸钠中加入少量催化剂（如硫酸铜、硫酸锰等），就可使反应速度加快，在常温下使除氧水的含氧量达到标准。

亚硫酸钠极易氧化，要注意保管，防止变质。

亚硫酸钠除氧设备简单，投资少，除氧效益稳定，操作方便，但除氧水的含盐量增加，适用于中、小型除氧或大型锅炉的辅助除氧。

3）树脂除氧。树脂除氧以强酸阳离子交换树脂为载体，用硫酸铜处理后，再络合上肼，使其具有氧化还原能力，待除氧水流过树脂时，树脂与氧反应而除氧。树脂失效后，可用还原剂水合肼再生，恢复其氧化能力，故树脂可循环使用。

树脂除氧的特点是低温除氧（0℃ 以上即可），运行成本低，除氧完全，操作方便，但出水含微量肼，不能用于食堂用汽的锅炉给水的除氧，适用于热水锅炉、低压蒸汽锅炉及小氮肥厂的冷却水除氧。

# 单 元 小 结

供热通风与空调工程热源是供热通风与空调工程系统的重要组成部分，热源的类型主要有以热水为热媒的区域锅炉房和以热电厂为热源的供热系统。无论何种形式，锅炉都是能生产一定参数热水或水蒸气的关键设备，锅炉本体由锅和炉组成，其中锅是受热设备，炉子是产热设备。锅炉本体和燃料输送系统、除灰渣系统、汽水系统、水处理设备及锅炉通风系统等辅助设备一起构成了锅炉房设备。了解锅炉房设备的基本知识有助于正确理解锅炉设备的运行管理。

锅炉的燃料根据其形态主要有固体燃料、液体燃料和气体燃料。固体燃料主要指煤，不同的元素组成、不同的形成年代决定了煤有不同的种类以及燃烧特性。目前锅炉的液体燃料主要有重油、渣油和柴油。锅炉的气体燃料主要有天然气、人工燃气、液化石油气等。不同的燃料及其特点，决定了锅炉采用何种燃烧方式，了解燃料的特点有助于正确选择燃烧方式和改善燃烧措施。要能对理论空气量、实际空气量、理论烟气量、实际烟气量及燃料消耗量进行简单的计算，为锅炉房辅助设备的选择提供数据依据，同时要能对锅炉内的热平衡进行分析，了解产生锅炉热损失的因素，采取措施降低热损失提高锅炉的热效率。

要保证锅炉长期、安全地运行，对锅水的要求是至关重要的。可采用相应的设备对送入锅炉的给水进行软化、除氧、除气等处理或采用化学药剂直接对锅水进行相应处理。

锅炉房设备是一个联系的复杂的系统，保证锅炉本体和各辅助设备的正常运行，才能让锅炉作为一个能量源泉源源不断地送出一定温度、压力的热水或水蒸气。

## 复习思考题

1-1　锅炉的基本特性是通过哪些参数来描述的？

1-2　什么是标准煤？

1-3　锅炉常用煤有哪几种？各有什么特点？

1-4　简述煤的各种"基"的含义。

1-5　锅炉用煤的发热量如何确定？

1-6　锅炉热平衡计算的意义是什么？

1-7　按燃料种类不同，锅炉可分为哪几种？

1-8　锅炉型号由哪几部分组成？

1-9　简述锅炉用水软化的目的。

1-10　说明全自动软水器的特点及组成。

1-11　锅炉用水为什么要除气？

1-12　"理论空气量"、"理论烟气量"的含义是什么？

1-13　工业蒸汽锅炉常用的除氧方式有哪几种？

1-14　简述常用的水处理方法及原理。

1-15　锅炉受热面的结垢与腐蚀有何危害？如何防止？

1-16　影响锅炉热效率的因素有哪些？

1-17　试说明热力除氧器的组成及工作原理。

# 单元2　燃煤锅炉房系统

**主要知识点：** 燃煤锅炉的基本结构和工作过程、锅炉的基本特性，锅炉房系统的基本组成及特性、除尘原理，锅炉房常用的热工仪表等。

**学习目标：** 掌握锅炉的基本结构、燃烧设备的类型、汽水系统的基本知识及鼓引风系统的计算，理解运煤及除灰渣系统、热工仪表系统等基本概念。

## 课题1　工业锅炉的基本结构

锅炉的发展迄今已有二百多年的历史。在此期间，锅炉的发展从低级到高级，由简单到复杂，特别是近五十年来，随着生产力的发展和对锅炉容量、参数要求的不断提高，锅炉型式和锅炉技术得到了迅速的发展。

锅炉的发展和演变过程主要是沿着增大容量、提高参数、降低金属耗量和能耗、减轻劳动强度、提高安全性和可靠性以及减轻对环境的污染等方向进行的。为达到此目的，人们对锅炉进行了一系列的科学研究和技术革新，使锅炉设备得到了不断的发展。到目前为止，锅炉按结构大致分为火管锅炉、水管锅炉、水火管锅炉。

### 1. 火管锅炉

火管锅炉也称烟管锅炉，它在工业上应用最早，其特点是烟气在火筒（炉胆）和烟管中流动，以辐射和对流换热方式将热量传递给工质——水，使其受热、汽化，产生蒸汽。容纳水和蒸汽并兼作锅炉外壳的筒型受压容器称为锅壳。锅炉受热面——火筒（炉胆）和烟管布置在锅壳内。燃烧装置布置在火筒之中。水的加热、汽化、汽水分离等过程均在锅壳内完成，其水循环安全可靠。由于锅壳水容积大，适应负荷变化的能力强。

火管锅炉在结构上的共同特点是都有一个直径较大的锅筒，其内部有火筒和为数众多的烟管. 按锅筒的布置方式可分为卧式和立式两类。

（1）卧式火管锅炉　卧式火管锅炉是我国目前制造最多、应用最广的火管锅炉。这类锅炉分炉膛置于锅筒内的内燃式和置于锅筒外的外燃式两种。目前国产的多数是内燃式，配置链条炉、燃油炉和燃气炉等。燃煤卧式火管锅炉的最大蒸发量为4t/h，而燃油、燃气锅炉最大蒸发量可达32t/h，蒸汽压力最高可达 2.5MPa。

图2-1 所示是燃煤卧式单火筒火管锅炉。链条炉排安置在具有弹性的波形火筒之中。锅壳左、右侧及火筒上部都设置烟管，火筒和烟管都沉浸在锅壳的水容积内，锅壳上部约1/3的空间为汽容积，锅壳的顶部设置汽水分离装置。煤层以上的火筒内壁为主要辐射受热面，烟管为对流受热面。

烟气在锅壳内呈三个回程流动。烟气流动的第一回程是燃烧的烟气在火筒内自前向后流动，纵向冲刷火筒内壁；第二回程是烟气经后烟箱进入左、右两侧烟管自后向前流至前烟箱；第三回程是进入前烟箱的烟气经上部烟管自前向后流入锅炉后部。离开锅壳后的烟气，流经省煤器、除尘器、引风机、烟囱排出。

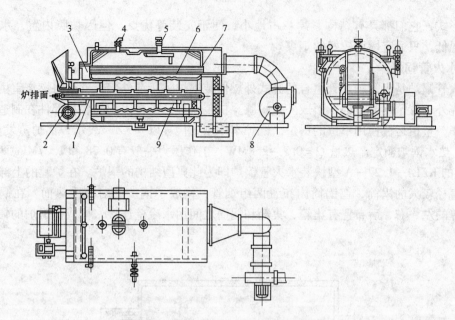

图 2-1　燃煤卧式单火筒火管蒸汽锅炉
1—炉排　2—送风机　3—前烟箱　4—汽水分离器　5—主汽阀
6—烟管　7—锅壳　8—引风机　9—火筒

卧式火管锅炉不需外砌炉膛，整体性和密封性极好，采用快装形式出厂，安装费用少，占地面积小。但由于内燃，对煤质要求较高；烟管采用胀接，后管板内外温差大，易产生变形，使胀接的烟管在胀口处造成泄漏；烟管间距小，清洗水垢比较困难，因而对水质要求较高；烟管水平布置，管内易积灰，且烟气在管内纵向冲刷，因而传热效果差，热效率低。

（2）立式火管锅炉　立式火管锅炉有横烟管和竖烟管等多种型式。由锅壳、炉胆、烟管、冲天管等主要受压元件构成。锅壳和炉胆夹层内为锅水和蒸汽空间，烟管沉浸在水容积空间内。烟气在管内流动放热，水在管外吸热。因其受热面布置受到锅壳结构的限制，容量一般较小，蒸发量大多在 1t/h 以下，用煤作为燃料时，通常为手烧炉。

图 2-2 所示为一配置双层炉排手烧炉的立式横火管锅炉。水冷炉排管和炉胆内壁构成了锅炉的辐射受热面，横贯锅壳的烟管，成为锅炉主要对流受热面。

煤由人工通过上炉门加在水冷炉排上，未燃烧的煤和未燃尽的碳粒，掉在下炉排上继续燃烧，煤在上下炉排上燃烧后生成烟气，经炉膛出口进入后下烟箱，纵向流动冲刷第一、二烟管管束，最后汇集于上烟箱，再经烟囱排入大气。

此型锅炉除横烟管外，还有布置竖烟管和横水管

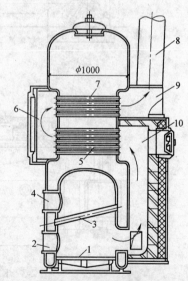

图 2-2　立式横火管锅炉
1—下炉排　2—下炉门　3—水冷炉排
4—上炉门　5—第一烟管管束
6—前烟箱　7—第二烟管管束
8—烟囱　9—后上烟箱　10—后下烟箱

的组合形式，它们都具有结构紧凑、占地小、便于安装等优点。但因炉膛内置，水冷程度高，炉温低，只适宜燃用较好的烟煤。

### 2. 水火管锅炉

水火管锅炉是火管和水管组合的卧式外燃快装锅炉。所谓外燃，就是将燃烧室由锅壳内移至锅壳外，置于锅壳下部，形成外置炉膛。快装锅炉是指将锅炉的各种部件在制造厂全部组装完毕，整机运往使用单位的锅炉，锅炉本体型式代号以"KZ"表示，锅炉蒸发量 $D = 1 \sim 4t/h$，热水锅炉额定产热量 $Q = 0.7 \sim 2.8MW$，工作压力一般有 0.78 和 1.27MPa 两种。图 2-3 所示的 KZL4—1.27—A 型快装水火管锅炉即为此典型结构的锅炉。在炉膛的上部纵向布置一个直径较大的锅筒，在锅筒内布置两组烟管，构成了锅炉的对流受热面。在锅筒的下部，炉膛的左、右、后布置有集箱，集箱和锅筒之间用水冷壁连接，构成了锅炉的辐射受热面。

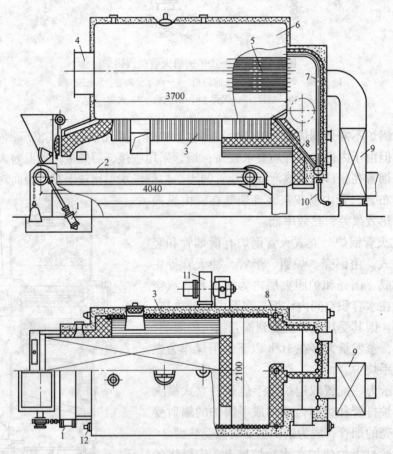

图 2-3　KZL4—1.27—A 型快装水火管锅炉

1—液压传动装置　2—链带式链条炉排　3—水冷壁管　4—前烟箱　5—烟管　6—锅筒
7—后棚管　8—下降管　9—铸铁省煤器　10—排污管　11—送风机　12—侧集箱

燃料燃烧生成的烟气有三个回程：第一回程为燃烧的烟气在炉膛内自前向后流动，进入后棚管组成的转向烟室；第二回程为高温烟气由转向烟室进入第一烟管管束，自炉后向炉前流动，进入前烟箱；第三回程为高温烟气由前烟箱进入第二烟管管束，自炉前向炉后流动。离开锅炉本体的烟气再先后流经外置的铸铁省煤器、除尘器、引风机，最后由烟囱排入大气。许多燃气锅炉的烟气流程也是如此。

汽水流程为：软化水经给水泵加压后送入省煤器，预热后进入锅筒，再经下降管进入两侧下集箱和后集箱，分配给两侧水冷壁和后棚管，在其内被加热、汽化后回到锅壳，进行汽水分离，合格的饱和蒸汽经主汽阀引向用户。该型锅炉结构紧凑，安装和运输方便，使用和维修保养容易。但存在下列问题：

1）锅筒下部位于炉膛上方高温区，会因结垢使热阻增加，影响高温烟气向工质传热，而导致锅炉传热系数降低，造成锅筒下部变形、鼓包，危及安全运行。

2）第一回程烟管进口（即高温平封头）处，由于管板内外温差大，产生很大的应力，容易致使后管板产生裂纹，进而产生水（汽）泄漏。

3）采用拉撑结构，不利于受热膨胀，而且容易引起拉撑开裂，造成事故。

针对 KZ 型水火管快装锅炉存在的问题，在科研工作的基础上不断进行改进，涌现出不少新的炉型，早期的水火管锅炉已逐渐被新型的水火管锅炉所取代。新型的水火管锅炉不仅在锅炉本体结构上有重大突破，而且锅炉的容量也大幅增加，燃煤蒸汽锅炉额定蒸发量增加至 10t/h（热水锅炉额定产热量增加至 7MW）或更大，并用"DZ"来表示本体型式代号。

图 2-4 所示为 DZL2—1.27—AⅡ型水火管快装锅炉。锅壳偏置，且锅壳底部设置护底耐火砖衬，使其不直接接受炉膛内高温辐射热；烟气的第二回程为在炉膛左上侧增设的水管对流管束，第三回程则由设置在锅壳内的烟管管束组成。

烟气流程：高温烟气在炉膛后部出口，先进入左上方的对流管束烟道，自炉后向炉前流动，横向冲刷对流管束，放热降温，这就使得第三回程入口的烟气温度大为降低，对防止管板产生裂纹非常有利。烟气在前烟箱内折转，经锅壳内的单回程烟管管束自前向后流动，然后沿铸铁省煤器、除尘器、引风机，由烟囱排向大气。

此型锅炉结构较为合理，安全性、可靠性好，燃烧稳定，能达到额定出力，锅炉热效率较高，烟气初始含尘浓度和黑度符合环保要求。但其也存在金属耗量大、制造工艺较复杂、成本高等不足之处。

**3. 水管锅炉**

汽水在管内流动吸热，烟气在管外冲刷放热的锅炉称为水管锅炉。水管锅炉没有大直径的锅筒，用富有弹性的弯水管取代了刚性较大的直烟管，这不仅可以节省金属，而且可以增大锅炉容量和提高参数。采用外燃方式，燃烧室的布置非常灵活，在燃烧室内可以布置各种燃烧设备，有效地燃用各种燃料，包括劣质燃料。

水管锅炉充分应用传热理论来设计受热面，合理地布置辐射受热面和对流受热面，充分地组织烟气流对受热面进行横向冲刷换热。

水管锅炉锅筒内不布置烟管受热面，蒸汽的容积空间增大，更利于安装完善的汽水分离装置，可以保证蒸汽品质符合使用要求。总之，水管锅炉具有很多的优越性，对于大容量、高参数锅炉来说，水管锅炉是唯一的选择。

水管锅炉的主要特征反映在锅筒的数目和布置方式上，下面介绍几种典型的水管锅炉结构型式。

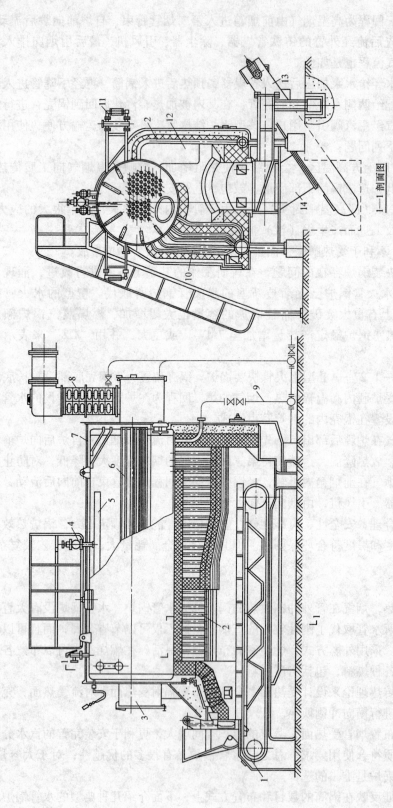

图 2-4　DZL2—1.27—AⅡ型水火管快装锅炉

1—链条炉排　2—水冷壁　3—前烟箱　4—主汽阀　5—汽水分离装置　6—第三回程烟管管束　7—锅壳　8—省煤器
9—排污管　10—第二回程对流管束　11—水位表　12—炉膛烟气出口　13—刮板出渣机　14—落渣管

（1）单锅筒纵置式水管锅炉 单锅筒纵置式水管锅炉，锅筒位于炉膛中央上部。炉膛四周布置水冷壁，上端与锅筒相连，下端分别与前、后、左、右集箱相接；下降管由锅筒经炉墙外引至下集箱。对流管束位于炉膛左右两侧的烟道中，右侧烟道的前部布置蒸汽过热器，对流管束上端与锅筒相连，下端分别与纵置的集箱相接。对流管束下集箱的标高比炉排面标高高，这样可以空出两侧炉墙下面一部分，以便布置门孔，便于运行操作。

这种型式锅炉一般容量为 2～20t/h，最大容量可达 45t/h，图 2-5 所示为 DZD20—2.5/400—A 型水管锅炉。燃烧设备为抛煤机倒转炉排。

烟气流程：烟气在炉膛内自后向前流动，流至炉前，分左右两股，分别经两侧狭长的烟窗进入烟道，由前向后流动，横向冲刷对流管束，流至锅炉后部，左右两股烟气流分别向上汇合于锅炉顶部，再折转 90°向下，依次冲刷铸铁省煤器和空气预热器，后经除尘器、引风机、烟囱，排入大气。

汽水流程：软化除氧水经锅炉给水泵加压，送入省煤器预热后进入锅筒，分别在水冷壁和对流管束两个循环回路内受热、汽化，形成汽水混合物再回到锅筒，经汽水分离装置进行汽水分离，并将饱和蒸汽引入蒸汽过热器加热，达到合格参数的过热蒸汽经主蒸汽阀送往用户。

"A"型锅炉结构紧凑，对称布置，整装出厂，金属耗量少；由于高温炉膛被对流烟道围住，对流烟道外墙温度较低，减少了散热损失，提高了热效率。但锅炉管束布置受结构限制，功能上有时难以完全满足要求，制造比较复杂，维修也不太方便。

（2）双锅筒纵置式水管锅炉 双锅筒纵置式水管锅炉的产品型式很多，按锅炉炉膛与锅炉对流受热面布置的相对位置来分，可分为"D"型锅炉和"O"型锅炉。

1）双锅筒纵置式"D"型锅炉 图 2-6 所示为 SZL2—1.27—AⅡ型锅炉，其锅炉的炉膛与纵置的双锅筒和胀接其间的管束组成的对流受热面平行布置，各居一侧，炉膛四周均布置有水冷壁，其中一侧水冷壁管在炉顶沿横向微倾斜延伸至上锅筒，并与两锅筒间垂直布置的锅炉管束、水平炉排在一起，犹如英文字母 D，故称"D"型锅炉。

为了延长烟气在炉内的行程，在对流烟道中设置折烟隔板，形成三回程烟道，使烟气进行三回程流动。烟气在炉膛和燃尽室内由前向后流动为第一回程；烟气经炉膛后的烟窗进入右侧对流烟道（第一对流烟道），由炉后向炉前流动为第二回程；烟气在炉前水平转向左侧对流烟道（第二对流烟道），由炉前向炉后流动，最后离开锅炉本体，此为第三回程。

由图 2-6 可知，与其他"D"型锅炉相比，这台锅炉最大的特点是带有旋风燃尽室。燃尽室后墙是一个圆弧形壁面，与炉膛后拱的外表面一起，形成了一个近似圆筒形的燃尽室，高温烟气出炉膛沿切线方向进入燃尽室，使未燃尽的可燃物质与高温烟气、空气强烈混合，达到燃烧燃尽的目的；又由于旋转气流的离心力作用，使飞灰与烟气分离，飞灰由燃尽室的外壁经下部缝隙落到链条炉排上，完成了炉内的一次旋风除尘，使锅炉出口烟气含尘浓度大大降低。

"D"型锅炉，结构紧凑；长度方向不受限制，便于布置较长的炉排，以利于增强对煤种的适应性；锅炉水容量大，适应负荷变化的能力强。但只能单面操作，单面进风，此型燃煤锅炉容量以不大于 10t/h 为宜。

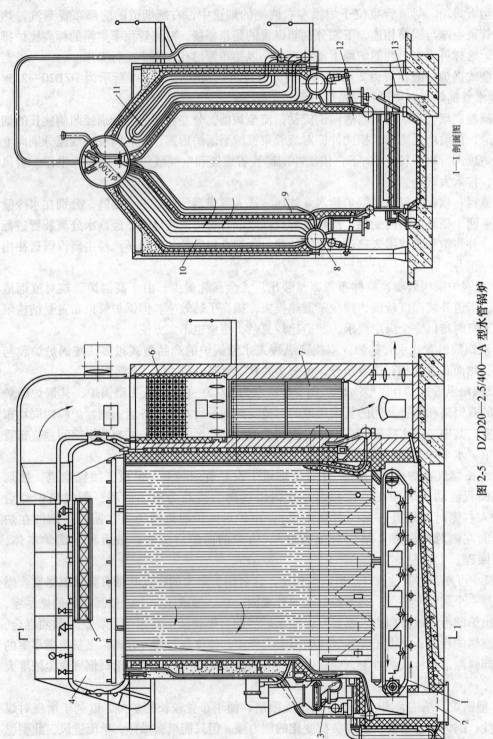

图 2-5　DZD20—2.5/400—A 型水管锅炉

1—倒转链条炉排　2—灰渣槽　3—机械风力抛煤机　4—锅筒　5—汽水分离器　6—铸铁省煤器　7—空气预热器
8—对流管束下集箱　9—水冷壁　10—对流管束　11—蒸汽过热器　12—飞灰复燃器　13—风道

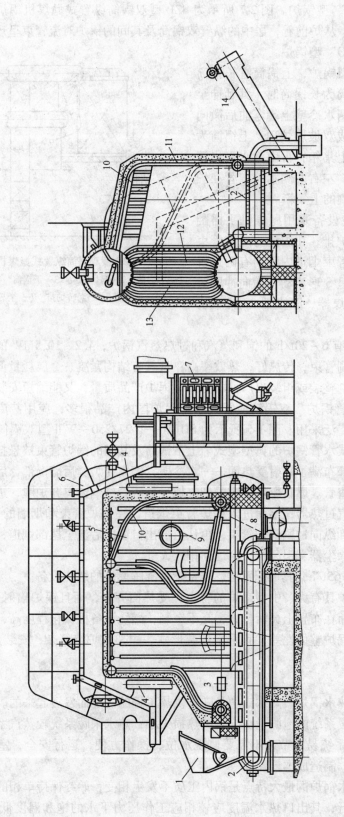

图 2-6　SZL2—1.27—A II 型锅炉

1—煤斗　2—链条炉排　3—炉膛　4—右侧水冷壁下降管　5—燃尽室　6—上锅筒　7—转铁省煤器　8—灰渣斗
9—燃尽室至烟气出口　10—后端排管　11—右侧水冷壁　12—第一对流管束　13—第二对流管束　14—螺旋除渣机

2）双锅筒纵置式"O"型锅炉。图 2-7 所示为 SZP 型双锅筒纵置式抛煤机锅炉，炉膛在前，锅炉对流管束在后，从炉前看，居中的纵置双锅筒及其间的锅炉对流管束呈现英文字母 O 的形状，故常称为"O"型锅炉。

双锅筒纵置式"O"型锅炉，上锅筒有长锅筒和短锅筒两种型式。上锅筒为长锅筒时，其延伸至整个锅炉的前后长度，两侧水冷壁上端弯曲后微向上倾斜与上锅筒连接，形成双坡形炉顶；上锅筒为短锅筒时，炉膛两侧设置上集箱，再由汽水引出管将上集箱和上锅筒相连接，左右两侧水冷壁管在炉膛顶部弯曲后交叉进入对侧的上集箱。

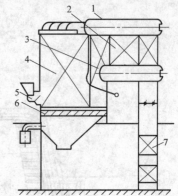

"O"型水管锅炉燃烧设备采用抛煤机手摇翻转炉排、链条炉排或振动炉排；在炉膛与对流管束之间设置燃尽室；在对流管束烟道内竖向有两道折烟墙，使烟气沿水平方向呈 S 形流动，横向冲刷对流管束，然后进入铸铁省煤器、除尘器、引风机，由烟囱排入大气。

图 2-7 SZP 型双锅筒纵置式抛煤机锅炉
1—上锅筒 2—锅炉管束 3—下锅筒 4—炉膛
5—抛煤机 6—翻转炉排 7—省煤器

"O"型水管锅炉容量有 6～20t/h 的饱和蒸汽和过热蒸汽锅炉，4.2～10.5MW 的热水锅炉。此型锅炉烟气横向冲刷管束，传热好，热效率高；且具有结构紧凑、金属耗量低、水容积大及水循环可靠等优点；整装或组装出厂，既能保证锅炉产品质量，又能缩短安装周期。

（3）双锅筒横置式水管锅炉 双锅筒横置式水管锅炉国内产品很多，应用甚广，特别是在较大的工业锅炉中被广泛采用。图 1-5 所示为 SHL10—1.27/250—WⅡ型双锅筒横置式水管锅炉即为双锅筒横置式水管锅炉的典型型式。上下锅筒及其间的锅炉管束被悬挂在炉膛之后，炉膛四周及炉顶全部布满了辐射受热面——水冷壁，烟窗在炉膛后墙上部，后墙水冷壁在此处被拉稀，形成凝渣管。燃料燃烧生成的烟气掠过凝渣管经烟窗离开炉膛，进入蒸汽过热器烟道，纵向冲刷蒸汽过热器；继而进入锅炉管束烟道，在锅炉管束和烟墙的引导下，呈倒 S 形向上绕行，横向和纵向冲刷锅炉管束，再从上部出口窗向后流至尾部烟道，依次经过省煤器、空气预热器、除尘器、引风机，由烟囱排入大气。

该型锅炉的容量为 6～65t/h，其可配置层燃、室燃、沸腾燃烧的燃烧设备。

双锅筒横置式水管锅炉具有大、中型锅炉的特点：受热面齐全，而且锅炉辐射受热面、对流受热面以及尾部受热面在布置上灵活自如，互不牵制，燃烧设备机械化程度高，锅炉自控系统比较完善。但此型锅炉整体性差，宜采用散装形式，构架和炉墙复杂，安装周期长，金属耗电大，成本高。

**4. 热水锅炉**

生产热水的锅炉称为热水锅炉。热水锅炉是随着供热工程的需要而发展起来的。与蒸汽采暖系统相比较，热水采暖系统的泄漏量少，管路热损失小；热水采暖系统较蒸汽系统可节约燃料 20%～30%，而且系统易调节，不需要监视水位，操作方便，运行安全，室内温度波动小，维修保养费用低，制造成本低。

与蒸汽锅炉相比，热水锅炉的最大特点是锅内工质不发生相变，始终保持单相的水。为了防止汽化，确保安全运行，其出口热水温度应较相应工作压力下水的饱和温度低 20℃以上。因此，热水锅炉无需设置汽水分离装置，一般情况下也无需设置水位计，甚至连锅筒也不需要，结构比较简单。由于工质平均温度较低，传热温差大，受热面又很少结垢，热阻小，传热系数大，热效率高，既节省燃料，又节省钢材，钢材耗量较相同容量的蒸汽锅炉降低约30%。

热水锅炉在运行中应注意一定要防止锅水汽化，特别是突然停电时，炉膛温度很高，锅内水因不流动而汽化，产生水击，损坏设备。同时，由于热水回水温度较低，在低温受热面的外表面容易发生低温腐蚀和堵灰。另外，热水锅炉常与供热管网及用户系统直接连接，要防止管网和用户系统内的污垢、铁锈和杂物进入锅炉，以致堵塞炉管，造成爆管事故。

热水锅炉与蒸汽锅炉的结构型式基本相同，也有火管（锅壳式）、水火管、水管三种型式。

热水锅炉种类很多，下面介绍几种类型的热水锅炉。

（1）强制循环（直流式）热水锅炉　图2-8所示为强制循环热水锅炉，它一般不装锅筒，而是由受热的并联排管和集箱组成，又称管架式热水锅炉。此型锅炉由前、后两部分组成，前面为炉膛，后面为对流烟道，中间用隔火墙隔开，隔火墙上部设置烟窗，后墙水冷壁在此处拉稀，形成凝渣管。热水的循环动力由供热网路的热水循环水泵提供，迫使水在受热面中流动吸热。

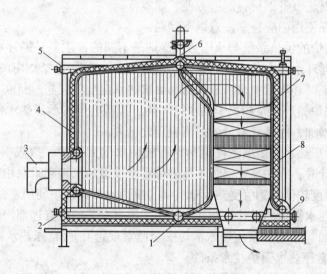

图2-8　强制循环热水锅炉

1—水冷壁分配集箱　2—侧水冷壁下集箱　3—燃烧器　4—前墙水冷壁
5—侧水冷壁上集箱　6—热水出口　7—旗式对流管束　8—角管　9—回水进口集箱

燃烧器设在锅炉前墙下部。燃料燃烧后生成的高温烟气上行至炉膛出口烟窗，折转后进入对流烟道，横向冲刷对流受热面，从对流烟道底部流出锅炉，经除尘器、引风机、烟囱排入大气。

锅炉四角布置4根垂直的大直径管子（即下降管），大直径管与集箱沟通，炉膛四周的膜式水冷壁固定在上下集箱间，角管、集箱、膜式水冷壁构成一个整体，承受锅炉上部结构与水的全部荷重，并由这 4 根角管将荷重传递给锅炉基础，所以该型锅炉又称为角管式锅炉。该型锅炉热功率为 2.5 ~ 86MW，最高出水温度达 220℃。

角管式锅炉是新型锅炉产品，它具有如下特点：

1）锅炉采用膜式水冷壁，实现微正压燃烧，燃烧完全；密封性能好，漏风少，排烟热损失小；膜式水冷壁外侧采用敷管炉墙，属轻型炉墙，既减轻重量，保温性能又好，散热损失小。锅炉热效率高。

2）锅炉荷重完全靠自身的受压部件承担，省去了钢架结构，既减轻锅炉重量，又节省钢材。

3）角管锅炉结构紧凑，利于整装或组装制造和运输，安装周期短。

（2）常压热水锅炉　常压热水锅炉的结构型式与小型承压热水锅炉基本相同，有立式水管、立式火管、卧式火管、卧式水火管等型式，使用燃料有煤、油、燃气等。所不同的是，常压锅炉工质的压力是大气压（即常压），即表压力为零，故又称为无压锅炉。这种锅炉本体是敞开的，直接与大气相通，一般锅炉制造时在本体上开一个流通面积足够大的孔，以便安装通气管，这就保证了在锅炉水位线上，表压力永远为零。

常压锅炉具有的优越性：常压锅炉本身不带压，不属于压力容器，锅壳、炉胆、锅筒和管道不会因超压而发生爆炸事故；因无承压部件，制造工艺和材质要求都不高，可用普通钢材和较薄壁厚的钢材，节省钢材，制造方便，成本低。

常压热水锅炉在使用中应特别注意以下问题：

1）常压热水锅炉的供热系统与承压热水锅炉是不同的，主要是循环水泵安装的位置不同。承压热水锅炉循环水泵安装在供热系统回水管道上，而常压热水锅炉循环水泵安装在供热水管道上，为保证循环水泵安全可靠运行，要求热水温度不宜超过 90℃。

2）常压热水锅炉循环水泵相当于热水给水泵，其耗电量较承压热水锅炉的大得多，而且随着建筑物高度增加，两者耗电量的差值也随之增大。

3）运行中的常压热水锅炉突然停电时，系统回水倒回锅炉，造成锅炉由通气孔跑水，因此在供热系统设计时，宜在高于锅炉本体的位置增设缓冲水箱和采取相应的自控措施。

4）由于回水温度较低，钢管受热面烟气侧易腐蚀，影响锅炉使用寿命。

为了规范常压热水锅炉的设计、制造和使用，国家有关行政管理部门已制订和发布了相关的法规和标准，如《小型和常压热水锅炉安全监察规定》、《常压热水锅炉制造许可证条件》、《小型锅炉和常压热水锅炉技术条件》等。

（3）壁挂式燃气热水锅炉　家庭使用的采暖和生活用热水两用壁挂式燃气热水锅炉问世以来，发展速度很快，特别是实行分户控制和分户计量以后，壁挂式锅炉应用更为广泛。

壁挂式锅炉是集燃气燃烧设备、高效热交换器、电磁式循环泵、自动控制和自动保护装置于一体的高新技术产品。燃气壁挂热水锅炉的热容量为 15.1 ~ 40.27kW，额定功率为 140 ~ 180W。

壁挂式燃气热水锅炉和其他锅炉集中采暖相比有如下优点：

1）节省费用。使用家用燃气壁挂炉采暖，不需要锅炉房、供热管网，这样可以减少锅炉房占地面积和外网费用，节省了大量建设、运行和维护费用。

2）节约能源。使用家用燃气壁挂炉采暖，可以省去中间设备和管网因漏损与散热的能量损耗，省去中间换热带来的损耗。用户可以根据自己的需要调整室内温度，减少燃料消耗，提高了能源的利用率。

3）减轻大气污染。家用燃气壁挂炉使用的是优质、洁净的天然气或液化石油气，其燃烧较完全，燃烧生成物不含烟尘，$SO_2$ 和 $NO_2$ 的含量也很少，这对保护大气环境具有重大意义。

4）家用燃气壁挂炉结构紧凑，重量轻，不占用家庭的有效利用空间。

图 2-9 所示为某燃气壁挂热水锅炉的构造简图。

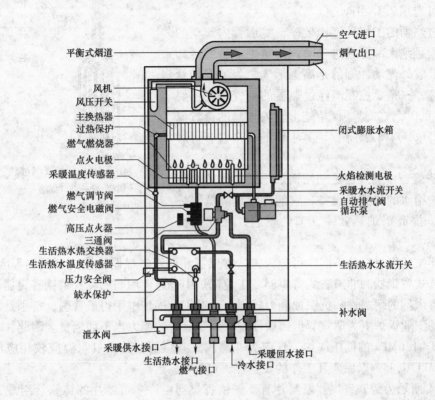

图 2-9　某燃气壁挂热水锅炉构造简图

### 5. 锅炉辅助受热面

锅炉的受热面是指烟、火和水进行热交换的金属表面，它分为主要受热面和辅助受热面。锅炉的主要受热面有锅筒、水冷壁和对流管束。锅炉的辅助受热面有蒸汽过热器、省煤器和空气预热器。

（1）蒸汽过热器　蒸汽过热器是将饱和蒸汽加热成为具有一定温度的过热蒸汽的装置。使用过热蒸汽能提高蒸汽动力装置的热机效率，满足某些生产工艺对蒸汽温度的特殊要求，减少蒸汽在输送过程中的凝结损失。因此，在有些工业锅炉中安装蒸汽过热器用以供应过热蒸汽。蒸汽过热器按传热方式分有对流式、辐射式、半辐射式三种。在工业锅炉中一般都采用对流式过热器。

对流式过热器由蛇形管束和与其连接的进、出口集箱构成，其结构型式有立式和卧式两种。

立式过热器易于吊挂和支撑，可以直接把蛇形管的弯头吊挂在锅炉钢架上。此外，对于直立的管子，积灰少。其缺点是疏水困难，锅炉启动前必须依靠蒸汽压力将积存在管内的凝结水排出；停炉期间，蛇形管内存在积水，增加对受热面的腐蚀。图2-10所示为立式蒸汽过热器。

卧式过热器疏水方便，支吊较困难，易积灰。工业锅炉的蒸汽过热器，一般采用20碳素钢，外径为32mm、38mm和42mm的无缝钢管，管子壁厚根据压力不同，可选用2.5～4mm。

蒸汽过热器的工作环境比较差，蛇形管内流动的是蒸汽，而且绝大部分是过热蒸汽，对蛇形管的冷却效果较差；管外流动冲刷的是高温烟气，为了保护管束不被烧坏，一是要控制流经过热器的烟气温度不要超过800～900℃，二是要保持蛇形管内较高的蒸汽流速（15～25m/s），以此来保证其工作的安全性、可靠性。

（2）省煤器  省煤器是利用锅炉尾部烟气的余热来预热锅炉给水的热交换设备，它能有效地降低锅炉排烟温度，提高锅炉热效率，节约燃料，因此而得名。

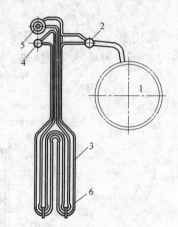

图2-10  立式蒸汽过热器
1—锅筒  2—进口集箱  3—蛇形管
4—中间集箱  5—出口集箱  6—夹紧箍

省煤器按所用材料的不同，可分为铸铁省煤器和钢管省煤器；按给水预热程度的不同，可分为沸腾式省煤器和非沸腾式省煤器。工业锅炉中普遍使用非沸腾式铸铁省煤器。

铸铁省煤器的耐磨性和抗腐蚀能力较强，故在工业锅炉中用得最普遍，特别是对于没有除氧设备的工业锅炉更为适宜。但铸铁性脆，承受应力的能力也不如钢材。因此，一般用于工作压力 $p \leqslant 1.6$ MPa 的低压锅炉，且应为非沸腾式省煤器，其出口水温应较相应压力下饱和温度低30℃以上，以保证其工作的安全性、可靠性。

图2-11所示为铸铁省煤器及鳍片管。铸铁省煤器由许多带鳍片的铸铁管组成，各管之间用180°铸铁弯头串联连接。

铸铁省煤器大都布置成逆流方式，水在管内由下而上盘旋流动，烟气由上而下横向冲刷铸铁省煤器管束。

为了保护铸铁省煤器，使其在锅炉启动、停止运行和低负荷运行过程中，不致因得不到很好的冷却而被损坏，应采取如下措施：

1）设置旁路烟道。蒸汽锅炉启动点火时，锅炉不需要给水，此时省煤器内的水是不流动的，而管外烟气温度却逐渐在升高，其内的水会随之而沸腾汽化，省煤器管壁会因超温而被烧坏。

设置省煤器旁路烟道的目的在于使烟气绕过省煤器而从旁路烟道通过，以此来保护省煤器的安全，如图2-12b所示。正常运行时，省煤器烟道的上下档板开启，旁路烟道的上下档板关闭，所有烟气全部通过省煤器烟道，省煤器正常工作；启动点火时档板开关位置正相反，烟气不流经省煤器而直接由旁路烟道排出，省煤器不受热。

2）设置再循环管。如图2-12a所示，上锅筒下部与省煤器进口集箱之间的连接管，称为再循环管，该管是不受热的。锅炉启动时可起到保护省煤器的作用。锅炉启动时，打开再

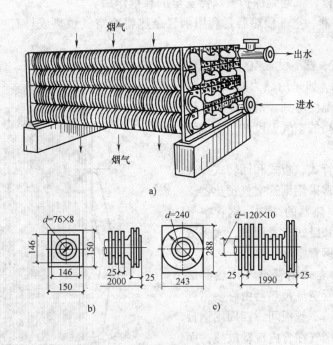

图 2-11　铸铁省煤器及鳍片管

a）铸铁省煤器　b）A 型鳍片管　c）B 型鳍片管

循环管上的阀门，由于省煤器内的水温较高，水在上锅筒与省煤器之间形成自然循环，使省煤器管壁得到冷却。

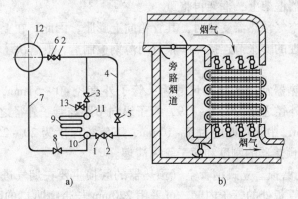

图 2-12　铸铁省煤器的再循环管与旁路烟道

a）再循环管　b）旁路烟道

1—给水截止阀　2—止回阀　3—省煤器出口阀　4—旁路给水管　5—旁路给水阀
6—锅筒前给水阀　7—再循环管　8—再循环阀　9—省煤器　10—省煤器进口集箱
11—省煤器出口集箱　12—锅筒　13—安全阀

3）设置安全阀。如图 2-13a 所示，在铸铁省煤器出口管路的止回阀前（或进口管路的止回阀后）安装安全阀，安全阀的始启压力应调整为装设地点工作压力的 1.1 倍，既起到保证省煤器正常运行，又起到保护省煤器安全的双重作用。

（3）空气预热器　空气预热器是利用烟气余热将冷空气预热成具有一定温度热空气的热交换器。

在工业锅炉中一般不设置空气预热器，但当给水温度较高（如采用热力除氧），省煤器不足以将排烟温度降到经济温度以下以及燃料燃烧需要较高的空气温度时，则应设置空气预热器。

空气预热器有管式、板式和回转式三种类型，工业锅炉中常采用钢管空气预热器。

1）钢管空气预热器的结构。钢管空气预热器有立式布置和卧式布置两种，大多数工业锅炉采用立式钢管空气预热器。

图 2-13 所示为立式钢管空气预热器结构示意图。立式钢管空气预热器由许多错列排列的钢管焊在上、下管板间，四周用钢板封闭，形成管箱。烟气在管内流动放热，而空气在管外横向冲刷吸热。中间管板用夹环固定在管子上，其作用是缩小空气流通截面积，以保证所需空气的流速。各空气通道间用空气连通罩连接。整个空气预热器通过下管板支持在空气预热器框架上，框架再将重

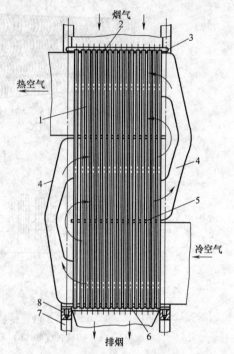

图 2-13　立式钢管空气预热器结构示意图
1—管子　2—上管板　3—膨胀节　4—空气连通罩
5—中间管板　6—下管板　7—构架　8—框架

量传给锅炉的构架。空气预热器受热时，其管箱向上膨胀，因此，在上管箱与固定在锅炉构架上的烟道之间用弹性的膨胀节连接。膨胀节用薄钢板制造，既解决了热胀冷缩问题，又保证了锅炉的密封。

立式钢管空气预热器常用的结构尺寸为：管子外直径 40 ~ 51mm，管壁厚 1.5 ~ 2mm，管子横向节距与管子外径之比为 1.5 ~ 1.9，管子纵向节距与管子外径之比为 1.02 ~ 1.2，上管板厚度为 15 ~ 20mm，中管板厚度为 5 ~ 10mm，下管板厚度为 20 ~ 25mm。管子应不高于 5m，以保证整个空气预热器的刚度和便于管内清理。

2）空气预热器的磨损。立式钢管空气预热器的磨损主要在烟气进入管内的进口段 150 ~ 200mm 处，即在上管板处的管子内壁。可采用 220mm 长带喇叭口的防磨短管来保护，防磨短管磨损后可更换，安装时应注意使防磨短管的外壁紧贴空气预热器管子内壁，防止安装成锥形以免缩小管子通道，造成堵灰现象。

**6. 工业锅炉的安全附件**

工业锅炉的安全附件主要是指压力表、安全阀和水位计，它们是保证蒸汽锅炉安全运行极为重要的附件，因此被称为工业锅炉的三大安全附件。热水锅炉也必须安装压力表和安全阀，有些热水锅炉也安装水位计。

关于压力表将在单元 2 的课题 6 中进行介绍，这里主要讲述安全阀的构造和使用要求。

安全阀是自动将锅炉工作压力控制在允许压力范围以内的安全附件。当锅炉压力超过允

许压力时，安全阀就自动开启，排出部分蒸汽或热水，使压力降低到允许压力后，安全阀自动关闭。

额定蒸发量小于或等于 0.5t/h 或额定热功率小于或等于 350kW 的锅炉，应装设 1 个安全阀；额定蒸发量大于 0.5t/h 或额定热功率大于 350kW 的锅炉，至少应装设 2 个安全阀。可分式省煤器出口（或入口）处，蒸汽过热器出口处，都必须装设安全阀。

锅筒安全阀应铅直地安装，尽可能装在锅筒、集箱的最高位置。为了不影响安全阀动作的准确性，在安全阀与锅筒、集箱之间，不得装设取用蒸汽的出汽管和阀门。安全阀应定期校验，校验后应铅封。

安全阀按其阀芯开启的程度，有全启式和微启式之分，一般蒸汽安全阀采用全启式，而水安全阀则采用微启式。工业锅炉上通常使用的是弹簧式安全阀和杠杆式安全阀。

1）弹簧式安全阀。弹簧式安全阀由阀座、阀芯、阀盖、阀杆、弹簧、弹簧压盖、调整螺母、阀帽、提升手把及阀体等零件组成，如图 2-14 所示。

弹簧式安全阀是利用工质压力和弹簧压力的差值以达到自动开启和关闭的目的。弹簧压力向下，将阀芯压紧在阀座上。当锅炉内工质压力超过弹簧压力时，弹簧被压缩，阀杆带动阀芯上升，使安全阀开启，部分工质从阀芯与阀座之间的缝隙排出。当工质压力小于弹簧压力时，弹簧伸长，使阀芯紧压在阀座上，关闭安全阀。

拧动调整螺母，控制弹簧的松紧程度，用以调整安全阀的启闭压力。将螺母往下转动，弹簧弹力增强，作用在阀芯上的压力也加大了，故安全阀排放压力升高，反之则降低。

提升手把用以检查安全阀是否灵活，定期对安全阀做手动放汽或放水试验，以防阀芯和阀座粘住。弹簧安全阀具有结构紧凑、灵敏轻便并能承受振动的优点。

2）杠杆式安全阀。杠杆式安全阀由阀体、阀座、阀芯、阀杆、杠杆、导架和重锤等零件组成，如图 2-15 所示。

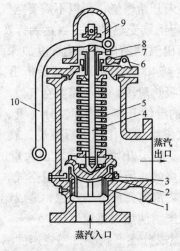

图 2-14 弹簧式安全阀
1—阀座 2—阀芯 3—调整环 4—阀杆
5—弹簧 6—铅封孔口 7—锁紧螺母
8—调整螺母 9—阀帽 10—提升手把

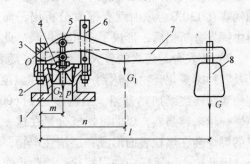

图 2-15 杠杆式安全阀
1—阀体 2—阀座 3—支点 4—阀芯
5—力点 6—导架 7—杠杆 8—重锤

杠杆式安全阀是利用重锤的重力通过杠杆作用，将阀芯紧压在阀座上。当锅内工质压力超过了重锤通过杠杆作用在阀芯上部的压力时，安全阀开启，排出部分工质，使锅内工质压力降低到允许工作压力，阀芯自动紧压到阀座上，安全阀关闭。

通过调节重锤和杠杆支点间的距离来调整杠杆安全阀的启闭压力。重锤离支点之间的距离越远，安全阀开启压力就越大。反之，开启压力就越小。为了防止杠杆偏斜越位，应装限制杠杆越出的导架。

杠杆安全阀具有结构简单、调整方便、动作灵敏等优点，但较笨重，灵敏度较差。

# 课题 2　燃煤锅炉的燃烧设备

锅炉的燃烧设备是锅炉的重要组成部分，它是由炉排、炉膛、炉墙、炉顶、炉拱等组成的燃烧空间。

燃烧设备的基本任务就是提供尽可能良好的燃烧条件，以求能把燃料的化学能最大限度地释放出来并将其转化为热能。

## 1. 煤的燃烧过程

煤类锅炉中的燃烧过程是极其复杂的，它与煤的成分组成、燃烧设备的形式与结构、炉内温度水平及分布状态、空气的供应情况、燃料与空气的混合程度以及炉内气体流动工况等多种因素有关。但从煤进行燃烧的全过程来分析，都必须经历下列四个阶段。

1）预热干燥阶段。送入炉内的接收基的煤，首先受炉内高温烟气的辐射热、处于高温状态下的炉墙和炉拱的加热，温度迅速升高，当温度接近 100℃ 时，燃料中的水分大量蒸发，直至完全烘干。此阶段称为煤的预热干燥阶段。

预热干燥阶段属于燃烧前的准备阶段，此阶段属于吸热过程，所以在这一阶段，所用的时间越短对煤的燃烧越有利。在这一阶段中，由于煤还未开始燃烧，所以不需要空气。

2）挥发分析出及焦炭形成阶段。干燥后的煤在炉内继续受热升温，当达到挥发分析出的温度时，大量挥发分从煤中释放出来。煤的挥发分析出温度随煤的碳化程度加深而升高，如褐煤在 130℃ 温度时就有挥发分析出，而无烟煤需达到 400℃ 温度时才开始析出挥发分。煤中挥发分析出后，形成了多孔的焦炭。此阶段也属于吸热阶段，也不需要空气。

3）挥发分与焦炭的着火燃烧阶段。随着煤层温度的继续升高，当挥发分（氢、一氧化碳及各种碳氢化合物）达到一定浓度和温度时，与氧气发生化学作用进行燃烧，放出热量，使焦炭颗粒继续加热升温，当温度达到 600 ~ 700℃ 时，焦炭开始燃烧，放出大量的热量，使燃烧越来越强烈，煤的可燃成分是在这一阶段进行燃烧的，所以应供给大量空气。同时焦炭的燃烧会在煤粒表面形成一层惰性产物，阻碍空气与内部可燃成分的接触，造成燃烧不完全，因此这个阶段还应加强拨火，清除焦炭表面的惰性产物使焦炭迅速燃烧。

4）燃料燃尽阶段。随着挥发分和焦炭的燃烧，可燃成分逐渐减少，燃烧速度减慢，灰渣逐渐形成，称燃料的燃尽阶段。在这个阶段，除了应当维持炉内适当温度、适量的空气和加强拨火外，还应适当延长燃料在炉内的停留时间，以保证燃尽。

以上讲述了煤燃烧的四个阶段，但在实际燃烧过程中，各个阶段的界限并非分得那么清楚，而且相互之间有交叉。例如，挥发分在水分未完全蒸发以前就开始析出，而焦炭在挥发分未全部析出前就已经开始着火燃烧。

　　综上所述，为了使入炉煤获得最好的燃烧效果，应根据煤的燃烧特性，设计制造出质量、性能完善的燃烧设备，创造有利于煤燃烧的良好条件。因此，对燃烧设备提出如下技术要求：保持炉膛高温，尤其是着火区，以便能产生急剧的燃烧反应；供应燃烧所需要的充足而适量的空气；采取适当措施以保证空气与燃料能充分接触、良好混合，并提供燃烧反应所必需的时间和空间；及时排出燃烧产物——烟气和灰渣。

**2. 燃烧设备的分类**

　　由于煤的种类、特性各不相同，锅炉的容量及参数不同，对燃烧设备的要求也不一样，因而出现了各种不同类型的燃烧设备。但不论何种类型的燃烧设备，按照组织燃烧过程的基本原理和特点，可划分为以下三类。

　　层燃炉——煤在炉排呈层状燃烧的炉子，也称火床炉。层燃炉的特点是有炉排，煤在炉排上铺撒成层状，空气主要从炉排下送入，流经煤层并与其进行燃烧反应。煤中的可燃气体和煤屑细末在燃烧室空间呈悬浮状燃烧，焦炭主要在炉排上进行燃烧。根据火床的位置和运动状态，属于层燃炉的燃烧设备有固定炉排炉、链条炉排炉、往复炉排炉、抛煤机炉等。

　　室燃炉——燃料随空气流喷入炉膛空间呈悬浮状态燃烧的锅炉。根据燃烧所用燃料种类，习惯上将燃用煤粉的室燃炉称为煤粉炉，将燃用燃料油的室燃炉称为燃油锅炉，将燃用气体燃料的室燃炉称为燃气锅炉。

　　流化（沸腾）床燃烧设备——煤粒在流化床上的运动是依靠从布风板下送入风室的高压一次风形成的。当一次风气流速度增加到某一数值，煤粒开始漂浮，床层膨胀，床面高度和空隙率都明显增大，整个床内煤粒循环运动、上下翻腾燃烧。根据炉内流态化的状态，属于流化床燃烧的燃烧设备有鼓泡流化床炉和循环流化床炉。

**3. 固定炉排炉**

　　固定炉排炉是结构最简单的层燃炉，其加煤、拨火及清渣等全部靠人工完成，因此又称手烧炉。固定炉排炉分单层炉排和双层炉排两种基本形式。

　　（1）单层固定炉排炉

　　单层固定炉排炉是一种典型的上饲式炉子，其构造如图 2-16 所示。被人工间断地抛撒在炽热的焦炭层上的新煤，一方面接受来自上方的高温烟气及耐火砖衬的辐射热，另一方面接受自下而上流经灰渣、燃料层的热空气（称为一次空气）及热烟气的对流传热，还有与高温焦炭层的接触导热。新煤层在这样优越的着火条件下，迅速地完成了水分蒸发、挥发分析出及焦炭形成等各个阶段，并立即进入挥发分及焦炭的强烈燃烧阶段。煤中可燃物质不断地燃烧，煤层的厚度不断减薄，直至形成灰渣。大块灰渣从炉门扒出，碎屑则自动落入灰坑。

　　（2）双层固定炉排炉

　　图 2-17 所示为反烧型双层固定炉排炉。炉膛内装有上下两层炉排，上炉排由外径为 51～76mm

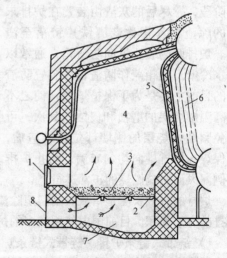

图 2-16　单层固定炉排炉构造简图
1—炉门　2—炉排　3—燃烧层　4—炉膛
5—水冷壁　6—管束　7—灰坑　8—灰门

的水冷却管组成，该处管排倾斜布置，其倾角为 $10° \sim 15°$，以保证水循环的安全性；管子间空隙距离为 $30 \sim 35mm$，以保持炉排通风截面比为 $30\% \sim 40\%$。下炉排为普通铸铁固定炉排。上炉排以上空间为风室，下炉排以下为灰坑，两层炉排之间的空间为燃烧室。

固定炉排炉的主要操作都是靠人力完成的，劳动强度大、条件差，而且热效率低，还存在周期性冒黑烟的问题（单层固定炉排炉），污染环境。但由于它具有结构简单、操作方便、煤种适应性广等优点，目前国内小于或等于 4t/h 的燃煤蒸汽锅炉，热功率小于或等于 2800kW 的燃煤热水锅炉，仍广泛采用固定炉排炉，即手烧炉。

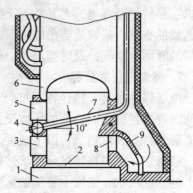

图 2-17　反烧型双层固定炉排炉

1—下炉门（灰门）　2—下炉排
3—中炉门　4—水冷炉排下集箱
5—上炉门　6—汽锅　7—水冷炉排
8—炉膛烟气出口　9—烟气导向板

**4. 链条炉排炉**

链条炉排炉简称链条炉，是一种结构比较完善的机械化层燃炉。由于它的机械化程度高（加煤、清渣、除灰等主要操作均由机械来完成），制造工艺成熟，运行稳定可靠，燃烧效率也较高，适用于大、中、小型工业锅炉。因此，颇受用户的欢迎，被广泛应用。

（1）链条炉的结构　图 2-18 所示为链条炉结构简图。其工作过程是煤自炉前煤斗经过煤闸门落至炉排上，炉排由传动机构带动自前往后缓慢移动，炉排移动速度在 $2 \sim 20m/h$ 之间调节。在链条炉排的腹中框架里，设置几个能单独调节风量的风仓，燃烧所需的空气从各风室经过炉排的通风孔隙进入燃烧层，参与燃烧反应。

进入炉膛的煤依次完成预热干燥、挥发分析出和焦炭形成、燃烧、燃尽各个阶段，燃尽后的灰渣由装置在炉排末端的除渣板（俗称老鹰铁）铲落至渣斗。炉排两侧装置纵向防渣箱，通常以侧水冷壁下集箱兼作防渣箱。装置防渣箱的目的主要是为了保护炉墙，使之不受高温燃烧层的磨损和侵蚀；其次，可避免紧贴燃烧层的侧墙部位粘结渣瘤，确保煤在炉排横向均匀布满，防止炉排两侧漏风而影响燃烧的正常进行。

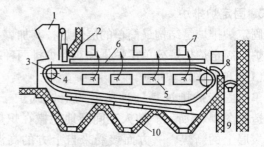

图 2-18　链条炉结构简图

1—煤斗　2—煤闸门　3—炉排
4—主动链轮　5—分区送风仓　6—防渣箱
7—看火孔及检查门　8—除渣板（老鹰铁）
9—渣灰斗　10—灰斗

炉排的有效长度是指从煤闸门至除渣板之间的距离。有效长度与炉排宽度的乘积，即为炉排的有效面积。目前国内使用较多的炉排片有链带式和鳞片式。

1）链带式链条炉排。链带式链条炉排属于轻型结构，适用于蒸发量 $D \leqslant 10t/h$ 的蒸汽锅炉或相应容量的热水锅炉。图 2-19 所示为薄片型链带式炉排结构。

链带式链条炉排由主动炉排片和从动炉排片用圆钢拉开串联在一起，形成一条宽阔的链带，围绕在主动链轮和从动轮上。

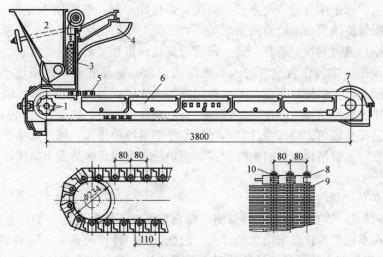

图 2-19 薄片型链带式炉排结构

1—链轮 2—煤斗 3—煤闸门 4—前拱吊砖架 5—链带式炉排
6—分仓式风室 7—除渣板 8—主动链环 9—炉排片 10—圆钢拉杆

　　主动炉排组成主动链环，直接与固定在主动轴上的主动链轮子啮合，担负传递整个炉排运动的拉力，其厚度较从动炉排片厚，由可锻铸铁制成。主动轴由电动机通过变速箱驱动。

　　2）鳞片式链条炉排。鳞片式链条炉排适用于蒸发量 $D \geqslant 10t/h$ 的蒸汽锅炉或相应容量的热水锅炉，图 2-20 所示为鳞片式链条炉排结构。炉排片（鳞片）嵌在炉排夹板之间，炉排夹板用销钉固定在链条上。拉杆穿过节距套筒（其上套有铸铁滚筒），把平行工作的各组链条和炉排片串联起来，组成链状软性结构。链条及炉排片的重量，通过节距套管外的铸铁滚筒传给炉排支架，并沿支撑面滚动前进。当炉排片行至尾部转弯处，开始一片片翻转，进入空行程后，则靠自重而倒挂在夹板上，使残留其间的煤屑、灰渣自动清除，炉排片也得到充分冷却。

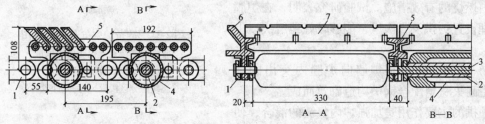

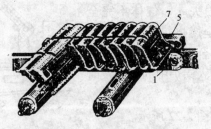

图 2-20 鳞片式链条炉排结构

1—链条 2—节距套管 3—拉杆 4—铸铁滚筒 5—炉排夹板 6—侧密封板 7—炉排片

鳞片式链条炉排采用前轴传动方式，为保证炉排面平整，在后轴下方有一段下垂炉排，其重量足以克服铸铁滚筒与上轨道间的摩擦阻力，使工作炉排面始终处于拉紧状态。

鳞片式炉排片通过夹板组装在炉链上，前后交叠，相互紧贴，呈鱼鳞状，漏煤很少；炉排片之间有一定的缝隙，作为空气进入燃烧层的通道，炉排的通风截面比小，约为6%左右。由于受力链条置于炉排片下面，不接触炽热的火床层，因而它的冷却性能好，运行安全可靠；整个炉排是软性结构，即使主动链轮的齿形略有参差时，也能自行调整其松紧度，保持啮合良好；炉排片较薄，冷却条件好，可以不停炉更换炉排片。鳞片式链条炉排的缺点是结构复杂、笨重、金属消耗量大；刚性较差，当炉排较宽时，容易发生炉排片脱落或卡住等故障。

（2）链条炉的燃烧特点

1）着火条件差。煤自炉前煤斗经煤闸门靠自重落在不断前进的空炉排上。新煤层主要靠来自炉膛的高温辐射热，自上而下地着火、燃烧，是一种"单面引火"的炉子。

2）燃烧过程的四个阶段是按炉排长度方向变化的。煤在炉排前是预热干燥和挥发分析出及焦炭形成阶段，基本上不需要空气；炉排的中部是旺盛的燃烧阶段，需要大量空气；炉排的后部基本燃尽，需要大量空气又少了。根据这一特点，一般采用分段送风，办法是将链条炉排的腹中框架里分隔成若干个风室，即区段。一般分为4~6区段，通过分段调节风门，供给燃烧所需空气量。图2-21所示为链条炉空气分配示意图。

3）链条炉必须加强拨火。由于煤与炉排没有相对运动，煤的燃烧又是从表面开始的，因此很容易在表面焦结成硬块，影响通风，所以必须从侧面进行人工拨火。

（3）链条炉的炉拱及二次风　如前所述，链条炉的燃烧特点之一是着火条件很差，为了改善燃料的着火条件和炉内燃烧工况，必须采取强化炉内燃烧的有效措施。试验研究表明，在炉膛内合理设置炉拱及二次风，能够较好地解决以上问题。

1）炉拱。炉拱是炉墙向炉膛内突出的部分，由耐火材料配合锅炉构造砌筑而成。

炉拱的主要作用是加强炉内气流的混合，使可燃气体和煤末、焦炭粒子与空气充分混合燃烧、燃尽，以减少排烟热损失 $q_2$、气体不完全燃烧热损失 $q_3$、固体不完全燃烧热损失 $q_4$，提高锅炉热效率。同时，可以合理组织炉内热辐射及热烟气流动，以保证新加入锅炉中的煤能及时着火和稳定燃烧。

炉拱分前拱及后拱，如图2-22所示。

①前拱又称辐射拱，其主要作用是反射炉内的辐射热，将燃烧火床面上的高温烟气辐射热，

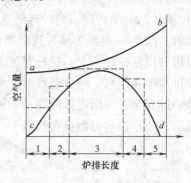

图2-21　链条炉空气分配示意图
曲线 $ab$—统仓送风时的进风量
曲线 $cd$—燃烧所需空气量
虚线—分区段送风时的进风量

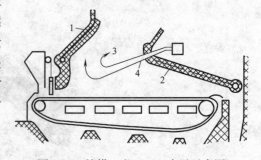

图2-22　炉拱、喉口、二次风示意图
1—前拱　2—后拱　3—喉口　4—二次风

反射到新加入锅炉的新煤上，加速新煤的预热和着火，减少炉排前端燃烧时对水冷壁管的辐射，同时保证煤闸板不被高温烧坏。

②后拱主要作用有：与前拱组成喉口，加速气流扰动，促使可燃物和空气充分混合，以利于燃烧；延长气流在炉内停留的时间，以利于可燃物的燃尽；将炉排后端的过量的氧气导向燃烧中心，使可燃气体在炉膛空间进一步燃烧；被导向前端的灼热的烟气和所夹带的火红碳粒在气流转弯向上时起到惯性分离作用，使火红碳粒落到新煤层上，有利于着火燃烧；对燃尽区起到保温促燃作用，最大限度地降低灰渣热损失，提高锅炉热效率。

2）二次风。二次风是相对于一次风（从燃料层下部送入的空气）而言的。二次风是指在燃烧层上方借助于喷嘴以高速喷入炉膛空间的若干股强烈气流，如图 2-22 所示。

二次风装置的结构简单，布置灵活，调节方便，因而在链条炉中得到广泛应用。

①二次风的作用：加强炉内气流扰动，增强它们相互间的混合，减少气体不完全燃烧热损失 $q_3$ 和固体不完全燃烧热损失 $q_4$；当二次风布置在后拱时，能将后拱区的高温烟气引到炉排前部，加热新煤层，以利于新燃料及时着火燃烧；布置在喉口前、后拱处的二次风，可造成炉内气流的旋涡流动，一方面延长了悬浮颗粒在炉内的停留时间，另一方面又使夹带在气流中的焦炭粒子重新甩回燃料层，两种作用均能促使焦炭的进一步燃尽，既减少了飞灰中的 $q_4$ 损失，提高锅炉热效率，又减少了排烟含尘量，利于环境保护；可以改善炉内气流充满度，控制燃烧中心，减少炉膛死角的涡流区，以防止炉内结渣和积灰，保证锅炉安全运行。

由上可见，二次风的作用不在于补充空气，主要是增强炉内扰动。因此，既可用空气，也可用高温烟气或蒸汽作为二次风的工质。

②二次风的布置。它与燃料种类、燃烧方式和炉膛的形状及大小有关。

单面布置：二次风喷口只布置在前墙或后墙，适用于炉膛深度较小的小容量锅炉。对于含挥发分高的烟煤，火床前部的可燃气体相对多一些，二次风口布置在前墙效果更好；对于挥发分低的无烟煤，二次风口布置在后墙，这时高速的二次风气流可将炉排后部的高温烟气引向火床头部，有利于加速新煤层着火。

双面布置：前、后墙同时布置二次风喷口，适用于容量较大的锅炉。二次风布置在前、后墙组成的喉口处，前、后喷嘴在高度方向上应错开布置，形成强有力的旋转气流，以加强炉内气流扰动。

二次风喷口的布置方向，既可采用水平式，也可采用下倾式。一般采用下倾式，下倾角为 $10° \sim 25°$。

由于链条炉单面引火，着火条件不如手烧炉优越，燃烧层本身无自行扰动的功能。因此，它对煤质的变化非常敏感，限制了其对煤种的适应能力。所以链条炉不宜燃烧强结焦性或不结焦性的煤种；颗粒直径应控制在 $0 \sim 25mm$ 之间，最大块粒不应大于 $38mm$，小于或等于 $3mm$ 的细屑煤末不应超过 $30\%$；另外煤的水分应适度，一般煤的接收基水分含量控制在 $8 \sim 10\%$ 为宜；灰分含量也有一定要求，一般干基含灰量不超过 $30\%$。

**5. 往复炉排炉**

利用炉排往复运动来实现给煤、除渣、拨火机械化的燃烧设备，称为往复炉排炉。

（1）往复炉排炉的结构　往复炉排炉按布置方式可分为倾斜往复炉排炉和水平往复炉排炉两种。目前常用的是倾斜往复炉排炉。

倾斜往复炉排炉为倾斜阶梯形，具有15°~20°左右的倾角，如图2-23所示。炉排由相间布置的活动炉排片和固定炉排片组成。活动炉排片的尾端装嵌在活动横梁上，其前端直接搭在相邻的固定炉排上。固定炉排片的尾端嵌在固定梁上，中间由相应的支撑棒托住以减轻对活动炉排片的压力。各排活动炉排片的横梁与两根槽钢连成一个活动框架系统，并支撑在几个大直径滚轮上。活动框架与推拉杆相连，推拉杆由直流电动驱动的偏心轮带动，使活动炉排片在固定炉排片上作往复运动。活动炉排片的运动行程为70~120mm，往复频率为1~5次/min。燃烧所需空气，通过炉排片的纵向缝隙以及各层炉排片之间横向缝隙送入。炉排通风截面比约为7%~12%。

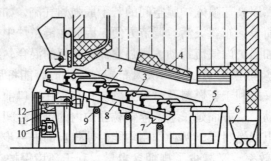

图2-23　倾斜往复炉排炉

1—活动炉排片　2—固定炉排片　3—支撑棒　4—炉拱　5—燃尽炉排　6—渣斗
7—固定架　8—活动框架　9—滚轮　10—电动机　11—推拉杆　12—偏心轮

（2）往复炉排炉的燃烧过程及特点

1）往复炉排炉的燃烧过程。往复炉排炉的燃烧过程与链条炉相似。煤从煤斗靠自重落下，经过煤闸门进入炉内，使煤层厚度控制在100~140mm之间，在活动炉排的往复推饲下，煤沿着炉排面由前向后缓慢移动，先后完成预热干燥、挥发分析出并着火燃烧、焦炭燃烧和燃尽等各个阶段。最后集落在专门为更好燃尽灰渣而设置的一段平炉排——燃尽炉排上，灰渣燃尽后排出炉外。

2）往复炉排炉的燃烧特点

①着火条件较好。燃煤经煤闸门进入炉内，上部受炉膛高温烟气的辐射热，下部受长时间处于炉膛内热炉排的烘烤，可见，往复炉排炉的着火条件较链条炉优越，但较手烧炉差。

②燃烧过程也是沿炉排长度方向进行划分的。和链条炉一样，燃烧的四个阶段也是沿炉排长度方向进行划分的，因此也要分段进行送风。

③实现了机械拨火。链条炉在燃烧过程中燃料与炉排之间无相对运动，而往复炉排炉借助于活动炉排片对煤层进行不断的耙拨作用，着火和燃烧条件大大改善。活动炉排片在返回的过程中，又耙回一部分已经着火的碳粒至未燃煤层的底部，同时活动炉排片的耙拨作用还能击碎焦块，使包裹在热炭上面的灰壳脱落，并增强了层间透气性，有利于强化燃烧及煤粒的燃尽，实现了加煤、拨火、除渣等操作的机械化。

往复炉排炉具有结构简单，制造工艺要求不高，金属耗量低等优点，因此在蒸发量2~6t/h的蒸汽锅炉或相应容量的热水锅炉中用得较多。对于往复炉排炉，煤的着火条件比链条炉优越，煤种的适应性强，即使是粘结性强、含灰量多的劣质烟煤也能很好地燃烧；消烟效果好，烟囱基本上不冒黑烟，有利于环境保护；由于煤层不断受到耙拨和松动，与空气接触加强，燃烧热强度高；金属耗量低，初投资少。往复炉排炉的缺点是：锅炉运行过程中，炉排烧坏或脱落难以发现或更换，炉排冷却条件较差，不宜燃用挥发分低、灰分少而发热量高的烟煤和无烟煤；倾斜往复炉排炉由于炉排面斜向布置，炉体高大，而且侧密封结构比较难处理，易漏风、漏煤；活动炉排片头部因其不断与灼热的煤层接触，容易烧坏。

### 6. 流化床锅炉

固体粒子经与气体接触而转变为类似流体状态的过程，称为流化过程。流化燃烧也称沸腾燃烧。

流化理论用于燃烧始于20世纪20年代。近年来，由于能源紧缺和环境保护要求的日益提高，流化床锅炉因具有强化燃烧、传热效果好以及结构简单、钢耗量低等优点，特别是它的燃料适应性广，能燃用包括煤矸石、石煤、油页岩等劣质煤在内的所有固体燃料，以及可以实现炉内脱硫及较少产生氮氧化物，而受到世界各国的普遍重视并得到迅速发展。除了早已广泛使用的鼓泡流化床锅炉，又研制开发了循环流化床锅炉，其燃烧效率可达90%以上，为锅炉的大型化提供了技术保证，目前世界上循环流化床锅炉的最大容量达165MW。

（1）沸腾燃烧及其特性　沸腾燃烧是一种介于层状燃烧与悬浮燃烧之间的燃烧方式。煤预先经破碎加工成一定大小的颗粒而置于布风板上，其厚度约500mm，空气则通过布风板由下向上吹送。当空气以较低的气流速度通过料层时，煤粒在布风板上静止不动，料层厚度不变，这一阶段称为固定床，如图2-24a所示。这正是煤在层燃炉中的状态，气流的推力小于煤粒重力，气流穿过煤粒间隙，煤粒之间无相对运动。

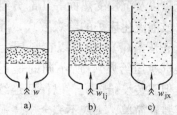

图2-24　料层的不同状态
a）固定床　b）沸腾床　c）气力输送

当气流速度增大到某一数值$w_{1j}$时，气流对煤粒向上的推力恰好等于煤粒的重力，煤粒开始飘浮移动，料层高度略有增长。如气流速度继续增大，煤粒间的空隙加大，料层膨胀增高，所有的煤粒、灰渣纷乱混杂，上下翻腾不已，颗粒和气流之间的相对运动十分强烈，如图2-24b所示，这种处于沸腾状态的料床称为沸腾床，这种燃烧方式即为沸腾燃烧。当风速继续增大并超过一定限度$w_{jx}$时，稳定的沸腾工况就被破坏，颗粒将全部随气流飞走，物料的这种运动形式叫做气力输送，如图2-24c所示。

料层由静止到沸腾状态，以至为气流携带飞走的整个过程，可用图2-25所示的沸腾床特性曲线加以概括。当空气速度在$ab$范围内，料层高度不变，通风阻力随风速的平方关系增大。当风速增大至$b$点，料层中颗粒开始浮动，故$b$点称为临界点，对应的风速$w_{1j}$即为沸腾临界速度。试验研究证明，沸腾临界速度的大小主要取决于颗粒尺寸及其筛分级配、粒子的密度和气流的物理性质等因素。随着颗粒直径的增大、密度的增加或料层堆积的空隙率增大，临界速度$w_{1j}$增

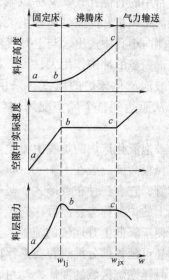

图2-25　沸腾床特性曲线

大；气流流体的运动粘度增大时，临界速度减小。

在 $b$ 至 $c$ 的过程中，气流速度虽然继续增高，但因料层膨胀，空隙也增大，通过颗粒间隙的实际风速趋于一个常数，所以料层阻力与刚开始转入沸腾床时相比，变化不大。如果风速再增大超过一定限度 $w_{jx}$ 时，固体颗粒即被风吹走，从沸腾状态转化为气力输送，料层不复存在，阻力下降。能挟带固体颗料飞走的气流速度 $w_{jx}$，称为极限速度，也叫带出速度。

显然，只有在 $w_{lj}$ 和 $w_{jx}$ 之间，料层才能保持稳定的沸腾状态。因此，沸腾炉的运行风速和燃烧率的调节也只能限于这一范围。不过，实际在沸腾炉中燃用的燃料总是宽筛分的，一般粒度为 0～8mm。为让较粗粒子也能被吹起沸腾，气流速度就宜高些，但要考虑到细粉尽量少被吹走，减少固体不完全燃烧热损失，又宜选用低的气流速度。此外，在选择风速时，还要顾及颗粒的扰动强度和它在沸腾床内平均停留时间的关系，在保证良好沸腾和强烈扰动的条件下，尽可能降低气流速度，以使颗粒在沸腾床中有较长的平均停留时间。

（2）沸腾炉的型式与结构　沸腾炉的型式主要有鼓泡流化床炉（沸腾炉）和循环流化床炉。

1）鼓泡流化床炉。鼓泡流化床炉为全沸腾炉，因进入沸腾床的空气部分以气泡形态穿过料层而得名。图 2-26 为此型炉子的结构示意图，其主要由给煤机、布风板、风室、灰渣溢流口以及沉浸受热面等几部分组成。

鼓泡流化床炉的给煤方式，除了在料层下给煤（正压给煤），也可以在料层上的炉膛负压区给煤（负压给煤），所不同的是正压给煤飞灰较少，但需装设给煤机，以保证连续进煤，而负压给煤装置简单，飞灰不完全燃烧损失较大。

布风板是沸腾炉的主要部件之一，兼有炉排（停炉时）和布风装置两者的作用。布风板的结构型式较多，以能达到均匀布风和扰动床料为原则。常用的有侧孔式，又称风帽式布风板，它由开孔的布风板和蘑菇型风帽组装而成，空气从风

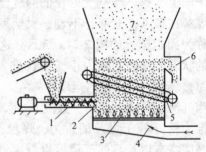

图 2-26　鼓泡流化床锅炉结构示意图
1—给煤机　2—流化层　3—布风板　4—风室
5—沉浸受热面　6—灰渣溢流口　7—悬浮段

帽的侧向小孔中送出，与上升气流呈垂直或交叉形式。实验表明，侧孔式布风板的风速大，对底部颗粒的冲击作用大，大颗粒煤不易停滞在布风板上，使流化均匀；但通风阻力较大。

鼓泡流化床炉的风室，采用较多的是等压风室结构，以使风室各截面的上升速度相同，从而达到整个风室配风均匀的目的。风室内的空气流速，一般宜控制在 1.5m/s 以下。

鼓泡流化床炉的炉膛由流化段和悬浮燃烧段组成，其分界线即为灰渣溢流口的中心线，离布风板高度一般在 1.4～1.6m。在流化段内布置相当一部分受热面，称为沉浸受热面，又称埋管，它有三种布置形式：竖管式、斜管式及横管式，如图 2-27 所示。灰渣溢流口中心线以上的炉膛称为悬浮段，它包括从灰渣溢流口上方渐扩的过渡段，因此悬浮段的横截面较大，便于降低上升烟气的流速，这样一来可使悬浮段中煤粒得以沉降，落回到流化层再燃烧，还可延长部分细煤粒在悬浮段中的停留时间，以便悬浮燃尽。

悬浮燃烧区域的四周，均可布置水冷壁。其后，即是燃烧室出口，热烟气携带飞灰进入对流受热面。

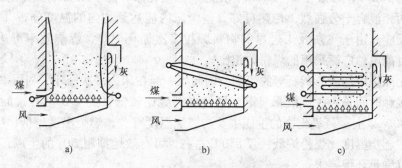

图 2-27 沉浸受热面的布置形式
a) 竖管式 b) 斜管式 c) 横管式

鼓泡流化床炉不但煤种适应性广，包括挥发分低（2%～3%）、灰分高达60%～80%和低位发热量只有3350～4190kJ/kg的劣质煤，甚至含碳量在15%左右的炉渣都能燃用，而且可以在炉内添加石灰石或白云石一类脱硫剂，大幅度降低烟气中$SO_2$的含量；又因燃烧温度较低，燃烧中$NO_x$生成量少，有利于保护环境。由于具有以上优点，鼓泡流化床炉应用很广，是目前我国沸腾炉配置的主要炉型。但是，此型炉子在运行实践中也暴露出了一些缺点：电耗高，床层总阻力高达4000～6000Pa，风机电耗约为一般锅炉的1.5～1.8倍，与竖井式煤粉炉相当；飞灰多且含碳量高，致使锅炉效率较低；沉浸受热面磨损严重等。

2）循环流化床炉。循环流化床炉出现于20世纪60年代，是新一代的沸腾炉。它与鼓泡流化床炉的主要区别在于炉内气流速度较高和被大量携带出炉膛的细小颗粒经炉后分离器分离后重新输回炉内燃烧。

图 2-28 为循环流化床炉结构简图。其炉膛不分沸腾段和悬浮燃烧段，出口直接与分离器相接。来自炉膛的高温烟气经分离器进入对流管束，而被分离下来的飞灰则经回料器重新返回炉内，与新添加的煤一起继续燃烧并再次被气流携带出炉膛，如此往复不断地"循环"。调节循环灰量、给煤量和风量，即可实现负荷调节，燃尽的灰渣则从炉子下部的排灰口排出。

循环流化床炉是一种接近于气力输送的沸腾炉，炉内气流速度较

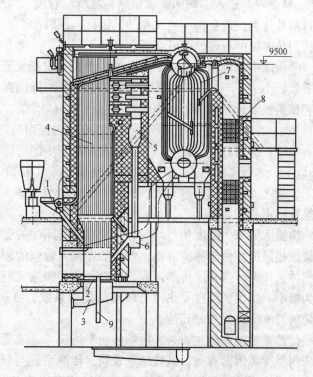

图 2-28 循环流化床炉结构简图
1—给煤装置 2—布风板 3—风室
4—炉膛 5—分离器 6—回料器
7—对流管束 8—省煤器 9—排灰口

高，最高可达 10m/s，一般在 3～10m/s，比起鼓泡流化床炉的 1～3m/s 要高出许多。因此，床内气、固两相混合十分强烈，传热良好，整个床内能达到均匀的温度分布（850℃左右）和快速燃烧反应。由于飞灰及未燃尽的物料颗粒多次循环燃烧，燃烧效率可达 99% 以上，完全可以与目前电站广泛采用的煤粉炉相比。

循环流化床炉中加入石灰石等脱硫剂，因与煤一起在床内多次循环，利用率高；由于烟气与脱硫剂接触时间长，脱硫效果显著，即使在钙硫比较低（约 1.5 左右）的条件下，脱硫率也可达 80% 以上。氮氧化物的生成主要与燃烧温度有关，燃烧温度越低，生成量越少。循环流化床炉燃烧温度比煤粉炉低，仅 850℃ 左右，可有效地抑制 $NO_x$ 的生成，烟气中的排放量一般可以满足环保要求。

循环流化床炉在流化床内（密相区）通常不布置受热面，这就从根本上消除了磨损问题；稀相区虽布置有受热面，但因其流速低，颗粒小，磨损并不严重。此外，循环流化床炉负荷调节范围宽，速度快，锅炉能稳定运行的最低负荷为 25% 左右，负荷调节速度可达每分钟 5% 的额定负荷。

循环流化床炉虽然也存在结构系统复杂、体积庞大、投资和运行费用较高等缺点，但由于其在发展为大容量时具有明显的优越性，尤为重要的是它具有达到煤的清洁燃烧和高效率的特点，因而受到世界各国的普遍重视。

（3）沸腾炉的燃烧和传热特性　煤在沸腾炉中沸腾燃烧，沸腾床犹如一个大的"蓄热池"。新燃料一进入沸腾床就被炽热料层所"吞没"，迅速着火燃烧。如此优越的着火条件，是目前其他燃烧设备都不可比拟的。因此，沸腾冲适应燃用几乎所有的劣质燃料，为利用以往认为是废物的石煤、煤矸石等，开辟了新路。

沸腾床中颗粒相对运动十分激烈，煤粒不仅着火迅速，而且和空气混合也很好，过量空气系数较小（$\alpha = 1.1$），燃烧反应速度极快，炉排热强度高，可比层燃炉高 1～3 倍。沸腾段容积热强度近于煤粉炉的 10 倍，链条炉的 4～5 倍。此外，煤粒在床中上下翻腾不止，大于 0.5mm 的粒子不易为气流吹出炉膛，在炉内停留时间较长，有利于烧透燃尽。

沸腾炉的运行实践证明，在溢流灰和冷灰中的可燃物含量都很低，运行较好时可控制在 3% 以下；然而飞灰中的可燃物含量一般都较高，在 20%～40% 左右，严重时竟高达 60%～70%，加之沸腾炉飞灰量又大，固体不完全燃烧损失最大达 30% 左右，这即为鼓泡流化床炉热效率不高的原因。

沸腾床的床内温度相当均匀，沉浸在沸腾床中的受热面主要以接触方式传热，颗粒直接与管壁相碰撞。由于沸腾运动，灼热的颗粒与管壁的碰撞十分强烈，而且固体粒子的热容量比气体大许多，强化了传热过程。再则，这种碰撞又把阻碍传热的管外灰污层刷净，使热阻大为减小。所以，沉浸受热面有较高的传热系数，可达 220～350W/($m^2 \cdot k$)，比其他类型锅炉的对流受热面高好几倍。

传热系数的高低主要与料层颗粒的平均尺寸、浓度、空截面气流速度、受热面布置情况和床内温度等因素有关。试验结果表明，传热系数与颗粒大小成反比，与空截面气流速度、床内温度成正比。料层的中部，颗粒的浓度和温度都较高，此处传热系数最大；在料层下部，颗粒浓度虽高但其温度稍低，所以传热系数稍低；至于上部，由于颗粒浓度较小，传热系数也较低。

## 课题 3　工业锅炉房的运煤及除灰渣系统

运煤和除灰渣系统是燃煤锅炉房的重要组成部分。连续不断地供给锅炉燃烧所需要的煤，及时排除燃烧生成的灰渣，是锅炉房安全运行的必要条件。

**1. 锅炉房的运煤系统**

锅炉房的运煤系统是指把煤从锅炉房煤场运到炉前煤斗的输送过程，其中包括煤的转运、破碎、筛选、磁选、计量和提升过程。图 2-29 所示为工业锅炉房运煤系统示意图。

贮煤场的煤用铲车运到受煤坑，煤从受煤坑上的固定筛板落入受煤斗。经给煤机将煤送入斜皮带式输送机，在斜皮带式输送机上设置除铁器，将煤中铁件去除后进入破碎机破碎，破碎后的煤经多斗提升机送到水平皮带式输送机，运往锅炉的炉前煤斗，由皮带式输送机上的卸料器将煤分别卸入各个炉前煤斗。

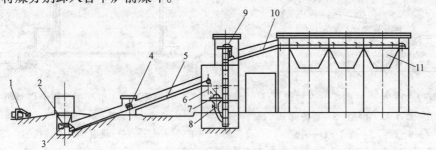

图 2-29　工业锅炉房运煤系统示意图

1—铲车　2—受煤斗　3—给煤机　4—电磁分离器　5—斜皮带输送机　6—三通筛
7—破碎机　8—三通管　9—多斗提升机　10—水平皮带输送机　11—炉前煤斗

下面简要介绍煤的制备、运煤设备及运煤方式的选择。

（1）煤的制备　不同的锅炉对原煤的粒度要求不同，当燃煤的粒度不能满足燃烧设备的要求时，煤块必须先经过破碎。对于颗粒度要求不高和易于破碎的煤块，工业锅炉常用双辊齿牙式破碎机。

在进入破碎机前，应将煤进行筛分，筛孔下面的细煤自流到带式输送机上，以减轻碎煤装置不必要的负荷。常用的筛选装置有固定筛、滚动筛和振动筛。固定筛结构简单，制造容易，造价低，用来分离较大的煤块；滚动筛和振动筛的筛分效率较高，可用于筛分较小的煤块。

当采用机械碎煤时，应先将煤进行磁选，以避免煤中夹带的碎铁进入破碎机而损坏或卡住设备，常用的磁选设备有悬挂式电磁分离器和电磁皮带轮两种。悬挂式电磁分离器是悬挂在输送机上方的一种静电去铁器，可吸除输送机上煤中的含铁杂物，但需定期地用人工加以清理。当输送机上煤层很厚时，底部的铁件很难吸除干净，此时可与电磁皮带轮配合使用。电磁皮带轮是一种旋转去铁器，借直流电磁铁产生磁场自动分离输送带上所运送的煤中的含铁杂物，它通常作为带式输送机的主动轮。

为了调节或控制给煤量，使给煤均匀，常在运煤系统中设置给煤设备，常用的给煤设备为电磁振动给煤机和往复振动给煤机。

在生产中为了加强经济管理，在运煤系统中常设煤的计量装置，汽车、手推车进煤时，可采用地秤；带式输送机上煤时，可采用皮带秤。

（2）运煤设备　锅炉房的运煤设备的作用是解决煤的提升、水平运输及装卸等问题。常用的运煤设备有以下几种。

1）带小车翻斗上煤装置和卷扬单斗上煤机。这是简易的间歇运煤设备，主要用于煤的提升。带小车翻斗上煤装置如图 2-30 所示。卷扬单斗上煤机根据煤斗运动方向分为垂直式和倾斜式。图 2-31 所示为单斗提升机上煤系统。上述上煤机占地面积小，运行机构简单，适用于额定蒸发量 6t/h 以下的锅炉。

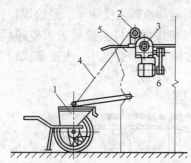

图 2-30　带小车翻斗上煤装置
1—单斗　2—滑轮　3—卷扬机
4—钢丝绳　5—煤斗　6—锅炉

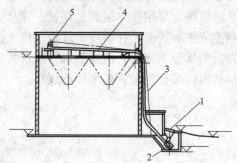

图 2-31　单斗提升机上煤系统
1—格子板　2—单斗　3—钢丝绳
4—轨道　5—卷扬机

2）多斗提升机。多斗提升机是一种连续运输设备，只能作垂直提升。图 2-32 所示为多斗提升机示意图。多斗提升机占地面积小，在锅炉房区域占地较小且运煤层较高时，尤为适用。但多斗提升机容易磨损，设备的维修工作量较大；运送水分含量较高的煤时，易堵塞。常与皮带输送机联合组成运煤系统。

3）埋刮板输送机。埋刮板输送机是一种连续运煤设备，它既能作水平运输，也可垂直提升，而且还能多点给料，多点卸料。图 2-33 所示为埋刮板输送机示意图。国内常用的有水平型、垂直型和垂直水平型三种。埋刮板输送机结构简单、体积小、布置灵活、密封性能好，每小时运煤量为 15 ~ 20t，一般适用于额定蒸发量 6t/h 以上的锅炉。

4）皮带输送机。皮带输送机是一种连续运输设备，它可以水平输送，也可以倾斜输送，但倾角不应大于 18°。图 2-34 所示为皮带输送机示意图。皮带输送机运输能力高，运行可靠，但占地面积较大，一次性投资高，每小时运煤量为 7 ~ 100t，一般适用于额定蒸发量 6t/h 以上的锅炉。

（3）运煤方式的选择　运煤方式的确定主要取决于锅炉房耗煤量的大小、燃烧设备的型式、场地条件及煤供应情况等，需经过技术经济比较来确定。

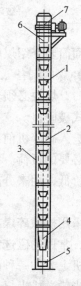

图 2-32　多斗提升机示意图
1—料斗　2—胶带　3—外壳
4—加料口　5—下料筒和拉
紧装置　6—卸料口
7—传动滚筒

工业锅炉房的运煤系统，一般为单线运输，不设备用装置。考虑到检修设备的需要，一般按一班或两班制工作。

运煤系统的运煤量可按下式计算

$$Q = \frac{24B_{max}kZ}{t} \tag{2-1}$$

式中　$Q$——运煤系统的运煤量（t/h）；

　　　$B_{max}$——每小时最大耗煤量（t/h）；

　　　$k$——运输不平衡系数，一般采用 1.1～1.2；

　　　$Z$——锅炉房发展系数；

　　　$t$——运煤系数昼夜有效作业时间（h），一班制时，$t = 6h$；两班制时，$t = 12h$；三班制时，$t = 18h$。

为了保证运煤设备检修期间不至于中断供煤，炉前一般应设置贮煤斗，煤斗的贮量应根据运煤的工作制和运煤设备检修所需时间确定，并应符合下列要求。

①一班制运煤为 16～20h 的锅炉额定耗煤量。

②两班制运煤为 10～12h 的锅炉额定耗煤量。

③三班制运煤为 1～6h 的锅炉额定耗煤量。

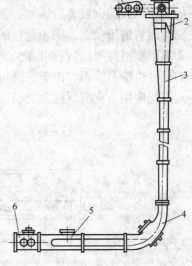

图 2-33　埋刮板输送机示意图

1—驱动装置　2—头部　3—中间段

4—弯曲段　5—加料段　6—尾部

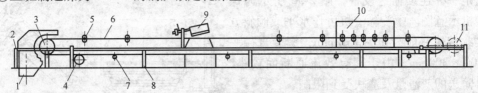

图 2-34　皮带输送机示意图

1—头罩　2—头架　3—传动滚筒　4—改向滚筒　5—上托辊　6—皮带

7—下托辊　8—支腿　9—卸料器　10—导料槽　11—尾架

煤斗的内壁应光滑耐磨，和溜煤管的壁面倾角不宜小于 60°，以防止堵煤。

为确保锅炉的燃料供应不中断，在锅炉房附近必须设置贮煤场。贮煤场的贮煤量应视煤源远近、气候情况、运输条件及锅炉房的耗煤量等因素来确定，同时应考虑少占面积。一般可参照下列情况确定：火车和船舶运煤时，10～15 天的锅炉房最大计算耗煤量；汽车运煤时，5～10 天的锅炉房最大计算耗煤量。

**2. 锅炉房的除灰渣系统**

设置合理的除灰渣系统，是保证锅炉正常运行的必要条件之一。供热锅炉房常用的除灰渣方法有人工除灰渣、机械除灰渣和水力除灰渣。

（1）人工除灰渣　人工除灰渣即锅炉房灰渣的装卸和运输都依靠人力来进行，灰渣由工人从灰坑中耙出，冷却后装入小车，然后再推到灰渣场进行处理。

人工除灰渣劳动强度大，卫生条件差，仅适用于小容量锅炉房。

（2）机械除灰渣　采用机械除灰渣系统时，炽热的灰渣需先用水冷却，且大块焦渣还得适当破碎后才能进入除渣设备，否则容易出现大块炉渣卡住设备，导致设备损坏的现象。下面介绍几种锅炉房常用的除渣设备。

1）重型框链除渣机。重型框链除渣机是连续输送灰渣的设备。图 2-35 所示为重型框链除渣机示意图。它主要由支架、主动轮、链条、托辊、从动轮、减速机及铸造石板组成。链条的材质为铸造钢或铸造铁。链条上每隔一定间距设置一块带长翼的链节，借此输送灰渣。在驱动装置的带动下，循环运行的链条贴在铺有铸造石板的灰渣槽内滑动，将炉渣带走。

重型框链除渣机运行可靠，加工和检修比较方便，但耗钢量较大，同时，链条及转动部分的机件也极易磨损。由于它既可水平输送，又可倾斜输送，因此，目前在供热锅炉房中已得到广泛应用。重型框链除渣机可供单台或多台容量为 10t/h 以上的锅炉除渣用。

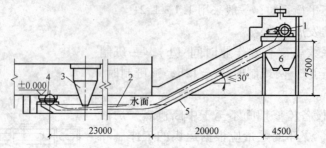

图 2-35　重型框链除渣机示意图
1—驱动装置　2—链条　3—落灰斗　4—尾部拉紧装置　5—灰槽　6—灰渣斗

2）螺旋除渣机。螺旋除渣机由驱动装置、螺旋机本体、进渣口、出渣口等几部分组成，它是一种连续输送设备，图 2-36 所示为螺旋除渣机示意图。螺旋除渣机可作水平或倾斜方向运输，转速一般为 30～75r/min，螺旋直径一般为 200～300mm。由于其有效流通断面较小，因此，输送的灰渣量及渣块受到限制。

螺旋除渣机设备简单，运行管理方便，但输送量小，一般适用于容量 6t/h 以下的层燃炉。

（3）水力除灰渣　水力除灰渣是用带有压力的水将锅炉落到灰渣沟内的碎渣，以及灰沟内的烟灰冲走，送至渣池。水力除灰渣分为低压、高压和混合水力除灰渣三种。

工业锅炉房一般采用低压水力除灰渣系统，其水压为 0.4～0.6MPa，图 2-37 所示为水力除灰渣系统流程图。

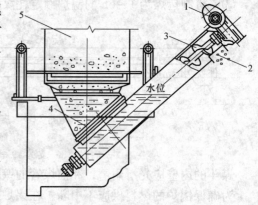

图 2-36　螺旋除渣机示意图
1—驱动装置　2—出渣口　3—螺旋机本体
4—进渣口　5—锅炉

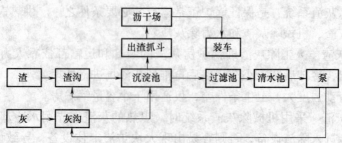

图 2-37　水力除灰渣系统流程图

从锅炉排出的灰渣和湿式除尘器排出的细灰，分别由激流喷嘴喷出的水流冲往沉淀池，由抓斗起重机将灰渣从沉淀池倒至沥干场，定期将沥过的湿灰渣再倒入汽车运出厂外。沉淀池中的水经过滤后进入清水池循环使用。

图 2-38 所示为低压水力除灰渣系统布置图。为保证系统运行工况良好，在设计时，灰渣和灰尘与水的重量比分别是 1:20～1:25 和 1:10～1:15。循环水泵应尽可能邻近清水池布置，以便减少阻力损失，并应有备用。当循环水泵采用地上布置时，为了可靠地吸水，可在水泵吸入侧设置一个真空吸水罐。渣沟和灰沟宜用铸造石镶板作为衬板以达到耐磨和防腐蚀的目的。渣沟和灰沟的镶板半径分别为 150mm 和 125mm，坡度分别为 1.5%～2.0% 和 1% ～1.5%，在布置时应力求短而直，若要拐弯，弯曲半径应不小于 2m。渣沟和灰沟的始端，每个排渣设备的落渣口前 1.5～2.0m 处，渣沟、灰沟相交和转弯处及较长的直沟段，一般设激流喷嘴，防止灰渣沉积沟中。激流喷嘴中心应对准沟道中心线布置并向下倾斜 8°～15°，喷嘴出口离沟底 250mm，喷嘴直径一般取 10mm、12mm 或 14mm。为便于检修，每个喷嘴前应设阀门。

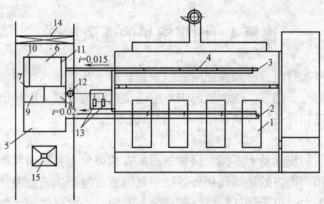

图 2-38　低压水力除灰渣系统布置图

1—锅炉　2—渣沟　3—灰沟　4—冲灰渣水管　5—沉渣池　6—沉灰池　7—过滤池
8—清水池　9—过滤网　10—温水槽　11—配水槽　12—真空吸水罐
13—污水泵　14—桥式抓斗起重机　15—灰渣斗

沉淀池应紧靠锅炉房，其外形呈长方形，宽度与长度之比以 1:4 为宜，贮存容量一般按 1～2 昼夜锅炉房最大灰渣排放量计算，其堆满系数一般取 0.5～0.7。

低压水力除灰渣安全可靠，节省人力，卫生条件好，但需要建较庞大的沉淀池，湿灰渣的运输也不大方便。在严寒地区，沉淀池应设在室内。一般适用于大、中型容量的工业锅炉房，尤其是当锅炉房采用湿式除尘器时，可将它的含酸废水与沉渣池中的碱性废水中和，有利于锅炉房的废水处理。

（4）除灰渣方法的选择　工业锅炉房除灰渣方法的选择主要根据锅炉类型、灰渣排出量、灰渣特性、运输条件及基建投资等因素，经技术经济分析后确定。

一般情况下，锅炉房的除灰渣系统可按锅炉房总容量、台数和灰渣量（t/h）进行选用。当 $D = 4～10t/h$，台数为 1～2 台，灰渣量 <1.0t/h 时，采用螺旋除渣机加手推车或框链除渣机；当 $D = 6～20t/h$，台数为 2～4 台，灰渣量 ≥2t/h 时，采用框链除渣机、水力除灰渣等。

除灰渣系统的运渣量可按下式计算

$$Q_z = \frac{24A_{max}kZ}{t} \tag{2-2}$$

式中　$Q_z$——运灰渣系统的运渣量（t/h）；

　　$A_{max}$——每小时最大灰渣量（t/h）；

　　$k$——运输不平衡系数，一般采用 1.1～1.2；

　　$Z$——锅炉房发展系数；

　　$t$——除灰渣系数昼夜有效作业时间（h）。

为了保证锅炉的正常运行，必须及时将燃料燃烧的灰渣集中运至贮灰场，再转运他处。所以锅炉房附近还应设灰渣场。往往设在锅炉房常年主导风向的下方，且同贮煤场间的距离应大于 10m。

灰渣场的贮存量，应根据灰渣综合利用情况和运输方式等条件确定，一般应能贮存 3～5 昼夜锅炉房的最大排灰渣量。如设置集中灰渣斗时，不应设置灰渣场。

# 课题 4　燃煤锅炉的通风系统

燃煤锅炉在正常运行时，必须保证向锅炉炉膛连续不断地送入燃料燃烧所需的空气，并及时地排走燃烧产物——烟气。通常把向炉内输送空气称为送风，把排出烟气称为引风。实现通风所采用的管道和设备构成锅炉房的通风系统。

## 1. 锅炉通风方式

根据空气或烟气的流动动力不同，锅炉的通风方式可分为自然通风和机械通风两种。

自然通风是利用烟囱内的热烟气和外界冷空气的密度差产生的抽力，来克服通风系统中空气和烟气的流动阻力。由于烟气和空气的密度差有限，一般仅适用于烟气阻力不大，无尾部受热面的小型锅炉，如容量在 1t/h 以下的手烧炉等。

机械通风是借助风机所提供的压力来克服空气和烟气的流动阻力。目前采用的通风方式有负压通风、正压通风和平衡通风三种。

（1）负压通风　在锅炉通风系统中只装设引风机，利用引风机和烟囱克服烟风道阻力，包括燃料层和炉排的阻力，因此沿着烟风系统流程气流均处于负压状态。这种通风方式只适用于烟风道阻力不大的小型锅炉。

（2）正压通风　在锅炉通风系统中只装设送风机（也称鼓风机），利用鼓风机的压力和烟囱的抽力克服全部系统的阻力。这种通风方式锅炉的炉膛及烟道均处于正压状态，提高了燃烧强度和锅炉效率，但要求炉墙和烟道封闭严密，防止烟气外泄，污染环境。正压通风目前在燃油、燃气锅炉上有所应用。

（3）平衡通风　在锅炉通风系统中同时装设送风机和引风机，利用送风机的压力克服从风道入口到进入炉膛（包括燃烧设备和燃料层）的全部风道阻力；利用引风机和烟囱的抽力克服从炉膛出口到烟囱出口（包括使炉膛形成负压）的全部烟道阻力。这种通风方式既能有效地调节送、引风量，满足燃烧的需要，又使锅炉炉膛及烟道能在合理的负压下运行，锅炉房的安全及卫生条件较好。平衡通风目前在工业锅炉房中应用得最为普遍。图 2-39 所示为锅炉采用平衡通风时风压变化示意图。

**2. 锅炉烟道阻力计算**

计算烟道阻力的顺序从炉膛开始，沿烟气流动方向，依次计算各部分阻力，由此求得烟道的全压降，作为引风机选择的依据。

按烟气流程的顺序，锅炉烟气系统总阻力 $\sum \Delta p_y$，包括炉膛负压 $\Delta p_1$、锅炉本体阻力 $\Delta p_g$、省煤器阻力 $\Delta p_s$、空气预热器烟气侧阻力 $\Delta p_{k-y}$、除尘器阻力 $\Delta p_c$、烟道阻力 $\Delta p_y$、烟囱阻力 $\Delta p_{yc}$，即

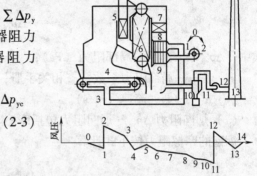

$$\sum \Delta p_y = \Delta p_1 + \Delta p_g + \Delta p_s + \Delta p_{k-y} + \Delta p_c + \Delta p_{yd} + \Delta p_{yc}$$

$$(2-3)$$

式中　$\sum \Delta p_y$——锅炉烟气系统总阻力（Pa）。

下面分述每一个阻力的计算。

图 2-39　锅炉通风风压变化示意图

（1）炉膛负压 $\Delta p_1$　炉膛保持一定的负压可防止烟气和火焰从炉门及缝隙处向外喷漏，但负压不能过高，以免冷空气向炉内渗透过多，降低炉温和影响锅炉效率。

炉膛负压由燃料的种类、炉子型式及所采用的燃烧方式而定。机械通风时，一般取 $\Delta p_1 = 20 \sim 40\text{Pa}$；自然通风时，取 $\Delta p_1 = 40 \sim 80\text{Pa}$。

（2）锅炉本体阻力 $\Delta p_g$　锅炉本体阻力是指烟气离开炉膛后冲刷受热面管束所产生的阻力，通常可从锅炉制造厂家的计算书中查得。

（3）省煤器阻力 $\Delta p_s$　指烟气横向或纵向冲刷管束时产生的阻力，通常由锅炉制造厂提供。

（4）空气预热器烟气侧阻力 $\Delta p_{k-y}$　管式空气预热器中空气在管束外面横向流动，烟气在管内流动。因此，空气预热器的烟气侧阻力由管内的摩擦阻力和管子进出口的局部阻力组成。通常由制造厂家提供。

（5）除尘器阻力 $\Delta p_c$　与除尘器型式和结构有关，可根据制造厂提供的资料确定。

（6）烟道阻力 $\Delta p_y$　烟道阻力包括烟道的摩擦阻力 $\Delta p_{yd}^m$ 和局部阻力 $\Delta p_{yd}^j$。

烟道的摩擦阻力可按下式计算

$$\Delta p_{yd}^m = \lambda \frac{l\omega_{pj}^2}{d_d 2}\rho_y^0 \frac{273}{273 + t_{pj}}$$

$$(2-4)$$

式中　$\Delta p_{yd}^m$——烟道的摩擦阻力（Pa）；

　　　$\lambda$——摩擦阻力系数，金属管道取 0.02，砖砌或混凝土管道取 0.04；

　　　$l$——管段长度（m）；

　　　$\omega_{pj}$——烟气的平均流速（m/s）；

　　　$\rho_y^0$——标准状态下的烟气密度，$1.34\text{kg/m}^3$；

　　　$t_{pj}$——烟气的平均温度（℃）；

　　　$d_d$——管道当量直径（m），圆形管道，$d_d$ 为其直径；边长分别为 $a$、$b$ 的矩形管道，可按下式换算。

$$d_d = \frac{2ab}{a + b}$$

$$(2-5)$$

为了简化计算，将动压力$\frac{\omega^2}{2}\rho$制成线算图，计算时可参考相关手册。

烟道的局部阻力可按下式计算

$$\Delta p_{yd}^{j} = \xi \frac{\omega^2}{2}\rho \tag{2-6}$$

式中　$\Delta p_{yd}^{j}$——烟道的局部阻力（Pa）；

　　　$\xi$——局部阻力系数，查相关手册；

　　　$\omega$——烟气流速（m/s）。

（7）烟囱阻力 $\Delta p_{yc}$　烟囱阻力包括摩擦阻力和烟囱出口阻力。

烟囱的摩擦阻力按下式计算

$$\Delta p_{yc}^{m} = \lambda \frac{H\omega_{pj}^2}{d_{pj}2}\rho_{pj} \tag{2-7}$$

式中　$\Delta p_{yc}^{m}$——烟囱的摩擦阻力（Pa）；

　　　$\lambda$——烟囱的摩擦阻力系数，砖烟囱或金属烟囱均取 $\lambda = 0.04$；

　　　$d_{pj}$——烟囱的平均直径，取烟囱进出口直径的算术平均值（m）；

　　　$H$——烟囱高度（m）；

　　　$\omega_{pj}$——烟囱中烟气的平均流速（m/s）；

　　　$\rho_{pj}$——烟囱中烟气的平均密度（kg/m³）。

烟囱出口阻力可按下式计算

$$\Delta p_{yc}^{c} = \xi \frac{\omega_c^2}{2}\rho_c \tag{2-8}$$

式中　$\Delta p_{yc}^{c}$——烟囱的出口阻力（Pa）；

　　　$\xi$——烟囱出口阻力系数；

　　　$\omega_c$——烟囱出口处的烟气流速（m/s）；

　　　$\rho_c$——烟囱出口处的烟气密度（kg/m³）。

烟囱阻力按下式确定

$$\Delta p_{yc} = \Delta p_{yc}^{m} + \Delta p_{yc}^{c} \tag{2-9}$$

**3. 锅炉送风阻力计算**

锅炉送风系统总阻力 $\sum\Delta p_f$ 包括燃烧设备阻力 $\Delta p_r$、空气预热器空气侧阻力 $\Delta p_{k-k}$ 和风道阻力 $\Delta p_{fd}$，即

$$\sum\Delta p_f = \Delta p_r + \Delta p_{k-k} + \Delta p_{fd} \tag{2-10}$$

（1）燃烧设备阻力 $\Delta p_r$　它取决于炉子型式和燃料层厚度等因素。

对于层燃炉，燃烧设备阻力包括炉排与燃料层阻力，宜取制造厂的测定数据为计算依据，如无此数据，可参考下列炉排下要求的风压值来代替：往复炉排炉 600Pa；链条炉排炉 800 ~ 1000Pa。

对于沸腾炉，燃烧设备阻力 $\Delta p_r$ 指布风板（风帽在内）阻力和料层阻力；对于煤粉炉，燃烧设备阻力 $\Delta p_r$ 指按二次风计算的燃烧器阻力；对于燃油燃气锅炉，燃烧设备阻力 $\Delta p_r$ 指

调风器的阻力。

（2）空气预热器空气侧阻力 $\Delta p_{k-k}$　它是指管外空气冲刷管束所产生的阻力，通常由制造厂家提供。

（3）风道阻力 $\Delta p_{fd}$　风道阻力计算与烟道阻力计算一样，是按锅炉的额定负荷进行的。风道阻力计算时，空气流量按下式计算

$$V_k = B_j V_k^0 (\alpha_1'' - \Delta\alpha_1 + \Delta\alpha_{ky}) \frac{273 + t_{lk}}{273} \qquad (2\text{-}11)$$

式中　$V_k$——空气流量（$m^3/h$）；

　　　$\alpha_1''$——炉膛出口处的过量空气系数；

　　　$\Delta\alpha_1$——炉膛的漏风系数；

　　　$\Delta\alpha_{ky}$——空气预热器中空气漏入烟道的漏风系数，$\Delta\alpha_{ky} = 0.05$；

　　　$t_{lk}$——冷空气温度（℃）。

风道阻力也包括摩擦阻力和局部阻力，可分别采用式（2-4）和式（2-6）进行计算，计算时只需用所有的空气参数来替代烟气的参数即可。

**4. 烟囱的计算**

（1）烟囱的种类和构造　烟囱按其材料不同可以分为砖烟囱、钢筋混凝土烟囱和钢板烟囱三种。

砖烟囱的高度一般不宜超过 60m，适用于地震烈度为七度及以下地区。

钢筋混凝土烟囱具有对地震的适应性强、使用年限长等优点，但需耗用较多的钢材，造价较高。钢筋混凝土烟囱一般适用于烟囱高度超过 60m 的锅炉房或地震烈度在七度以上的地区。

钢板烟囱的优点是自重轻、占地少、安装快、有较好的抗震性能。但耗钢材较多，而且易受烟气腐蚀和氧化锈蚀，如燃用含硫分高的燃料时，腐蚀会更严重。因此，必须经常维护保养，否则会缩短使用年限。钢板烟囱一般用于燃油、燃气锅炉和容量较小的燃煤锅炉。钢板烟囱的高度不宜超过 30m。

烟囱的种类应根据其高度要求及使用场合的具体情况来选定。

砖烟囱和钢筋混凝土烟囱的设计和施工属于土建专业的范围，以下仅就钢板烟囱作简要介绍。

钢板烟囱由多节钢板圆筒组成，筒身厚度一般为 3～15mm。为了防止筒身钢板受烟气腐蚀，可在烟囱内壁敷设耐热砖衬或耐酸水泥。小型锅炉的钢板烟囱可以支撑在锅炉的烟箱上，也可支撑在屋面梁上或地面烟囱基础上。为了维持烟囱的稳定性，要用钢丝绳来固定。钢丝绳可用三根间隔 120°布置，也可用四根间隔 90°对称布置。

（2）烟囱高度的确定　对于采用机械通风的锅炉，烟道阻力主要由风机来克服，烟囱的作用主要是将烟尘排至高空扩散，减轻飞灰和烟气对环境的污染，使附近的环境处于允许污染程度之下。因此，烟囱高度应符合《锅炉大气污染物排放标准》（GB 13271—2001）的规定，其高度应根据锅炉房总容量按表 2-1 选取。

当锅炉房总容量大于 28MW（40t/h）时，其烟囱高度应按环境影响评价要求确定，但不得低于 45m。

表 2-1　烟囱最低允许高度

| 锅炉房总容量 | t/h | <1 | 1 ~ 2 | 2 ~ 4 | 4 ~ 10 | 10 ~ 20 | 20 ~ 40 |
|---|---|---|---|---|---|---|---|
| | MW | <0.7 | 0.7 ~ 1.4 | 1.4 ~ 2.8 | 2.8 ~ 7 | 7 ~ 14 | 14 ~ 28 |
| 烟囱最低允许高度 | m | 20 | 25 | 30 | 35 | 40 | 45 |

烟囱高度应高出半径 200m 范围内最高建筑物 3m 以上，以减轻对环境的影响。

锅炉房在机场附近时，烟囱高度尚应征得有关部门的同意。

对于采用自然通风的锅炉房，是利用烟囱产生的抽力来克服风、烟系统的阻力。因此，烟囱的高度除了满足环境卫生的要求外，还必须使烟囱产生的抽力足以克服烟、风系统的全部阻力。

烟囱抽力是由外界冷空气和烟囱内热烟气的密度差形成的压力差而产生的，即

$$S = gH(\rho_{1k} - \rho_y)$$

$$S = gH\left(\rho_{1k}^0 \frac{273}{273 + t_{1k}} - \rho_y^0 \frac{273}{273 + t_{pj}}\right) \tag{2-12}$$

式中　$S$——烟囱产生的抽力（Pa），自然通风时应使 $S$ 大于或等于风烟道总阻力的 1.2 倍；

　　　$H$——烟囱高度（m）；

　　　$\rho_{1k}$——外界空气的密度（kg/m³）；

　　　$\rho_y$——烟囱内烟气平均密度（kg/m³）；

$\rho_{1k}^0$、$\rho_y^0$——标准状态下空气和烟气的密度（kg/m³）；

　　　$t_{1k}$——外界空气温度（℃）；

　　　$t_{pj}$——烟囱内烟气平均温度（℃）。

$$t_{pj} = t' - \frac{1}{2}\Delta tH \tag{2-13}$$

其中　$t'$——烟囱进口处烟气温度（℃）；

　　　$\Delta t$——烟气在烟囱每米高度的温降（℃）。

烟囱或烟道的温降可按经验数据估算，砖烟道及烟囱或混凝土烟囱每米长温降约为 0.5℃，钢板烟道及烟囱每米长温降约 2℃。

对于机械通风的锅炉房，为简化计算，烟气在烟道和烟囱中的冷却可不考虑，烟囱内烟气平均温度即按引风机前的烟气温度（近似等于排烟温度）进行计算。

计算烟囱的抽力时，对于全年运行的锅炉房，应分别以冬季室外温度和冬季锅炉房热负荷以及夏季室外温度和相应的热负荷时系统的阻力来确定烟囱高度，取二者中较高值。对于专供采暖的锅炉房，也应分别以采暖室外计算温度和相应的热负荷计算的阻力确定烟囱高度，与采暖期将结束时的室外温度和相应的热负荷计算的系统阻力确定的烟囱高度相比较，取其中较高值。

（3）烟囱出口直径的确定　烟囱出口内径可按下式计算

$$d_2 = \sqrt{\frac{B_j n V_y'(t_c + 273)}{3600 \times 273 \times 0.785 \times \omega_c}} \tag{2-14}$$

式中　$d_2$——烟囱出口内径（m）；

$B_j$——每台锅炉的计算燃料消耗量（kg/h），对不同炉型的锅炉应分台计算；

$n$——利用同一烟囱的锅炉台数；

$V'_y$——烟囱出口处计入漏风系数的烟气量（$m^3$/kg）；

$t_c$——烟囱出口处烟气温度（℃）；

$\omega_c$——烟囱出口处烟气流速（m/s），可按表 2-4 选用。

选用流速时，应根据锅炉房扩建的可能性选用适当数值，一般不宜上限，以便留有一定的发展余地；烟囱出口流速在最小负荷时也不宜小于 2.5~3m/s，以免冷风倒灌。

烟囱出口内径也可参照表 2-2 选取。

表 2-2  烟囱出口内径推荐表

| 锅炉总容量(t/h) | ≤8 | 12 | 16 | 20 | 30 | 40 | 60 | 80 |
|---|---|---|---|---|---|---|---|---|
| 烟囱出口直径/m | 0.8 | 0.8 | 1.0 | 1.0 | 1.2 | 1.4 | 1.7 | 2.0 |

设计时应根据冬、夏季负荷分别计算，如冬、夏季负荷相差悬殊，则应首先满足冬季负荷要求。

烟囱进口处直径 $d_1$（m）

$$d_1 = d_2 + 2iH \tag{2-15}$$

式中  $i$——烟囱锥度，一般为 0.02~0.025。

圆形烟囱的出口直径一般不小于 0.8m，以便于施工时采用内脚手架砌筑。当出口内径较小时，可采用方形或矩形，施工可采用外脚手架砌筑，钢板烟囱不受此限制。

**5. 风机的选择和烟风道布置**

（1）风机的选择  当锅炉额定负荷下的烟、风道的流量和阻力确定后，即可计算所需风机的风量和风压，进行风机的选择。

1）送风机的选择计算。送风机的风量按下式计算：

$$V_s = 1.1 V_k \frac{101.325}{b} \tag{2-16}$$

式中  $V_s$——送风机的风量（$m^3$/h）；

1.1——风量储备系数；

$V_k$——额定负荷时的空气量（$m^3$/h）；

$b$——当地大气压（kPa）。

送风机的风压按下式计算：

$$H_s = 1.2 \sum \Delta p_f \frac{273 + t_{1k}}{273 + t_s} \times \frac{101.325}{b} \times \frac{1.293}{\rho_k^0} \tag{2-17}$$

式中  $H_s$——送风机的风压（Pa）；

1.2——风压储备系数；

$\sum \Delta p_f$——风道总阻力（Pa）；

$t_{1k}$——冷空气温度（℃）；

$t_s$——送风机铭牌上给出的气体温度（℃）。

2）引风机的选择计算。引风机的风量按下式计算

$$V_{yf} = 1.1V_y \frac{101.325}{b} \quad (2\text{-}18)$$

式中　$V_{yf}$——引风机的风量（$m^3/h$）；

　　　$V_y$——额定负荷时的烟气量（$m^3/h$），可按下式计算。

$$V_y = B_j(V_{py} + \Delta\alpha V_k^0)\frac{273 + t_y}{273} \quad (2\text{-}19)$$

式中　$V_y$——引风机处的烟气量（$m^3/h$）；

　　　$B_j$——计算燃料消耗量（$kg/h$）；

　　　$V_{py}$——尾部受热面后的排烟体积（$m^3/kg$）；

　　　$\Delta\alpha$——尾部受热面后的漏风系数，对砖烟道每 $10m$ 长 $\Delta\alpha = 0.05$；对钢烟道每 $10m$ 长 $\Delta\alpha = 0.01$；对旋风除尘器 $\Delta\alpha = 0.05$；对电除尘器 $\Delta\alpha = 0.1$；

　　　$V_k^0$——理论空气量（$m^3/kg$）；

　　　$t_y$——尾部受热面后的排烟温度（℃）。

由于引风机产品样本上列出的风压，是以标准大气压下 200℃ 的空气为介质计算的，因此，实际设计条件下的风机压力要折算到风机厂家设计条件下的风压。

引风机的风压按下式计算

$$p_{yf} = 1.2\left(\sum\Delta p_y - s_y\right)\frac{1.293}{\rho_y^0} \times \frac{273 + t_{py}}{273 + t_y} \times \frac{101.325}{b} \quad (2\text{-}20)$$

式中　$p_{yf}$——引风机的风压（$Pa$）；

　　$\sum\Delta p_y$——烟道总阻力（$Pa$）；

　　　$s_y$——烟囱产生的抽力（$Pa$）；

　　　$t_{py}$——排烟温度（℃）；

　　　$t_y$——引风机铭牌上给出的温度（℃）。

3）风机所需电动机的功率计算。风机所需功率按下式计算

$$N = \frac{Vp}{3600 \times 10^3 \times \eta_f\eta_c} \quad (2\text{-}21)$$

式中　$N$——风机所需功率（$kW$）；

　　　$V$——风机风量（$m^3/h$）；

　　　$p$——风机风压（$Pa$）；

　　　$\eta_f$——风机在全压下的效率，一般风机为 $0.6 \sim 0.7$，高效风机可达 $0.9$；

　　　$\eta_c$——传动效率，当风机与电动机直联时，$\eta_c = 1.0$；当风机与电动机用连轴器连接时，$\eta_c = 0.95 \sim 0.98$；用三角带传动时，$\eta_c = 0.9 \sim 0.95$；用平带传动时，$\eta_c = 0.85$。

电动机功率 $N_d$（$kW$）按下式计算

$$N_d = \frac{KN}{\eta_d} \quad (2\text{-}22)$$

式中　$\eta_d$——电动机效率，一般为 $0.9$；

　　　$K$——电动机贮备系数，按表 2-3 选用。

表2-3　贮备系数 $K$

| 电动机功率/kW | 贮备系数 $K$ | | 电动机功率/kW | 贮备系数 $K$ | |
|---|---|---|---|---|---|
| | 带传动 | 同一转动轴或联轴器联接 | | 带传动 | 同一转动轴或联轴器联接 |
| ≤0.5 | 2.0 | 1.15 | 2.0～5.0(含) | 1.2 | 1.10 |
| 0.5～1.0(含) | 1.5 | 1.15 | >5.0 | 1.1 | 1.10 |
| 1.0～2.0(含) | 1.3 | 1.15 | | | |

4）风机的选择原则。选择风机时，应使风机常年运行中处于较高的效率范围；还必须考虑当地大气压力和介质温度对风机特性的修正，介质温度不能超过风机的允许工作温度；尽量选择效率高、转速低、寿命长、噪声小、价格低、高效率工作范围宽的风机，有条件时，以选择调速风机为宜。

风机的调节装置应设置在风机进口处，调节装置一般常用的有闸板、转动挡板和导向器三种。闸板和转动挡板构造简单，但阻力较大；导向器阻力较小，较大容量的风机常采用。

（2）烟、风管道布置

1）烟、风管道布置要点。烟、风管道布置力求气密性好、平直畅通、附件少和阻力小。

水平烟道要敷设使烟气抬头走的坡度，避免逆坡，通向烟囱的水平总烟道一般采用3%以上的坡度。

烟、风管道尽量采用地上敷设，检修方便，修建费用降低，布置时应不妨碍操作和通行；当必须采用地下敷设时，烟、风管道应高于地下水位，并考虑防水及排水措施。

为便于清灰，减少锅炉房面积，总烟道应布置在室外。

几台锅炉共用一个烟道或烟囱时，宜使每台锅炉的通风阻力均衡；应考虑烟道和热风道的热膨胀；应设置必要的测点，并满足测试仪表及测点的技术要求。

2）烟、风管道截面面积确定。烟、风管道的截面面积是按锅炉额定负荷计算的，可按下式计算

$$F = \frac{V}{3600\omega} \tag{2-23}$$

式中　$F$——管道的截面积（$m^2$）；

　　　$V$——空气量或烟气量（$m^3/h$）；

　　　$\omega$——空气或烟气选用流速（$m/s$），可按表2-4选用。

表2-4　烟道、风道及烟囱出口处流速　（单位：m/s）

| 烟道或风道类别 | 冷风道 | 烟道或热风道 | 自然通风烟囱出口 | | 机械通风烟囱出口 | |
|---|---|---|---|---|---|---|
| | | | 最小负荷 | 全负荷 | 最小负荷 | 全负荷 |
| 砖砌或混凝土管道 | 4～8 | 6～8 | 2.5～3 | 6～10 | 4～5 | 10～20 |
| 金属管道 | 10～15 | 10～15 | | | | |

较短的烟、风管道可按所连接设备的进出口断面确定尺寸。

烟、风管道截面面积确定之后，可根据确定的断面形状计算出几何尺寸。

对圆形管道，其直径为

$$D = \sqrt{\frac{F}{0.785}} \qquad (2\text{-}24)$$

对矩形管道，其面积为 $F = HB = $ 高 $\times$ 宽。

管道截面面积确定后应核算实际流速。

**6. 锅炉的烟气净化**

工业锅炉主要是以煤为燃料。煤在锅炉内燃烧后，产生大量的烟尘以及硫和氮的氧化物等有害气体，这些有害气物排入大气中，严重地污染了大气环境。因此，应采取消烟除尘措施将锅炉排放的烟尘和有害气体降低到国家规定的允许范围内。

（1）工业锅炉烟尘来源与危害　锅炉中煤燃烧产生的烟尘由气体和固体两部分组成。气体中除了 $CO_2$、水蒸气、$N_2$、$O_2$ 外，还有 $CO$、$SO_x$、$NO_x$ 等有害气体。固体主要是被气体夹带的灰粒和未燃尽的炭粒，构成了"尘"。

由于尘粒径不同，在重力作用下其沉降特性也不同。粒径小于 $10\mu m$ 的颗粒可以长期漂浮在空中，称为飘尘。粒径大于 $10\mu m$ 的颗粒能较快地沉降，称为降尘。

尘具有漂浮性、致病性、吸附性、载体性。漂浮性与粉尘颗粒直径有关，粒径越小，在空气中悬浮的时间越长，危害就越大。工业锅炉排出的烟尘中 10%～30% 是小于 $5\mu m$ 的尘粒，这些微细的尘吸附作用很强。这些尘粒子能够吸附很多有害气体、液体或某些金属元素，容易刺激人体的呼吸道，造成气管炎等多种病症；烟尘能够使植物的光合作用减弱，造成农作物产量降低，园林受害。烟尘能够使空气污染，降低空气的可见度。空气中烟尘浓度大，还将严重影响某些工业产品的质量。$SO_2$、$SO_3$ 浓度超标会诱发人体呼吸道疾病，会腐蚀工业设备和构筑物，更严重的会造成酸雨，破坏植被、森林、庄稼，影响生态平衡。而 $NO$、$CO$ 等有害气体，被吸入人体后，危害人体健康。$NO_2$ 本身毒性比 $NO$ 和 $SO_2$ 都高，不仅对人体局部有危害，而且对各种器官和造血组织都有损害。

总之，燃料在锅炉内燃烧后产生大量的烟尘、硫和氮的氧化物等有害气体，这些有害物排放到大气中，严重污染周围大气环境。尤其工业锅炉大多集中在城市和市郊区，又属于低空排放，对工农生产、人民生活、人体健康、生态环境及经济都会造成极大危害。

（2）锅炉大气污染物排放国家标准　按照《环境空气质量标准》（GB 3095—1996）的有关规定，环境空气质量功能区的划分如下。

一类区：自然保护区、风景名胜区和其他需要特殊保护的地区。

二类区：城镇规划中确定的居住区、商业交通居民混合区、文化区、一般工业区和农村地区。

三类区：特定工业区。

相应的环境空气质量标准的分级如下：

一类区：执行一级标准。

二类区：执行二级标准。

三类区：执行三级标准。

锅炉烟尘排放标准以保证人体健康、防止环境污染和确保生态系统不受破坏为目标，为保护和改善环境而对锅炉烟尘排入大气环境的数量作出了限制规定。锅炉的烟尘浓度是指每立方米排烟体积中含有烟尘的质量。

锅炉烟尘最高允许排放浓度和烟气黑度、$SO_2$ 和 $NO_x$ 的最高允许排放浓度、燃煤锅炉烟尘初始排放浓度，按《锅炉大气污染物排放标准》（GB 13271—2001）执行，见表2-5～表2-7。

表2-5 锅炉烟尘最高允许排放浓度和烟气黑度限值

| 锅 炉 类 型 | | 适用区域 | 烟尘排放浓度（mg/m³） | | 烟气黑度（林格曼黑度,级） |
| --- | --- | --- | --- | --- | --- |
| | | | Ⅰ时段① | Ⅱ时段② | |
| 燃煤锅炉 | 自然通风锅炉 [<0.7MW(1t/h)] | 一类区 | 100 | 80 | 1 |
| | | 二、三类区 | 150 | 120 | |
| | 其他锅炉 | 一类区 | 100 | 80 | 1 |
| | | 二类区 | 250 | 200 | |
| | | 三类区 | 350 | 250 | |
| 燃油锅炉 | 轻柴油、煤油 | 一类区 | 80 | 80 | 1 |
| | | 二、三类区 | 100 | 100 | |
| | 其他燃料油 | 一类区 | 100 | 80③ | 1 |
| | | 二、三类区 | 200 | 150 | |
| 燃气锅炉 | | 全部区域 | 50 | 50 | 1 |

① Ⅰ时段：2000年12月31日前建成使用的锅炉。

② Ⅱ时段：2001年1月1日起建成或未运行使用的锅炉和建成使用的锅炉中需要扩建、改造的锅炉。

③ 一类区禁止新建以重油、渣油为燃料的锅炉。

表2-6 锅炉二氧化硫和氮氧化物最高允许排放浓度

| 锅 炉 类 型 | | 适 用 区 域 | $SO_2$ 排放浓度（mg/m³） | | $NO_x$ 排放浓度（mg/m³） | |
| --- | --- | --- | --- | --- | --- | --- |
| | | | Ⅰ时段 | Ⅱ时段 | Ⅰ时段 | Ⅱ时段 |
| 燃煤锅炉 | | 全部区域 | 1200 | 900 | / | / |
| 燃油锅炉 | 轻柴油、煤油 | 全部区域 | 700 | 500 | / | 400 |
| | 其他燃料油 | 全部区域 | 1200 | 900① | / | 400① |
| 燃气锅炉 | | 全部区域 | 100 | 100 | / | 400 |

① 一类区禁止新建以重油、渣油为燃料的锅炉。

表2-7 燃煤锅炉烟尘初始排放浓度和烟气黑度限值

| 锅 炉 类 型 | | 燃煤接收基灰分（%） | 烟尘初始排放浓度（mg/m³） | | 烟气黑度（林格曼黑度,级） |
| --- | --- | --- | --- | --- | --- |
| | | | Ⅰ时段 | Ⅱ时段 | |
| 层燃锅炉 | 自然通风锅炉 [<0.7MW(1t/h)] | / | 150 | 120 | 1 |
| | 其他锅炉 [≤2.8MW(4t/h)] | $A_{ar}$≤25% | 1800 | 1600 | |
| | | $A_{ar}$>25% | 2000 | 1800 | |
| | 其他锅炉 [>2.8MW(4t/h)] | $A_{ar}$≤25% | 2000 | 1800 | |
| | | $A_{ar}$>25% | 2200 | 2000 | |

（续）

| 锅炉类型 | | 燃煤接收基灰分（%） | 烟尘初始排放浓度（mg/m³） | | 烟气黑度（林格曼黑度，级） |
|---|---|---|---|---|---|
| | | | Ⅰ时段 | Ⅱ时段 | |
| 沸腾锅炉 | 循环流化床锅炉 | / | 15000 | 15000 | 1 |
| | 其他沸腾锅炉 | / | 20000 | 18000 | |
| 抛煤机锅炉 | | / | 5000 | 5000 | 1 |

在实际燃烧过程中，要使燃料全部燃烧是不可能的，要让烟气中一点飞灰也没有是做不到的。一般说的消烟除尘，是指将烟气的黑度、含尘量和其他有害物质含量降低到不会导致污染环境和危害人体健康的程度。

锅炉排出烟尘的初始浓度与燃烧方式、煤质、锅炉炉型及运行管理等多种因素有关。烟尘中的黑烟，可通过改进燃烧装置及合理的燃烧调节，使烟气中的可燃物在炉膛中充分燃烧，起到消烟的作用。对于飞灰，除了改进燃烧装置，进行合理的燃烧调节，降低排尘初始浓度外，还必须在引风机前装设除尘设备，使锅炉排烟含尘量能符合排放标准。至于烟气中有害气体的净化，目前主要是采用脱硫和脱氮措施。

（3）工业锅炉除尘技术　工业锅炉烟气除尘中，采用了各种各样的分离装置，实质就是利用不同的作用力（包括重力、惯性力、离心力、扩散附着力、电力等）达到将颗粒从烟气中分离和收集的目的。从含尘气流中将灰尘分离出来并加以捕集的装置称为除尘装置或除尘器。

目前工业锅炉常用的除尘器主要有旋风除尘器和湿式除尘器。

1）旋风除尘器　旋风除尘器是工业锅炉除尘系统中应用最多的一种除尘器。它是一种使含尘烟气作旋转运动，利用作用于尘粒上的离心力把尘粒从烟气中分离出来的装置。它具有结构简单，投资少，除尘效率较高，阻力小（一般为 200 ~ 1000Pa），消耗动力较少，运行操作管理方便等优点，是工业锅炉广泛应用的干式除尘器。

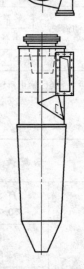

目前常用的旋风除尘器种类较多，下面仅介绍几种常见的旋风除尘器。

①立式旋风除尘器。图 2-40 所示为 XZZ 型旋风除尘器结构示意图。

XZZ 型旋风除尘器是直锥形除尘器，它采用收缩、渐扩型进口，提高了烟气进口流速，使内蜗旋直径减小，离心力增大，从而提高了除尘效率。结构上采用直型旁路室，解决了上灰环尘的出路；平板型反射屏装置，防止除尘器下部的尘粒二次飞扬；锥体部分采用较小夹角的直锥形，避免了下灰环被净化气流夹带；同时采用的扩散状出口芯管，降低了烟气阻力。由于，该设备具有合理的气流组织，使已被分离出来的尘粒有可能被完全捕集下来。因此，该除尘器除尘效率达 90% ~ 93%，除尘器阻力为 774 ~ 860Pa，适用于 1 ~ 4（t/h）的层燃锅炉。

为了适应不同容量锅炉的需要，除了单筒立式旋风除尘器外，还有双筒、四筒或多筒组合式旋风除尘器。

②立式多管旋风除尘器。当处理烟气量较大时，由于入口流速要

图 2-40　XZZ 型旋风除尘器结构示意图

保持在合适的范围内并且出口管尺寸不能太大（否则会降低除尘效率），因此，必须用多个小型旋风除尘器并联起来组成除尘装置，这就是立式多管旋风除尘器。

立式多管旋风除尘器是由若干个单个立式旋风子烟气进、出管，烟气分配室及贮灰斗组成，它们组合在一个壳体内，其结构如图 2-41 所示。

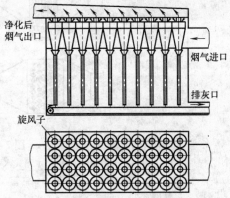

图 2-41　多管旋风除尘器旋风子的布置

当含尘烟气通过螺旋型或花瓣型导向器进入旋风子内部时，含尘烟气产生旋转，在离心力作用下，尘粒被抛到壳内壁沿内壁下落到贮灰斗，经锁气器排出。而净化的烟气在引风机的作用下，形成上升的内蜗旋气流，经排气管汇于排气室后排走。

这种除尘器的优点是可以处理较大的烟气量，并具有较高的除尘效率，多个旋风子组成一个整体，便于烟道的连接和设备的布置；缺点是耗费的钢材和铸铁量大，且易于磨损。这种除尘器除尘效率可达 92% ~ 95%，阻力损失为 500 ~ 800Pa。该除尘器适用于 1 ~ 4t/h 的层燃锅炉的烟气除尘，由于锥体采用牛角弯结构，可以卧式安装，降低了除尘器高度，安装简便。

2）湿式除尘器。湿式除尘器是利用水形成的水膜或水滴与含尘的烟气接触，使尘粒从烟气中分离出来的装置。湿式除尘器的优点是：结构简单、造价低、金属用量少、投资少，除尘效率较高，并有降沉和加添加剂处理烟气中 $SO_2$ 的作用。其缺点：具有粘结性，烟尘容易堵塞设备，对污水要防冷冻和进行处理。

湿式除尘器的种类很多，有喷淋塔、冲击式除尘器、文丘里洗涤器、泡沫除尘器和水膜除尘器等。目前，工业锅炉中常用的湿式除尘器是水膜除尘器。

水膜除尘器分管式水膜除尘器和旋风水膜除尘器两种类型。这种除尘器除尘效率较高，约 90% ~ 95%，阻力较小，约为 400 ~ 900Pa，结构简单，工作可靠，在工业锅炉和中、小型燃煤电厂中使用广泛。它适用于大型层燃炉的烟气除尘，小型煤粉锅炉和流化床锅炉也常采用水膜除尘器。

①管式水膜除尘器。管式水膜除尘器是一种阻力较小、构造简单、维修工作量小、投资省、除尘效率较高的洗涤式除尘器，主要由水箱、管束、水封式排水装置等组成，如图 2-42 所示。

在除尘器的顶部设置一只水箱，经过控制阀适当调节和控制出水量，水沿小管流入直径较大的管子内，并从大管上端（大管的下端封闭）溢流出来，沿着大管外壁均匀地向下流动，形成薄薄的一层水膜。此时，当含尘烟气经过被水膜所包裹的垂直交错布置的管束时，烟气的流向不断地改变，在惯性力的作用下灰粒不断与管壁碰撞，从而被管外水膜所粘附，灰粒随着水流经过水封式排水沟流到沉淀池中。

按照供水方式不同，管式水膜除尘器可分为上水箱式和压力式两种，而上水箱式是一种较好的布置方式，压力式水膜除尘器只有在除尘器的顶部设置水箱有困难时才考虑采用。

②卧式旋风水膜除尘器。卧式旋风水膜除尘器的结构主要由横截面为倒梨形的横置筒状外壳、类似于外壳形状的内筒、外壳和内筒之间布置的螺旋导流叶片、灰浆斗等组成，如图 2-43 所示。

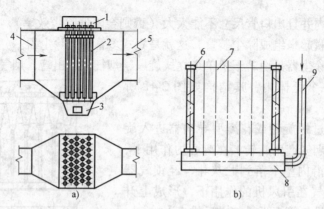

图 2-42　管式水膜除尘器

a）上水箱式水膜除尘器　b）压力式水膜除尘器

1—上水箱　2—钢管　3—排水管　4—烟气进口　5—烟气出口

6—水帽　7—管束　8—下联箱　9—给水管

当含尘烟气由烟气进口以较高的速度沿着切向方向进入除尘器后，沿外壳和内筒之间的螺旋导流片作旋转运动前进，烟气多次冲击水槽中的水面，使得其中部分粗大灰粒由于惯性作用被沉积于水中，而细灰粒烟尘被烟气多次冲击水面溅起的水泡和水珠所湿润、凝聚，并在螺旋运动中受离心力的作用加速向外壳内壁移动，被水膜所吸附。被捕集的灰粒依靠自身的重力而沉淀，并通过灰浆斗排出除尘器。净化的烟气通过檐板或经旋风脱水后进入引风机。

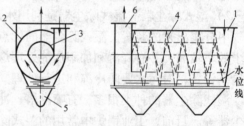

图 2-43　卧式旋风水膜除尘器

1—烟气进口　2—外筒　3—内筒　4—导流叶片

5—灰浆斗　6—烟气出口

该除尘器具有除尘效率高、压力损失较小、构造简单、操作与维修方便、耗水量小、耐磨损等优点。但因其体积大，导致钢耗和占地面积较大；易产生积灰，导致除尘效率不稳定；湿灰的粘性较大，易产生堵塞。另外，考虑防腐，对金属表面要采取防腐措施。

此外，工业锅炉所使用的还有布袋过滤除尘器和电除尘器，主要适用于煤粉锅炉和流化床锅炉的烟气除尘。

（4）锅炉脱硫技术　锅炉脱硫主要技术措施有煤燃烧前脱硫、煤在燃烧过程中脱硫和烟气脱硫三种途径。

①煤燃烧前脱硫。即洗煤和煤气化后脱硫，但这两种方法在工业锅炉中应用较难。

②煤在燃烧过程中脱硫（炉内脱硫）。型煤固硫和向锅炉炉膛直接喷固硫剂是常用的方法，这两种方法虽然在技术上是可行的，但设备投资和运行管理费用都较大。

③烟气脱硫。烟气中的硫是以 $SO_2$ 和 $SO_3$ 的形式存在的，从技术上说，要想去除它们是比较简单的。目前，烟气脱硫方法可分为回收法和抛弃法两大类。

回收法是用吸收剂吸收或吸附 $SO_2$，烟气中 $SO_2$ 被回收，转化成可出售的副产品如硫黄、$H_2SO_4$ 或浓 $SO_2$ 气体。但是回收法流程较长，设备多，投资大，效率低，成本高。

抛弃法分为喷雾干燥烟气脱硫和石灰湿法脱硫，这两种方法对工业锅炉特别适用。

喷雾干燥烟气脱硫，是把石灰粉加水搅拌成石灰乳液，经喷雾器雾化成细雾进入脱硫干燥塔，与烟气充分接触，在塔中 $SO_2$ 同 $Ca(OH)_2$ 发生反应，生成的 $CaSO_3$ 与 $CaSO_4$ 颗粒物随烟气进入除尘器而被排除，使烟气得到净化。这种方法系统简单、投资少，只要雾化和脱硫塔设计、运行良好，可得到较高的脱硫效率，适用于各种容量的锅炉。

石灰湿法脱硫，是以石灰水为吸收剂，在脱硫塔内，烟气与吸收液充分接触反应，最后生成硫酸钙与亚硫酸钙水溶液，通过吸收、固液分离等工艺过程，达到脱硫的目的。经过沉淀分离出来的清水，仍含有一定量的石灰，可循环使用。系统中设备及管道易结垢，需经常清洗。该方法适用于大容量锅炉，在国内已有应用。脱硫效率为 90% ~ 95%，技术可靠，工艺系统完整；但投资很大，占地面积大，系统复杂，运行成本高，对管理要求严格。

## 课题5　锅炉房的汽水系统

汽水系统是锅炉房设备的重要组成部分。在锅炉房设计时，为保证系统运行的安全性和调节的可能性，必须确定锅炉房的汽水工作流程，绘制汽水流程图。

### 1. 蒸汽锅炉房的汽水系统

蒸汽锅炉房的汽水系统包括蒸汽、给水、排污系统三部分。将水送入锅炉的设备、管道和附件等，称为给水系统；将蒸汽从锅炉送出经分汽缸引出锅炉房的管道和附件，称为蒸汽系统；将锅炉污水引出锅炉房的管道、设备及附件，称为排污系统。

（1）给水系统　给水系统包括给水箱、水处理设备、锅炉给水泵、凝结水箱、凝结水泵、给水管道及阀门、附件等组成。

蒸汽锅炉房的给水方式根据热网回水方式和水处理方式确定。当凝结水采用压力回水时，可将回水和软化水汇入水箱，然后由除氧水泵送入除氧器，除氧水再经锅炉给水泵进入锅炉，如图2-44所示。

当凝结水采用自流回水时，凝结水箱可设在地下，回水进入凝结水箱后由凝结水泵送至给水箱，经除氧水泵送入除氧器，除氧水再经锅炉给水泵进入锅炉，如图2-45所示。

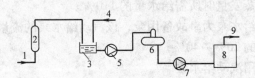

图 2-44　压力回水的给水系统示意图
1—上水管道　2—软水器　3—给水箱
4—回水管　5—除氧水泵　6—除氧器
7—给水泵　8—锅炉　9—用户

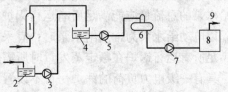

图 2-45　自流回水的给水系统示意图
1—软水器　2—凝结水箱　3—凝结水泵
4—给水箱　5—除氧水泵　6—除氧器
7—给水泵　8—锅炉　9—用户

1）给水管道。由给水箱或除氧水箱到给水泵的一段管道称为吸水管道，由给水泵到锅炉的一段管道称为压水管道，这两段管道组成给水管道。

锅炉的给水系统一般采用单母管，对常年不间断运行的锅炉房，压水管道宜采用双母管或采用单元制（即一泵对一炉，另加一台公共备用泵）锅炉给水系统，当其中一根母管出现故障时，另一根仍可保证正常供水。单母管系统管道简单，维修方便；双母管系统的备用性强，但需要管材较多。

在锅炉的每一个进水口上，都应装置截止阀及止回阀。止回阀和截止阀串联，装于截止阀的前方（水先流经止回阀）。省煤器进口应设安全阀，出口处需设放气阀。另外，离心式给水泵出口必须设止回阀，便于水泵的启动。

锅炉给水管上应装设自动和手动给水调节装置。额定蒸发量小于或等于4t/h的锅炉可装设位式给水自动调节装置；大于或等于6t/h的锅炉宜装设连续给水自动调节装置。手动给水调节装置宜设置在便于司炉操作的地点。

给水管道应设有不小于0.003的坡度，坡度方向与水流方向相反，在管道的最高点应设放气阀，最低点设放水阀。

给水管道的直径是根据管内的推荐流速决定的。水在各种管道内的推荐流速可参见表2-8。

表2-8 给水管内的常用流速

| 管子种类 | 活塞式水泵 | | 离心式水泵 | | 给水母管 |
|---|---|---|---|---|---|
| | 进水管 | 出水管 | 进水管 | 出水管 | |
| 水流速度（m/s） | 0.75~1.0 | 1.5~2.0 | 1.0~2.0 | 2.0~2.5 | 1.5~3.0 |

2）给水泵。常用的给水泵有电动（离心式）给水泵、汽动（往复式）给水泵、蒸汽注水器等。

电动给水泵容量较大，能连续均匀给水。因此，它广泛地应用于锅炉房的给水系统中。

汽动给水泵只能往复间歇地工作，出水量不均匀，需要耗用蒸汽。因此，它一般可作为停电时的备用泵。

蒸汽注水器借蒸汽能量将给水压入锅炉。它结构简单、操作和维修方便，但蒸汽耗量大，一般用于 $D \leq 1t/h$，$P \leq 0.7MPa$ 的小容量锅炉。

给水泵台数的选择应适应锅炉房全年热负荷变化的要求，以利于经济运行。给水泵应有备用，以便在检修时启动备用水泵保证锅炉房正常供汽。当最大一台给水泵停止运行时，其余给水泵的总流量应能满足所有运行锅炉在额定蒸发量时所需给水量的110%。

以电动给水泵为常用给水泵时，宜采用汽动给水泵为事故备用泵，该汽动给水泵的流量应满足所有运行锅炉在额定蒸发量时所需给水量的20%~40%。

具有一级电力负荷的锅炉房可不设置事故备用汽动给水泵。

给水泵的扬程应根据锅炉锅筒在设计使用压力下安全阀的开启压力、省煤器和给水系统的压力损失、给水系统的水位差和计入适当的富裕量来确定。即：

$$H = H_1 + H_2 + H_3 + H_4 \tag{2-25}$$

式中  $H$——锅炉给水泵的扬程（m）；

$H_1$——锅炉在设计工作压力下安全阀的开启压头（m）；

$H_2$——省煤器及给水管路的水头损失（m）；

$H_3$——给水系统的最高与最低水位差（m）；

$H_4$——富余量，通常取5~10m。

在设计中可按下式近似计算：

$$H = \frac{p_1 + \Delta p}{\rho g \times 10^{-6}} \tag{2-26}$$

式中　$p_1$——锅炉工作压力（MPa）；

$\Delta p$——富余量，通常取 $0.1 \sim 0.2$MPa；

$\rho$——液体密度（kg/m$^3$）；

$g$——重力加速度（m/s$^2$）。

3）凝结水泵和软化水泵。通常把凝结水箱的凝结水加压送入软水箱或除氧器的水泵，称为凝结水泵；把软水箱的软化水加压送入除氧器的水泵，称为软化水泵。

凝结水泵一般设两台，其中一台备用。凝结水泵的容量应按进入凝结水箱的最大小时水量和水泵的工况来考虑。当凝结水和软化水分别输送时，凝结水泵可按间歇工作考虑，当任何一台水泵停止运行时，其余凝结水泵的总流量不应小于凝结水回收量的110%；如为混合输送时，水泵仍需一台备用，当任何一台水泵停止运行时，其余水泵的总流量不应小于所有运行锅炉在额定蒸发量时所需给水量的110%。

凝结水泵的扬程可按下式确定计算：

$$H = \frac{P}{\rho g \times 10^{-6}} + H_1 + H_2 + H_3 \tag{2-27}$$

式中　$P$——凝结水接收设备所需压力（MPa）；当凝结水送至大气式热力除氧器时，进水压力为 $0.2$MPa；送至开式水箱时，进水压力为 $0$；送至解吸除氧器的喷射器时，进水压力不小于 $0.3$MPa；送至真空除氧器时，进水压力不小于 $0.2$MPa；

$H_1$——管路系统总水头损失（m）；

$H_2$——凝结水箱的最低水位和接受凝结水的设备入口之间的水位差（m）；

$H_3$——富余量，一般取5m；

$\rho$——液体密度（kg/m$^3$）；

$g$——重力加速度（m/s$^2$）。

软化水泵应有一台备用，当任何一台水泵停止运行时，其余水泵的总流量应满足锅炉房所需软水量的要求。软化水泵的扬程也可参照上式计算。

4）给水箱、凝结水箱和软化水箱。给水箱宜设置1个，常年运行的锅炉房或容量大的锅炉房应设置2个。给水箱的总有效容量宜为所有运行锅炉在额定蒸发量时所需 $20 \sim 60$min 的给水量。小容量锅炉房以软化水箱作为给水箱时要适当放大有效容量。

凝结水箱宜设置1个，对常年运行的锅炉房，宜设置2个，或设置1个中间带隔板分为两格的水箱。凝结水箱总有效容量宜为 $20 \sim 40$min 的凝结水回收量。

软化水箱的总有效容量，应根据水处理的设计出力和运行方式确定。当设有再生备用软化设备时，软化水箱的总有效容量宜为 $30 \sim 60$min 的软化水消耗量。

锅炉房水箱应注意防腐，水温大于50℃时，水箱要保温。

在确定给水箱的布置高度时，应使给水泵有足够的正水头，即水箱最低液面高于给水泵进口中心线一定高度。对水泵而言，这段高差给予液体一定的能量，使液体在克服吸水管道和泵内部的压力降（称汽蚀余量）后在增压前的压力高于汽化压力，以避免水泵进口叶轮处发生汽化而中断给水。

（2）蒸汽系统　每台蒸汽锅炉一般都设有主蒸汽管和副蒸汽管。自锅炉向用户供汽的这段蒸汽管称为主蒸汽管；用于锅炉本身吹灰、带动汽动给水泵或为注水器供汽的蒸汽管称为副蒸汽管。主蒸汽管、副蒸汽管及设在其上的设备、阀门、附件等组成蒸汽系统。

为了安全，在锅炉主蒸汽管上均应安装两个阀门，其中一个紧靠锅筒或过热器出口，另一个应装在靠近蒸汽母管处或分汽缸上。这是考虑到锅炉停运检修时，其中一个阀门失灵另一个还可关闭，避免母管或分汽缸中的蒸汽倒流。

锅炉房内连接相同参数锅炉的蒸汽管，宜采用单母管，对常年运行的锅炉房，宜采用双母管，以便某一母管出现事故或检修时，另一母管仍可保证供汽。当锅炉房内设有分汽缸时，每台锅炉的主蒸汽管可分别接至分汽缸。

在蒸汽管道的最高点处需装设空气阀，以便在管道水压试验时排除空气。蒸汽管道应有坡度，在低处应装疏水器或放水阀，以排除沿途形成的凝结水。

锅炉本体、除氧器上的放汽管和安全阀排汽管应独立接至室外，避免排汽时污染室内环境，影响运行操作。

分汽缸的设置应按用汽需要和管理方便的原则进行。对民用锅炉房及采用多管供汽的工业锅炉房或区域锅炉房，宜设置分汽缸；对于采用单管向外供热的锅炉房，则不宜设置分汽缸。

分汽缸可根据蒸汽压力、流量、连接管的直径及数量等要求进行设计。分汽缸直径一般可按蒸汽通过分汽缸的流速不超过 $20 \sim 25 \text{m/s}$ 计算。蒸汽进入分汽缸后，由于流速突然降低将分离出水滴。因此，在分汽缸下面应装疏水管和疏水器，以排除分离和凝结的水分。分汽缸宜布置在操作层的固定端，以免影响以后锅炉房扩建。靠墙布置时，离墙距离应考虑接出阀门及检修的方便。分汽缸前应留有足够的操作空间。

（3）排污系统　锅炉排污分连续排污和定期排污两种。定期排污由于是周期性的，排污时间又短，故利用余热价值较小，一般是将它引入排污降温池中与冷水混合后再排入下水管道，以免下水管道受热后发生胀裂。

连续排污水的热量，应尽量予以利用。一般是将各台锅炉的连续排污管道分别引入排污扩容器中降至 $0.12 \sim 0.2 \text{MPa}$，形成的二次蒸汽可引入热力除氧器或给水箱中对给水进行加热，或用以加热生活用水。连续排污扩容器的计算选型参见锅炉房设计手册。

锅炉定期排污管上的阀门，应装设两只，其中一只作为开关阀（全开或全关），另一只作为调节阀，用以调节排污量。每台锅炉宜采用独立的定期排污管道，并分别接至排污降温地。

**2. 热水锅炉房的热力系统**

对于热水锅炉，则有由供热水管道、回水管道、用热设备和其他设备组成的热水系统，如图 2-46、图 2-47 所示。

在确定热水锅炉房的热力系统时，应考虑下列因素：

（1）除了用锅炉自生蒸汽定压的热水系统外，在其他定压方式的热水系统中，热水锅炉在运行时的出口压力不应小于最高供水温度加 20℃ 相应的饱和压力，以防止锅炉有汽化的危险。

（2）热水锅炉应有防止或减轻因热水系统的循环水泵突然停运后造成锅水汽化和水击的措施。因停电使循环水泵停运后，为了防止热水锅炉汽化，可向锅内加自来水，并在锅炉出水管的放汽管上缓慢排出汽和水，直到消除炉膛余热为止。当循环水泵突然停运后，由于出水管中流体流动突然受阻，使水泵进水管中水压骤然增高，产生水击。为此，应在循环水泵进出水管的干管之间装设带有止回阀的旁通管作为泄压管。当回水管中压力升高时，止回阀开启，网路循环水从旁路通过，从而减少了水击的力量。此外，在进水干管上应装设安全阀。

（3）锅炉进水管应装设止回阀和切断阀，出水管应装设压力表和切断阀。如果几台热水锅炉并联运行时，每台锅炉的进水管上均应装设调节装置。且各环路出水温度偏差不应超过 10℃。在供热水管道的最高点应设排气装置，在回水管上设除污器。

（4）循环水泵的选择应符合下列要求：

1）循环水泵的流量应按锅炉进出水的设计温差、各用户的耗热量和管网损失等因素决定。在锅炉出口管段与循环水泵进口管段之间装设旁通管时，尚应计入流经旁通管的循环水量。循环水泵的总流量按下式计算：

$$G = k_1 \frac{3.6Q}{C(t_1 - t_2)} \times 10^{-3} \tag{2-28}$$

式中　$G$——循环水泵的总流量（t/h）；

$k_1$——管网热损失系数，$k_1 = 1.05 \sim 1.10$；

$Q$——供热系统的总热负荷（W）；

$C$——热水的平均比热容 [kJ/(kg·℃)]；

$t_1$、$t_2$——供、回水温度（℃）。

2）循环水泵的扬程不应小于下列各项之和：

①热水锅炉或热交换站中设备及其管道的压力损失。

②热网供、回水干管的压力损失。

③最不利的用户内部系统的压力损失。

3）循环水泵的台数，应根据供热系统规模和调节方式以最佳节能运行方案确定。当采用集中质调节时，不应少于两台，当其中一台停止运行时，其余水泵的总流量应满足最大循环水量的需要。采取分阶段改变流量调节时，不宜少于三台，且选用流量、扬程不同的循环水泵，可不设备用泵。

4）并联运行的循环水泵，应选择特性曲线比较平缓的泵型，而且宜相同或近似，这样即使由于系统水力工况变化而使循环水泵的流量有较大范围波动时，水压的压头变化小，运行效率高。

（5）热水系统的小时泄漏量，由系统规模、供水温度等条件确定，宜为系统水容量的 1%。

（6）补给水泵的选择应符合下列要求：

1）补给水泵的流量，应等于热水系统正常补给水量和事故补给水量之和，并宜为正常补给水量的 4~5 倍。一般按热水系统（包括锅炉、管道和用热设备）实际总水容量的 4%~5% 计算。

2）补给水泵的扬程，不应小于补水点压力（一般按水压图确定）另加 30~50kPa 的富余量。

3）补给水泵不宜少于两台，其中一台备用。

（7）供热系统的恒压点（定压点）设在循环水泵进口母管上时，其补水点位置也宜设在循环水泵进口母管上。

供热系统可采用氮气加压膨胀水箱作恒压装置、补给水泵作恒压装置和高位膨胀水箱作恒压装置。当采用补给水泵作恒压装置时，由于系统不具备吸收水容积膨胀的能力，系统中应设泄压装置。

**3. 锅炉房的汽水流程图**

锅炉房的汽水流程图又称热力系统图。它表征锅炉房内的汽水设备以及与这些设备连接的各种管道系统、系统中配置的各种阀门、计量和控制仪表。同时，应标明设备编号、工质流向、管径及壁厚和图例等。

汽水流程图是锅炉房内汽水设备和管道布置的依据。其图面配置宜与实际布置一致，以便于使用。但有时为了对管路系统表示清楚，允许对各汽水设备的尺寸比例和相对位置作局部修改，例如放大、缩小、转向和移动等。

图2-46某热水锅炉系统，该系统为两台热水锅炉，采暖系统通过分水器和给水器进行控制，锅炉房内还设有两台循环水泵和一台补给水泵。系统循环水在进入循环水泵以前先经过除污器除污，补给水泵的水来自补给水箱。补给水箱即软水箱，贮存经离子交换器处理过的软水。

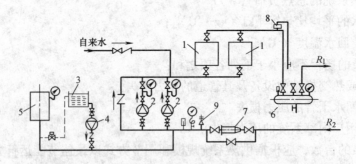

图2-46　热水锅炉系统示意图

1—热水锅炉　2—循环水泵　3—补给水箱　4—补给水泵
5—稳压罐　6—分水器　7—除污器　8—集气罐　9—安全阀

热水锅炉供热系统的恒压装置采用设置在锅炉房内的稳压罐。锅炉的进水管上装有止回阀和截止阀，出水管上装有截止阀，最高点设有排气装置。

当停电使循环泵停止运行时，为了防止锅水汽化，可将自来水引入锅炉，同时在锅炉放汽管上缓慢排出汽和水，直到消除炉膛余热为止。同时应在循环水泵、进出口的干管之间装设带止回阀的旁通管作为泄压管；在进水干管上应装设安全阀。当停泵回水压力升高时，止回阀开启，系统循环水从旁通管流过，减小了水的冲击力。

图2-47是某燃气热水锅炉房的热力系统图。该系统为4台7MW燃气热水锅炉，锅炉供水通过分水器进入板式热交换器，一次回水经集水器通过一次水循环水泵后进入锅炉。换热器的供水经分水器后送入用户。二次回水经集水器通过二次水循环泵进入板式热交换器。自来水经过软化后进入软水箱，经除氧水泵到解吸除氧器除氧后汇集到除氧水箱，通过补水泵分别补到一次水和二次水系统中。

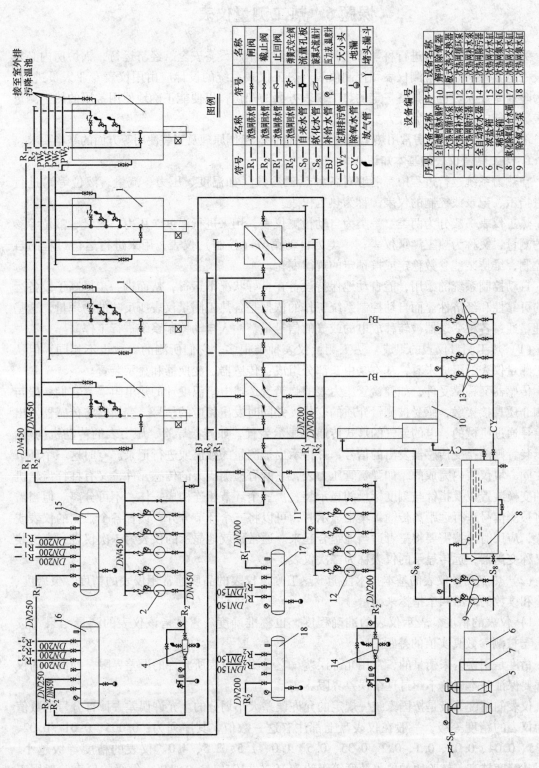

图2-47 某燃气热水锅炉房的热力系统图

| 符号 | 名称 |
|---|---|
|  | 闸阀 |
|  | 截止阀 |
|  | 止回阀 |
|  | 弹簧式安全阀 |
|  | 流量孔板 |
|  | 玻璃式流量计 |
|  | 压力表温度计 |
|  | 大小头 |
|  | 地漏 |
| Y | 堵头漏斗 |

图例

| 符号 | 名称 |
|---|---|
| $R_1$ | 一次热网供水管 |
| $R_2$ | 一次热网回水管 |
| $R'_1$ | 二次热网供水管 |
| $R'_2$ | 二次热网回水管 |
| $S_0$ | 自来水管 |
| $S_8$ | 软化水管 |
| BJ | 补给水管 |
| $PW_2$ | 定期排污管 |
| CY | 除氧气管 |
|  | 放气管 |

| 序号 | 设备名称 | 序号 | 设备名称 |
|---|---|---|---|
| 1 | 全自动燃气热水锅炉 | 10 | 解吸式除氧器 |
| 2 | 一次热网循环泵 | 11 | 板式热交换器 |
| 3 | 一次热网补水泵 | 12 | 二次热网循环泵 |
| 4 | 一次热网综合器 | 13 | 二次热网补水泵 |
| 5 | 全自动软水器 | 14 | 二次热网除污器 |
| 6 | 浓盐箱 | 15 | 二次热网分水缸 |
| 7 | 稀盐箱 | 16 | 二次热网集水缸 |
| 8 | 软化除氧组合水箱 | 17 | 二次热网分水缸 |
| 9 | 除氧水泵 | 18 | 二次热网集水缸 |

# 课题6　热工测量仪表

为了加强对锅炉房进行科学管理，保证锅炉及附属设备安全、经济运行，锅炉房内必须装设一定数量的热工检测仪表和控制仪表。热工仪表系统的设计应由用仪表专业人员进行。作为暖通专业人员也应具备一定的热工仪表方面的知识，以便能正确地使用常用的热工测量仪表，并能向自控仪表设计人员提供有关的技术数据。

下面主要介绍锅炉房常用热工测量仪表的性能、工作原理及安装使用等方面的基本要求。

**1. 热工测量仪表的基本知识**

在热力系统运行过程中，能够对各种热工参数（如温度、压力、流量、液位等）进行测量指示、记录或控制的仪表，称为热工仪表。

热工仪表一般分为两类：一类为自动检测仪表，用来进行温度、压力、流量、液位等参数的测量，又称为热工测量仪表；一类为自动调节（控制）仪表，用来进行运行过程的自动控制，维持某些参数稳定或按预定的规律变化。

自动控制系统的采用，能自动地保持设备在良好状况下运行，从而进一步提高了设备运行的可靠性和经济性。而自动控制系统工作的依据是各热工测量仪表所反映的物理量，这些物理量通过各种变送器被转移成电的或气的信号量，输入自动控制系统进行工作。

（1）热工测量仪表的组成　热工测量仪表种类很多，它们所测的参数也不相同，但从热工测量仪表的组成来看，基本是由三部分组成：传感器、变换器和显示装置。

传感器又称感受件，如弹簧管压力表的弹簧管、热电阻温度计的热电阻等，它们一般与被测介质直接接触，感受被测量介质的变化，并同时发出相应的信号，变换器将传感器发出的信号通过机械的、电的或气的形式传递给显示装置，如连接导管、压力表的传动机构等。显示装置则能接受传感器发出的信号，并指示出被测量的数值或进行记录。有时这三个环节是在同一块仪表内完成的，如弹簧管压力表，它既有检测压力的传感元件，又有杠杆齿轮机构的变换装置以及指针与刻度标尺的显示装置。三个环节相连构成一体，不可分离。但当需要将被测信号进行远距离传输，集中显示时，可以将三个环节分开，设置各个独立的仪表或装置，应用时再按需要将三者适当地组合起来。通常称就地显示的仪表为一次仪表；变换装置又称变送器；远传显示的仪表称为二次仪表。

（2）热工测量仪表的基本技术性能　热工测量仪表的品质通常用仪表的精度、灵敏度、变差和读数的时滞四个指标来衡量。

1）仪表的精度。表示仪表的准确程度，也称准确度。它是指该仪表的测量结果（读值）与被测参数真实值的差距。

精度是用误差来衡量的，常用允许误差，它是测量仪表所允许的误差界限，即出厂的仪表都要保证基本误差不超过这个误差界限。

仪表的精度等级是按国家统一规定的允许误差大小划分的。允许误差去掉百分号的数值称为仪表的精度等级，一般在仪表盘上都注有这一数值，其序列为：0.005、0.01、0.02、0.035、0.04、0.05、0.1、0.2、0.35、0.5、1.0、1.5、2.5、4.0。仪表的精度等级越小，表明其精度越高。试验用的仪表精度等级约为 $10^{-1} \sim 10^{-2}$，1.0 级以上等级的仪表一般用于生产现场。例如某仪表的允许误差为 $\pm 1.5\%$，则该仪表的精度等级为 1.5 级，即该仪表指示值的允许误差不超过仪表量程的 ±1.5%。

2）灵敏度。仪表的灵敏度表示仪表反映被测量变化的灵敏程度。如用 $\Delta L$ 表示指针的直线位移或角位移，$\Delta X$ 为引起此位移的被测参数变化量，则仪表的灵敏度 $S = \Delta L / \Delta X$，$S$ 值越大表明仪表灵敏度越高。

3）变差。在外界条件不变的情况下，用同一仪表对某一参数值进行正、反行程测量时，结果发现同一被测参数值所得到的仪表的指示值都不相等，仪表的最大正、反行程指示值之间的差值与仪表的标尺范围之比的百分数，叫做仪表的变差。

4）读数的时滞（动态误差）。它动态表明从被测参数开始变化时起到仪表指出这个变化时为止所需要的时间。产生时滞的原因是仪表内部各机构存在着各种惯性，仪表的时滞越小越好。

品质好的仪表精度和灵敏度高，变差和时滞小。但是这类仪表一般结构也复杂，价格昂贵，使用条件苛刻，因而实际工作中要根据实际情况选用既符合要求又经济实用的仪表。

（3）热工测量仪表的分类　热工测量仪表根据其用途、工作原理和结构不同，一般有以下几种分类方法。

1）按被测参数分，有温度、压力、流量、液位以及成分分析仪表等。

2）按工作原理分，有机械式、电动式、气动式、液动式仪表等。

3）按指示的特征分，有指示型、记录型、积算型、复合型仪表。

4）按装置地点分，有就地安装的、远距离指示的和便携式仪表。

**2. 温度测量仪表**

常用的温度测量仪表有玻璃温度计、热电偶温度计、热电阻温度计、压力式温度计等。

（1）玻璃温度计　工业锅炉中通常使用玻璃水银温度计。玻璃水银温度计有棒式（外标式）和内标式两种。内标式的标尺不是直接置于玻璃管外表面上，而是刻在置于膨胀细管后面的乳白色玻璃板上，外面有一玻璃保护套管。内标式水银温度计常用于测给水温度、回水温度、省煤器进出水及空气的温度等。棒式（外标式）水银温度计常用于实验室中测量液体和气体的温度。

玻璃水银温度计其优点是测温范围大（−30 ~ +500℃），精度较高，构造简单，价格便宜；缺点是易破损，示值不够明显。

在锅炉测试中，玻璃水银温度计一般置于不锈钢保护套管内。套管内径与温度计外径之差为 1 ~ 2mm，且在温度计插入孔处采用专用螺纹封紧。玻璃水银温度计及保护套安装方式如图 2-48 所示。为改进传热条件，当被测温度≤150℃时，在保护套与温度计测温泡之间可充机油；当被测温度高于150℃时，可充以铜屑。

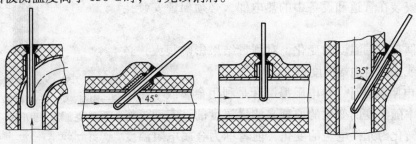

图 2-48　玻璃水银温度计及保护套安装方式

（2）热电偶温度计

1）热电偶温度计的工作原理与结构。热电偶温度计主要由热电偶、补偿导线和显示仪表三部分组成。它是利用热电效应原理来测量温度的，如图 2-49 所示，把不同材质的导体 $ab$ 和 $ac$ 的一端互相焊接，组成闭合回路，称之为热电偶，导体 $ab$ 和 $ac$ 为热电偶的热电极，将置于被测介质中测量温度的接点 $a$ 称为测量端，又称工作端或热端，将另一端 $b$、$c$ 称为自由端或冷端。$b$、$c$ 分别通过导线与测量仪表相连接，当热电偶的工作端与自由端存在温差时，则 $b$、$c$ 两点间就产生了电动势，因而补偿导线上就有电流通过，而且温差越大，所产生的热电势和电流也就越大。通过观察测仪表上指针偏转的角度，就可以直接读出所测介质的温度值。常用的铂铑—铂热电偶测温范围为 $0 \sim 1300℃$，镍铬—镍硅热电偶测温范围为 $0 \sim 1100℃$，铜—康铜热电偶测量范围为 $-40 \sim 350℃$。热电偶结构如图 2-50 所示。

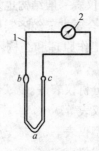

图 2-49　热电偶温度计工作原理
1—补偿导线　2—测量仪表

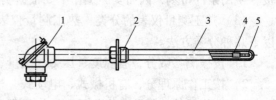

图 2-50　热电偶结构
1—接线盒　2—固定螺母　3—保护管
4—绝缘套管　5—热电极

热电偶温度计测量范围大，精度较高，灵敏度高，无需外加电源，便于远距离测量和自动记录。但是需要补偿导线，安装费用较高。热电偶温度计常用于测量蒸汽、炉膛火焰和烟道内烟气的温度。

2）热电偶温度计安装使用时应注意以下事项：

①补偿导线应与所选热电偶相配，测量管道内介质的温度时，热电偶保护管的末端应超过管中心 $5 \sim 10mm$。

②在测炉膛或烟道内的温度时，一般应向下垂直插入，若不能垂直插入时也可以水平安装，但当插入深度大于 $500mm$ 时应加支撑。

③对于安装在管道和设备中的热电偶，必须保证安装孔的严密性。

④热电偶自由端温度的变化，对测量结果影响很大，必须经常校正或保持自由端温度恒定。

（3）热电阻温度计　热电阻温度计是利用金属或半导体材料的电阻率随温度而变化的原理来测量温度的，实现了将温度的变化转化为元件电阻的变化，前者称为金属电阻温度计，后者称为半导体电阻温度计。金属电阻温度计如图 2-51

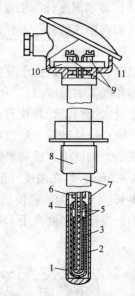

图 2-51　金属电阻温度计
1—陶瓷支架　2—电阻体　3—保护套
4—陶瓷塞　5—引出线　6—绝缘管
7—保护套管　8—螺纹接头
9—螺钉　10—接线座　11—接线盒

所示。

热电阻由温度敏感元件、测量电阻以及显示温度值的显示仪表和连接导线组成。

在工程中常用的热电阻元件有铂和铜。铂热电阻（WZF）测量范围为 −200 ~ 850℃，广泛用于工业和实验室中；铜热电阻（WZC）测温范围为 −50 ~ 150℃，因价格低廉，故在工业中用得比较广泛。

热电阻温度计的精度高，可进行远距离和多点测量，自动记录，但必须有外接电源。灵敏度较热电偶低，一般常用于测量给水和热风的温度，常与动圈式指示仪表配合使用。

（4）压力式温度计　压力式温度计是由感温元件（温包）、金属软管和表头等构件组成的，如图 2-52 所示。温包内的液体受热蒸发，并且沿着金属软管内的毛细管传到表头，表头的构造与弹簧管压力表相同，表头上的指针发生偏转的角度大小与被测介质温度高低成正比，在刻度盘上可以读数温度值。

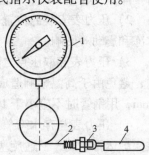

图 2-52　压力式温度计
1—表头　2—金属软管
3—接头　4—温包

压力式温度计适用于远距离测量非腐蚀性气体、蒸汽或液体的温度，被测介质 $P < 5.88MPa$，测温范围为 −40 ~ 550℃，测量距离为 10 ~ 60m。锅炉中常用来测量空气预热器的温度、热水锅炉的进、出水温度。

压力式温度计的优点是可以自动记录，机械强度高，不怕振动，可远距离测试。其缺点是热惯性大，仪表密闭系统损坏后难以修理，安装时要求温包中心与管道中心线重合，且要自上而下垂直安装。

**3. 压力测量仪表**

常用的压力测量仪表有弹簧管压力表、膜式微压计等。

（1）弹簧管压力表　弹簧管压力表的内部结构如图 2-53 所示，在圆形外壳内，有一根断面呈椭圆的金属弹簧弯管，它的一端固定，另一端是封闭的自由端，当被测量的压力由固定端接入后，弹簧管 1 因受压力作用趋于伸直，这种形变通过连杆 6、扇形齿轮 7 所组成的传动机构转变成中心齿轮 8 的旋转角度，于是带动指针 9 偏转，在刻度盘上指示出压力值（相对压力）。被测介质的压力越大，指针偏转的角度也越大。当压力消失后，弹簧管恢复到原来的形状，指针也就回到始点（零位）。

弹簧管压力表结构紧凑，测量范围广，使用方便。锅炉房中常用来测量锅筒和汽水集配器内的介质压力、水处理系统及水泵出口的水压、省煤器进出口水压、热水锅炉进出口水压等。

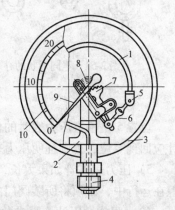

图 2-53　弹簧管压力表
1—弹簧管　2—支架　3—仪表壳
4—管接头　5—活动连接头
6—连杆　7—扇形齿轮　8—中心
齿轮　9—指针　10—刻度盘

弹簧管压力表除了可以就地指示外，还可以通过各种变送器，把弹簧管受压变形的位移量转变成电信号，通过导线传送到二次仪表，进行远程显示，即远传式压力表。

选择弹簧管压力表时，其精度和量程应根据生产要求和最大误差以及实际使用压力来确定。对于蒸汽锅炉，压力表的精度，当 $P < 2.5MPa$ 时，不应小于 2.5 级；当 $P \geq 2.5MPa$ 时，不应低于 1.5 级。对于热水锅炉，压力表的精度不应低

于2.5级。压力表表盘刻度极限值（量程）应为工作压力的1.5~3倍，最好选用2倍。

压力表的表盘直径，应保证司炉人员能清楚地看到压力指示值，一般可采用100mm；当压力表的安装位置距操作平台2~4m时，表盘直径不应小于150mm；当间距大于4m时，表盘直径不应小于200mm。

压力表的安装使用一般应注意以下几点：

1）压力表安装前应做校验，并在刻度盘上划出红线指出设备的工作压力。装用后一般每半年至少校验一次，校验后应封印。

2）压力表安装的位置，应便于观察和冲洗。表盘应向前倾斜15°，并应防止受到高温、冰冻和震动等影响。

3）压力表和取压点之间应有存水弯管，如图2-54所示，防止高温介质直接进入弹簧管内，避免由于高温影响造成误差，甚至损坏表内零件。存水弯管的内径，用铜管时不应小于6mm，用钢管时不应小于10mm。

4）压力表与存水弯管之间应装三通旋塞，以便冲洗管路和检查、校验、卸换压力表。在锅炉运行期间，三通旋塞和压力表需进行如下必要的操作过程，如图2-55所示。

位置1是正常工作时的位置，压力表与锅炉介质相通，压力表指示锅炉压力的读数。

位置2是冲洗存水弯管时的位置，压力表与锅筒隔开，锅筒与大气相通，存水弯管被冲洗。

位置3是校验压力表时的位置，压力表和校验压力表都和锅筒相通，压力表和校验压力表均指示读数，被校验压力表根据校验压力表读数进行校核。

位置4是使存水弯管内蓄积凝结水时的位置，压力表和存水弯管和大气隔绝，锅炉蒸汽或热水在弯管里逐渐冷却存于弯管内，然后可把旋塞转到1的正常工作位置。

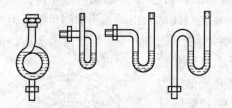

图2-54　不同形状的存水弯管

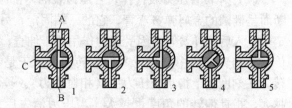

图2-55　三通旋塞操作示意

A—接压力表　B—接存水弯　C—通大气或校验压力表

位置5是检查压力表时的位置，此时锅炉与压力表隔绝，压力表与大气相通，压力表指针应回到零位，否则证明压力表已经失效，必须更换新表。

5）压力表连管如果太长，在靠近取压点处的连接管上应加装阀门，以便检修压力表，但在运行中，必须将所装阀门的手轮拆去或加锁，以免误关而造成重大事故。

（2）膜式微压计　膜式微压计根据传压元件的不同分为不同的结构形式，常见的有膜盒微压计、膜片微压计和波纹管微压计，如图2-56所示。这几种微压计的工作原理基本相同，下面以膜盒微压计为例作简单介绍。

膜盒微压计采用金属膜盒作为压力—位移转换元件，膜盒由弹性膜片焊成。膜盒与被测压力$P$相通，膜盒外面作用着大气压力，膜盒因内外压差而变形时，因变形产生的位移量可通过传动机构在表盘上显示压力读数。此位移也可由气动或电动方式远传和记录。

膜式微压计体积紧凑，灵敏度高，安装方便，易于观察。但测量范围较小，一般为 $\pm(0\sim0.04)$MPa。在锅炉测量中，主要用于风道、烟道、炉膛等微压或负压的测量。

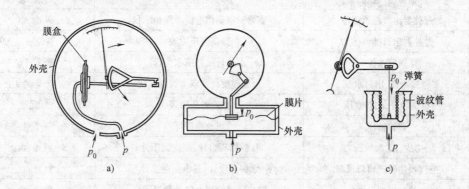

图 2-56  膜式微压计

a）膜盒微压计  b）膜片微压计  c）波纹管微压计

#### 4. 流量测量仪表

工质流量是锅炉测试和运行过程中常需测定的参数。在热力系统中，为了监视设备运行情况，了解设备生产能力和进行经济核算，需要进行流量的测量。

常用的流量计有转子流量计、差压式流量计，此外，还有速度式流量计、超声波流量计、涡轮流量计等。各种流量计的选用和安装应根据相关产品说明书进行。

#### 5. 锅炉房热工仪表系统

热工测量仪表的类型很多，锅炉房内究竟应该选择哪些仪表，这要根据具体情况来决定。

（1）测量仪表的选择  测量仪表的选择应考虑以下几点：

1）所选择的仪表，应力求技术先进，质量可靠，经济合理。

2）仪表的功能、材质、结构形式和安装方式，应考虑被测介质的特点，并应方便操作，易于观察、维护。

3）仪表的显示方式，应根据生产要求确定，要求进行经济核算的参数，可选累计型仪表；对于主蒸汽的压力、流量，可选记录型仪表；要求进行自动调节的参数，为便于参数整定，宜选择记录型仪表。

4）仪表的精度，对仅供操作用的参数，仪表精度可为 1.5 级；对需要进行经济核算用的参数，仪表的精度应为 1 级或高于 1 级。

5）仪表的结构形式应满足仪表的工作环境要求。

在合理选择仪表的同时，要注意正确安装和使用仪表，并经常检查维护，这样才能使仪表发挥其应有的作用。

（2）热工仪表的设置  表 2-9 所列的是热工仪表的一般设置，在实际工作中，可根据具体情况进行设置。

表 2-9　热工仪表装设

| 序号 | | 所测项目 | 适用仪表 | 仪表设置地点 |
|---|---|---|---|---|
| 锅炉机组 | 1 | 锅炉蒸汽流量 | a. 指示型流量计；b. 自动记录流量表 | 仪表盘或司炉处 |
| | 2 | 锅筒蒸汽压力 | 弹簧管压力表 | 就地 |
| | 3 | 过热器出口蒸汽温度 | 镍铬—康铜热电偶动圈指示仪 | 就地、盘上 |
| | 4 | 过热器出口蒸汽压力 | 弹簧管压力表 | 就地或盘上 |
| | 5 | 锅筒水位 | 水位计或差压水位计 | 就地或盘上 |
| | 6 | 省煤器进、出口水温 | 水银温度计或双金属温度计 | 就地或盘上 |
| | 7 | 省煤器进、出口水压 | 弹簧管压力表 | 就地 |
| | 8 | 炉膛负压 | 膜盒微压计 | 盘上 |
| | 9 | 一次风、二次风压力 | U 型管压力计、膜盒微压计 | 就地、盘上 |
| | 10 | 空气预热器进出口风温 | 水银温度计、热电偶温度计 | 就地、盘上 |
| | 11 | 炉后排烟温度 | 镍铬—考铜热电偶动圈指示仪 | 就地、盘上 |
| | 12 | 烟道各部位负压 | 膜盒微压计 | 就地、盘上 |
| 辅助设备及汽水管道 | 13 | 给水流量 | 水表、流量指示积算仪 | 就地、盘上 |
| | 14 | 热水锅炉进出口水温 | 铂电阻动圈指示仪 | 就地、盘上 |
| | 15 | 热水锅炉进出口水压 | 电阻远传压力表 | 就地、盘上 |
| | 16 | 耗煤量 | 煤量计 | 就地 |
| | 17 | 水泵进出口水压 | 弹簧管压力表 | 阀后、阀前 |
| | 18 | 汽动泵进汽压力 | 弹簧管压力表 | 就地 |
| | 19 | 离子交换器进出口水压 | 弹簧管压力表 | 就地 |
| | 20 | 软化水流量 | 自记式或附有积分仪的指示型流量计 | 盘上 |
| | 21 | 再生液流量 | 指示型流量计 | 就地 |
| | 22 | 软化水箱、除氧水箱水位 | 玻璃水位计 | 就地 |
| | 23 | 除氧器工作压力 | 压力变送器、压力指示仪 | 就地、盘上 |
| | 24 | 蒸汽压力调节阀前后压力 | 弹簧管压力表 | 就地 |
| | 25 | 凝结水回收流量 | 附有积分仪的指示型流量计 | 就地 |
| | 26 | 汽水集配器压力 | 弹簧管压力表 | 就地 |
| | 27 | 上水管总压力 | 弹簧管压力表 | 就地 |

# 单 元 小 结

锅炉本体由锅和炉组成，锅炉结构的发展也是基于对锅炉容量、参数要求的不断提高而对受热面和放热面的改进进行的。锅炉按结构大致分为火管锅炉、水管锅炉、水火管锅炉，各类型的锅炉又依据其组成上的布置不同衍生出不同的形式，如单锅筒横置式水管锅炉、单锅筒纵置式水管锅炉等。

锅炉的燃烧设备是锅炉的重要组成部分，它是由炉排、炉膛、炉墙、炉顶、炉拱等组成的燃烧空间。燃烧设备的燃烧方式主要有层燃燃烧、室燃燃烧、沸腾燃烧。燃烧方式的选择主要根据燃料的性质而定，如煤矸石灰分含量高，为燃烧充分适宜选择循环流化床的沸腾燃烧方式。无论何种燃烧方式都是为了让燃料充分燃烧。

　　燃煤锅炉房的运煤除渣系统、通风系统、汽水系统都是重要组成部分，也是锅炉房安全运行的必要条件。为保证锅炉房安全运行，必须对锅炉房各系统进行热工自动控制。热工自动控制与热工测量仪表是密不可分的。热工测量是控制的依据，热工测量仪表是测量热工参数的工业仪表，用以测试和监测热能利用中的各种参数，这些参数有温度、压力、流速、流量、液位与热流量等。锅炉房设备是一个相互联系的整体，必须保证各个组成系统的运行良好，并对运行过程中各热工参数及时准确地测量与监测，才能确保锅炉房的安全运行。

## 复习思考题

2-1　什么是火管锅炉？其有何特点？

2-2　什么是水火管锅炉？其有何特点？

2-3　什么是水管锅炉？其有何特点？常用炉型有哪几种？

2-4　常用热水锅炉有哪几种类型？

2-5　常压热水锅炉有何特点？应用时要注意什么问题？

2-6　壁挂式燃气热水锅炉有何特点？

2-7　锅炉辅助受热面有哪些？各起什么作用？

2-8　锅炉常用安全附件有哪些？安装时应注意什么问题？

2-9　燃烧设备按照组织燃烧过程的基本原理和特点，可划分为哪三类？

2-10　锅炉烟气系统总阻力包括哪些？如何确定？

2-11　简述蒸汽锅炉与热水锅炉的区别与联系。

2-12　省煤器的进出口应装哪些必要的仪表及附件？各起什么作用？

2-13　如何防止和减轻热水锅炉及热水系统因突然停电而产生的锅水汽化和水击现象？

2-14　简述链条炉的燃烧过程。

2-15　热水锅炉锅水汽化是什么原因造成的？

2-16　说明锅炉房常用热工仪表的种类及作用。

2-17　了解锅炉构造对锅炉安装和检修有何意义。

# 单元3   燃油、燃气锅炉

**主要知识点**：燃油、燃气锅炉的类型、基本构造和工作过程；燃油、燃气锅炉的基本特性、燃料供应系统的组成等。

**学习目标**：掌握燃油、燃气热源系统的基本组成及循环原理，理解燃油、燃气锅炉在节能、环保方面的意义。

## 课题1   燃油锅炉

随着我国城市建设的需要和环境保护要求的提高，中小型燃油燃气锅炉日益增多。燃油锅炉与燃气锅炉都属于室燃炉，与层燃炉相比，无论在炉子的结构上，还是燃料的燃烧方式上，都有自己的特点：首先，它没有炉排，燃料随空气流进入炉内，燃料燃烧的各个阶段都是在悬浮状态下进行和完成的；其次，燃料在燃炉中停留时间一般都很短促，但燃料的反应面积很大，与空气混合良好；最后，燃料的燃烧调节和运行、管理易于实现机械化和自动化。

燃油锅炉是利用油燃烧器将燃料油雾化后，并与空气强烈混合，在炉膛内呈悬浮状燃烧的一种燃烧设备。

容量较大的燃油锅炉大多燃用重油，由于重油粘度大，必须事先预热，方能进行管道输送和使用；容量较小的燃油锅炉大多燃用轻柴油，无需预热。目前我国的燃油锅炉大多属容量较小的锅炉，所以一般燃用轻柴油。

燃油锅炉的本体构造和其他室燃炉基本相同。

保证燃油锅炉良好燃烧的条件是良好的雾化质量和合理的配风，其关键设备是油燃烧器。

油燃烧器主要由油喷嘴（雾化器）、调风器和稳焰器组成，其他还包括点火装置等附属设备。

**1. 油燃烧器的组成**

（1）油喷嘴   油喷嘴的任务是把油均匀地雾化成油雾细粒，并使油雾保持一定的雾化角和流量密度，使其与空气混合，以强化燃烧过程和提高燃烧效率。

燃油锅炉上所采用的油喷嘴有两种类型：机械雾化，包括压力式、回油式和旋杯式油喷嘴；介质雾化，以蒸汽或空气作介质油喷嘴。前者不需要雾化介质，靠惯性离心力实现雾化。

1）机械雾化油喷嘴

①压力式油喷嘴。图3-1所示为压力式油喷嘴结构图。经油泵升压的压力油由进油管经分流片的小孔汇合到环形槽中，然后流经旋流片的切向槽切向进入旋流片中心的旋流室，从而获得高速的旋转运动，最后由喷孔喷出。由于油具有很大的旋转动能，喷出喷孔时油不断雾化，并形成具有一定雾化角的圆锥雾化炬。雾化角一般在60°~100°范围内，雾化后油粒

的平均直径小于 $150\mu m$。压力式油喷嘴的雾化质量，与燃料油的性质、喷嘴结构特征和进油压力有关。

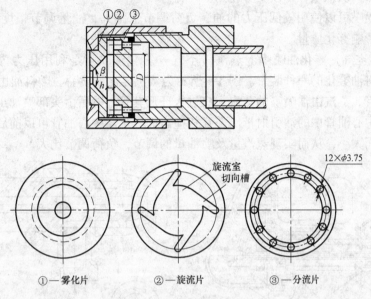

①—雾化片　　②—旋流片　　③—分流片

图 3-1　压力式油喷嘴结构图

　　燃料油的性质主要是指它的粘度。粘度增大，雾化质量下降，即雾化粒子变粗。机械雾化要求油的粘度不大于 $2\sim 4°E$，所以通常将重油加热至 $110\sim 130℃$。

　　喷嘴结构特征主要是指喷孔、旋流室和切向槽的尺寸，喷孔较小、旋流室的直径较大、切向槽较长都将有利于雾化质量的提高。

　　压力式油喷嘴依靠改变油压来调节油量，以适应不同的工况。但喷油量与供油压力的平方根成正比，即喷油量增加 1 倍时，油压要提高到原来油压的 4 倍。油压过低，则雾化质量显著下降。由此可见，此型油嘴的调节性能差，仅适用于带基本负荷的锅炉。

　　②回油式油喷嘴。图 3-2 所示为回油式油喷嘴。油进入旋流室以后，一部分由雾化

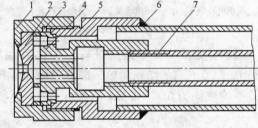

图 3-2　回油式油喷嘴

1—螺帽　2—雾化片　3—旋流片　4—分油嘴
5—喷嘴座　6—进油管　7—回油管

片中间小孔高速旋转喷出，另一部分则由旋流室背面的回油孔返回；回油量越大，喷出的油量就越少，它的调节范围为 0%～100%。其优点是调节幅度大；喷油量降低时，雾化质量不但不变坏，反而有所改善。其缺点是返回油泵入口或油箱的大量热回油，使油泵或油箱的工作温度升高，可能影响安全；油泵的耗电量增加；系统比较复杂。

　　③旋杯式油喷嘴。图 3-3 所示为旋杯式油喷嘴。旋杯式油喷嘴由电动机经皮带轮带动安装在空心轴上的旋杯和一次风机，使其以 $4000\sim 6000r/min$ 的高速旋转，油通过空心轴均匀地流进旋心轴均匀地流进旋杯中，由于高速旋转的离心力的作用，在杯内壁形成一层油膜，并不断向杯口推进，到达杯口的油膜以高速切向甩出，被从旋杯外壁四周缝隙高速（60～80m/s）旋转喷出的一次风粉碎成油雾。一次风由一次风机加压经一次风导流片供给，一次

风的旋转方向与旋杯相反。一次风量占总风量的 10% ～20%。运行中可根据燃烧工况调节风门开度，调节一次风量，以改变雾化角。

旋杯式油喷嘴可以使用较低压力的油，负荷调节范围大，油量调节幅度可达 10∶1，调节方便，且不影响雾化质量。

2）蒸汽（空气）雾化油喷嘴。蒸汽（空气）雾化油喷嘴是利用压力为 0.4 ～1.3MPa 的蒸汽的喷射将油雾化的一种装置。图 3-4 所示为蒸汽雾化油喷嘴。燃料油由油喷嘴的油入口进入中心油管，蒸汽由油喷嘴的蒸汽入口进入环形套管，然后由头部喷油出口的中央喷孔高速喷出，将中心油管中的油引射带出并互相撞击而雾化。中心油管可以前后伸缩，以改变蒸汽喷孔的截面大小，从而实现蒸汽量及喷油量的调节，负荷调节比大。

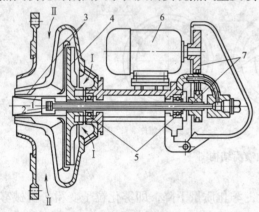

图 3-3　旋杯式油喷嘴

1—旋杯　2—空心轴　3——次风导流片　4——次
风机叶　5—轴承　6—电动机　7—转动皮带轮
Ⅰ——次风　Ⅱ—二次风

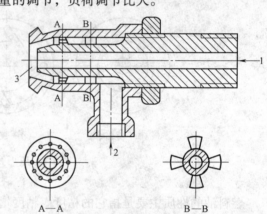

图 3-4　蒸汽雾化油喷嘴

1—燃油入口　2—蒸汽入口　3—喷油出口

蒸汽雾化油喷嘴雾化质量好，雾化后油粒平均直径小于 $100\mu m$。油压控制在 0.2 ～0.3MPa 即可。它的结构简单，制造方便，运行安全可靠。但要有蒸汽汽源，蒸汽消耗量较大，平均汽耗为 0.4 ～0.5kg 蒸汽/kg 油，还会加剧尾部受热面的低温腐蚀和积灰堵塞等故障。

容量较小的燃油锅炉，还可采用空气作为雾化介质，要求空气压力在 2 ～7kPa，经油喷嘴缩口处的气流速度可达 80m/s。空气雾化油喷嘴结构简单，雾化效果良好，运行安全可靠。

（2）调风器　调风器也叫配风器，其任务是给油燃烧提供足够的空气，并形成有利的炉内燃烧空气动力场，使着火迅速、燃烧稳定。

按照出口气流的特点，调风器可分为旋流式和平流式两大类。旋流式调风器按进风方式分为蜗壳型与叶片型调风器两种型式；叶片型又有切向叶片型和轴向叶片型之分。

1）旋流式调风器。图 3-5 所示为切向叶片型旋流调风器。调风器各叶片可同步绕本身的轴转动，从而通过改变叶片间通道的截面积来达到调节风量的目的。气流沿切向通道流入旋流调风器，使气流围绕轴呈螺旋线型旋转，离开火道后，形成旋转射流。当叶片数量增加时，叶片通道内气流分布更均匀。一、二次风均为旋转气流，一次风在着火前就与油雾混合，并在油喷嘴出口处形成雾化角；二次风离开火道口也形成扩散的旋转气流，其扩散角小于雾化角，而且旋转方向与油雾流的旋转方向相反。这样空气才能以较高的速度进入到油雾中去，以加剧油雾与空气的强烈混合。

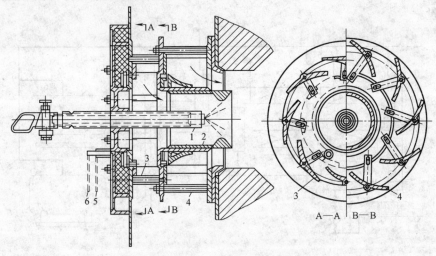

图 3-5　切向叶处型旋流调风器

1—油喷嘴　2—风套　3——次风叶片　4—二次风叶片　5——次风手柄　6—二次风手柄

2）平流式调风器。图 3-6 所示为平流式调风器。在平流式调风器中，空气由大风箱经可进行风量调节的圆筒形风门，进入调风器内。其中一部分空气，经过稳焰器产生强烈旋转，与从油喷嘴喷出的油雾混合，称为一次风（占总风量的 10% ~ 30%），在稳焰器后形成旋转的雾化锥，促进了油雾与空气的早期混合，并建立了回流区，加速油雾的着火、燃烧；未经过稳焰器的空气，即二次风，为直流气流，风速很高，气流速度衰减较慢，射程长，后期扰动强烈，使未燃烧的燃气与空气混合好，对燃油在炉膛内的燃烧、燃尽起很大作用。

由于平流式调风器只有位于中心的一小部分气流旋转，出口气流的特点在很大程度上接近直流气流。因此，也将平流式调风器称为直流式调风器。

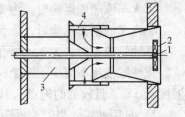

图 3-6　平流式调风器

1—油喷嘴　2—稳焰器
3—大风箱　4—圆筒形风门

（3）稳焰器　为了使高速流动的油雾气流的火焰稳定，在油喷嘴端部设置稳定火焰的装置，称为稳焰器。

常用的稳焰器有两种：一种是扩锥式稳焰器，另一种是轴流式叶片稳焰器。

稳焰器的作用是产生相当稳定的旋涡，形成低速高温烟气回流区，以利于着火，从而达到稳定燃烧的目的。

为了供给火焰根部所需的空气和防止烧坏稳焰器，一般在稳焰器上开有直流孔或切向导流槽，通入少量的低速流动的一次风。

**2. 锅炉房燃料油供应系统**

图 3-7 所示为燃烧重油的锅炉房燃油系统示意图。由汽车运来的重油靠卸油泵卸到地上贮油罐中，罐中燃油由输油泵送入日用油箱加热后，以燃烧器内部的油泵加压通过喷嘴一部分进入炉膛燃烧，另一部分则返回油箱。在日用油箱中设置有电加热和蒸汽加热装置，在锅

炉冷炉点火启动时，靠电加热装置加热日用油箱中的燃油，待锅炉点火成功并产生蒸汽后，改为蒸汽加热。为了保证油箱中的油温恒定，在蒸汽进口管上安装了自动调节阀，根据油温调节蒸汽量。

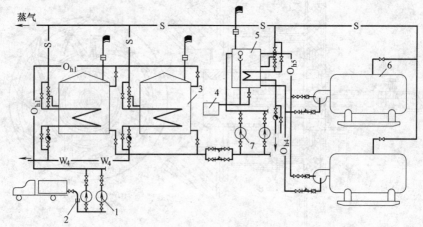

图 3-7　燃烧重油的锅炉房燃油系统示意图

1—卸油泵　2—快速接头　3—地上贮油罐　4—事故油池　5—日用油箱　6—全自动锅炉　7—供油泵

S—蒸汽管　$W_4$—疏水管　$O_{h1}$—输油管　$O_{h4}$—供油管　$Q_{h5}$—回油管

### 3. 燃油系统主要辅助设备

1）贮油罐。锅炉房贮油罐的总容量，应根据油的运输方式和供油周期等因素确定，并符合下列要求：

①火车或船舶运输时，为 20～30 天的锅炉房最大计算耗油量。

②汽车油槽车运输时，为 5～10 天的锅炉房最大计算耗油量。

③油管输送时，为 3～5 天的锅炉房最大计算耗油量。

重油贮油罐不应少于两个；重油贮油罐内油的加热温度，应较当地大气压力下水的沸腾温度低 5℃，且较油的闪点低 10℃，取两者中的较低温度。

2）日用油箱。当贮油罐距锅炉房较远，或锅炉需经常启动、停炉，或因管理不便时，可在锅炉房设置日用油箱和供油泵房。油从贮油罐通过管道输入日用油箱，再从日用油箱直接供给锅炉燃烧。

锅炉房日用油箱的总容量，对于重油不应大于 $5m^3$，对于柴油不应大于 $1m^3$，油箱上应设置直接通往室外的通气管，通气管上应设置阻火圈和防雨装置。室内油箱应设有将油排放至室外紧急卸油池的排放管，排放管上的阀门应装设在安全和便于操作的地点。

3）油泵的选用。当输送粘度小、流量大、压力低的油品时，宜选用离心泵；当输送粘度较大、流量较小、压力较高的油品时，宜选用往复泵；当输送粘度大、流量小、压力高的油品，且要求流量均匀时，宜选用齿轮泵。

4）重油加热器。重油加热器采用蒸汽—重油表面式换热器，当冷炉启动点火尚无蒸汽时，应采用辅助的重油电加热器。

集中设置的重油加热器应符合下列要求：

①加热面应根据锅炉房要求加热的油量和油温确定，并有适当的富裕量。

②应装设旁通管。

③常年不间断供热的锅炉房应设置备用重油加热器。

# 课题 2　燃 气 锅 炉

燃气和空气的混合气体在炉膛内呈悬浮状态燃烧的锅炉称为燃气锅炉（图 3-8）。

燃气锅炉常用的气体燃料有天然气、焦炉煤气、高炉煤气、液化石油气等。

气体燃料是一种优质的锅炉燃料，它具有燃烧方法简单，不需要预处理；燃烧不产生灰渣，烟气中 $SO_2$ 和 $NO_x$ 的含量较其他类型的燃烧设备少，对环境的污染小；对受热面无磨损；燃烧热负荷大；易实现自动化、智能化控制等优点。但燃气与空气的混合气体易燃、易爆，使用不当，会发生安全事故，因此应采取防爆措施。

图 3-8　燃气锅炉示意图

燃气锅炉的本体构造和其他室燃炉基本相同，其最主要的部件是燃烧器。

**1. 燃烧器**

燃烧器的种类较多，分类方法也很多，最常用的是按燃烧方式和供气方式进行分类。

按照燃烧方式分为扩散式（$\alpha' = 0$）、部分预混式（$\alpha' \approx 0.45 \sim 0.75$）、无焰式（$\alpha' = 1.05 \sim 1.10$）。$\alpha'$ 为一次空气过量空气系数。

按照空气供给方式分为自然供风式（靠炉膛负压吸入空气）、引射式（靠高速燃气引射空气）、机械鼓风式。

（1）扩散式燃烧器　所谓扩散式燃烧器是指燃烧所需的全部空气是在燃烧过程中供给的。根据空气的供给方式，扩散式燃烧器又分为自然供风式和鼓风式两种。

1）自然供风式扩散燃烧器。图 3-9 所示为自然供风式扩散燃烧器。它的结构特点是在燃气管道上钻一排或两排喷孔，燃气在压力下喷出喷孔，与环境中的空气一边混合一边燃烧。这种燃烧器在燃烧前燃气与空气不进行预混，即一次空气过量空气系数 $\alpha' = 0$。

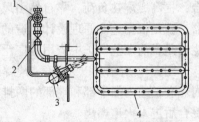

自然供风式扩散燃烧器结构简单，燃烧稳定，可以使用 $300 \sim 400Pa$ 的低压燃气，但炉膛过量空气系数大，$\alpha = 1.2 \sim 1.6$。因此 $q_2$ 偏大；火焰较长，炉膛容积大；燃烧速度慢，适用于小容量锅炉。

图 3-9　自然供风式扩散燃烧器

1—总阀　2—燃气调节阀

3—点火器　4—喷嘴

自然供风式扩散燃烧器，燃气和空气的混合速度慢，燃烧速度慢，为了提高燃气的燃烧速度，应加快燃气和空气在喷口外的混合速度，仅靠自然供风难以满足较大容量锅炉燃烧所需空气量，必须利用机械送风。

2）鼓风式扩散燃烧器

所谓鼓风式扩散燃烧器是指燃气燃烧所需的全部空气由鼓风机一次供给，但燃气与空气在燃烧前并不实现预混，因此，仍属于扩散燃烧。

图 3-10 所示为套管式燃烧器。燃气从中间小管中流出，空气从大管和小管之间的夹套中流出，两者在火道或炉膛中边混合边燃烧。燃气出口速度约为 80～100m/s，相应的燃气压力不大于 6kPa；空气出口速度约为 40～60m/s，相应的空气压力为 1～2.5kPa。

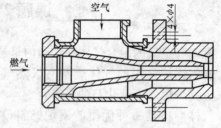

图 3-10　套管式燃烧器

这种燃烧器结构简单，燃烧稳定，不产生回火现象。但由于燃气与空气为同心平行射流，燃气与空气混合较差，火焰较长，需要较大的炉膛空间，而且过量空气系数也较大，排烟热损失 $q_2$ 偏大。

（2）部分预混式燃烧器　所谓部分预混式燃烧器指的是燃气与燃烧所需的部分空气（$\alpha' = 0.45～0.75$）在燃烧器内预先混合，喷出喷嘴后再与其余二次空气边混合边燃烧。

根据空气供给方式，部分预混式燃烧器可分为大气式燃烧器和鼓风预混式燃烧器。

1）大气式燃烧器。图 3-11 所示为大气式燃烧器。燃烧器由头部和引射器两部分组成。它是利用燃气喷嘴高速（100～300m/s 甚至更高）喷射燃气流的引射作用，把燃烧所需的一次空气（$\alpha' = 0.45～0.75$）吸入，经均匀混合后在火孔处燃烧。

根据用途不同，大气式燃烧器头部可做成多火孔头部或单火孔头部两种。多火孔大气式燃烧器适用于民用燃气具、小型锅炉及工业锅炉；单火孔大气式燃烧器适用于中、小型工业锅炉。

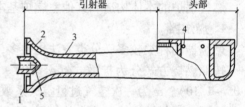

图 3-11　大气式燃烧器
1—调风板　2—一次空气入口
3—引射器喉部　4—火孔　5—喷嘴

2）鼓风预混式燃烧器。当燃气用量很大时，只靠引射器很难从大气中抽吸大量的空气，以满足燃烧的需要；再则，要强化燃气与空气的混合，提高燃烧热负荷，靠自然引风也难以实现。因此，必须采取机械送风。鼓风预混式燃烧器，就是根据这一原理设计制造的。该型燃烧器由配风器、燃气分流器和火道组成。这种燃烧器是目前工业锅炉中应用最广泛的一种燃烧器。

图 3-12 所示是以天然气为燃料的周边供气蜗壳式燃烧器。天然气由管子送入燃烧器的内环套，经内筒中部和端部的两排小孔，从内筒外面喷向内部，并与高速旋转的空气流强烈混合后进入火道燃烧。

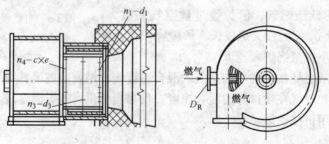

图 3-12　周边供气蜗壳式燃烧器

供应燃烧用的全部空气经鼓风机加压后送入蜗壳，在蜗壳内强烈旋转并沿轴向前进，随后一部分空气进入内筒继续旋转向前，即与燃气混合的一次风；另一部分空气沿着内筒进口处的外圆周上均布的一排曲边矩形孔，进入外环套旋转向前，然后从外环套出口端部环缝流出，即二次风，在火道内与已着火的气流边混合、边燃烧。二次风还有冷却燃烧器头部的作用，以防燃烧器头部在高温下被烧坏。由于气流的旋转，使燃烧器出口附近形成回流区，有利于高速喷出的混合气注的稳定着火与燃烧。

该燃烧器混合强烈，燃烧安全，燃烧效率高，但阻力较大。燃气压力为 10kPa，空气压力为 1kPa 以上。

**2. 工业锅炉的燃气供应系统**

工业锅炉的燃气供应系统，一般由供气管道进口装置、锅炉房内燃气配管系统以及吹扫放散管道系统等组成。

（1）供气管道进口装置

1）锅炉房供气来自调压站，由调压站至锅炉房的燃气管道宜采用单管供气，常年不间断运行的锅炉房宜采用双管供气。采用双管供气时，每一根管的流量宜按锅炉房最大计算耗气量的 70% 计算。

2）当调压装置进气压力在 0.3MPa 以上，而调压比又较大时，可能产生很大的噪声，为避免噪声沿管道传入室内，调压后宜有不小于 10～15m 的一段管道采用埋地敷设，如图 3-13 所示。

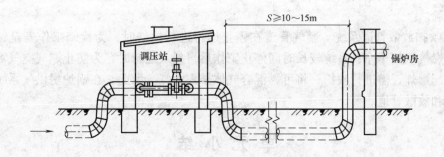

图 3-13　调压站至锅炉房间的管道敷设示意图

3）由锅炉房外部引入的燃气总管的进口处应设总关闭阀，按燃气流动方向，阀前应设放散管，放散管上应设取样管，阀后应装吹扫管接头。

4）锅炉房引入管与锅炉间供气干管的连接，可采用图 3-14 所示的端部连接方式或图 3-15 所示的中间连接方式。当锅炉的台数为 4 台以上时，为使各锅炉供气压力平衡，最好采用中间连接方式。

（2）锅炉房内燃气配管系统

1）为保证锅炉运行安全可靠，供气管道和管道上安装的附件连接要严密可靠，并能承受最高使用压力，同时还应考虑便于管路的维修和维护。

2）管道及附件不得装设在高温或有危险的地方。

3）配管系统上应安装明杆阀或阀杆带有刻度的阀门，以便使操作人员能识别阀门的开关状态。

4）当锅炉房安装的锅炉台数较多时，供气干管可按需要用阀门分割数段，每段供应2~3台锅炉。

5）每台锅炉的配气支管上，应安装关闭阀和快速切断阀、流量调节阀和压力表。

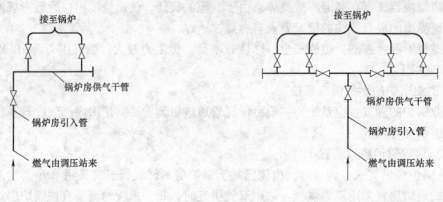

图 3-14　锅炉引入管与
　　　　供气干管端部连接

图 3-15　锅炉引入管与
　　　　供气干管中间连接

6）配气支管至燃烧器前的配管上应装关闭阀，阀后串联2个安全切断阀（电磁阀），并在两阀之间设置放散管（放散管可采用手动阀或电磁阀）。靠近燃烧器的一个安全切断阀应靠近炉膛。

（3）吹扫放散管道系统　燃气管道在停止运行进行检修时，为检修工作安全，需要把管道内的燃气吹扫干净；系统较长时间停止工作后再投入运行时，为防止燃气空气混合物进入炉膛引起爆炸，需进行吹扫，将可燃混合气体排入大气。因此，在锅炉房供气系统中，应设置吹扫和放散管道。

# 单 元 小 结

　　燃油锅炉及燃气锅炉作为室燃炉与层燃炉相比，无论在炉子的结构上，还是在燃料的燃烧方式上，都有自己的特点。燃油锅炉与燃气锅炉没有炉排，燃料随空气流入炉内，其容量的提高不再受炉排面的制造和布置的限制，燃料的燃烧反应面积很大，与空气混合十分良好，燃烧速度和效率比层燃炉高。燃油锅炉和燃气锅炉的燃烧调节和运行、管理易于实现机械化和自动化。

　　油作为一种液体燃料，有两类燃烧方式：一类为预热蒸发型——燃料油先行蒸发为油蒸气，然后按一定比例与空气混合进入燃烧室燃烧；另一类为喷雾型——燃料油被喷雾器（喷嘴）雾化为微小油粒在燃烧室内燃烧，燃油炉采用的就是这种燃烧方式。

　　气体燃料是一种优质的清洁燃料，同时具有可以管道输送、使用性好以及便于调节、易于实现自动化和智能化控制等优点，随着城市建设发展、西气东输工程的实施和环保要求的提高，燃气锅炉的应用更加普遍，因此，对气体燃料的燃烧、使用和管理的基本知识应有所了解和掌握。

# 复习思考题

3-1　简述燃油、燃气锅炉较燃煤锅炉的优缺点。

3-2　燃油锅炉调风器的作用是什么？

3-3　燃油锅炉的燃烧器有哪些组成部分？各部分的作用是什么？

3-4　燃油锅炉因油品和要求的不同有哪几种供油系统？它们各自有何特点？

3-5　常用的燃气锅炉燃烧器有哪几种？试比较它们的优、缺点和使用的场合。

3-6　简述工业锅炉燃气供应系统的组成。

# 单元4 民用锅炉房设备与安装工艺

**主要知识点：** 散装燃煤锅炉本体安装工艺及质量要求；散装燃煤锅炉其他附属设备及附件的安装；燃煤锅炉系统试压、烘炉、煮炉及锅炉试运行；小型燃油、蒸气锅炉机组及辅机安装工艺。

**学习目标：** 掌握中小型锅炉安装程序；熟悉散装燃煤锅炉本体安装基本工艺及质量要求，熟悉散装燃煤锅炉其他附属设备及附件安装方法，熟悉小型燃油、燃气锅炉机组及辅机安装工艺；了解燃煤锅炉系统试压、烘炉、煮炉及锅炉试运行的方法。

## 课题1 散装燃煤锅炉的安装工艺

锅炉安装施工过程必须遵守受压容器安装的标准，确保锅炉的安装质量，相关的规范有《锅炉安装工程施工及验收规范》（GB 50273—2009）、《工业金属管道工程施工规范》（GB 50235—2010）。

### 1. 概述

（1）散装燃煤锅炉安装工艺流程 散装燃煤锅炉安装工艺流程如图4-1所示。

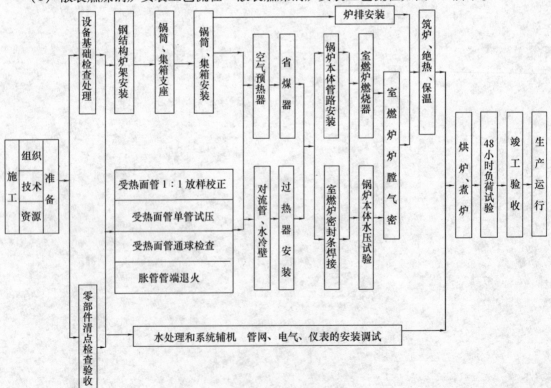

图4-1 散装燃煤锅炉安装工艺流程

实际安装锅炉时，应针对具体工程对上述工艺流程进行调整，如在安装室燃炉时，应取消"炉排安装"工作节点。

（2）锅炉安装前的准备工作　锅炉安装工作技术性要求很高，在安装前应按施工组织设计确定的施工方案和技术措施来做好如下准备工作。

1）技术准备。组织有关人员熟悉施工图纸、熟悉锅炉安装使用说明书，准备与安装相关的技术资料。

2）劳动组织及人员配备。锅炉安装是一项比较复杂的技术性工作，涉及管道工、钳工、焊工、起重工、筑炉工、电工、仪表工等工种，应配备技术水平较高、有一定安装施工经验的技术人员和工人负责安装任务。

3）材料及设备的准备。材料和设备供应是保证安装施工进度的重要环节，安装工程所需的材料、设备，应以施工组织设计中的材料和设备计划以及施工进度计划为准，按照规格、数量分期分批供应。对于自行加工的附件、设备应及早安排加工。

凡由建设单位供应的材料、设备，应会同监理单位及有关人员，根据装箱清单进行开箱清点检查验收。对于设备中的缺件和伤损、锈蚀情况，经建设单位通知厂方设法解决。对已验收的材料和设备应按工序先后分类存放，不能入库的大型设备，应做好防雨、防潮措施。

4）施工机具的准备。锅炉安装通常应准备好以下主要施工机具。

吊装机具：卷扬机、手拉葫芦、油压千斤顶、独立桅杆、滑轮等。

胀管机具：锯管机、磨管机、电动胀管机或手动胀管机、退火用化铅槽等。

量测工具：钢卷尺、水准仪、经纬仪、游标卡尺、内径百分表（0.02）、热电偶温度计、硬度计、线锤、胶管水平仪等。

安全工具：排风扇、行灯变压器等。

对需要自行加工的机具、大型设备和运输起重设备等，也应拟定使用计划。

5）施工现场准备。了解施工用水、用电、临时设施、材料及设备堆放场地、操作场地的准备等工程概况，土建施工进度、设备到货时间、监理及建设单位的协作能力等情况。

施工现场用电必须满足《施工现场临时用电安全技术规范》（JGJ 46—2005）的规定。电线不准直接放在钢架上，锅筒内的照明灯只能用橡皮电缆从行灯电压器接出，电压为12V。

锅炉受热面管校正平台应设置在管子堆放场附近，一般用厚度为 12mm 的钢板铺设台面，下面垫以枕木，并用水准仪校正。

打磨管子的机械和工作台应设置在锅炉附近，便于装配管时随时修理管端。

退火炉应设置在管子堆放场与锅炉房之间，避免露天设置。退火炉附近应砌一深约400mm 的灰池，并装好干燥的石棉灰或干石灰，以备退火时管子冷却用。

其他生产和生活设施应按施工组织设计中总平面图布置，统筹规划，妥善设置。

**2. 钢架和平台的安装**

锅炉钢架安装在混凝土基础上，是锅炉的骨架和主要承重构件。

（1）基础的验收与划线　锅炉基础一般是由土建单位施工，锅炉安装单位验收。

1）基础的验收。基础的验收应该按照《混凝土结构工程施工质量验收规范》（GB 50204）的有关规定进行。包括外观检查验收；相对位置及标高验收；基础本身几何尺寸及预埋件验收；基础抗压强度检验。基础各部分的允许偏差应符合表 4-1 的规定。同时，混凝土的强度应符合设计要求。

表4-1　钢筋混凝土设备基础的允许偏差

| 项　目 | | 允许偏差/mm | 项　目 | | 允许偏差/mm |
|---|---|---|---|---|---|
| 纵轴线和横轴线的坐标位置 | | ±20 | 外形尺寸 | 凹穴尺寸 | +20<br>0 |
| 不同平面的标高（包括柱子基础面上的预埋钢板） | | 0<br>-20 | 预留地脚螺栓孔 | 中心位置 | ±10 |
| 平面的水平度（包括柱子基础面上的预埋钢板或地坪上需要安装锅炉的部位） | 每米 | 5 | | 深度 | +20<br>0 |
| | 全长 | 10 | | 孔壁垂直度（每米） | 10 |
| 外形尺寸 | 平面外形尺寸 | ±20 | 预埋地脚螺栓 | 顶部标高 | +20<br>0 |
| | 凸台上平面外形尺寸 | 0<br>-20 | | 中心距（在根部和顶部两处测量） | ±2 |

2）基础的划线。基础划线时应先划出平面位置基准线和标高线，即先划出纵向基准中心线、横向基准中心线和标高基准线三条基准线。纵向基准中心线、横向基准中心线可以确定锅炉的平面位置，标高基准线可以确定锅炉的立面位置。纵向基准中心线可选用基础纵向中心线或锅筒定位中心线，横向基准中心线可选用前排柱子中心线、锅筒定位中心线或炉排主动轴定位中心线。锅炉基础划线应符合下列要求：

①纵向中心线和横向中心线应相互垂直。

②相应两柱子定位中心线的间距允许偏差为±2mm。

③各组对称四根柱子定位中心点的两对角线长度之差不应大于5mm。

图4-2所示为锅炉基础上划线示意图。

（2）锅炉钢架的安装　锅炉钢架几乎承受着锅炉的全部重量，并起保护炉墙的作用，决定着锅炉的外形尺寸。其安装质量直接影响着锅筒、集箱、水冷壁和过热器的安装及炉墙的砌筑。

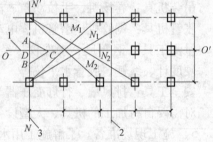

图4-2　锅炉基础上划线示意图
1—纵向安装中心线　2—横向安装
中心线　3—炉前横向中心线

1）钢架构件的检查。钢架在安装前，应按照施工图清点构件数量，并对柱子、梁等主要构件进行几何尺寸的检查，其变形偏差不应超过表4-2的规定，否则均应进行校正处理。

表4-2　钢架安装前的允许偏差

| 项　目 | | 允许偏差/mm | 项　目 | | 允许偏差/mm |
|---|---|---|---|---|---|
| 柱子的长度/m | ≤8 | 0<br>-4 | 梁的长度/m | ≤1 | 0<br>-4 |
| | >8 | +2<br>-6 | | 1～3 | 0<br>-6 |
| 柱脚板与柱中心垂直度 | 底板边长A | 5A/1000 | | 3～5 | 0<br>-8 |
| | 顶板 | ≤2 | | | |
| 柱和梁扭转值 | 不大于全长的1/1000，且不大于10 | | | >5 | 0<br>-10 |
| 柱上托架装配高度偏差 Δl | $l_i$≤4m | ±2 | | | |
| | $l_i$>4m | ±2<br>-4 | 柱子、梁的直线度 | | 长度的1/1000，且不大于10 |

2）钢架的校正。钢架校正常用冷态校正、热态校正两种方法。

①冷态校正。冷态校正是在常温下对构件施加外力的校正。由于冷态校正施力大，受到机具的限制，适合于构件断面尺寸小、变形小的场合。

冷态校正又分为机械校正和手工校正。机械校正可采用校直机或千斤顶，如图 4-3 所示。用校直机校正钢构件，如图 4-3a 所示，其中承压梁的刚性强度应大于被校正构件的刚性强度，而承压垫板的硬度则应低于被校正构件的硬度。机械校正容易控制，施力均匀，对材质性能几乎没有影响。

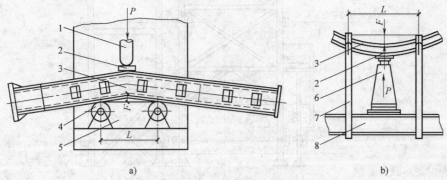

图 4-3　校正钢构件示意图

a）用校直机校正钢构件示意图　b）用千斤顶校正钢构件示意图

1—压头　2—承压垫板　3—弯曲构件　4—承压轮　5—校直机平台
6—千斤顶　7—拉杆　8—承压梁

分段顶压的压力 $P(\mathrm{N})$ 按下式计算

$$P = \frac{48EJF}{L^3} \tag{4-1}$$

式中　$E$——被校正构件材料的弹性模量（N/cm²）；

　　　$J$——被校正构件材料的断面惯性矩（cm⁴），由型材的力学性能表查得；

　　　$F$——被校正构件在校正处的直线度（cm）；

　　　$L$——被校正构件在校正处两等点距离（cm）。

手工校正是采用大锤校正，操作时应防止表面出现凹坑、裂纹等损伤。

碳素钢在环境温度低于 -16℃，低合金钢在环境温度低于 -12℃ 时，不得进行冷态校正。

②热态校正。热态校正是将变形构件段均匀加热到一定温度，然后施加外力校正、再自然冷却或用水冷却。对于构件刚性较大且属于低碳钢时，可采用热态校正。

热态校正应根据钢构件的变形程度选择好加热点、加热范围、加热温度以及冷却速度。用烘炉加热的燃料为木炭或焦炭，禁止使用含硫磷过高的燃料。加热长度要控制在 1.0m 左右，用乙炔焰加热的加热长度要控制在 0.5m 左右，如果变形长度较长，可分段加热校正。如用火焰加热，钢材的加热温度必须低于 950℃，用水冷却时，必须等钢材加热点在 600℃ 以下（呈黑紫色）时方可用水冷却，以防淬硬。

3）钢架的安装。根据锅炉钢架结构形式和施工现场的条件，锅炉钢架的安装可采用预组装或单个构件安装两种方法。锅炉钢架组装如图 4-4 所示。

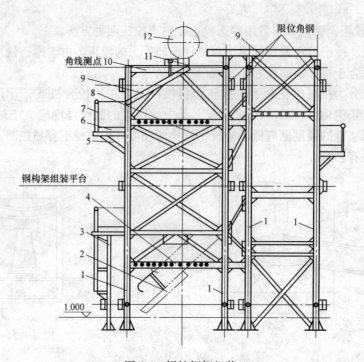

图 4-4　锅炉钢架组装

1—构架立柱　2—斜梯　3—煤斗支架　4—水冷壁钢梁　5—平台支架　6—平台
7—栏杆　8—斜撑　9—炉顶护板梁　10—横梁　11—锅筒支座　12—锅筒

　　预组装安装法是将锅炉的前后或两侧钢架在组装平台上预先组装成组合件，然后将各组合件拼装成完整的钢架。在组装前，应在组装平台上放出钢架组装轮廓线，在立柱的轮廓线外边线焊接限位角钢，将各组合件依照顺序吊装到组装平台上，找正找平后，立即拧紧螺栓或点焊，待组合件所有尺寸都符合表 4-3 后再进行焊接。

表 4-3　钢架安装的允许偏差

| 项　目 | 允许偏差/mm |
| --- | --- |
| 各柱子的位置 | ±5 |
| 任意两柱子间的位置(宜取正偏差) | 间距的 1/1000，且不大于 10 |
| 柱子上的 1m 标高线与标高基准点的高度差 | ±2 |
| 各柱子相互间标高之差 | 3 |
| 柱子的垂直度 | 高度的 1/1000，且不大于 10 |
| 各柱子相应两对角线的长度之差 | 长度的 1.5/1000，且不大于 15 |
| 两柱子间在垂直面内两对角线的长度之差 | 长度的 1/1000，且不大于 10 |
| 支撑锅筒的梁的标高 | 0<br>−5 |
| 支撑锅筒的梁的水平度 | 长度的 1/1000，且不大于 10 |
| 其他梁的标高 | ±5 |

　　预组装安装法的优点是：可减少高空作业，有利于安全施工，提高工作效率和加速工程进度。多用于大型锅炉承重钢架的安装。

单件安装法多用于中小型锅炉承重钢架的安装。单件安装法的安装工序为：立柱与横梁的划线、立柱与横梁的安装、立柱与基础的固定。

①立柱、横梁的划线。经检查、校正合格后的立柱、横梁，均应用油漆弹划出其安装中心线。立柱底板也应划出其安装十字中心线，并与立柱面上的中心线相对应。划线时，应用立柱四个面的中心线的引下线，确定底板的中心十字线。为防止线磨掉，应在立柱支横梁上、中、下部位各打上冲孔标记。

以立柱顶端与最上部支撑锅筒的上托架设计标高，确定上托架的安装位置，并焊好上托架。上托架面的标高确定可比设计标高低 20 ~ 40mm，作为立柱底部及上托架面上加垫铁时的调整余地。

以基础四周标定的标高基准点为基准，在基础周围的墙上、柱上各用油漆标出若干个1m 标高基准点，作为安装时量测标高的基准。

②立柱与横梁的安装。在立柱划线及各托架焊接后，即可吊装立柱。起吊时应缓慢平稳，轻起轻放，以免碰撞引起立柱变形。放置时立柱底板中心线应对准基础上划定的立柱安装中心线，用缆风绳将立柱拉紧固定在各侧墙上。

立柱就位后，用撬棍拨调立柱底板，使立柱底板上十字线与基础上立柱安装十字线对准；用水准仪或胶管水平仪检测立柱安装标高，使立柱上 1m 标高线与墙上 1m 标高线处于同一安装水平面上。如不水平，可调整立柱底板下的斜垫铁使其水平。每根立柱下的垫铁数量不应超过三块，并应匀称放置于立柱底板下。调整好后，应将垫铁间用电焊固定在一起。

立柱安装垂直度的检测和调整方法是：先在立柱顶端焊一直角形钢筋，在立柱相互垂直的两个面各挂一线锤（为使线锤不晃动，可使线锤及部分垂线插入水桶内），取立柱顶部、中部、下部三处量尺，如垂线与立柱面的量测间距相同，则立柱安装垂直度无偏差，如三处量得尺寸不同，则最大尺寸差值即为立柱安装的垂直度偏差值。当偏差值超过表 4-3 规定时，应用缆风绳上的拉紧螺栓调整其垂直度，直至符合要求为止。

在对应的两立柱安装并调整合格后，应立即安装支撑锅筒的横梁。将横梁吊放在上托架上，调整横梁中心线使之对准立柱中心线，用水平尺检测横梁安装的水平度，必要时在托架上加垫铁找平，然后点焊或用螺栓与立柱固定。在相邻两立柱调整合格并安好横梁后，立即用同法安装侧面的连接横梁，使已安装并调整合格的四根立柱及其横梁连成整体。每组横梁安装后，应用对角线法拉线或尺量复测其安装位置的准确性。整体承重钢架组装后，应全面复测立柱和横梁的安装位置、标高，并调整使之符合表 4-3 的规定。将立柱底板下及横梁下的斜垫铁点焊固定。需要注意的是，横梁的安装必须是安装一件找正一件，不准在未找正的构件上安装下一件。

③立柱与基础的固定。立柱与基础的固定有三种方法：一种是用地脚螺栓灌浆固定，要求柱底板与基础表面之间的灌浆层厚度不小于 50mm。在整体焊接完成后再次紧固地脚螺栓，之后将螺帽少量点焊在地脚板上。二次浇灌前，先将基础与底板接触处冲洗干净，用小木板在底板四周支模板，浇灌时应注意捣实，使混凝土填满底板与基础间的空隙。在混凝土凝固期内，应注意洒水养护，每昼夜养护次数不少于 3 次。冬季进行二次浇灌时应注意防冻，或在混凝土内添加防冻剂，以保证浇灌质量。另一种是，钢架立柱与基础面上预埋钢板连接时，应用焊接固定，即将立柱底板四周牢固地焊接在预埋钢板上。再有一种是立柱与预埋钢筋焊接固定，要求将全部预埋钢筋用乙炔火焰加热到近 950℃，压弯与柱脚立筋贴紧，

双面焊接，焊接长度大于钢筋直径6~8倍。

（3）平台和扶梯的安装　在不影响其他安装工作的情况下，为使安装施工方便，部分操作平台和扶梯可在承重钢架组装后进行安装，妨碍安装操作的部分可留待以后安装。平台扶梯的安装有组合安装、单件安装两种方法，组合件重量一般不会很大，故多采用组合安装法以加快施工速度。

平台安装时首先在托架上平台安装位置的边线上点焊限位角钢，然后将平台吊装到位，找正找平，最后焊接平台；扶梯立柱间距应符合设计规定，设计无明确要求时，取1~2m为宜，转角处应加装一根立柱。栏杆的转角要圆滑美观，构件的切口棱角、焊口毛刺应打磨光滑。支撑平台的构件安装应牢固、水平端正，平台面钢板应铺平齐，平台面上的构件不得任意割孔，必须切割时，应考虑补强加固，以保证平台结构的强度。平台及扶梯踏步应铺防滑钢板。

### 3. 锅筒的安装

锅筒、集箱的安装质量决定着锅炉运行的稳定性及安全性，同时也直接影响着与之相连接的对流管束和水冷壁管的安装质量。锅筒、集箱的安装必须在锅炉承重钢架安装完毕，基础的二次浇灌强度达到75%以上后方可进行。

（1）锅筒、集箱的检查与划线　锅筒、集箱吊装前应进行如下检查。

1）锅筒、集箱内外表面和焊接短管处有无因运输伤损，有无裂纹、撞伤、龟裂、分层（重皮）等缺陷。锅筒、集箱的长度、直径、壁厚等主要尺寸是否与图样相符。

2）检查锅筒上管座的数量、位置、直径等是否与图样相符。管接头处有无伤损变形及焊接质量，必要时给予补焊。

3）胀接管孔的直径、圆度、圆柱度的允许偏差见表4-4。

**表4-4　胀接管孔的直径与允许偏差**　（单位：mm）

| 管子公称外径 | | 32 | 38 | 42 | 51 | 57 | 60 | 63.5 | 70 | 76 | 83 | 89 | 102 |
|---|---|---|---|---|---|---|---|---|---|---|---|---|---|
| 管孔直径 | | 32.3 | 38.3 | 42.3 | 51.3 | 57.5 | 60.5 | 64.0 | 70.5 | 76.5 | 83.6 | 89.6 | 102.7 |
| 管孔允许偏差 | 直径 | $+0.34$ 0 | | | | | $+0.40$ 0 | | | | | $+0.46$ 0 | |
| | 圆度 | 0.14 | | | | | 0.15 | | | | | 0.19 | |
| | 圆柱度 | 0.14 | | | | | 0.15 | | | | | 0.19 | |

注：管径 $\phi51$ 的管孔可按 $\phi51^{+0.4}$ 加工。

4）胀接管孔的表面粗糙度 $Ra$ 不应大于 $12.5\mu m$，且不应有凹痕、边缘毛刺和纵向刻痕，少量管孔的环向或螺旋形刻痕深度不应大于0.5mm，宽度不应大于1mm，刻痕至管孔边缘的距离不应大于4mm。

上述内容的检查应逐项进行，并做出详细记录。特别是管孔的检查，应按照上下锅筒图样，画出管孔位置的平面展开图，将胀管孔编号为"排"和"序"，注意上下锅筒的编号要一致。发现的设备问题应会同建设单位、监理单位、制造厂家共同解决，或拟定解决方案，征得锅炉监察部门同意后方能施工。

锅筒检查合格后，即可进行锅筒的划线。划线是按锅筒上的中心线冲孔标记，在锅筒的两侧弹划出纵向中心线，在锅筒的前后两端面上弹划出水平与垂直的中心十字线，作为锅筒安装时检测安装位置、标高的基准。

为控制锅筒在横梁支座上的安装位置，还应在锅筒底部弹划出与支座接触的十字中心线（但活动支座的一端还应扣除锅筒受热伸长量），作为锅筒安装就位的基准线。

（2）锅筒的安装

1）锅筒支座安装。不同型号的锅炉，其锅筒的支承型式不同。常用的锅筒支承方法有锅筒放在支座上支承和锅筒由吊环固定在钢架的横梁支承上两种，是上锅筒设置支座支承还是下锅筒设置支座支承视具体锅炉的设计而定。

锅筒支座由固定支座和滑动支座两类。固定支座多为铸铁材料制成，呈弧形。滑动支座多为带双层滚柱的滑动支座，如图 4-5 所示。其固定框架与承重横梁焊死，以限定支座的位移范围，上滚柱保证锅筒纵向膨胀位移，下滚柱保证锅筒横向位移，支座上部的弧形部分是锅筒的支承面。

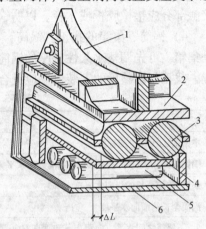

图 4-5 锅筒滑动支座立体断面图
1—支座与锅筒接触面 2—上滑板
3—纵向滑动的滚柱 4—中间滑板
5—横向滑动的滚柱 6—下滑板

滑动支座安装前应解体清洗，并检查测量滚柱的直径和锥度、底板和上滑板的平直度、支座的弧形部位与锅筒表面的吻合性（接触长度不得少于圆弧长的 70%，局部间隙不应大于 2mm，不接触部分在圆弧上应均匀分布，不得集中在一个地方。否则应用手提电动砂轮机进行打磨，使之接触良好）。检查合格后，进行支座的组装。

①在支座底板上弹划出安装十字中心线，组装支座的零件和垫片。安装上滚柱应偏向锅筒中间，当锅筒受热伸长时，滚柱能处于居中位置。

②支座组装时应保持各活动接触面的干净，防止异物进入各活动接触面。滚柱与滑板的接触长度应不小于全长的 70%。同时应无摆动和卡阻现象，如果达不到要求应研磨或更换滚柱。滚柱应涂上干净的钙基脂润滑剂，组装后应遮盖。

③支座安装前应先在安装支座的横梁上划出锅筒支座的纵横中心线，再将组装好的支座吊放于承重横梁上，使支座底板上的纵横中心线与横梁上支座纵横中心线对准，检测支座的标高及水平度，偏差的调整用支座下的斜垫铁调整，测量固定支座与滑动支座凹弧立板面对角线差值，差值应小于 5mm，当安装标高及水平度同时调整合格后，将支座底板连同垫铁一道与横梁焊接固定。

2）临时支承结构（临时支座）的准备。对于靠受热面管束支承的锅筒的安装，为了保证能安全、方便找正锅筒的位置，需要准备好临时支座。临时支承结构形式如图 4-6 所示。它由角钢或槽钢制成弧形支撑座，用螺栓固定于钢架横梁上，弧形支座面应与下锅筒外壁圆弧相吻合，要求接触面局部间隙不应大于 2mm。锅筒吊装就位时，临时支座与之接触面处应衬以石棉绳。

当上、下锅筒及其连接管束均已安装完毕，燃烧室开始砌筑时，方可拆除临时支座。拆除时，严禁用锤击敲打，

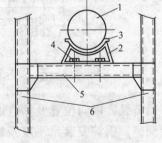

图 4-6 锅筒安装用临时支承结构
1—锅筒 2—临时支承座 3—石棉绳
4—螺栓 5—横梁 6—立柱

防止振动锅筒影响管束胀接强度和严密性。

3）锅筒、集箱的吊装。锅筒、集箱的吊装顺序一般是先上锅筒的吊装就位及找正，后下锅筒的吊装就位及找正，最后是集箱的吊装及找正。吊装前先将锅筒牵拉至钢架内指定位置，吊装时，钢丝绳在锅筒上应捆扎牢固，防止滑移，捆绑位置应不妨碍锅筒就位，并与管座保持一定距离。禁止利用锅筒、集箱上的短管，管孔和滑动密封面做绑扎点，或捆绑在管座上吊装。禁止直接在锅筒、集箱壁上焊接吊耳和加固支架等。凡钢丝绳与锅筒、集箱直接接触部分应垫橡胶板或木板，以防锅筒、集箱表面受损伤。

4）锅筒、集箱的找正。锅筒、集箱的找正与调整顺序是，先上锅筒，再下锅筒，最后是集箱。可先调整永久性支座的锅筒，然后再调整有临时性支座的锅筒，最后调整集箱的位置。找正与调整后的安装偏差应符合表4-5的规定，表中的相应尺寸如图4-7所示。

表4-5　锅筒、集箱安装的允许偏差　　　　　　　　　　　　　　（单位：mm）

| 项　　目 | 允许偏差 |
| --- | --- |
| 主锅筒（上锅筒）的标高 | ±5 |
| 锅筒纵向和横向中心线与安装基准线的水平方向距离 | ±5 |
| 锅筒、集箱全长的纵向水平度 | 2 |
| 锅筒全长的横向水平度 | 1 |
| 上、下锅筒之间水平方向距离 $a$ 和垂直方向距离 $b$ | ±3 |
| 上锅筒与上集箱的轴心线距离 $c$ | ±3 |
| 上锅筒与过热器集箱的距离 $d$、$d'$，过热器集箱之间的距离 $f$、$f'$ | ±3 |
| 上、下集箱之间的距离 $g$，集箱与相邻立柱中心距离 $h$、$l$ | ±3 |
| 上、下锅筒横向中心线相对偏移 $e$ | 2 |
| 锅筒横向中心线和过热气集箱横向中心线相对偏移 $s$ | 3 |

注：锅筒纵向和横向中心线两端所测距离的长度之差不应大于2mm。

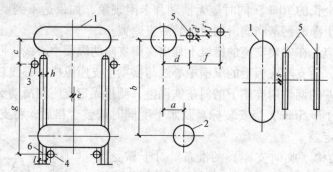

图4-7　锅筒、集箱间的距离

1—上锅筒　2—下锅筒　3—上集箱　4—下集箱　5—过热器集箱　6—立柱

锅筒纵、横向位置及垂直度的找正如果出现偏差，则可通过移动支座底板位置的方法进行调整。锅筒安装水平度及标高的找正如果出现偏差，可用锅筒支座下的垫铁加以调整。

以上锅筒纵、横向安装位置、垂直度、水平度及标高的找正与调整必须同时符合表4-5中的规定，锅筒的安装方为合格。

需要指出的是，锅筒找正时，应考虑锅筒在热运行状态下的热伸长量，在常温下安装的锅炉，锅筒应向其热伸长的相反方向偏移热伸长量的一半。锅筒热伸长量可按下式计算

$$s = 0.012 \times l \times \Delta t + 5 \tag{4-2}$$

式中　$s$——锅筒热伸长量（mm）；

$l$——锅筒长度（m）；

$\Delta t$——锅筒内工作介质温度与安装时环境温度之差（℃）。

下锅筒、集箱的找正方法同上锅筒。

5）锅筒、集箱间相对位置的检测。锅筒、集箱单体安装相对位置（距离、中心距等）一般可用吊线、尺量、水准仪检测等方法进行检测，使符合表 4-5 的规定。

**4. 受热面管子的安装及焊接**

受热面管子的安装一般由管子的检查与校正、胀接管端的退火与打磨、管束的选配与挂装、管子的胀接或焊接等工序组成。

（1）受热面管子的检验与校正　锅炉受热面管子为弯管，在锅炉制造厂已按设计规格、弯型加工好并随设备供货。由于运输、装卸、保管不善等原因，可能出现伤损、变形、缺件等情况，因此在安装前必须按锅炉厂提供的装箱单进行清点、检验及校正工作。

①管子表面不应有重皮、裂纹、压扁和严重锈蚀等缺陷。胀接管口的端面倾斜度不应大于管子公称外径的 1.5%，且不大于 1mm。

②弯管的外形检查及校正应在校管平台上进行。在平稳牢固的水平平台上按锅炉制造厂提供的锅炉本体图，将锅筒及弯管的侧截面图，按实际尺寸绘制在平台上，放样尺寸误差不应大于 1mm，并打上冲眼，在每根管的外边缘轮廓线的上下各焊两对限位角钢，如图 4-8 所示。将受热面管逐根摆到放样图上逐一检查，外形与放样线的偏差应符合表 4-6 中的规定，否则应经校正后再与放样图进行检查。偏差的校正可用乙炔焰局部烘烤加热校正，加热温度应低于 800℃，加热校正的管子应埋入干石棉灰内，使其缓慢冷却。

③受热面管子应做通球试验，以检查其整体椭圆度。通球用钢球或硬质木球，其直径应符合表 4-7 的规定。需要注意的是，通球所用的球要逐一编号，严格管理，防止球遗忘在管内，通球试验应在管子校正后进行，通球试验后的管子应有可靠的封闭措施。

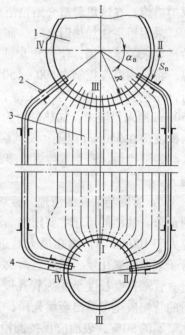

图 4-8　平台受热面管的 1:1 放样图

1—上锅筒　2—限位角钢
3—对流管束　4—下锅筒

表 4-6　外形与放样线偏差表　　　　　　（单位：mm）

| 管子种类 | 管端长度偏差 $\Delta l$ | 管端偏移 $\Delta b$ | 管端中间偏移 $\Delta c$ |
|---|---|---|---|
| 受热面管 | ≤3 | ≤3 | ≤5 |
| 连接管 | ≤3 | ≤3 | ≤10 |

表 4-7　通 球 直 径　（单位：mm）

| 弯管半径 | <2.5$D_w$ | ≥2.5$D_w$，且<3.5$D_w$ | ≥3.5$D_w$ |
|---|---|---|---|
| 通球直径 | 0.7$D_n$ | 0.8$D_n$ | 0.85$D_n$ |

注：1. $D_w$——管子公称外径；$D_n$——管子公称内径。

　　2. 试验用球一般用不易产生塑性变形的材料制造。

（2）管子的退火与选配

1）胀接管端的退火。管端退火的目的在于减小管子的硬度，相对增加其塑性变形的能力，在胀接时不致产生脆裂。因此在胀管前管子应进行退火，但管端硬度小于管孔壁的硬度时，可不退火。

施工现场的管端退火有地炉直接加热退火、铅浴法加热退火、远红外线加热退火和电感应加热退火四种方法。由于地炉加热退火不均匀，劳动强度大且需要经验丰富的工人操作，所以现在比较少采用。铅浴法加热退火因其加热温度均匀稳定，操作简便易于掌握，管壁不氧化等优点，所以目前多采用，但是铅溶化后产生的气体对人体健康有害，需要严格的劳动保护措施。在这里着重介绍铅浴法加热退火。

采用铅浴法加热退火时，需要用厚钢板焊制深度大于300mm，长宽满足每批投入管子数量要求的熔铅锅，使用焦炭或煤将锅内的铅熔化，用 0~1000℃ 范围的热电偶温度计测温，将锅内温度控制在 600~650℃，铅液表面覆盖20mm 左右厚石棉灰或草木灰。退火操作时，先把管端污物拭净，保持管端干燥。当熔铅锅内的温度达到要求时，将管端 100~150mm 插入铅液中，加热时间为 10~15min，取出管子立即插入干燥的石棉灰或石灰中，插入深度应在 350mm 以上，使其缓慢冷却。铅浴法退火操作过程中，应做好防护工作，严禁水与铅液接触，避免发生爆炸事故，操作者应穿工作服、戴手套、眼镜，防止铅中毒和铅液伤人。

2）管端与管孔的清理。管端与管孔的清理包括清除管端和管孔的表面油污和管端打磨两部分。油污的清理主要用汽油清洗管端外皮和用钢刷、圆锉清理管内壁，内壁的清理长度应大于100mm。管端在退火后进行打磨是为清除管子表面的氧化层、锈斑、沟纹等，以保证胀管质量。管端打磨长度至少为管孔壁厚加50mm，打磨后的管端应全部露出金属光泽，其壁厚应不少于公称壁厚的90%，表面应保持圆滑，无起皮、凹痕、裂纹和纵向刻痕等缺陷，否则更换管子。

人工打磨是将管子垫上破布夹在压力钳上，用中粗平锉沿管表面圆弧走向打磨，将管端表面的锈层、斑点、沟纹等锉掉，再用细平锉打磨残留锈点，最后用细砂纸沿圆弧方向精磨，打磨均应注意打磨操作的走向，防止出现沿管轴方向的纵向沟纹，掌握打磨深度，防止过度。

机械打磨在打磨机上进行，如图 4-9 所示。打磨时，将管子插入磨盘内，露出打磨长度后用夹具

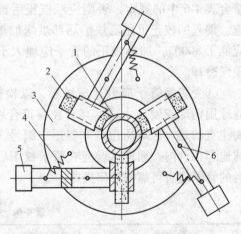

图 4-9　管端机械打磨示意图

1—被打磨管端　2—砂轮磨块　3—圆盘

4—弹簧　5—重块　6—轴

将管子固定，启动机器，磨盘旋转即可进行打磨。

管端打磨后，应用游标卡尺量测其外径及内径，列表登记，并标注于管端以备选配时应用，最后在打磨管端涂以防腐油包扎并妥善保管。

3）管子的选配。为了提高胀管的质量，应按照不同管外径选配相适应的管孔，使全部管子与管孔间的间隙都比较均匀。因此，在选配前，根据所测得的管子外径与管孔直径进行比较来选配。选配的原则是在同一规格管子中，较大外径的管子装配在管孔平面图上较大孔径的管孔上，使选配后各装配间隙尽可能均匀一致，间隙值不应大于表 4-8 中的规定。

表 4-8  胀接管孔与管端的最大间隙 （单位：mm）

| 管子公称外径 | 32～42 | 51 | 57 | 60 | 63.5 | 70 | 76 | 83 | 89 | 102 |
|---|---|---|---|---|---|---|---|---|---|---|
| 最大间隙 | 1.29 | 1.41 | 1.47 | 1.50 | 1.53 | 1.60 | 1.66 | 1.89 | 1.95 | 2.18 |

（3）管子的胀接

1）胀接原理。胀管的实质是通过胀管器的胀珠对插在锅筒管孔内的管子管端进行冷态扩张，使管壁的金属被挤压，产生了永久的塑性变形，同时对锅筒孔壁产生一个径向压力，而锅筒上的管孔发生弹性变形，也产生极少量的塑性变形。当胀管达到要求，径向压力撤销后，被胀大的管子外径基本保持不变，而管孔却力图恢复原形，产生持久稳定的弹性收缩，从而将管端牢牢地箍紧，使管口牢固而又严密。

管子的胀接有一次胀接、两次胀接两种方法。一次胀接法是指只用翻边胀管器一次完成胀接；两次胀接法是指先用固定胀管器进行初胀，使管子扩大到与管孔消除间隙后，再换用翻边胀管器复胀，整个胀接由固定胀（初胀）和翻边胀（终胀）两次完成。

①固定胀管（初胀）。固定胀管是指将管子用初胀管器初步固定在锅筒上。

安装上、下锅筒间的对流管束时，应先在锅筒两端和中间安装基准管。安装基准管的作用一是定位，为下一步连续安装对流管提供定位依据，以免锅炉产生位移；另一个是核对管子在管孔中的露出长度，以及管端和管孔的垂直情况。安装基准管的方法是，对于长的锅筒在每排上安装 3～5 根基准管，其中在锅筒的两端各装一根，其余在中部，基准管要装成扇形，形成垂直于锅筒纵向中心线的管排。用固定胀管器固定，管距误差不大于 3mm。通过基准管的安装，可以确定各排管子的管端是否需要切割以及切割的长度。需要注意的是不允许采用氧炔焰切割管子。

固定胀管时，先固定上端，后固定下端。将固定胀管器插入管内，其插入深度应使胀壳上端与管端保持 10～20mm，然后推进并转动胀杆，胀珠随胀杆的转动而转动，胀杆会沿外壳的内孔向里推进，使得管子扩大，待管子与管孔间的间隙消失后，再扩大 0.2～0.3mm。

基准管安装好后，就可以从中间向两端安装其他对流管。每挂装一根管子时，管端垂直管孔壁，管端能轻快自由地插入上下管孔，切不可施力强行插入。施力强行插入管孔时，管子和管孔间必然存在接触应力，使胀接在有外力作用下进行，其胀接强度及严密度将难以保证，胀接的偏移、断裂等质量事故也有可能发生。管子挂装前，应将锅筒管孔处的防锈油用四氯化碳清洗干净，用刮刀沿管孔圆周方向刮去毛刺，再用细砂纸沿管孔圆周方向打磨，直至管孔全部露出金属光泽。量测管孔各孔孔径并记录于锅筒管孔展开图上。

②翻边胀管（终胀）。翻边胀管是在固定胀管完成后，将管子进一步扩大并翻边，使管端与管孔紧密结合。翻边胀管应在固定胀管完成后尽快进行，避免因间隙生锈而影响胀管质量。

2）胀管器。管子胀接的工具是胀管器。胀管器根据其胀杆推进方式，可分为自进式和螺旋式两种，目前常用的是自进式胀管器。自进式胀管器有固定胀管器（初胀胀管器）、翻边胀管器两种，如图4-10所示。两种胀管器均由外壳、外壳上沿圆周方向相隔120°分布的胀珠巢、胀杆、胀珠组成。胀杆和胀珠均为锥形，胀珠的锥度为胀杆锥度的一半，即1/40~1/50，因此在胀接过程中，胀珠与管子内壁的接触线总是与管子轴线平行，使管子呈圆柱形扩胀而不会产生锥度。两种胀管器的区别在于，固定胀管器的胀珠巢中放入的是直胀珠，而翻边胀管器的胀珠巢内放入的是翻边胀珠，胀接时能将管口翻边形成12°~15°的斜角，而呈现喇叭口状。

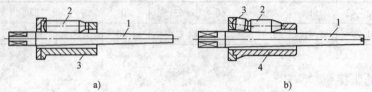

图4-10　自进式胀管器

a）固定胀管器　b）翻边胀管器

1—胀杆　2—直胀珠　3—翻边胀珠　4—外壳

胀管器应根据被胀管的内、外径和管孔壁厚来选择。

①胀管器的适用范围应符合管子终胀内径和管孔壁厚的要求。即将胀杆向里推，使胀珠尽量向外，形成的切圆直径应大于管子终胀内径；胀珠的长度应等于锅筒壁厚加伸入锅筒两倍的长度。

②胀杆和胀珠不直度不应大于0.1mm；胀杆和直胀珠的圆锥度应相配，即直胀珠的圆锥度应为胀杆圆锥度的一半；同一胀管器各胀珠巢的斜度应相等，底面应保持在同一平面上。

③胀珠的工作表面硬度应不低于HRC52，胀杆的工作表面硬度应比胀珠工作表面硬度高HRC6~10。

在使用胀管器时，胀杆和胀珠都应涂以适量黄油。每胀完15~20个胀口后，应用煤油清洗一次，重新涂黄油后使用，但应防止油流入管子与管孔的间隙内。

3）胀管率。胀管时，管端和管孔因受到径向压力而同时受压挤产生变形，当扩胀至最佳程度时，管壁与管孔间达到最理想的强度和严密度。如再继续施胀，管孔将由弹性变形向塑性变形转化，管孔对管端的弹性收缩作用力将减弱，同时胀接管管壁的过量减薄也将使胀口强度下降，严密度也随之下降，这种现象称为超胀或过胀。相反，如胀接不足，胀口的强度及严密度也将不足。

胀管率是被胀管子的扩胀程度。胀管率的计算方法有两种，一种是内径控制法，另一种是外径控制法，施工单位常用外径控制法。计算公式分别如下

$$H_n = \frac{d_1 - d_2 - \delta}{d_3} \times 100\% \qquad (4-3)$$

$$H_w = \frac{d_4 - d_3}{d_3} \times 100\% \qquad (4-4)$$

式中　$H_n$——采用内径控制法时的胀管率（%）；

$H_w$——采用外径控制法时的胀管率（%）；

$d_1$——胀完后的管子实测内径（mm）；

$d_2$——未胀时管子的实测内径（mm）；

$d_3$——未胀时管孔的实测直径（mm）；

$d_4$——胀完后紧靠锅筒外壁处管子实测外径（mm）；

$\delta$——未胀时管孔与管子实测外径之差（mm）。

内径胀管率 $H_n$，一般应控制在 1.3% ~ 2.1% 的范围，外径胀管率 $H_w$，一般应控制在 1.0% ~ 1.8% 的范围内。

4）胀接的注意事项及质量要求

①正式胀管前，应进行试胀工作，检查试胀式样，确定合理的胀管率。管端伸出管孔的长度应满足表 4-9 的规定。

②胀管过程中应严防油、水和灰尘进入胀接面间。胀接后，管端不应有起皮、皱纹、切口和偏斜等缺陷。

表 4-9　管端伸出管孔的长度　　　　　　　　　　　　　（单位：mm）

| 管子公称外径 | | 32 ~ 63.5 | 70 ~ 102 |
|---|---|---|---|
| 伸出长度 | 正常 | 9 | 10 |
| | 最大 | 11 | 12 |
| | 最小 | 7 | 8 |

③经水压试验确定需要补胀的胀口，应在放水后立即进行补胀，补胀次数不应多于 2 次。补胀前应复测胀口内径，确定补胀率，按式（4-5）计算。补胀后，胀口的累计胀管率为补胀前的胀管率与补胀率之和，当采用内径控制法时，累计胀管率应在 1.3% ~ 2.1% 范围内，当采用外径控制法时，累计胀管率应在 1.0% ~ 1.8% 范围内。

$$\Delta H = \frac{d_1' - d_1}{d_3} \times 100\% \tag{4-5}$$

式中　$\Delta H$——补胀率；

$d_1'$——补胀后的管子内径（mm）；

$d_1$——补胀前管子实测内径（mm）；

$d_3$——未胀时的管孔实测内径（mm）。

（4）受热面管子的焊接　受热面管子及锅炉本体范围内的管道焊接工作应符合国家现行标准，如《锅炉受压元件焊接技术条件》等的有关规定。

受热面管子焊接时，应满足以下规定。

1）管子的对接焊缝应在管子的直线部分，焊缝到弯管起弯点的距离不应小于 50mm；长度不大于 2m 的管子，焊缝不应多于 1 个；大于 2m，且不大于 4m 的管子，焊缝不能多于 2 个；大于 4m，且不大于 6m 的管子，焊缝不应多于 3 个，其余类推。

2）受热面管子及其本体管道的焊接对口，内壁应平齐，其错口不应大于壁厚的 10%，且不应大于 1mm。

3）管子一端为焊接，另一端为胀接时，应焊接后胀接。焊缝的外观质量应符合相关规范要求。

## 课题 2　散装燃煤锅炉其他附属设备及附件的安装

### 1. 过热器的安装

根据过热器的结构形式不同，其安装方法可分为单件安装和组合安装。组合安装法是将过热器管子与集箱在地面组合架上组装成整体，整体吊装安装；单件安装法是先将过热器集箱安装找正之后，再进行蛇形管的组对焊接。中、小型锅炉的过热器安装多采用组合安装法。下面介绍单件安装方法。

（1）集箱的安装找正　检查过热器集箱支承梁的标高和水平度符合图样要求后，将集箱吊到支承梁上就位，初步找正后进行固定，然后进行集箱位置的找平、找正，包括集箱的纵向中心位置的找正；集箱横向中心位置的找正；集箱标高找正；集箱的水平找正及集箱与锅筒相对位置的找正。

集箱自身位置找正完成且集箱与锅筒、集箱与集箱之间的相对位置均符合图样要求之后，将集箱做临时固定，便可进行蛇形管与集箱的连接工作。

（2）蛇形管安装

①蛇形管的组对。首先在过热器支承梁上设置临时支架，然后将蛇形管吊放在临时支架上，与集箱上管座或管孔进行对口。对口前先以边管为基准，测量调整蛇形管管距，并将两边管与集箱管座对口点焊，管中心保持在一条直线上，不得有错口及强行组对现象。边管组对点焊后，依次将中间的其他管子组对点焊好。

②焊接。过热器蛇形管与集箱的对接焊接时，应采用间隔跳焊，防止热力集中产生大的变形；当采用胀接连接时，应符合有关胀接的规定。施焊时一定要将管子临时吊住或托住，以减少焊口处的拉力，防止焊口红热部分的管壁被拉薄变形。

蛇形管排下部弯管的排列应整齐，否则有可能因顶住后水冷壁折焰角上斜面，而影响其膨胀时的自由伸缩。

过热器集箱和蛇形管全部安装完成之后，拆除临时支架，进行全面检查，其安装尺寸、质量应达到规定，合格后要按要求将集箱固定端螺栓固定，活动端螺栓松开，使其能膨胀自由。

### 2. 省煤器的安装

省煤器按其制造材质可分为铸铁式和钢管式。铸铁肋片管式（非沸腾式）省煤器一般用在中、小型锅炉上，而蛇形钢管式（沸腾式）省煤器则多用在大型锅炉上。下面介绍铸铁肋片管式（非沸腾式）省煤器的安装方法。

省煤器组装过程，首先在基础上安装省煤器支承架，然后在支承架上将单根省煤器管通过法兰弯头组装成省煤器整体。支承架的安装误差应符合表4-10的规定。

表4-10　支承架安装的允许误差

| 项　目 | 允许偏差 |
|---|---|
| 支承架的水平方向位置 | ±3 |
| 支承架的标高 | 0<br>−5 |
| 支承架的纵向和横向水平度 | 长度的1/1000 |

铸铁省煤器安装前，必须认真对省煤器管、法兰弯头进行如下检查：

1）安装前，应逐根管进行水压试验。管子的长度应相等，其不等长度的允许偏差为±1mm。

2）省煤器管、法兰弯头的法兰密封面应无径向沟槽、裂纹、歪斜、凹坑等缺陷，密封面表面应清理干净，直至露出金属光泽。

3）用直角尺（或法兰尺）检查法兰密封面与省煤器管的垂直度，用钢板直尺检测180°弯头两法兰密封面，应处于同一平面上。

4）检查每根省煤器管肋片的完整程度，每根管上破损翼片数不应超过总翼片数的5%，整个省煤器组中有破损翼片的根数不应大于总根数的10%。

省煤器组装的顺序是先连接肋片管（法兰直接连接）使其成为省煤器管组，再用法兰弯头把上下、左右的管组连通。省煤器组装时，应选择长度相近的肋片管组装在一起，以保证弯头连接时的严密性；相邻两肋片管的肋片，应按图样要求相互对准或交错，如图样无明确要求，则应使其相互对准在同一直线上。组装时，法兰密封面之间应衬以涂有石墨粉的石棉橡胶板垫片，拧紧螺母前，在肋片管方形法兰四周的槽内再充填石棉绳，以增加法兰连接的严密性，全部肋片管组装并经检测合格后，即可用法兰弯头将肋片管串通。法兰螺栓必须从里向外穿，并用直径为10mm的钢筋将上下两螺栓点焊牢固，以防拧紧螺母时螺栓转动打滑。

**3. 空气预热器的安装**

工业锅炉多用管式空气预热器，常用的管式空气预热器由管径为40～51mm，壁厚为1.5～2mm的焊接钢管或无缝钢管制成，管子两端焊在上、下管板的管孔上，形成方形管箱。

（1）安装前的检查　由于管式空气预热器都是组装成整体出厂的，一般不包装，在运输、装卸过程中很容易使管变形、焊口裂纹、胀口松动。因此在安装前，要进行外观质量检查。

管式空气预热器安装前应检查各管箱的外形尺寸，应符合表4-11的规定；检查管子与管板的焊缝质量，应无裂纹、砂眼、咬肉等缺陷，管板应作渗油试验，以检验焊缝的严密性，不严密的焊缝应补焊处理。管子内部应用钢丝刷拉扫，或用压缩空气吹扫，以清除污物。

表4-11　空气预热器外形尺寸允许偏差

| 项　　目 | | 允许偏差/mm | 项　　目 | | 允许偏差/mm |
|---|---|---|---|---|---|
| 管箱高度 | 管箱高度 <3m | ±4 | 中间管板至上、下管板的距离 | — | ±4 |
| | 管箱高度 >3m | ±6 | | | |
| 管箱宽度 | — | ±6 | 管板边缘的直线度 | — | ≤全长的3/1000 |
| 管箱在垂直平面内两对角线之差 | 管箱高度 <3m | 7 | 管箱侧棱高度差 | 管箱高度 <3m | ≤4 |
| | 管箱高度 >3m | 10 | | 管箱高度 >3m | ≤6 |

（2）支承框架安装　管式空气预热器安装在支承框架上，应严格控制支承框架的安装质量。支承框架安装好后，在支承梁上划出各管箱的安装位置边缘线，并在四角焊上限位短角钢，使管箱就位准确。在管箱与支承梁的接触面上垫10mm厚的石棉带，并涂上水玻璃以使接触密封。

（3）管箱的吊装与就位　吊装时，钢丝绳不能拴在管束上，必须穿在吊装的耳环上，注意管箱的方向，不得吊装反了。起吊管箱应缓慢进行，使其就位于支承架上的限位角钢中间，再找正与找平。使管箱安装位置与钢架中心线的距离偏差为±5mm，垂直度误差不超过高度的1/1000。管箱垂直度检查的方法是，从管箱上部管中心处挂线锤，量测线锤与管子四壁的距离，以测得安装垂直度误差。调整垂直度时，可在管箱与支承梁间加垫铁。

（4）伸缩节安装　伸缩节的安装在预热器找正合格后进行。按设计要求将伸缩节与预热器对口焊接，组对时调整边缘对齐，间隙符合焊接要求后，用卡具卡紧点焊。然后采用分中对称、间隙跳焊方法进行焊接。避免因焊接温度过高造成变形，导致漏风。焊完后调整伸缩节法兰使其平整符合设计要求。预热器伸缩节对口焊完后，再安装进出风口和风管。

（5）空气试漏　预热器伸缩节、进出风管安装完成后，用压缩空气或热风进行试漏工作，调整风压达到设计要求，用肥皂水涂在伸缩节接口、进出风口等连接部位检查，无泄漏现象为合格。

预热器安装的允许偏差应满足表4-12的规定。

表4-12　管式空气预热器安装的允许偏差

| 项　　目 | 允许偏差/mm |
| --- | --- |
| 支承架的水平方向的位置 | ±3 |
| 支承架的标高 | 0<br>−5 |
| 预热器的垂直度 | 高度的1/1000 |

### 4. 炉排的安装

对于层燃炉，目前多使用链条炉排。链条炉排通过基础上的预埋钢板、预埋地脚螺栓，安装在由型钢构件和墙板组成的钢骨架上，中间布置风室，墙板前后各装一根轴，前轴和变速齿轮箱连接，靠此主动轴上的链轮拖动炉排自前向后移动。

下面介绍链条炉排的安装要点。

（1）安装前的准备工作

①炉排构件组装前的加工偏差检查及校正。炉排构件的加工偏差应符合表4-13的规定，对超过偏差规定的构件应进行校正及修整。炉排安装前应对基础上有关预埋钢板、预埋地脚螺栓及安装孔等进行认真的检查，及时消除缺陷。

表4-13　链条炉排安装前的检查项目和允许偏差

| 检查项目 | 允许偏差/mm |
| --- | --- |
| 型钢构件的长度 | ±5 |
| 型钢构件的长度，每米 | 1 |
| 各链轮与轴线中点间的距离 $a$、$b$ | ±2 |
| 同一轴上的任意两链轮，其齿尖前后错位△ | 3 |

表4-13中的参数如图4-11所示。

②基础划线。以锅炉安装的纵、横中心线为基准划出炉排安装中心线、前轴与后轴中心线、两侧墙板位置中心线，并用对角线长度检测法，校正各划线的准确度，其偏差不应超过2mm。

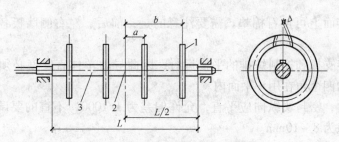

图 4-11　链轮与轴线中间点的距离
1—链轮　2—轴线中点　3—主动轴

（2）炉排下导轨及墙板支承座安装　下导轨前高后低，导轨及其支架都处于倾斜状态。根据设计给定的导轨前后标高，在下导轨横梁两端的支承台上，拉两条细钢丝，作为检查混凝土基础标高、预埋螺栓位置、横梁及下导轨安装的找正基准线。安装时，根据所拉细钢线使下导轨、墙板支承座定位并进行调整，使各导轨处在同一平面上，并保持相同的斜度。左、右两侧各墙板支承座应保持相同的标高和水平度。符合要求后，对各墙板支承座进行二次浇灌，同时安装下导轨。

墙板支承座在布置定位时，应考虑在长度和宽度方向都有膨胀的余地。

（3）炉排架安装　炉排架由炉排两侧的墙板、连接梁、上部导轨、分段风室隔板等组成。安装的顺序是先安装墙板、连接梁、隔板，再安装上导轨及两侧密封件。

墙板的安装应在墙板支座混凝土强度达到75%以上后进行，安装墙板的允许偏差必须符合表4-14的规定。

表 4-14　安装链条炉排的允许偏差

| 项　　目 | | 允许偏差/mm |
|---|---|---|
| 炉排中心位置 | | 2 |
| 墙板的标高 | | ±5 |
| 墙板的垂直度,全高 | | 3 |
| 墙板间的距离 | 跨距≤2m | +3<br>0 |
| | 跨距＞2m | +5<br>0 |
| 墙板间两对角线的长度之差 | | 5 |
| 墙板框的纵向位置 | | 5 |
| 墙板顶面的纵向水平度 | | 长度的 1/1000,且不大于5 |
| 两墙板的顶面应在同一平面上,其相对高度差 | | 5 |
| 前轴、后轴的水平度 | | 长度的 1/1000 |
| 各导轨应在同一平面上,其平面度 | | 5 |
| 相邻两导轨的距离 | | ±2 |

两侧墙板安装完后，应以炉排前后轴中心线为准，在墙板上打出检测冲眼，测量对角线长度，以检测两侧墙板安装位置的正确程度，其偏差应满足表4-14中的规定。为防止墙板

漏风，在墙板对接面上可加石棉垫。需要注意的是，前后、左右侧墙板各不相同，不能互换。

上部导轨直接支撑和控制炉排的平稳运行，因此导轨单体直线度必须小于 1/1000，同时必须保证导轨的四个角在用一平面内。

侧密封安装时，密封块纵向应平直，允许偏差为 1/1000，不直的要调整或修磨，两侧密封块与炉排间隙为 8～10mm。

（4）炉排前、后轮安装　炉排前、后轴安装于两侧墙板的轴承座孔内。安装前应对轴承进行拆洗，并加入润滑脂，后轴承冷却水管应用压缩空气吹洗。安装前轴与后轴时需要留出一定的径向和轴向膨胀间隙，使炉排适应高温下运行条件。具体做法是：在远离炉排减速器一侧的前、后轴的轴承与墙板支承座的接触处留 5～8mm（或按图样要求的轴向膨胀间隙），前轴与轴承间应有 0.12～0.58mm 的径向间隙；后轴与轴承间应有 0.53～1.05mm 的径向间隙。在安装连接前轴与减速器的联轴器时，也应在两个半联轴器间留有 3～4mm 左右的膨胀间隙，否则当轴受热膨胀后会使减速器的蜗杆和蜗轮咬合不良，严重时会因顶轴而损坏设备。

炉排前后轴就位找正后，以炉前基准线为准，进行轴轮的调整，一般前后轮的中心距应是可调的，即前轴固定，后轮可调。安装时应使两轴中心距处于较短的位置，待链条安装后，再调整两轮中心距，同时将链条拉紧。前、后轴的不平行度偏差不应大于 3mm，对角线不等长度偏差不应大于 5mm。轴的密封及轴承要清洗并重新加好润滑油，按图样要求调整好轴承与密封装置之间的间隙，安装后用手盘车能自由转动为宜。伸入炉墙的一端应加装套管以保护轴端。

（5）传动链条安装　在上导轨安装并检测合格后可安装链条。在混凝土地面上，将链条用倒链拉紧，逐根测量其长度，在同一炉排上，各根链条的相对长度之差不应大于 8mm，并检查链条质量，要求结节铆接后，两端铆头完整，不得有毛口、裂纹等缺陷。将链条按长度编号，将较长的放在炉排中间，依次两侧递减，排列其安装位置。用卷扬机牵引链条，由炉前向炉后方牵引，待链条套装在后轴的链轮上后，再由炉后向炉前牵引，在炉前接头成型。

当所有链条都套装在链轮上以后，在前轴处安装链条间的铸铁辊子、套管和拉杆。辊子就位不能使用强制手段，安装后能自由转动。应调整辊子安装的松紧度使之处于最佳状态，最紧时辊子与下导轨的间隙不大于 5mm，最松时棍子与下导轨刚刚接触。

辊子装好后，利用炉排松紧调节装置将炉排拉紧，启动减速器进行传动链条的试运转，以检查各根链条的安装和传动情况是否良好，如发现抖动、碰撞、跑偏、卡住等现象，应及时找出原因，采取相应措施予以消除。

（6）炉排片安装　炉排片在组装前应做检查，必要时应将铸铁炉排片的毛刺磨平，以消除组装时的缺陷。

鳞片式炉排片的组装在炉排平面上进行。组装顺序是从炉前逐排向炉后组装；组装每一排时是从一边装向另一边，直到组装完毕。一般炉排片是 5 块一组，装于两块炉排片夹板之间。安装时应将一块不带炉排片的夹板先装在链条上，再将另一块装有炉排片的夹板装在链条上。炉排片的安装方向应符合图样及运转方向，习惯上把炉排片夹板较长的一端朝着运转的反方向。

链带式炉排片的组装一般在炉前搭设的平台上进行。组装时，按每档内炉排片的片数组装，用长销钉联接。组装后用手动葫芦拖入炉膛，逐档镶接形成炉排整体。炉排片的安装应该平直，间隙均匀。

链条炉排安装完毕，在砌筑前应进行冷态试运转。冷态连续试运转时间应不少于 8h，运转速度最少应在两级以上，运转中无杂音、卡住、碰撞、凸起、跑偏等异常现象，炉排片应翻转自如、无突起现象，滚柱转动灵活，与链轮啮合平稳，润滑油和轴承的温度正常。

**5. 吹灰器的安装**

吹灰器有链式和枪式两种。水冷壁管束的吹灰常用枪式吹灰器；对流管束的吹灰常用链式吹灰器。吹灰器安装前应检查吹灰管有无弯曲，链轮传动装置的动作是否灵活，确认无缺陷后方可安装。吹灰管由焊接于受热面管子上的管卡固定牢固，应水平安装并与烟气流向相垂直，吹灰管上的喷孔应处于管排空隙的中间，以保证蒸汽不直接喷射在管子表面上。安装过程应与炉墙砌筑紧密配合，砌入炉墙内的套管和管座应平整、牢固，周围与墙接触部位应用石棉绳密封。

**6. 安全阀的安装**

安全阀是锅炉本体的重要附件之一，安装时均直接安装于锅筒相应的接管管座上。省煤器的安全阀则应安装于省煤器进、出水口处的管路上。

安全阀的安装应符合下列要求。

1) 安全阀应逐个进行严密性试验，试验介质为清水，试验压力为工作压力的 1.25 倍，以密封面不漏水为合格。

2) 锅筒和过热器的安全阀始启压力应符合表 4-15 的规定，省煤器的安全阀始启压力为装设地点工作压力的 1.1 倍。

表 4-15　锅筒和过热器安全阀始启压力

| 锅炉 | 安全阀的始启压力/MPa | 锅炉 | 安全阀的始启压力/MPa |
|---|---|---|---|
| 蒸汽锅炉 | 工作压力 + 0.02 | 热水锅炉 | 1.12 工作压力 + 0.02，且不少于工作压力 + 0.07 |
| | 工作压力 + 0.04 | | 1.14 工作压力 + 0.02，且不少于工作压力 + 0.10 |

注：表中的工作压力，是指安全阀装设地点的工作压力。

3) 安全阀必须垂直安装，排汽管直通至安全地点；排汽管底部应装有疏水管；省煤器的安全阀应装排水管。

4) 锅筒和过热器的安全阀在锅炉蒸汽严密性试验后，必须进行最终的调整；调整应在蒸汽严密性试验前用水压的方法进行。安全阀调整检验合格后，应做好标记。

**7. 水位计的安装**

水位计与锅筒连接形式较多为与锅筒的引出管相连接。水位计的安装应符合下列要求：

1) 玻璃管（板）式水位表的标高与锅筒正常水位线允许偏差为 ±2mm，表上应标明"最高水位"、"最低水位"和"正常水位"标记。

2) 电接点水位表应垂直安装，其设计零点应与锅筒正常水位相重合。

3) 水位表应安装在便于观察的地方，要有良好的照明条件，并易于检修和冲洗。连通管路的布置应能使管路中的空气排尽。

4) 玻璃管水位表安装时，将玻璃管先插入水表座内用手轻轻转动，使玻璃管上、下两端中心线垂直后，填好石棉绳再拧紧压盖。

**8. 压力表安装**

安装压力表应符合下列要求。

1）新装的压力表必须经过计量部门校验合格，铅封不允许损坏，不允许超过校验使用年限。

2）锅筒压力表表盘上应标有表示锅炉工作压力的红线，压力表最小表盘不得小于100mm。

3）压力表管路不得保温，压力表应安装于便于观察和吹洗的位置，且应有表弯管，其弯管内径不应小于10mm，压力表和表弯管之间应装旋塞。

## 课题 3　燃煤锅炉系统试压、烘炉、煮炉及锅炉试运行

**1. 锅炉的水压试验**

锅炉本体、辅助受热面及本体附件均安装完毕后，即可进行锅炉本体的水压试验。锅炉本体水压试验时，施工单位应请设计单位、建设单位、监理单位和锅炉检查部门的有关代表到现场，审核试验方案，检查试验条件和试验过程，当试验结束合格时各方代表应在《锅炉水压试验记录》表上签署意见。

（1）水压试验前的准备工作

①试验范围内受热面及锅炉本体管路的管道支架安装牢固。检查胀口和焊口的外观质量，清理胀口和焊口附近的污物与铁锈。对锅筒、集箱等受压部（元）件进行内部清理和表面检查，受热面管子已经通球试验合格。

②安全阀不能与锅炉一起进行水压试验，拆下上锅筒和过热器集箱上的安全阀，用足够厚的盲板堵死，在锅炉的最高处装好临时排气管。

③装好试压泵，接通试验进水管，装设好排水管道和放空管。在上锅筒或过热器出口、集箱和试验泵出口应最少安装两只经校验合格的试验用压力表，其精度等级应符合要求，其表盘量程应为试验压力的 1.5～3 倍。

④检查锅炉阀门、安全阀、排污阀等附件法兰连接质量；螺栓应完整并无松动；用于试验时与管道系统隔绝的阀门，应经核验以保证有可靠的严密性；检查阀门，使排污阀、放水阀处于关闭状态，锅炉顶部排气阀应处于开启状态。

（2）水压试验　打开锅筒上部排气阀，向锅炉缓慢注水，注水过程中发现漏水应及时停止注水，进行修漏后再继续注水。锅炉满水后，进行系统查漏，无漏水后，开始升压，并控制升压速度，每分钟不超过 0.2MPa。当压力升至 0.4MPa 时，应停止升压，再次对系统进行检漏，若无渗漏再继续升压。当压力升至工作压力时，停止升压，对各部位进行全面检查。各部位应无漏水或破裂、变形，受压元件金属壁和焊缝上应无水珠和水雾，胀口处不应有向下流动的水珠，如发现法兰垫片有泄露时应适度拧紧法兰螺栓。无漏水或变形等异常情况后，继续升压至试验压力，保持 5min，其间压力下降不应超过 0.05MPa，再降至工作压力进行全面检查，检查期间压力应保持不变，受压元件金属壁和焊缝上应无水珠和水雾，胀口不应滴水，锅炉受压部件没有肉眼可见的残余变形。锅炉水压试验的试验压力应符合表4-16 的规定。

表 4-16  水压试验的压力 （单位：MPa）

| 名 称 | 锅筒工作压力 P | 试验压力 |
|---|---|---|
| 锅炉本体及过热器 | <0.59 | 1.5P，且不小于 0.20 |
| | 0.59 ~ 1.18 | P + 0.29 |
| | >1.18 | 1.25P |
| 可分式省煤器 | 1.25P + 0.49 | |

若焊口处有水雾、水滴或漏水，应将缺陷部位铲去重新焊接，不允许采用堆焊方法补焊。胀口漏水应根据具体情况，结合胀接记录进行补胀，补胀次数最多两次，如超过胀管率规定值而漏水时，则应换管重新胀接。焊口、胀口经修理后，仍应进行一次水压试验，直至达到合格标准为止。

省煤器的水压试验可单独进行，也可随锅炉本体试压同时进行。由于省煤器试验压力高于锅炉本体试验压力，当同时试验时，可在锅炉本体试验后省煤器继续升压试验，但此时必须与锅炉本体部分严密隔绝。

（3）水压试验的注意事项

①水压试验的环境温度不应低于5℃，否则应有防冻措施。

②水压试验结束或中途泄水时，应先开最高处的放空阀，再开排污阀，防止造成负压破坏。

**2. 烘炉**

烘炉是视具体情况采用火焰烘炉、蒸汽烘炉等方法将新砌筑的炉墙、炉拱以较缓的速度升温（防止龟裂）、烘干，并顺序进入试运行状态。烘炉前应编制好烘炉方案及烘炉温升曲线，向参加烘炉人员交底，备好记录用表。

（1）烘炉前应具备下列条件：

①锅炉本体及其附属装置、工业管道全部安装完毕且水压试验合格；烘炉所需的风机水泵等附属设备已试运完毕，热工及电气仪表安装完毕且单校及模拟联校合格；炉墙砌筑和管道保温防腐全部结束并检验合格；炉膛、烟风道膨胀缝内部清理干净、无杂物。

②打开锅炉上所有排气阀和过热器集箱上疏水阀，向锅炉注入软化水至正常水位。

③锅筒和集箱上的膨胀指示器已经装好并调到零位，如设备未带有膨胀指示器，应在锅筒和集箱上便于检查的地方装设临时性膨胀指示器。

④按技术文件的要求选好炉墙的测温点和取样点，准备好温度计及取样工具。通常测温点应设在燃烧室侧墙中部、炉排上方 1.5 ~ 2m 处、过热器或相应炉膛口两侧墙中部、省煤器或相应烟道后墙中部。

⑤有旁通烟道的省煤器应关闭主烟道挡板，使用旁通烟道，无旁通烟道时，省煤器循环管路上阀门开启。

⑥准备好木柴、煤等燃料及各种工具，用于链条炉炉排上的燃料不得有铁钉、铁器。

（2）火焰烘炉的方法  火焰烘炉是用木柴、煤块等燃料燃烧产生的热量来进行烘炉，这种方式对各种类型的锅炉都适用。在烘炉前开启炉门和烟道闸板，启动引风机 5 ~ 10 分钟，将炉膛和烟道内的潮气及灰尘排除后停止引风机。在链条炉的炉排中部或煤粉炉的冷灰斗的中部架设临时的箅子，和炉墙保持一定距离，先烧木柴，然后引燃煤块。开始时用小火烘烤，自然通风，炉膛负压保持在 20~30Pa，逐渐提高燃烧强度和炉膛负压，必要时可启动引风机。烘炉过程中按过热器后（或相当位置）的烟气温度测定控制温升，对于重型炉墙第一天温升不超过 50℃，以后每天温升不超过 20℃，后期烟气温度不应超过 220℃；对于砖砌轻型炉墙温升每天不应大于 80℃，后期烟气温度不应超过 160℃；耐火混凝土炉墙，温升每小时不应大于 10℃，后期烟气温度不应超过 160℃，在最高温度范围内的持续时间不应小于 24h。

烘炉期间，锅炉一直处于无压运行状态。如压力升至 0.2MPa 时，应打开安全阀排汽并保持正常水位。烘炉开始的 2~3 天，可间断开连续排污阀排污，烘炉的中后期应每隔 4 小时开启排污阀排污。排污时先注水至最高水位，排污至正常水位。应定期转动炉排，防止炉排过热烧坏。

烘炉时间长短按锅炉炉型、容量、炉墙结构及施工季节确定。一般小型锅炉（轻型炉墙）为 3~7 天，一般工业锅炉（重型炉墙）为 7~14 天。

烘炉以达到下列规定之一时为合格。

①炉墙灰浆试样法：在燃烧室两侧墙中部，炉排上方 1.5~2m 处，或燃烧器上方 1~1.5m 处和过热器两侧墙的中部，取粘土砖、红砖的丁字交叉缝处的灰浆样品各 50g 测定，其含水率均应小于 2.5%。

②测温法：在燃烧室两侧墙的中部，炉排上方 1.5~2m 处，或燃烧器上方 1~1.5m 处，测定红砖墙表面向内 100mm 处的温度应达到 50℃，并继续维持 48h，或测定过热器两侧墙粘土砖与绝热层接合处温度应达到 100℃，并继续维持 48h。

**3. 煮炉**

煮炉的目的在于清除锅炉受热面内表面的铁锈、油渍和水垢。其原理是，在锅炉中加入碱水，碱溶液和锅内油垢起皂化作用而生成沉渣，在沸腾炉水作用下脱离锅炉金属壁而沉于底部，最后经排污排出。

煮炉在烘炉末期（当炉墙内红砖灰浆含水率降到 10% 或红砖墙表面向内 100mm 处的温度达到 50℃、过热器两侧墙粘土砖与绝热层接合处温度达到 100℃时）即可进行，此期间烘炉、煮炉同时进行。煮炉时间依锅炉大小、锈垢情况及炉水碱度变化情况确定，一般为 24~72h。

煮炉加药配方及加药量应符合设备技术文件的规定，如无规定，可按表 4-17 选配。将药在水箱内调成浓度为 20% 的溶液，搅拌均匀使药品完全溶解，除去杂质后，通过另外装设的加药泵及管路一次性注入锅筒内。注意加药时锅水应在最低水位，禁止将药物直接投入锅筒。煮炉时药水不应进入过热器。配置和加入药液时，应有必要的安全措施（如穿工作服，戴橡皮手套和防护眼镜等）。加热升温使锅炉内产生蒸汽，维持 10~12h，此期间可通过安全阀排汽，煮炉后期锅炉压力可保持在工作压力的 75% 左右，以保证煮炉效果。

表 4-17　煮炉时的加药配方

| 药品名称 | 加药量(kg/m³ 水) | |
|---|---|---|
| | 铁锈较薄 | 铁锈较厚 |
| 氢氧化钠(NaOH) | 2~3 | 3~4 |
| 磷酸三钠($Na_3PO_4 \cdot 12H_2O$) | 2~3 | 2~3 |

注：药量按 100% 的纯度计算。

　　煮炉期间应定期从锅筒和水冷壁下集箱处取炉水水样，进行分析，当炉水碱度低于45mol/L 时，应补充加药。取样应平均每小时进行一次。

　　煮炉结束后，应交替进行持续上水和排污，直到水质达到运行标准；然后应停炉排水，冲洗锅炉内部和与药物接触过的管道、附件，打开人孔、手孔，清理锅筒内部，检查排污阀有无堵塞。检查锅炉和集箱内壁，擦去附着物后，金属表面无锈斑，管路和阀门无堵塞，则为煮炉合格。

**4. 锅炉试运行**

　　（1）锅炉试运行应具备的条件

　　①要求炉墙、拱旋、水冷壁、集箱、锅筒内外及看火孔、人孔、吹灰孔等均完好无缺陷，管子无堵塞，锅筒内、炉内、烟道内检查无杂物后，封闭锅筒人孔和集箱手孔。

　　②锅炉的燃料运输、除灰除渣、供水、供电等都必须满足锅炉满负荷连续运转的需要。

　　③对于单体试车、烘炉、煮炉过程中发现的问题及故障完全排除，设备处于备用状态，汽、水管道各阀门应处于升火前位置。

　　④满负荷试运行应由持有司炉工合格证的人员分班承担操作，同时由建设单位有经验的司炉人员进行指导。

　　（2）点火升压　点火升压前应明确试运行的程序和职责分工，严格遵守操作规程。

　　①启动给水泵，打开给水阀，将已处理好的软化水送入锅内，进水温度不高于40℃，接近规定水位时，关闭给水阀门，待锅内水位稳定后，注意观察水位的变化。水位升高说明给水阀门泄漏，水位下降说明锅炉有泄漏，均应作妥善处理。

　　②将炉膛门、烟道门打开进行自然通风 15min 后，锅炉必须在小风、微火、汽门关闭、安全阀或放气阀打开的条件下将炉膛内装好的燃料点着，炉火逐渐加大，炉膛温度均匀上升，炉墙与金属受热面缓慢受热。

　　③点火时应将过热器出口联箱上的疏水阀打开，以冷却过热器，当正常送汽后再关闭。点火后由于水温上升体积膨胀，所以要注意观察水位，使水位在正常范围内波动。

　　④锅炉燃烧工况逐渐稳定后，可以缓慢地进行升压和增加负荷，升压速度一般控制在0.59～0.78MPa/h 左右。

　　⑤新锅炉点火升压时间不得少于 4～6h，短期停止运行的锅炉应为 2～4h。

　　（3）升压过程中的检查及定压工作

　　①当锅炉内汽压上升，打开的放气阀或安全阀冒出蒸汽时，应关闭放气阀或安全阀。

　　②当锅炉压力开始升至 0.05～0.1MPa 时，应进行水位计的冲洗工作，每班不得少于一次，并用标准长度的扳手重新拧紧各部分的螺栓。

　　③当压力升至 0.15～0.2MPa 时，要关闭锅筒及过热器集箱上的空气阀门，并冲洗压力表导管和检查压力表的工作性能，复核两压力表的压力差值。

　　④继续加热压力升至 0.3～0.4MPa 时，检查排污阀是否堵塞，对锅炉范围内的阀门、法兰、人孔、手孔和其他连接部位进行严密性检查和热状态下的螺栓紧固，同时注意检查锅筒、集箱、管路和支架的膨胀情况。汽压升至工作压力，再次进行全面检查。

　　⑤随着压力升高，微微开启汽阀，对锅炉房母管进行暖管。锅炉启动过程中因锅水蒸发、水位下降，应向锅内适量地连续补水。

　　⑥安全阀定压。对有过热器的锅炉，过热器上的安全阀应按较低压力调整，以保证过热

器出口的安全阀先开启，保证过热器不被烧坏。一般安全阀定压及调整时，先定锅筒上安全阀的开启压力，并将其中一个按较高压力值调整，另一个则按较低压力值调整。省煤器上的安全阀开启压力应为装设地点工作压力的 1.1 倍。

（4）运行调整工作

①当空气预热器出口温度超过 120℃ 时，即可进入冷空气。在锅炉投入运行后才能开启通往省煤器的烟道门，关闭旁通烟道。

②按锅炉机组设计参数调整输煤、炉排（喷煤、喷油）、鼓引风、除渣设备工况；自动控制、信号系统及仪表工作状态应符合设计要求。

③对于风量的调节要使炉膛上部烟气负压不超过 0～30Pa 范围，风量的调节是否合理，可用观察火焰颜色来估量。风量合适时，火焰呈亮黄色；风量不足时，火焰呈暗黄、暗红或有绿色火苗；风量过大时，火焰发白刺眼，呈白黄色。

## 课题 4　快装锅炉和燃油、燃气锅炉的安装工艺

### 1. 燃煤快装锅炉的安装

快装锅炉的安装通常包括锅炉本体、平台扶梯、上煤机、除渣机、省煤器、鼓风机、风管、引风机、传动装置、除尘器、管道、阀门及仪表、烟囱等内容。下面讨论快装锅炉本体及部分附属设备的安装要点。

（1）快装锅炉本体的安装

1）基础验收与划线

①基础验收。运用水准仪测量锅炉基础的纵向和横向水平度，其倾斜度应小于或等于 4/1000。除渣沟基础的预埋地脚螺栓应与图样一致。

②基础划线。同散装燃煤锅炉钢架和平台安装时基础的划线。

2）锅炉就位。锅炉本体可通过吊装或卷扬机滚杠运输到基础上，然后进行找正，使锅炉的炉排前轴中心线与基础前轴中心基准线相吻合，允许偏差 ±2mm；锅炉纵向中心线应与基础纵向中心线基准相吻合，允许偏差 ±10mm。

3）锅炉找平。当锅炉本体纵向、横向不平时，可用千斤顶将锅炉顶起，在锅炉的支架下垫以适当厚度的垫铁，垫铁的间距为 500～1000mm，垫铁在找平后应与支架点焊成一体。

4）炉底的密封。锅炉支架的底板与基础之间应用水泥砂浆抹严。

（2）附属设备的安装

1）除渣机的安装。目前，中小型锅炉通常配用刮板除渣机，其安装要点如下：

①先按图样在除渣沟内校对预埋地脚螺栓位置，找准落渣口位置，确定除渣沟中心线、除渣机中心线及锅炉落渣口中心线之间的相互关系。

②锅炉本体就位前，一般应先将除渣机放在基础坑内，锅炉本体就位后，将锅炉落渣口与除渣机的落渣斗配接。

③除渣机槽就位找正后即可进行机槽连接，除渣机槽的法兰之间应加橡胶垫或油浸石棉盘根绳密封，拧紧后不得漏水，装配完成后将自来水管接入渣斗内并进行检漏。

④机槽内砌铺耐磨铸石板，安装导轮及刮板链条，最后调整好链条长度，使轴轮转动灵活，并检查刮板有无碰壳现象。

2）炉排变速箱的安装

①变速箱吊装在基础上，变速箱纵、横中心与基础纵、横中心基准线相吻合；根据炉排输入轴的位置和标高进行找正找平（用垫铁），同时还应用卡箍及塞尺的方法对联轴器进行找正，以保证变速箱输出轴与炉排输入轴对正同心。

②设备找平找正后，即可进行地脚螺栓孔灌注混凝土。灌注时应捣实，待混凝土强度达到75%以上时，方可拧紧地脚螺栓。进行水平度的复核，无误后将齿轮箱内加足机油准备试车。

③变速箱安装完成后，联轴器的连接螺栓暂不安装，先进行变速箱单独试车。试车前先拧松离合器的弹簧压紧螺母，把扳把放到空挡上接通电源，对电机试运行，检查电机运转方向是否正确和有无杂音，电动机温升是否正常。检查正常后将离合器由低速到高速进行试运转，无问题后安装好联轴器的螺栓，配合炉排冷态试运转。

3）鼓、引风机的安装

①风机在安装前，必须根据图样和清单，核对现场的设备、型号（特别是风口位置）、参数是否相符。

②检查基础的位置无误后，将装好地脚螺栓的风机吊到基础上就位。风机位置的找正应以风机的转轴为中心，其标高不大于±5mm，风机的纵、横中心线位置偏差不大于10mm。风机位置找正后，再进行电动机找正并连接（电动机应在单独试转符合要求后再进行安装）。最后对底座地脚螺栓进行二次灌浆。待混凝土强度达到75%时再复查风机位置，符合要求后，将地脚螺栓紧固。

③风机试运转必须在无荷载的情况下进行。先进行电动机的点动，检查风机转向是否正确，有无摩擦和振动，无问题后进行试运转。如有异常振动，应进行动平衡调整。

④检查轴承箱冷却水流动情况，轴承箱温升不得高于40℃，轴承盖不得高于70℃。

安全阀、水位计等的安装和烘炉、煮炉、试运转等内容在前面已述及。

**2. 燃油、燃气锅炉的安装**

（1）安装前的检查

1）锅炉筒体检查：查看锅炉铭牌上的型号和技术参数，有无合格证书，特别要研究锅炉的安装和使用要求；清点锅炉附件、仪表、阀门的数量，并逐个检查其质量。

2）基础检查及放线：要求基础表面水平，尺寸、标高符号图样要求。在混凝土基础上画出锅炉定位中心线，保证锅炉安装的位置正确。

（2）锅炉就位　可通过手动葫芦或其他起吊设备把锅炉本体置于混凝土基础上，找平找正，达到所规定的要求为止。

（3）附属设备的安装　锅炉本体安装完毕后，再安装其他附属设备，如燃油用的油箱、水泵、软化水设备、除气设备，各种阀门、仪表、水位计、燃烧器等。

（4）安装注意事项　燃油燃气锅炉安装时注意锅炉本体、附件、阀门、仪表、燃烧器不受碰损，防止锅炉本体表面变形和防腐绝热层破坏，采用正确的安装工具进行安装。

# 单 元 小 结

在对前面几个单元热源设备基本构造、工作原理等内容学习和掌握的基础上，本单元重点介绍了中小型散装燃煤锅炉本体安装程序、安装基本工艺及质量要求，散装燃煤锅炉其他附属设备及附件安装方法，快装锅炉、燃油、燃气锅炉安装工艺等内容，为后面将要介绍的锅炉房和换热站的工艺设计进行了准备。所以，本单元的学习应与前、后几个单位的内容结合起来，互为补充。

从施工的角度而言，在编制锅炉房或换热站工艺安装的施工方案时，熟悉、掌握锅炉房或换热站的基本工艺安装程序与安装方法，了解并掌握燃煤锅炉系统试压、烘炉、煮炉及锅炉试运行的要点，是安装技术人员必须具备的岗位知识。

在学习和掌握本单元教学内容的同时，应了解和熟悉现行国家及当地的相关施工质量验收规范、技术规程及标准图集。

## 复习思考题

4-1　锅炉安装常用机具有哪些？

4-2　锅炉钢架起什么作用？简述锅炉钢架校正的要点。

4-3　立柱与基础的固定有哪些方法？

4-4　试述管子的胀接原理。

4-5　说明胀管率的含义及控制范围。

4-6　锅炉受热面管子安装有胀接和焊接两种方法，试分析这两种方法的适用场合及特点。

4-7　试述烘炉、煮炉的目的和注意事项。

4-8　简述安全阀的安装要点。

4-9　简述省煤器的安装要点。

4-10　试述炉排的安装工艺。

4-11　压力表安装时应注意什么问题？

4-12　试述燃油、燃气锅炉的安装工艺。

# 单元5　供热通风与空调工程热源工艺设计

**主要知识点:** 热源的类型确定;锅炉房布置的一般原则及锅炉的选择;换热站设备选型计算及换热站的布置等。

**学习目标:** 掌握热源类型的确定、锅炉房布置的原则等基本知识,理解换热站设备选型计算及换热站布置的要点。

## 课题1　方案确定

热源是供热系统的重要组成部分,是供热通风与空调工程的核心。

热源的选择确定与供热方式有密切的关系。目前,我国大中城市广泛采用城市集中供热。城市集中供热是指由集中热源所产生的蒸汽、热水通过管网供给一个城市或部分地区生产和生活使用的供热方式。城市集中供热系统由热源、热网、热用户三部分组成。城市供热推行集中供热的方针和原则是坚持因地制宜、广开热源、技术先进、经济合理。

如何选择确定热源是个复杂的问题,它所涉及的方面很多,许多因素是相互制约的。确定方案最基本的原则是节约能源、减少污染,有利生产、方便生活和提高综合经济效益、环境效益和社会效益。

热源选择确定应注意以下几点:

1) 在规划城市热源时要充分考虑当地现有资源,能源交通、工业发展、住宅建设、环境保护、气象水文等方面的实际情况,经过技术经济比较,优化选择合理的城市供热方式。

2) 有条件的城市应有计划、有步骤地开展地热、低温核供热、水源热泵和地源热泵等新能源、新技术的研究与利用,开辟城市集中供热热源的新途径。

3) 在经济合理的条件下热电厂(站)的建设应遵循"以热定电"的原则,合理选取热化系数,热化系数要小于1。以工业热负荷为主的系统,热化系数宜取0.8~0.85;以采暖热负荷为主的系统,热化系数宜取0.52~0.6;以工业和采暖热负荷兼有的系统,热化系数宜取0.65~0.75。

热化系数 $\alpha$ 是指供热机组实际供热能力 $Q_{gr}$ 与最大热力负荷 $Q_{max}^z$ 的比值,即

$$\alpha = \frac{Q_{gr}}{Q_{max}^z} \tag{5-1}$$

4) 充分发挥现有热电厂(站)的作用,通过增加尖峰热网加热器,配置尖峰热水锅炉,降低热化系数,扩大供热能力。

5) 新建或改建锅炉房应结合当地具体情况,选用容量大、热效率高的锅炉。一般特大城市单台锅炉容量不小于20t/h,热效率不小于75%;大、中城市单台锅炉容量不小于10t/h,热效率不小于70%;小城市单台锅炉容量不小于4t/h,热效率不小于70%。对于民用采暖,锅炉房安装的锅炉以3~6台为宜。

6）集中锅炉房的建设要考虑将来实行多热源联网运行时，参与供热调峰的可能。

7）确定热源厂位置时，要考虑热源厂的供热半径。合理的供热半径是：蒸汽网的供热半径控制在 5km 以内，热水网的供热半径控制在 10km 以内。

# 课题 2　锅炉房的工艺设计

**1. 锅炉房布置的一般原则**

1）锅炉房各建筑物、构筑物和场地的布置，应充分利用地形，使挖填土方量最小，排水良好。运煤系统的布置应利用地形，使提升高度小，运输距离短。

2）锅炉房、煤场、灰渣场、贮油罐、燃气调压站之间以及和其他建筑物、构筑物之间的距离，均应按现行国家标准《建筑设计防火规范》和有关工业企业卫生标准的有关规定执行。

3）在满足工艺要求的前提下，锅炉房的建筑物和构筑物，宜按建筑模数设计。厂房的柱距应采用 6m 的倍数，厂房跨度在 18m 和 18m 以下时，应为 3m 的倍数。当工艺布置有明显优越性时，可采用 21m、27m、33m 跨度。单层厂房自地面至柱顶的距离应为 300mm 的倍数，多层厂房各楼板、地板表面间的层高应采用 300mm 的倍数。

4）锅炉房的主立面或辅助间尽可能面向主要通道，整体布置合理、美观。

5）与锅炉房配套的油库区、燃气调压站应布置在离交通要道、民用建筑、可燃或高温车间较远的位置，同时又要考虑与锅炉房联络方便。

**2. 锅炉间、辅助间、生活间的布置**

1）锅炉厂房一般由以下部分组成：

①主厂房。包括锅炉间、风机除尘间、仪表控制间、煤仓间。

②辅助间。包括水处理间、水泵水箱间、除氧间、化验室、检修间、贮藏室、材料库、日用油箱间、燃气调压间等。

③生活间。包括办公室、值班室、更衣室、浴室、厕所、倒班宿舍等。

2）单台锅炉额定容量 1~20t/h 的锅炉房，其辅助间和生活间一般可贴锅炉间布置，并位于其一侧，作为固定端，另一侧则为扩建端。单台锅炉容量大于 35t/h 的锅炉房视具体情况可贴邻锅炉间，也可单独布置。

3）燃油锅炉房的燃油设施详见《锅炉房设计规范》（GB 50041—2008）。日用油箱、油泵宜设在锅炉房内。日用油箱的容量，重油油箱不应超过 5m³，轻油油箱不应超过 2m³。

**3. 燃气体调压站的设置**

1）燃气体调压站宜设置在单独的建、构筑物内。当自然条件和周围环境允许时，可设置在有围护的露天场地上。调压装置不应设在地下建、构筑物内。

2）调压站工艺设置应确保安全，方便操作、检修、安装，保证设备管道流程布置合理简捷。

3）调压站室内净高不应低于 3.5m，门窗向外开。站内主要通道不小于 0.8m，设备间外缘净距应大于 1m。

**4. 锅炉房工艺布置的要求及基本尺寸**

（1）燃煤锅炉的布置

1）锅炉的最高操作地点到锅炉间顶部结构最低点的距离不应小于 2m。

2）炉前净距：1～4t/h 锅炉，不小于 3.5m；6～20t/h 锅炉，不小于 4.0m；35t/h 锅炉，不小于 5.0m。

需要在炉前清扫烟管时，路前净距应满足操作要求。

3）锅炉侧面和后面的通道净距：蒸汽锅炉 1～4t/h，热水锅炉 0.7～2.8MW，不宜小于 0.8m；蒸汽锅炉 6～20t/h，热水锅炉 4.2～14MW，不宜小于 1.5m；蒸汽锅炉 35～65t/h，热水锅炉 29～58MW，不宜小于 1.8m。

当需吹灰、拨火、除渣、安装或检修除渣机时，通道净距应满足操作的要求。

（2）中小型燃油、燃气锅炉布置　大多为单层布置。其平面布置尺寸宜紧凑，其参考尺寸如下：

1）炉前净距的参考尺寸（无燃烧器消声器时）：蒸汽锅炉 1～6t/h，热水锅炉 0.7～4.2MW，为 2.5m；蒸汽锅炉 6～20t/h，热水锅炉 7～14MW，为 3.0m；蒸汽锅炉 35t/h，热水锅炉 29MW，为 4.0m。

2）锅炉侧面和后面的通道净距：蒸汽锅炉 1～6t/h，热水锅炉 0.7～4.2MW，为 1.2m；蒸汽锅炉 6～20t/h，热水锅炉 7～14MW，为 1.5m；蒸汽锅炉 35t/h，热水锅炉 29MW，为 1.8m。

（3）辅助设备布置

1）布置风机时，除考虑不小于 0.7m 通道外，周围还应有检修操作场地。

2）水泵之间通道的有效宽度不小于 0.7m。小型水泵可共用基础。泵的底座边缘至基础边缘的距离一般不小于 100mm，地脚螺栓中心至泵基础边缘距离，一般不应小于 150mm，基础高出地面一般为 100～150mm。

3）水箱出口至给水泵进口的吸水管段不应高于水箱最低水位，以保证安全给水。

4）水处理间的主要操作通道净距不小于 1.5m。离子交换器后面与墙间距一般为 0.5～0.7m。

5）分气缸、分水器、集水器等设备前应考虑有供操作、检修的空间，其通道宽度不应小于 1.2m。

### 5. 锅炉的选择

（1）锅炉房容量的确定　锅炉房设计容量宜按热负荷曲线或管道热平衡系统图，并计入管道散热损失、锅炉房自用热量和可供利用的余热进行计算确定。当缺少热负荷曲线或管道热平衡系统图时，热负荷可按生产、生活、采暖通风和生活的每小时耗热量，并计入同时使用系数、管网热损失系数和锅炉房自用热量来确定，同时要充分考虑合理利用余热的问题。

锅炉房的计算热负荷是选择锅炉的主要依据，由下式计算：

$$Q_{max} = K_0(K_1 Q_1 + K_2 Q_2 + K_3 Q_3 + K_4 Q_4) + K_5 Q_5 \tag{5-2}$$

式中　　　　　$Q_{max}$——热水锅炉房的计算热负荷（kW）；

$Q_1$、$Q_2$、$Q_3$、$Q_4$——采暖、通风、生产和生活最大热负荷（kW）；

$Q_5$——锅炉房自用计算热负荷（kW），主要用于热力除氧、蒸汽吹灰等；

$K_0$——室外管网散热损失和漏损系数；

$K_1$——采暖热负荷同时使用系数，一般取1.0；

$K_2$——通风、空调热负荷同时使用系数，视具体情况采用0.8~1.0；

$K_3$——生产热负荷同时使用系数，视具体情况采用0.7~1.0；

$K_4$——生活热负荷同时使用系数，一般取0.5；若生产与生活用热使用时间完全错开，$K_4$取0；

$K_5$——自用热负荷同时使用系数，一般取0.8~1.0。

（2）锅炉供热介质和参数的确定

1）供采暖通风用热的锅炉房，锅炉宜以热水为供热介质；供生产用汽的锅炉房，应以蒸汽作为供热介质；同时用于生产用汽及采暖通风用热和生活用热的锅炉房，经技术比较后，可选用蒸汽或热水作为介质。

2）锅炉供热参数的选择应能满足热用户参数的要求。但在选择锅炉时，不宜使锅炉的额定出口压力和温度与使用的压力和温度相差过大，以免造成投资高、热效率低等情况。另外，有条件时，尽量做到从高参数到低参数热能的分级利用，这也是合理用热、节约能源的一种有效方法。

（3）锅炉型号的选择　在确定了锅炉的介质和参数后，锅炉型号的选择还应考虑下列要求。

1）应能有效地燃烧所采用的燃料。

2）应有较高的热效率，并使锅炉的出力、台数和其他性能均能适应热负荷变化的需要。

3）应有利于环境保护。

4）应使基建投资和运行管理费用最低。

5）宜选用容量和燃烧设备相同的锅炉。当选用不同容量和不同类型的锅炉时，其容量和类型不宜超过两种。

（4）锅炉台数的选择

1）锅炉台数应根据热负荷的调度、锅炉的检修和扩建的可能性确定。一般不少于2台，不宜超过5台。扩建和改建时，总台数一般不超过7台。

2）以采暖通风和生活热负荷为主的锅炉房，一般不设备用锅炉。

# 课题3　换热站的工艺设计

## 1. 换热站组成

换热站热力系统通常由换热器（汽—水、水—水）、循环水泵、补水泵（补水装置）、水处理装置、除污器和分、集水器等设备组成，有的换热站还设有凝结水箱和凝结水泵等。为保证系统正常安全运行，站内还必须设置必要的热工检测和保护装置。

换热站热力系统，包括全部使用新蒸汽的换热系统、凝结水自流返回锅炉的换热系统、汽—水（板式换热器）换热系统、水—水（板式换热器）换热系统等。

如图5-1所示为水—水（板式换热器）换热系统图。从热水锅炉出来的热水（一次水）进入板式换热器，加热二次水后回水经除污器、循环水泵（一次水）进入热水锅炉。二次水回水经除污器、循环水泵进入板式换热器，经过换热供给热用户。经水处理设备处理的水进入补水箱，经设有变频定压补水装置的补水泵补到二次水循环水泵的吸入口，同时实现系统的定压。

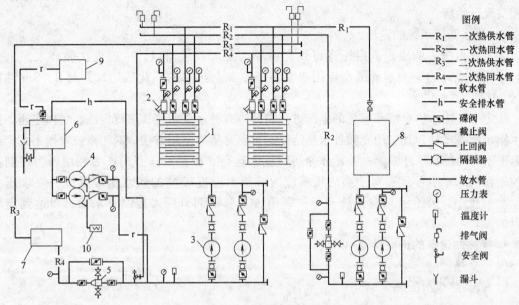

图 5-1　水—水（板式换热器）换热系统图

1—板式换热器　2—Y 型除污器　3—循环水泵　4—补水泵　5—除污器　6—补水箱

7—热用户　8—热水锅炉　9—水处理设备　10—变频定压补水装置

**2. 换热站的布置**

（1）换热站布置形式　换热站布置应根据供热系统整体布局的经济合理性及运行管理方便的原则进行设置，通常有三种形式：①附设于锅炉房辅助间内；②独立设置；③布置在热用户建筑（或辅助建筑）内。

（2）换热站布置原则

1）换热站内各设备之间应有运行操作及设备维修所必需的场地。

2）管壳式换热器还应有抽出管束所需要的距离，其尺寸通常为管束长度的 1.5 倍。

3）换热站的高度应满足设备安装、起吊、检修、搬运所需要的空间，独立的换热站内还应布置必要的值班室和生活间。

**3. 换热站热力系统的设计原则**

1）换热站热水供、回水温度和压力应根据各用户的需要进行计算确定。

2）当加热介质为蒸汽时，换热系统一般应为汽—水和水—水换热器两极串联。

3）换热器台数及换热器热容量的确定取决于热负荷的调节。一般换热器不少于 2 台，其中一台停止工作时，其他运行设备应能满足总热负荷的 70%。

4）循环水泵一般安装在换热器的进水端。

5）热水循环系统通常采用自动补水，补水点的位置一般设在循环水泵的吸水侧，补给水应采用软化水。

6）为防止循环水泵突然停止造成回水对水泵的冲击，在循环水泵的进水母管与出水母管之间应装设旁通管路，管径应与母管管径相近，并在管路上装设止回阀。

7）热水循环系统应视具体情况设置必要的安全泄压装置。

8）为了避免管路系统被异物堵塞，通常在回水母管上装设除污器，除污器的计算选型见相关设计手册。

9）热水循环系统的定压。

①定压点压力的确定。定压点可设在循环水泵入口或出口，一般设在循环水泵入口处。该定压点压力应为系统最高点用户安装高度加上热水的汽化压力，并有 2～3m 的富余量。

②定压方法。热水循环系统的定压方法较多，有补水泵定压、蒸汽定压、气体定压、膨胀水箱定压等多种，其中用变频补水泵定压是目前常用的定压方法。对于系统规模不大，给水温度不高的热水循环系统，补给水泵可以间断运行，根据定压点的压力利用压力控制器来控制泵的起动和停闭；对于系统规模较大或给水温度较高的热水循环系统，要求压力波动范围较小，补给水泵应连续运行，利用压力自动调节阀来控制补水量，以达到定压的目的。

**4. 换热站设备的选型计算**

（1）换热器的选型

1）被加热水所需热量

$$Q = Gc(t_2 - t_1) \tag{5-3}$$

式中　$Q$——被加热水的需热量（kJ/h）；

　　　$G$——被加热水通过加热器的流量（kg/h）；

　　　$c$——水的比热容 [kJ/（kg·℃）]；

　　　$t_1$——被加热水进入加热器的水温（℃）；

　　　$t_2$——被加热水流出加热器的水温（℃）。

2）热媒耗量

当热媒为蒸汽时：

$$D = \frac{Q}{h - ct''} \tag{5-4}$$

当热媒为水时：

$$G = \frac{Q}{(t_2' - t_1')c} \tag{5-5}$$

式中　$D$——蒸汽耗量（kg/h）；

　　　$Q$——用户所需要的热量，或换热器负荷（kJ/h）；

　　　$t''$——汽水加热器流出加热器的凝结水的饱和温度（℃）；

　　　$h$——进入加热器的蒸汽焓值（kJ/kg）；

　　　$G$——进入水水加热器的加热水量（kg/h）；

　　　$c$——水的比热容 [kJ/（kg·℃）]；

　　　$t_1'$——进入水水加热器的加热水温度（℃）；

　　　$t_2'$——流出水水加热器的加热水温度（℃）。

3）换热器所需的传热面积

$$F = (1.05 \sim 1.1)\frac{Q}{K\Delta t_p} \tag{5-6}$$

式中　$F$——换热器的传热面积（$m^2$）；

　　　$K$——换热器的传热系数 $[kJ/(m^2 \cdot h \cdot ℃)]$；

　　　$\Delta t_p$——加热与被加热水的流体之间的平均温差（℃）。

4）平均温差 $\Delta t_p$

$$\Delta t_p = \frac{\Delta t_d - \Delta t_x}{\ln \dfrac{\Delta t_d}{\Delta t_x}} \tag{5-7}$$

式中　$\Delta t_d$、$\Delta t_x$——换热器入口及出口处热煤的最大、最小温差（℃）。

当 $\Delta t_d / \Delta t_x \leqslant 2$ 时，$\Delta t_p$ 可按算术平均温差计算，其误差不到4%，即

$$\Delta t_p = \frac{\Delta t_d + \Delta t_x}{2} \tag{5-8}$$

5）传热系数 $K$

$$K = \cfrac{1}{\dfrac{1}{\alpha_1} + \dfrac{\delta_g}{\lambda_g} + \dfrac{\delta_{wg}}{\lambda_{wg}} + \dfrac{1}{\alpha_2}} \tag{5-9}$$

式中　$\alpha_1$——加热介质至管壁的传热系数 $[W/(m^2 \cdot ℃)]$；

　　　$\alpha_2$——管壁至被加热水的传热系数 $[W/(m^2 \cdot ℃)]$；

　　　$\delta_g$——管壁厚度（m）；

　　　$\lambda_g$——管壁的热导率 $[W/(m \cdot ℃)]$；

　　　$\delta_{wg}$——污垢厚度（m）；

　　　$\lambda_{wg}$——污垢的热导率 $[W/(m \cdot ℃)]$。

传热系数的概略值：

①管壳式换热器的传热系数

光管型：　　汽—水式换热器　　$K = 1800 \sim 3000 \; [W/(m^2 \cdot ℃)]$

　　　　　　水—水式换热器　　$K = 820 \sim 1160 \; [W/(m^2 \cdot ℃)]$

螺旋槽管型：汽—水式换热器　　$K = 2550 \sim 3250 \; [W/(m^2 \cdot ℃)]$

　　　　　　水—水式换热器　　$K = 930 \sim 1395 \; [W/(m^2 \cdot ℃)]$

②螺旋板式换热器的传热系数

汽—水式换热器（错流）　　$K = 1500 \sim 1980 \; [W/(m^2 \cdot ℃)]$

水—水式换热器（逆流）　　$K = 1750 \sim 2200 \; [W/(m^2 \cdot ℃)]$

③板式换热器的传热系数

水—水式换热器　　　　　　$K = 2900 \sim 4600 \; [W/(m^2 \cdot ℃)]$

板式换热器的传热系数也可以根据相应型号，利用生产厂家提供的板式换热器的传热特性曲线直接查出。

6）换热器阻力计算。换热器的结构形式不同，换热器的阻力计算方法也不同。下面以常用的板式换热器为例，介绍其计算方法。

①板式换热器阻力可按下式计算

$$\Delta p = \xi \frac{2 f_m L w^3 \rho}{d_e} \tag{5-10}$$

式中　$\Delta p$——板式换热器阻力（Pa）；

$\xi$——计算经验系数，$\xi = 9 \sim 10$；

$f_m$——摩擦系数，$f_m = 0.055 Re^{-0.2}$，$Re$ 为雷诺数；

$d_e$——当量直径（m），$d_e \approx 2b$，$b$ 为流道间距。

②板式换热器阻力 $\Delta p$ 也可利用产品的工业性热工性能实验资料提供的阻力准则方程进行计算

$$\Delta p = Eu\rho w^2$$

式中　$Eu$——欧拉数，一般由产品生产厂通过实验提供。

③板式换热器的阻力还可利用板式换热器的流阻特性曲线查取。

（2）循环水泵的选择

1）循环水泵流量

$$G = (1.1 \sim 1.2)\frac{3.6Q_j}{c_p(t_2 - t_1)} \tag{5-11}$$

式中　$G$——循环水泵流量（kg/h）；

$Q_j$——计算热负荷（W）；

$c_p$——循环水的平均比热容〔kJ/（kg·℃）〕；

$t_2$——循环水供水温度（℃）；

$t_1$——循环水回水温度（℃）。

2）循环水泵扬程

$$H = h_1 + h_2 + h_3 + h_4 + (3 \sim 5)\text{m} \tag{5-12}$$

式中　　$H$——循环水泵扬程（m）；

$h_1$——换热站内部水头损失（m）；

$h_2$——循环水供、回水干管水头损失（m）；

$h_3$——最不利用户内部系统水头损失（m）；

$h_4$——除污器水头损失（m）；

$(3 \sim 5)$ m——计算附加余量。

3）循环水泵一般不少于 2 台，其中一台备用。

（3）补给水泵的选择　热水循环系统通常采用自动补水，补给水泵应符合下列条件：

1）补给水泵流量应根据循环水系统的正常补给水量和事故补给水量确定。正常补给水量一般为系统水容量的 1%，补给水泵流量一般为正常补给水量的 4 ~ 5 倍。

2）补给水泵扬程计算公式

$$H = h_B + h_x + h_y - h + (3 \sim 5)\text{m} \tag{5-13}$$

式中　$H$——补给水泵扬程（m）；

$h_B$——系统补水点的压力水头（m）；

$h_x$——泵的吸水管路的水头损失（m）；

$h_y$——泵的压水管路的水头损失（m）；

$h$——补给水泵可资利用的水头（m）。

3）补给水泵不宜少于 2 台，其中一台备用。

# 课题 4　实　　例

## 1. 换热器的选型计算实例

用温度 130℃ 的热水加热 22000kg/h 的自来水，使温度由 20℃ 上升到 45℃。要求加热水温度由 130℃ 降至 70℃，选择一板式换热器，选型计算见表 5-1。

表 5-1　板式换热器选型计算

| 序号 | 计算项目 | 符号 | 单位 | 计算公式 | 数值 | 备注 |
|---|---|---|---|---|---|---|
| 1 | 加热水的初温 | $t_1$ | ℃ | 已知 | 130 | |
| 2 | 加热水的终温 | $t_2$ | ℃ | 已知 | 70 | |
| 3 | 加热水的平均温度 | $t_{rp}$ | ℃ | $t_{rp} = \dfrac{t_1 + t_2}{2}$ | 100 | |
| 4 | 加热水的密度 | $\rho_{rp}$ | kg/m³ | 查表 | 958.4 | |
| 5 | 加热水的比热容 | $c_{rp}$ | kJ/(kg·℃) | 查表 | 4.22 | |
| 6 | 被加热水的初温 | $t_1'$ | ℃ | 已知 | 20 | |
| 7 | 被加热水的终温 | $t_2'$ | ℃ | 已知 | 45 | |
| 8 | 被加热水的平均温度 | $t_{lp}$ | ℃ | $t_{lp} = \dfrac{t_1' + t_2'}{2}$ | 32.5 | |
| 9 | 被加热水的密度 | $\rho_{lp}$ | kg/m³ | 查表 | 994.8 | |
| 10 | 被加热水的比热容 | $c_{lp}$ | kJ/(kg·℃) | 查表 | 4.174 | |
| 11 | 被加热水量 | $G_1$ | kg/h | 已知 | 22000 | |
| 12 | 被加热水所需热量 | $Q$ | kW | $Q = G_1 c_{lp}(t_2' - t_1')$ | 637.69 | |
| 13 | 加热水需要量 | $G_r$ | kg/h | $G_r = \dfrac{Q}{(t_1 - t_2)c_{rp}}$ | 9066.68 | |
| 14 | 加热水的流速 | $w_r$ | m/s | 取定 | 0.4 | |
| 15 | 加热水的流通截面积 | $f_r$ | m² | $f_r = \dfrac{G_r}{w_r \rho_{rp}}$ | $6.6 \times 10^{-3}$ | |
| 16 | 被加热水的流速 | $w_1$ | m/s | 取定 | 0.8 | |
| 17 | 被加热水的流通截面积 | $f_1$ | m² | $f_1 = \dfrac{G_1}{w_1 \rho_{lp}}$ | $7.7 \times 10^{-3}$ | |
| 18 | 初选 BR10 型板式换热器,技术数据如下: | | | | | |
| 19 | 单通道流通截面积 | $f_d$ | m² | | $6.9 \times 10^{-4}$ | |
| 20 | 单片换热面积 | $F_d$ | m² | | 0.11 | |
| 21 | 加热水流道数 | $n_r$ | | $n_r = \dfrac{f_r}{f_d}$ | 10 | |
| 22 | 被加热水流道数 | $n_1$ | | $n_1 = \dfrac{f_1}{f_d}$ | 11 | |

（续）

| 序号 | 计算项目 | 符号 | 单位 | 计算公式 | 数值 | 备注 |
|---|---|---|---|---|---|---|
| 23 | 加热水的实际流速 | $w_r$ | m/s | $w_r = \dfrac{G_r}{n_r f_d \rho_{rp}}$ | 0.38 | |
| 24 | 被加热水的实际流速 | $w_1$ | m/s | $w_1 = \dfrac{G_1}{n_1 f_d \rho_{lp}}$ | 0.81 | |
| 25 | 传热系数 | $K$ | W/(m²·℃) | 选取 | 4300 | |
| 26 | 平均温差 | $\Delta t_p$ | ℃ | $\Delta t_p = t_{rp} - t_{lp}$ | 67.5 | |
| 27 | 传热面积 | $F'$ | m² | $F' = (1.05 \sim 1.1)\dfrac{Q}{K\Delta t_p}$ | 2.41 | 取系数1.1 |
| 28 | 需要的传热片数 | $N'$ | 块 | $N' = \dfrac{F'}{F_d}$ | 22 | |
| 29 | 需要的传热片数 | $N$ | 块 | $N = 1.25N'$ | 28 | |
| 30 | | | | 选定 BR10 $\dfrac{1.5}{150}\Big/3.19 - \dfrac{1\times15}{1\times15}$ 型板式换热器一台 | | |

### 2. 工业锅炉房设计实例

（1）3 台 WNS 型燃油、燃气锅炉房设计　本锅炉房设在高层建筑物的地下室内，共安装 3 台锅炉，其中 2 台 WNS1.05—0.7/95/70—Q 型全自动天然气热水锅炉，1 台 WNS0.7—0.7/95/70—Q（Y）型全自动天然气、轻柴油两用热水锅炉。

热水锅炉所产生的热水作为本大楼采暖、空调和生活热水的热能。锅炉房内设一台全自动软水器，将城市自来水软化后作为热水锅炉、采暖系统和空调系统的补给水。

采暖系统和空调系统均采用补给水泵定压。

锅炉燃料为天然气和 0 号轻柴油。天然气的性能如下：相对密度 $S = 0.5799$；绝对压力为 101325Pa。轻柴油 20℃状态下的低位发热量 $Q_{net}^g = 33.24\text{MJ/m}^3$。

城市中压天然气经调压箱降至 15kPa 进入炉前天然气管道。

贮存在地下油罐的轻柴油经齿轮油泵送至工作油箱，工作油箱应采取高基础支架安装，使油箱的出油口高于锅炉燃烧器进油口 500mm 以上。工作油箱间进锅炉间的门应为密闭门。遇有火警等异常情况时，应将工作油箱内的轻柴油放入室外紧急放油池。

1）主要设备表见表 5-2。

表 5-2　主要设备表

| 序号 | 设备名称 | 型号及规格 | 单位 | 数量 |
|---|---|---|---|---|
| 1 | 燃气热水锅炉 | WNS1.05—0.7/95/70—Q，额定热功率 1.05MW | 台 | 2 |
| 2 | 燃气（油）热水锅炉 | WNS0.7—0.7/95/70—Q（Y），额定热功率 0.7MW | 台 | 1 |
| 3 | 锅炉循环水泵 | NP80—65—160/161，$Q = 50\text{m}^3/\text{h}$，$H = 32\text{m}$，$N = 7.5\text{kW}$ | 台 | 3 |
| 4 | 锅炉补给水泵 | CR4—40，$Q = 4.8\text{m}^3/\text{h}$，$H = 32\text{m}$，$N = 0.75\text{kW}$ | 台 | 2 |
| 5 | 板式换热器 | 换热量 1.05MW | 台 | 1 |

（续）

| 序号 | 设备名称 | 型号及规格 | 单位 | 数量 |
|---|---|---|---|---|
| 6 | 空调循环水泵 | NP80—65—160/161，$Q=50\text{m}^3/\text{h}$，$H=32\text{m}$，$N=7.5\text{kW}$ | 台 | 3 |
| 7 | 空调补给水泵 | CR2—50，$Q=2.4\text{m}^3/\text{h}$，$H=32\text{m}$，$N=0.55\text{kW}$ | 台 | 2 |
| 8 | 水平浮动盘管换热器 | 换热量 0.93MW | 台 | 1 |
| 9 | 生活热水循环泵 | NP80-60-160/165，$Q=25\text{m}^3/\text{h}$，$H=32\text{m}$，$N=5.5\text{kW}$ | 台 | 2 |
| 10 | 分水器 | $DN400$ | 个 | 1 |
| 11 | 集水器 | $DN400$ | 个 | 1 |
| 12 | 全自动软水器 | ZRL—4，产软化水量 $Q=4\text{m}^3/\text{h}$ | 个 | 1 |
| 13 | 软化水箱 | $V=4\text{m}^3$，1400mm×1600mm×1800mm | 个 | 1 |
| 14 | 除污器 | $DN150$ | 个 | 1 |
| 15 | 地下卧式油罐 | $V=5\text{m}^3$，$\phi1500\text{mm}×3000\text{mm}$ | 个 | 1 |
| 16 | 齿轮油泵 | YCB0.6-0.6，$Q=0.6\text{m}^3/\text{h}$，$H=60\text{m}$，$N=0.75\text{kW}$ | 台 | 2 |
| 17 | 工作油箱 | $V=1\text{m}^3$，1000mm×1000mm×1100mm（高） | 个 | 1 |
| 18 | 紧急放油箱 | $V=1.5\text{m}^3$，1000mm×1000mm×1500mm（高） | 个 | 1 |
| 19 | 消防水泵 | NP50—50—200/202，$Q=50\text{m}^3/\text{h}$，$H=54\text{m}$，$N=15\text{kW}$ | 台 | 2 |
| 20 | 自来水加压水泵 | NP50—32—160/165，$Q=12.5\text{m}^3/\text{h}$，$H=0.32\text{MPa}$，$N=3\text{kW}$ | 台 | 2 |
| 21 | 天然气调压箱 | CSZ200A，$Q=300\text{m}^3$，进口压力 0.01~0.6kPa，出口压力 1.0~30kPa | 台 | 1 |
| 22 | 排污降温池 | 1500mm×1500mm×1500mm | 个 | 1 |
| 23 | 电子水处理仪器 | 水处理量 $Q=25\text{m}^3$ | 个 | 1 |
| 24 | 水位调节阀 | HYDT—2—32，另配 HYSK 系列液位控制装置 | 个 | 1 |
| 25 | 自立式温度调节阀 | HYZW—100—T1 | 个 | 1 |

2）工程设计图

①锅炉房设备平面图，剖面图如图 5-2 所示。

②锅炉房热力系统图如图 5-3 所示。

③燃料系统图如图 5-4 所示。

（2）4 台 UL—S 型燃气锅炉房设计　本设计为独立建筑的燃气燃油锅炉房，选用 4 台 4t/h 蒸汽锅炉，其中 2 台为燃气锅炉，2 台为燃油、燃气两用锅炉，专为饭店供应生产生活用蒸汽。

锅炉燃料以城市燃气为主，当城市管网煤气供应不足时，起动油气两用锅炉的供油系统，以保证不间断为饭店供应蒸汽。

城市 50kPa 的中压煤气经调压后降至 10kPa 中压煤气送入锅炉房的分气缸内，然后再分别送至每台锅炉。

锅炉燃料：气体燃料为焦炉煤气，其各组成的体积分数分别为 $H_2=59.2\%$、$CO=8.6\%$、$CH_4=23.4\%$、$C_mH_n=2.0\%$、$O_2=1.2\%$、$N_2=3.6\%$、$CO_2=2.0\%$；焦炉煤气标

准状态下的低位发热量 $Q_{net}^g = 17.59 MJ/m^3$。液体燃料为 0 号柴油，低位发热量 $Q_{net,ar} = 43 MJ/kg$。

水处理采用钠离子交换软化和热力除氧。

锅炉房主要技术指标：总蒸汽量 16t/h，蒸汽压力 1.0MPa，建筑面积 396m²，电动机功率 60kW，燃料消耗量轻柴油 250kg/(h·台)、煤气 600m³/(h·台)。

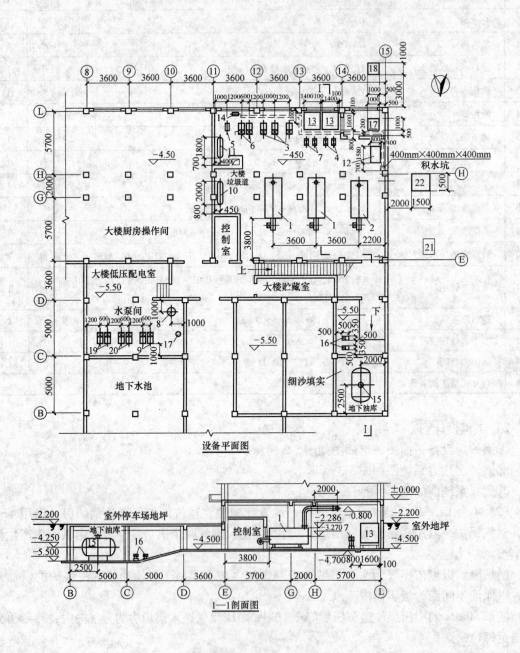

图 5-2 锅炉房设备平面图、剖面图

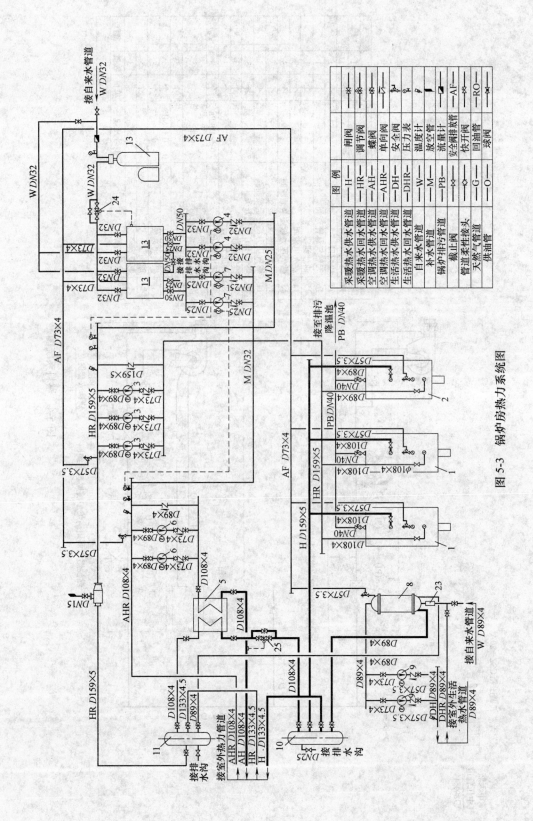

图 5-3　锅炉房热力系统图

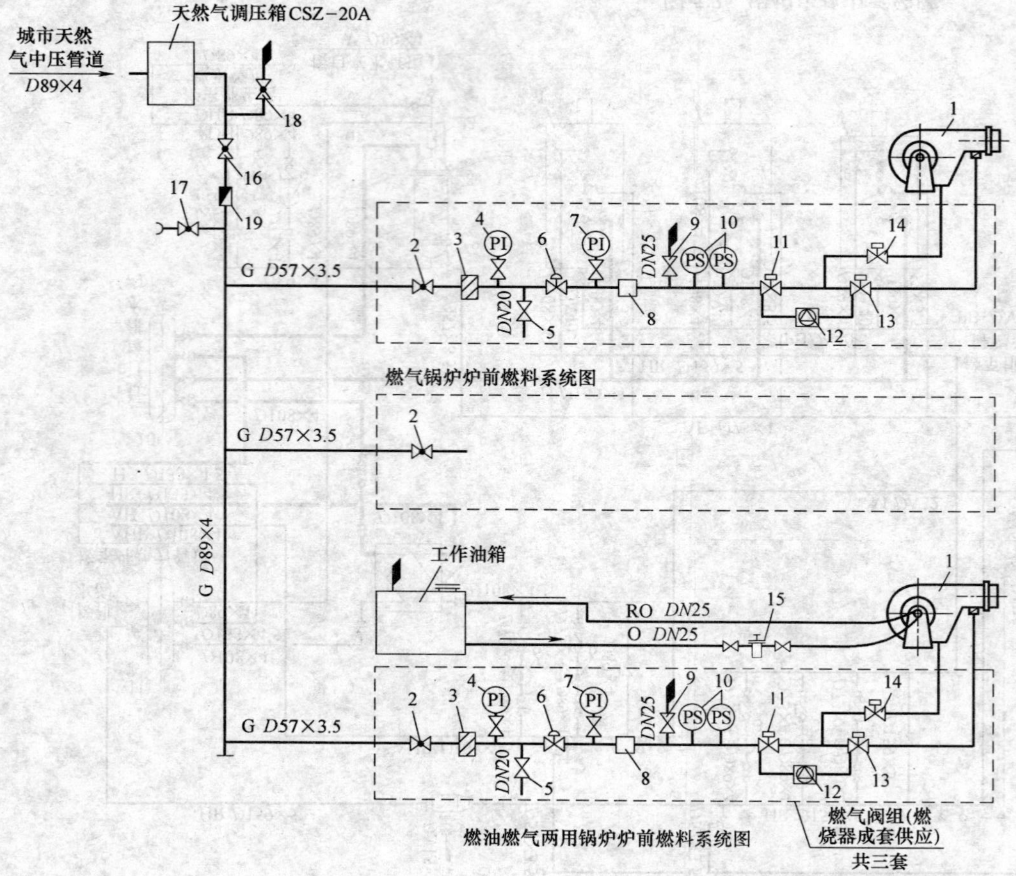

| 序号 | 设备名称 | 型号及规格 | 单位 | 数量 | 备注 |
|---|---|---|---|---|---|
| 19 | 流量计 | | 个 | 1 | |
| 18 | 排气放散管 | | 个 | 1 | |
| 17 | 吹扫口 | | 个 | 1 | |
| 16 | 天然气总管球阀 | | 个 | 1 | |
| 15 | 油过滤器 | | 个 | 1 | |
| 14 | 燃气压力低安全截断阀 | | 个 | 3 | |
| 13 | 点火电磁阀 | | 个 | 3 | |
| 12 | 燃气泄漏检测装置 | | 个 | 3 | |
| 11 | 燃气压力高安全截断阀 | | 个 | 3 | |
| 10 | 燃气压力控制开关 | | 个 | 3 | |
| 9 | 排气放散管 | | 个 | 3 | |
| 8 | 膨胀节 | | 个 | 3 | |
| 7 | 压力表(低) | $0\sim10kPa$ | 个 | 3 | 燃烧器配套供应 |
| 6 | 气稳压调节装置 | | 个 | 3 | |
| 5 | 压力保护及供 | | 个 | 3 | |
| 4 | 压力表(高) | $0\sim0.10MPa$ | 个 | 3 | |
| 3 | 燃气过滤器 | | 个 | 3 | |
| 2 | 球阀 | | 个 | 3 | |
| 1 | 燃烧器 | | 台 | 3 | |

设 备 表

图5-4 燃料系统图

天然气调压箱CSZ-20A

城市天然气中压管道 D89×4

燃气锅炉炉前燃料系统图

燃油燃气两用锅炉炉前燃料系统图

工作油箱

燃气阀组(燃烧器成套供应)

共三套

G D57×3.5

G D89×4

RO DN25 O DN25

DN25 DN20

1）锅炉房主要设备见表5-3，煤气调压站主要设备见表5-4。

**表5-3　锅炉房主要设备**

| 序号 | 设备名称 | 型号及规格 | 单位 | 数量 | 备注 |
|---|---|---|---|---|---|
| 1 | 油气两用锅炉 | UL-S 400 4t/h 1.0MPa | 台 | 2 | |
| 2 | 燃气锅炉 | UL-S 400 4t/h 1.0MPa | 台 | 2 | |
| 3 | 燃烧机 | | 台 | 4 | 随锅炉带来 |
| 4 | 锅炉控制柜 | | 台 | 4 | 随锅炉带来 |
| 5 | 锅炉给水泵 | | 台 | 4 | 随锅炉带来 |
| 6 | 热力除氧器 | TA—12 7400L | 台 | 1 | |
| 7 | 钠离子交换器 | $\phi$1500mm | 台 | 2 | |
| 8 | 除氧水泵 | $Q=14m^3$　$H=12m$ | 台 | 2 | |
| 9 | 带中间隔板的方型开式水箱 | $V=15m^3$　3800mm×2600mm×1800mm | 个 | 1 | |
| 10 | 浓盐池 | $V=3m^3$　2000mm×1000mm×1500mm | 个 | 1 | |
| 11 | 稀盐池 | $V=3m^2$　2000mm×2500mm×1000mm | 个 | 1 | |
| 12 | 盐液泵 | 40FS-20　$Q=12\sim16m^3/h$　$H=20m$ | 台 | 1 | |
| 13 | 分汽缸 | $\phi$426mm　$L=2100mm$ | 个 | 1 | |
| 14 | 分汽缸（煤气） | $\phi$426mm　$L=2100mm$ | 个 | 1 | |
| 15 | 工作油箱 | $1m^3$ | 个 | 1 | |
| 16 | 离心管道油泵 | 65YG24　$Q=25m^3/h$　$H=24m$ | 台 | 1 | |
| 17 | 取样冷却器 | $\phi$254mm | 个 | 1 | |
| 18 | 烟囱 | $\phi$475mm | 个 | 4 | |

**表5-4　煤气调压站主要设备**

| 序号 | 设备名称 | 型号及规格 | 单位 | 数量 | 备注 |
|---|---|---|---|---|---|
| 1 | 三角柱涡街流量计 | LSI10—20H $DN$200mm | 台 | 1 | |
| 2 | 过滤器 | $DN$200mm | 个 | 2 | |
| 3 | 煤气调压器 | TMJ—218 $DN$100mm | 台 | 2 | |
| 4 | 波纹补偿器 | $DN$200mm | 个 | 2 | |
| 5 | 煤气调压器 | TMJ—314 $DN$100mm | 台 | 2 | |
| 6 | 波纹补偿器 | $DN$150mm | 个 | 2 | |
| 7 | 过滤器 | $DN$150mm | 个 | 2 | |
| 8 | 压力表 | Y—100 0.1MPa | 个 | 5 | |
| 9 | 水封 | $\phi$219mm×1950mm | 个 | | |
| 10 | 水封 | $\phi$219mm×950mm | 个 | 1 | |
| 11 | 双头旋塞阀 | $DN$15mm | 个 | 3 | |
| 12 | U形压力计 | 1500mm | 个 | 6 | |
| 13 | 烟囱 | X13W—10 | 个 | 3 | |

2）工程设计图

①锅炉房设备平面图如图5-5所示。

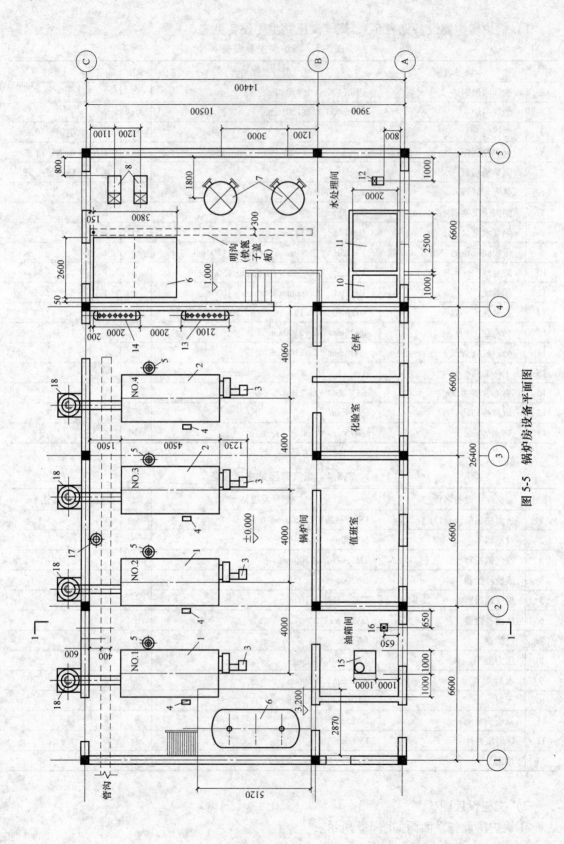

图 5-5 锅炉房设备平面图

②锅炉房总平面图及剖面图如图 5-6 所示。

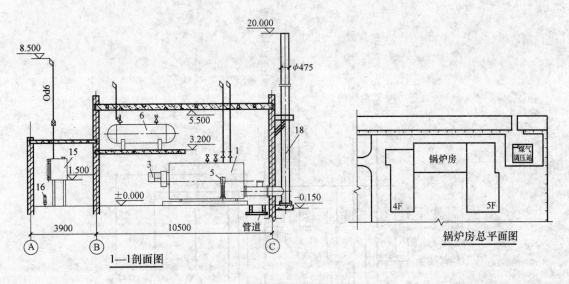

图 5-6　锅炉房总平面图及剖面图

③煤气调压站设备平面图如图 5-7 所示。

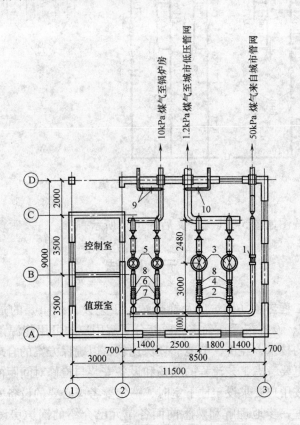

图 5-7　煤气调压站设备平面图

④煤气调压站系统图如图 5-8 所示。

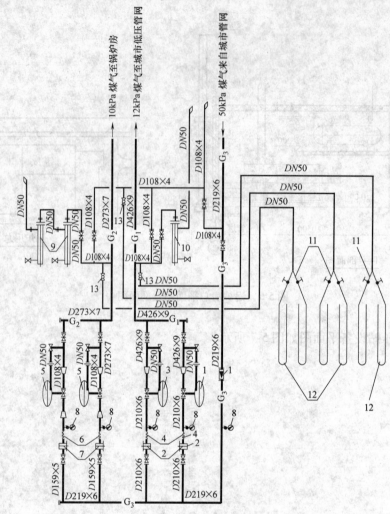

图 5-8　煤气调压站系统图

⑤锅炉房热力系统图如图 5-9（见全文后插页）所示。

# 单 元 小 结

供热通风与空调工程热源（锅炉房及换热站）工艺设计最重要的是热源的类型和方案（包括锅炉房设备选型、设备布置）确定。要充分了解用户的可用能源条件及用热情况，针对性地进行各种方案的技术、经济、节能、环保比较，以确保方案的合理性。锅炉房设备选型及设备布置过程中更要考虑工艺流程的顺畅和设备安装与检修对间距的要求。特别是对于燃气燃油锅炉房，当按用户要求设于地下室时，一定要考虑必要的设备安装通道。在施工图绘制的过程中，要更进一步地理解和熟悉前面各单元已介绍的锅炉房设备安装、布置的要点，要从施工图识读、竣工图绘制、施工图会审及热源系统工艺安装要求等方面来学习和理解本单元的内容。

　　供热通风与空调工程热源（锅炉房及换热站）工艺设计的基本程序通常为：热用户基本情况调查及资料收集——方案分析、比较、确定——主要设备选型——配合相关专业进行建筑、结构初步设计——平面及空间初步工艺布置——施工图设计。

　　限于篇幅，本单元所列举的设计案例中没有进行锅炉房设计的施工说明描述，如施工图中所涉及到的各种管材种类、连接方式、除锈刷油、保温保护层做法、锅炉试压要求、相关施工验收规范和标准图运用等，请在课外结合相关教材内容进行适当的补充和完善。

## 复习思考题

5-1　锅炉供热介质和参数如何确定？

5-2　换热站热力系统的设计原则是什么？

5-3　热水循环系统定压方法有哪些？

5-4　简述换热器选型的步骤。

5-5　比较循环水泵和补给水泵选择计算的异同。

5-6　简述换热站与锅炉房工艺设计的区别与联系。

# 第二篇　空调用冷源系统

## 单元6　制冷原理概述

**主要知识点**：人工制冷的方法：蒸气压缩式制冷的理想制冷循环、理论循环、回热循环、实际循环及热力计算；制冷运行工况及其对制冷循环性能的影响；热泵循环。基本术语：制冷工况、制冷量、过冷、过热、回热循环等。

**教学目标**：掌握蒸气压缩式制冷基本循环原理及热力计算；熟悉制冷运行工况及其对制冷循环性能的影响；理解制冷工况、制冷量、回热循环、实际制冷循环、热泵循环等基本概念。

## 课题1　绪　　论

### 1. 制冷

自然界中，水总是自发地从高处流向低处，而热能的传递也总是自发地从高温物体传递给低温物体，这就是热力学第二定律所反映的自发过程的方向性问题。事实上，人们可以用水泵将水从低处转移至高处，用热泵将热能从低温物体中转移至高温物体中，当然，这样的过程是非自发，是需要付出代价的（如消耗一定的机械能、电能或热能）。

所谓制冷，是用人工的方法将被冷却对象的热能转移给周围环境介质，使被冷却对象的温度低于环境温度，并在所需时间内维持这个低温的过程。所以，制冷绝对不可以理解为是制造冷量的过程，而是一个人为创造相对的低温环境的过程。

### 2. 冷量与热量

当人们为了创造一个低温环境（通常指比当时大气温度低）而从低温物体转移出的热能习惯上称为"冷量"，如夏天空调机将室内（26℃左右）热能转移至室外（30℃左右）。当人们为了供暖而从低温环境（物体）将热能转移至高温环境时，这部分热能习惯上称"热量"，如冬天北方地区可用空调机（热泵型）将室外大气（如4℃）中的热能转移至室内（如18℃）。前者称为制冷循环，后者称为热泵循环，二者仅目的不同，实质一样。所以，冷量与热量都是指热能的转移量，仅仅是在不同场合或用于不同目的时的不同称谓而已。另外，热能由"低温物体"转移至"高温物体"，同时外界消耗一定的能量作为"补偿"，这里需要指出的是，所谓"能量的消耗"是指能量品质的下降、可用性的耗散，而非能量数量的消失。

所谓制冷量，就是指制冷装置在单位时间内从被冷却物转移的热量，即制冷剂在蒸发器中所吸收的热量，常用符号 $Q$ 表示。

**3. 制冷技术的应用**

制冷技术在现代社会中的作用越来越大，除军事方面的应用外，主要有以下几方面的应用。

1）冷藏行业。如食品、药品等的低温贮存，需要冰箱、冷库等。

2）空调冷源。许多生产工艺过程需要有恒温、恒湿的空气环境，如光学仪器、半导体、计算机芯片等生产工艺，这就需要有制冷技术的支持。另外，许多公共建筑及住宅在夏季也需要空调降温装置，以保证人们工作、生活的舒适条件。

3）科研方面。如超低温制冷技术在"电超导"方面的应用，宇宙空间的模拟、高真空的获得等均离不开制冷技术。

本书主要介绍空调用冷源的相关内容。

**4. 人工制冷的方法**

实现人工制冷的方法有许多种，在制冷温度高于 −120℃ 的普通制冷范围内，常用的人工制冷方法是利用液体汽化时吸热的原理进行制冷，包括蒸气压缩式制冷，吸收式制冷，蒸气喷射式制冷；对于制冷温度在 −250 ~ −120℃ 范围的深度制冷，则常用气体绝热膨胀法、半导体制冷法等；对于 −250℃ 以下的低温和超低温制冷，则采用磁制冷等方法。

空调用制冷技术只涉及到利用液体汽化吸热的制冷方法。本书主要介绍蒸气压缩式制冷和吸收式制冷，制冷温度一般大于 0℃。

**5. 空调制冷工程中热能转移示意**

如图 6-1 所示，在夏季，空调房间与室外大气存在温差，热量 $Q_1$ 由大气环境传入房间，为保持空调房间温度（27℃），通过空调末端设备 1，将热量由冷冻水经循环泵 2 带走，在蒸发器 4 中再将热量 $Q_0$ 转移给制冷剂，通过制冷循环在冷凝器 6 中再转移给冷却水，最后经冷却塔 8 将热量 $Q_k$ 转移至大气环境。需要说明的是：由大气环境传入空调房间的热量 $Q_1$ 远小于最后由冷却塔转移回大气的热量 $Q_k$，其增大的热量主要产生于循环泵、压缩机的耗功以及环境通过温差传热进入系统的热量。

由图 6-1 还可看出，为了将房间内（27℃左右）的热量转移到高温环境（例如30℃），至少需要三个循环过程：冷冻水循环（1—2—4—1）、制冷机循环（4—5—6—7—4）及冷却水循环（6—3—8—6）。

图 6-1 中的外界能量补偿是电能，对于其他制冷系统，外界能量补偿也可以是热能，如吸收式制冷系统。

**6. 空调用制冷技术常用术语**

下面的这些术语在以后的学习中常要涉及到，在这里明确其含义是非常必要的。

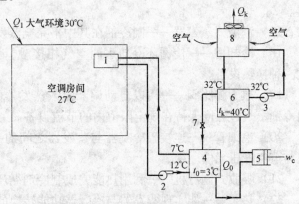

图 6-1　空调制冷工程热能转移示意图

1—空调末端装置　2—冷冻水循环泵　3—冷却水循环泵

4—蒸发器　5—压缩机　6—冷凝器　7—节流装置　8—冷却塔

1）制冷——用人工方法从某一物质或空间移出热量，以便为空气调节、冷藏和科学研究等提供冷量的技术。

2）标准制冷量——在规定的标准工况下，单位时间内，由制冷机蒸发器中的制冷剂所移出的热量。

3）制冷剂——制冷系统中，完成制冷循环的工作物质。

4）共沸溶液制冷剂——两种或两种以上的制冷剂，按一定的组分相互溶解生成的混合制冷剂。在恒定的压力下，该制冷剂具有恒定不变的蒸发温度和冷凝温度，而且气相和液相具有相同的组分。

5）非共沸溶液制冷剂——两种或两种以上的制冷剂，按一定的组分相互溶解生成的混合制冷剂。在恒定的压力下，该制冷剂的蒸发温度和冷凝温度不能保持恒定，而且气相和液相具有不同的组分。

6）缓蚀剂——加入盐水或其他液体介质中能降低腐蚀性的一种添加剂。

7）不凝性气体——在冷凝温度和压力下不凝结而存在于制冷系统中的气体。

8）节流膨胀——制冷剂通过任何降压元件的膨胀。过程中同外界无机械功的传递。

9）过冷——液态制冷剂的温度降低到相应压力的冷凝温度以下的现象。

10）过热——气态制冷剂的温度上升到相应压力的饱和温度以上的现象。

11）直接制冷系统——制冷系统中的蒸发器直接和被冷却介质或空间相接触进行热交换的制冷系统。

12）间接制冷系统——载冷剂先被制冷剂冷却，然后再用来冷却被冷却介质或空间的制冷系统。

13）压缩式制冷机——用机械压缩制冷剂蒸气完成制冷循环的制冷机。

14）压缩式冷水机组——将压缩机、冷凝器、蒸发器以及自控元件等组装成一体，可提供冷水的压缩式制冷机。

15）压缩冷凝机组——将制冷压缩机、冷凝器以及必要的附件等，组装在一个基座上的机组。

16）干式蒸发器（非满液式）——冷水在壳体内流动，制冷剂在管内全部蒸发的蒸发器。

17）满液式蒸发器——制冷剂在其中不完全蒸发的蒸发器。

18）冷却塔——使循环冷却水同空气相接触，全部或主要以蒸发的方式达到冷却目的的一种换热设备。

19）热力膨胀阀——用以自动调节流入蒸发器的液态制冷剂流量，并使蒸发器出口的制冷剂蒸气过热度保持在规定限值内的节流设备。

20）毛细管——连接于冷凝器与蒸发器之间的一段小口径管，作为制冷系统的流量控制与节流降压元件。

21）吸收式制冷机——利用热能完成制冷剂循环和吸收剂循环的制冷机。

22）热泵——能实现蒸发器与冷凝器功能转换的制冷机。

## 课题2 蒸气压缩式制冷循环及热力计算

**1. 理想制冷循环——逆卡诺循环**

最理想的制冷循环称为逆卡诺循环，由两个可逆的等温过程和两个可逆的绝热过程组成。如图 6-2 所示，在恒定的高温热源 $T_k$ 与低温热源 $T_0$ 之间，每 1kg 制冷工质（制冷剂）经过每一制冷循环，压缩机将消耗 $w_c$ 的功量，而通过膨胀机则收回 $w_e$ 的功量，实际耗功量为 $\sum w$。这样的付出结果导致有 $q_0$ 的热量（冷量）从 $T_0$ 转移至 $T_k$。（向 $T_k$ 释放的热量为 $q_0 + \sum w = q_k$）。制冷循环的性能指标用制冷系数 $\varepsilon$ 表示，为单位耗功量所能获得的冷量。

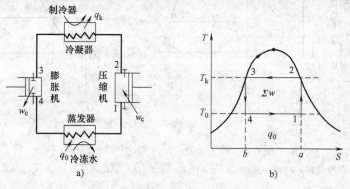

图 6-2　蒸气压缩式制冷的理想循环

a）制冷系统　b）制冷循环

$$\varepsilon = \frac{q_0}{\sum w} \tag{6-1}$$

对于逆卡诺制冷循环，则有

$$\varepsilon_0 = \frac{q_0}{q_k - q_0} = \frac{T_0(S_a - S_b)}{T_k(S_a - S_b) - T_0(S_a - S_b)} = \frac{T_0}{T_k - T_0} < 1 \tag{6-2}$$

从理论上说，逆卡诺循环的制冷系数是所有制冷循环中最大的。

由式（6-2）可见，制冷量 $q_0$ 的转移温差 $T_k - T_0$ 越大，则制冷系数 $\varepsilon$ 越小，如果把 $T_k$ 看做是环境温度，则制冷温度 $T_0$ 越低，则转移同样冷量 $q_0$ 所付出的代价越大，这和我们日常生活中遇到的诸如重物提升做功等概念是一致的，即一定量的重物提升高差越大，则所付出的代价（做功）越大。

**2. 蒸气压缩式制冷理论循环**

（1）蒸气压缩式制冷基本理论循环　实际工程中进入膨胀机的是液态制冷剂，在 $p_k \rightarrow p_0$ 的膨胀过程中体积变化很小，所产生的膨胀功甚至不足以克服膨胀机本身的摩擦阻力，因此，在蒸气压缩式制冷循环中，用膨胀阀来代替理想制冷循环中的膨胀机，既简化了制冷装置，又可通过膨胀阀调节进入蒸发器的流量（工程中常将膨胀阀称为调节阀）。而膨胀节流过程是不可逆的，过程很快，可认为是绝热节流，则节流前后的焓值不变，所以在温—熵（$T$—$S$）图或压—焓（$p$—$h$）图上此过程用沿等焓线变化的虚线表示，但绝不是等熵过程。

从图 6-2 还可以看出，理想制冷循环的压缩过程是在湿蒸气区进行的，这在实际运行中是绝对禁止的（如用活塞式压缩机则会发生冲缸现象，即将气缸吸排汽阀片击碎，甚至破坏气缸盖）。所以，进入制冷压缩机的制冷剂至少要求是干饱和蒸气。这就形成了图 6-3 所示的蒸气压缩式制冷理论制冷循环。

从图 6-3 可看出，由于用膨胀阀代替膨胀机；蒸气干压缩代替湿压缩，相对于理想制冷循环，理论循环制冷量将减少 $\Delta q_0'$（图 6-3b 中面积 $4'4\,b\,b'4'$），增加 $\Delta q_0$（图 6-3b 中面积

1'1 a a'1'），但压缩功也有所增加，并且不再有膨胀功回收，故理论循环的制冷系数明显小于理想制冷循环的制冷系数。

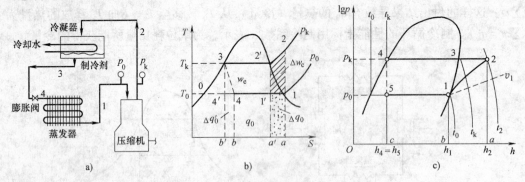

图 6-3  蒸气压缩式制冷理论制冷循环

a）制冷装置  b）理论循环在 $T—S$ 图上的表示  c）理论循环在 lg$p$-$h$ 图上的表示

（2）具有液体过冷和蒸气过热的理论制冷循环

1）制冷剂液体过冷的目的及方法。如图 6-4 所示，将图 6-4b 中节流阀前的饱和液体（状态是 4）在定压状态下继续冷却到过冷状态（图 6-4b 中 4′点）的过程称为液体过冷，经节流后，（图 6-4b 中 5′点）可使制冷剂在蒸发器中的吸热过程延长，提高制冷量（$\Delta q_0 = h_4 - h_{4'}$），增大制冷系数 $\varepsilon$，所以，工程中制冷剂液体过冷被普遍采用。

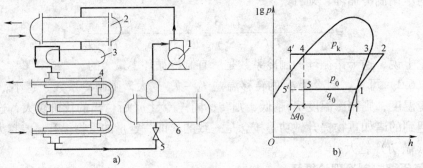

图 6-4  具有制冷剂液体过冷的制冷循环

a）过冷循环装置  b）过冷循环

1—压缩机  2—冷凝器  3—贮液器  4—过冷器  5—节流阀  6—蒸发器

空调制冷工程中，通常是采用适当加大冷凝器换热面积（一般增大 10% ~ 15%）的方法来使制冷剂液体过冷的，也可以在冷凝器后设过冷器使制冷剂液体过冷。对氟利昂空调制冷系统，也可以考虑采用回热循环实现液体过冷。

2）制冷剂蒸气过热的原因及其影响。基本理论制冷循环中压缩机吸汽状态为饱和蒸气（图 6-3 中 1 点），而实际制冷循环中却一般都要产生蒸气过热，即如图 6-5 中 1—1′的定压升温过程。原因有二：首先，蒸发器至压缩机吸气口的管段尽管要进行保温，但仍然要发生吸气升温过程；其次，许多非满液式蒸发器（多用于氟利昂系统）本身设计的出口温度就处于过热状态。

所以，单级蒸气压缩制冷循环一般均具有液体过冷和蒸气过热。

对于蒸气过热产生的影响，要注意以下几点：

①蒸气过热是有效过热还是无效过热（又称有害过热）。

②蒸气过热后的压缩功（$h_{2'} - h_{1'}$）大于吸入饱和蒸气时的压缩功（$h_2 - h_1$），同时 $v_{1'} > v_1$。

③为了保证压缩机不吸入液态制冷剂，通常人为地控制产生一定的过热度（$t_{1'} - t_1$）。

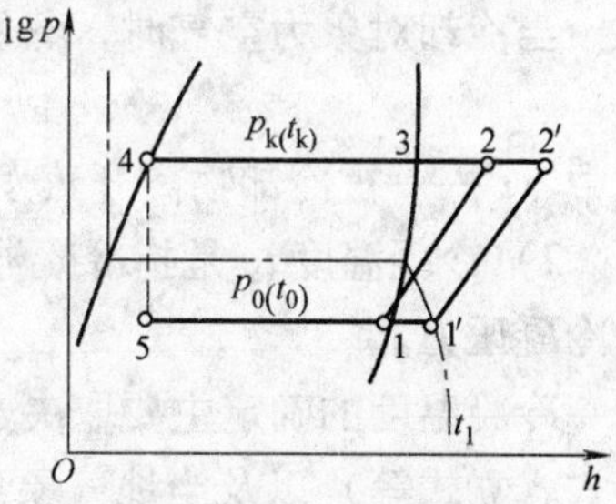

（3）回热循环　工程上有时利用回热器（汽—液热交换器）将液体过冷与蒸气过热统一考虑，使过热成为有效的冷量回收。如图 6-6 所示，从冷凝器中流出的饱和液体（状态点 4）在回热器中放热给从蒸发器流出的饱和蒸气（状态点 1），液体定压冷却至 4′点，同时蒸气定压过热至 1′，二者换热量 $\Delta q_0 = h_4 - h_{4'} = h_{1'} - h_1 = h_5 - h_{5'}$。

采用回热循环可增大制冷量 $\Delta q_0$，但压缩机耗功量也增加。经实测及理论分析，氨制冷系统不应采用回热循环，氟利昂系统可考虑采用，但也应该进行设备投资、热力计算等分析比较后再确定。

图 6-5　蒸气过热循环在 $\lg p$—$h$ 图上的表示

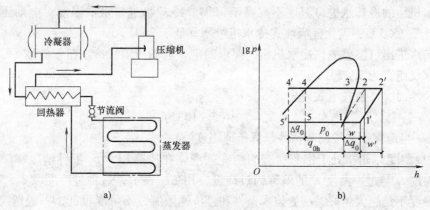

图 6-6　回热制冷循环

a）回热循环装置　b）回热制冷循环在 $\lg p$—$h$ 图上的表示

### 3. 单级蒸气压缩式制冷理论循环热力计算

一般情况下，制冷循环热力计算的目的有两个：设计选型计算，主要是计算制冷循环的各项性能指标，为制冷压缩机及换热器（冷凝器、蒸发器、冷却塔等）等设备选型提供依据，如压缩机的输气量及功率、冷凝器负荷等；校核计算，针对已有设备参数经热力计算校核其是否满足所需制冷量要求。

对于设计计算，制冷量（即空调冷负荷）是已知的，再按照具体客观条件和相关规范确定冷却方式、环境参数及制冷工况后，即可进行热力计算。所谓制冷工况是指蒸发温度 $t_0$、冷凝温度 $t_k$、液体过冷度 $\Delta t_g$ 等这样一组工作参数。

（1）制冷工况的确定

1）蒸发温度 $t_0$ 是指蒸发器中制冷剂液体在饱和状态下的沸腾温度，对应的饱和压力即为蒸发压力。

蒸发温度的确定与被冷却对象的种类（如气体、液体）有关。在空调制冷工程中，被冷却对象为冷冻水时，蒸发温度一般比冷冻水要求温度（即离开蒸发器时的冷冻水温度，一般为 7℃）要低 4~6℃，即

$$t_0 = t' - (4 \sim 6℃) \tag{6-3}$$

当冷却对象为空气时，蒸发温度通常比所要求的空气温度低 8~10℃，即

$$t_0 = t' - (8 \sim 10℃) \tag{6-4}$$

式中　$t'$——被冷却物离开蒸发器时的温度（℃）。

2）冷凝温度 $t_k$ 是指冷凝器中制冷剂蒸气在饱和状态下的凝结温度，对应的饱和压力即为冷凝压力。

冷凝温度的确定主要取决于所采用的冷却方式（如水冷、风冷）、冷凝器结构形式（如卧式、立式等）以及当地气象条件等因素。当采用水冷却时，通常按下式确定

$$t_k = t_{pj} + (5 \sim 7℃) \tag{6-5}$$

式中　$t_{pj}$——冷凝器中冷却水进出口平均温度（℃）。

同时，还应符合《民用建筑供暖通风与空气调节设计规范》（GB 50736—2012）中有关规定。

①冷水机组的冷却水进口温度不宜高于 33℃，冷却水进口最低温度对电动压缩式冷水机组不宜低于 15.5℃，溴化锂吸收式冷水机组不宜低于 24℃。

②冷却水进出口温差应按冷水机组的要求确定，电动压缩式冷水机组宜取 5℃，溴化锂吸收式冷水机组宜为 5~7℃。

采用风冷时，一般按下式确定

$$t_k = t_g + (5 \sim 10℃) \tag{6-6}$$

式中　$t_g$——当地夏季空气调节室外计算干球温度。

3）过冷温度 $t_g$ 是指处于饱和状态的制冷剂液体在冷凝压力 $p_k$ 下继续冷却降温后的温度。冷凝温度 $t_k$ 与过冷温度 $t_g$ 的差称为过冷度，用 $\Delta t_g$ 表示，通常过冷度取 3~5℃。需要注意，过冷度不是越大越好，$t_g$ 受技术条件和经济性限制，不可能很低，一般情况下，$t_g$ 要高于冷却水进口温度 3℃左右。

4）制冷压缩机吸气温度 $t_1$，与制冷剂种类、制冷压缩机种类以及其名义工况（此概念还将在后面介绍）有关。如《活塞式单级制冷压缩机》（GB/T 10079—2001）中有机制冷剂压缩机高温、中温、低温各名义工况的吸气温度均为 18.3℃，无机制冷剂压缩机中低温名义工况的吸气温度为 −10℃。

（2）单级蒸气压缩式制冷理论循环热力计算　在运行工况各参数确定后，就可在 $\lg p$—$h$ 图上绘出制冷循环过程线 1-2-3-4-5-1（过程 4-5 为虚线，节流过程），查出各状态点的参数 $h_1$，$h_2$，$h_3$，…，进行热力计算。如图 6-7 所示。

①单位质量制冷量 $q_0$，它是指在制冷循环中每 1kg 制冷剂所产生的制冷量，单位是 kJ/kg。

$$q_0 = h_1 - h_5 \tag{6-7}$$

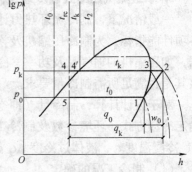

图 6-7　蒸气压缩式制冷理论循环及热力计算参数在 $\lg p$—$h$ 图上的确定

②单位容积制冷量 $q_v$，它是指制冷机吸气状态下每吸入 $1m^3$ 制冷剂蒸气所能产生的制冷量，单位为 $kJ/m^3$。

$$q_v = \frac{q_0}{v_1} = \frac{h_1 - h_5}{v_1} \tag{6-8}$$

式中　$v_1$——制冷机吸汽状态下的蒸气比体积（$m^3/kg$）。

③制冷剂的质量流量 $M_R$（$kg/s$）

$$M_R = \frac{Q_0}{q_0} \tag{6-9}$$

式中　$Q_0$——制冷量（$kJ/s$ 或 $kW$）。

④制冷剂的体积流量 $V_R$，即制冷压缩机单位时间吸入气态制冷剂的体积量（吸气状态下），单位为 $m^3/s$。

$$V_R = \frac{Q_0}{q_v} = M_R \cdot v_1 \tag{6-10}$$

⑤冷凝器负荷 $Q_k$，即制冷剂蒸气在冷凝器中放出的热量（传给了冷却介质，如水或空气）。

$$Q_k = M_R q_k = M_R(h_2 - h_4) \tag{6-11}$$

⑥压缩机的理论功率 $P_{th}$

单位压缩功：

$$w_0 = h_2 - h_1 \tag{6-12}$$

理论功率：

$$P_{th} = M_R w_0 = M_R(h_2 - h_1) \tag{6-13}$$

⑦理论制冷系数 $\varepsilon_{th}$

$$\varepsilon_{th} = \frac{Q_0}{P_{th}} = \frac{q_0}{w_0} = \frac{h_1 - h_5}{h_2 - h_1} \tag{6-14}$$

**例 6-1**　已知某空调系统所需制冷量为 $100kW$，采用 R22（氟利昂 22）为制冷剂。空调用户要求的冷冻水温度为 $7\,℃/12\,℃$，冷却介质为循环水，过冷度取 $5\,℃$，吸气温度为 $10\,℃$（有效过热），试进行热力计算。

**解：**（1）确定制冷循环运行工况

1）蒸发温度 $t_0$：通常比冷冻水要求温度 $7\,℃$ 低 $4 \sim 6\,℃$，取 $t_0 = (7-4)\,℃ = 3\,℃$。

2）冷凝温度 $t_k$：采用循环水冷却，进水温度取 $32\,℃$，出水 $38\,℃$，$t_{pj} = \dfrac{32+38}{2}\,℃ =$ $35\,℃$。$t_k = t_{pj} + 5\,℃ = 40\,℃$。

3）过冷温度：因过冷度为 $5\,℃$，$t_g = 40\,℃ - 5\,℃ =$ $35\,℃$。

4）过热温度（吸气温度）：按题意要求，$t_r = 10\,℃$。

（2）在 R22 的 $\lg p—h$ 上绘出制冷循环并查出各状态点的参数。

如图 6-8 所示，利用 $t_0$、$t_k$ 确定 $p_0 = 0.5483MPa$，$p_k = 1.5269MPa$。由 $p_0$ 与吸气温度 $t_1 = 10\,℃$ 的交点得到状态点 1；由点 1 沿等熵线 $S_1$ 与 $p_k$ 相交得点 2；由过冷温度 $t_g = 35\,℃$ 与 $p_k$ 相交得点 4；沿等焓线 $h_4$ 与 $p_0$ 相交得点 5。各状态点参数值见表 6-1。

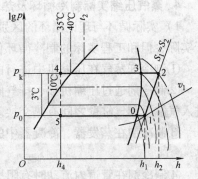

图 6-8　例题 6-1 图

表6-1  各状态点的参数值

| 状态点 | 焓/（kJ/kg） | 比体积v/（m³/kg） | 温度t/℃ | 压力P/MPa |
|---|---|---|---|---|
| 1 | 412 | 0.047 | 10 | 0.5483 |
| 2 | 439 | | 65 | 1.5269 |
| 3 | 418 | | 40 | 1.5269 |
| 4 | 243 | | 35 | 1.5269 |
| 5 | 243 | | 3 | 0.5483 |
| 0 | 405.98 | 0.04296 | 3 | 0.5483 |

（3）热力计算

1）单位质量制冷量

$$q_0 = h_1 - h_5 = (412 - 243)\,\text{kJ/kg} = 169\,\text{kJ/kg}$$

2）单位容积制冷量

$$q_v = \frac{q_0}{v_1} = \frac{169}{0.047}\,\text{kJ/m}^3 = 3595.7\,\text{kJ/m}^3$$

3）制冷剂质量流量和体积流量

$$M_R = \frac{Q_0}{q_0} = \frac{100}{169}\,\text{kg/s} = 0.592\,\text{kg/s}$$

$$V_R = M_R \cdot v_1 = (0.592 \times 0.047)\,\text{m}^3/\text{s} = 0.0278\,\text{m}^3/\text{s}$$

4）冷凝器热负荷

$$q_k = h_2 - h_4 = (439 - 243)\,\text{kJ/kg} = 196\,\text{kJ/kg}$$

$$Q_k = M_R \cdot q_k = 0.592 \times 196\,\text{kW} = 116.032\,\text{kW}$$

5）压缩机理论耗功率

$$w_0 = h_2 - h_1 = (439 - 412)\,\text{kJ/kg} = 27\,\text{kJ/kg}$$

$$P_{th} = M_R \cdot w_0 = 0.592 \times 27\,\text{kW} = 15.984\,\text{kW}$$

6）理论制冷系数

$$\varepsilon_{th} = \frac{Q_0}{P_{th}} = \frac{q_0}{w_0} = \frac{169}{27} = 6.259$$

**4. 蒸气压缩实际制冷循环及热力计算**

1）实际循环与理论循环的区别。尽管前面叙及的理论制冷循环较理想制冷循环更接近于实际，但和工程实际的制冷循环仍存在以下差别：

①制冷剂蒸气在压缩机中进行的压缩过程不是等熵绝热过程，而是一个多变过程。

②制冷剂通过压缩机吸、排气阀时有较大局部阻力，同时，接近蒸发温度的制冷剂蒸气进入气缸后和气缸壁之间有热交换。

③制冷剂在蒸发器、冷凝器中的换热过程不是定压过程，有阻力损失，而且存在温差传热。

④制冷剂在管道内流动时有阻力损失并与外界有热量交换。

图6-9所示为单级蒸气压缩式制冷的实际循环在 lgp-h 图上的表示，图中1—2—3—4—1

是理论循环，$1'—1''—1^0—2'—2''—2^0—3—3'—4'—1'$ 为实际循环。

①过程线 $1'—1''$，低压低温制冷剂通过吸气管道时，由于沿途摩擦阻力和局部阻力以及吸收外界热量，所以制冷剂压力稍有降低，温度有所升高。

②过程线 $1''—1^0$，低压低温制冷剂通过吸气阀时被节流，压力降低。

③过程线 $1^0—2'$，这是气态制冷剂在压缩机中的实际压缩过程。压缩开始阶段，蒸气温度低于气缸壁温度，蒸气吸收缸壁的热量而使熵增加；当压缩到一定程度后，蒸气温度高于气缸壁的温度，蒸气又向缸壁放出热量而使熵减少，再加之压缩过程中气体内部、气体与缸壁之间的摩擦，因此实际压缩过程是一个多变的过程。

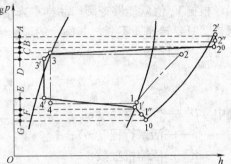

图 6-9　$\lg p$-$h$ 图上的实际循环
$A$—排气阀压降　$B$—排气管压降　$C$—冷凝器压降
$D$—高压液体管压降　$E$—蒸发器压降
$F$—吸气管压降　$G$—吸气阀压降

④过程线 $2'—2''$，制冷剂从压缩机排出，通过排气阀被节流，压力有所降低，其焓值基本不变。

⑤过程线 $2''—2^0$，高压制冷剂气体从压缩机排出后，通过排气管道至冷凝器，由于沿途有摩擦阻力和局部阻力以及对外散热，制冷剂的压力和温度均有所降低。

⑥过程线 $2^0—3$，高压气体在冷凝器中的冷凝过程，制冷剂被冷凝为液体，由于制冷剂通过冷凝器时有摩擦阻力和涡流，所以冷凝过程不是定压过程。

⑦过程线 $3—3'$，高压液体从冷凝器出来至膨胀阀前的排气管路上由于有摩擦和局部阻力，另外，高压液体的温度高于环境温度，因此要向周围环境散热，所以压力、温度均有所降低。

⑧过程线 $3'—4'$，高压液体在膨胀阀的节流降压、降温后，通过管道进入蒸发器，由于节流后温度降低，尽管管道、膨胀阀采取保温措施，制冷剂还会从外界吸收一些热量而使焓有所增加。

⑨过程线 $4'—1'$，低压低温的制冷剂吸收热量而汽化，由于制冷剂在蒸发器中有流动阻力，所以，蒸发过程也不是定压过程，随着蒸发器形式的不同，压力有不同程度的降低。

2）实际制冷循环热力计算。从图 6-9 看出，实际的制冷循环极为复杂，过程已完全远离可逆状态，参数难以准确采集。为此，通常是将实际的制冷循环近似简化为可用于热力计算的制冷循环 $1—2—3—4—1$，这样，过程 $2—3$、$3—4$、$4—1$ 与理论循环完全一致，只有压缩过程 $1—2$ 为多变（而非绝热等熵）过程，所以，实际制冷循环的热力计算只是对功率计算和输气量计算进行修正，其余的热力计算内容如 $q_0$、$q_v$、$w_0$ 等完全按理论循环热力计算近似处理。

①制冷剂质量流量及输气量

制冷剂质量流量同前叙式（6-7），即

$$M_R = \frac{Q_0}{q_0}$$

制冷剂体积流量也称输气量，实际输气量即 $V_R = M_R \cdot v_1$，与式（6-8）相同。

当需要按 $Q_0$ 选配制冷机时，可根据制冷运行工况查有关手册或用经验公式确定制冷压

缩机的输气系数 $\lambda$，则可求出压缩机的理论输气量（$m^3/s$）

$$V_h = \frac{V_R}{\lambda} = \frac{Q_0}{q_v \lambda} \tag{6-15}$$

根据 $V_h$ 值就能够查阅产品样本来选配合适的制冷压缩机，因为对于某一台制冷压缩机而言，只要转速 $n$ 不变，其额定的理论输气量则为定值。如对于活塞式压缩机的理论输气量又可用下式计算

$$V_h = \frac{\pi}{4} D^2 SZn \frac{1}{60} \tag{6-16}$$

式中　$D$——气缸直径（m）；

　　　$S$——活塞行程（m）；

　　　$Z$——压缩机缸数；

　　　$n$——压缩机额定转速（r/min）。

从式（6-16）可看出，理论输气量取决于制冷压缩机的基本结构尺寸。如对已选制冷压缩机进行制冷量校核则用下式计算

$$Q_0 = \frac{V_h \lambda}{v_1} q_0 = V_h \cdot \lambda q_v \tag{6-17}$$

②制冷压缩机的理论功率 $P_{th}$、指示功率 $P_i$、轴功率 $P_e$

理论功率 $P_{th} = M_R \cdot w_0$

理论功率表示绝热压缩过程中气缸内所需功率。

指示功率

$$P_i = \frac{P_{th}}{\eta_i} \tag{6-18}$$

指示功率表示实际压缩过程中气缸内所需功率。

轴功率

$$P_e = \frac{P_i}{\eta_m} = \frac{P_{th}}{\eta_i \eta_m} = \frac{P_{th}}{\eta_s} \tag{6-19}$$

轴功率表示从电动机传到压缩机主轴上的功率。

式中　$\eta_i$——指示效率，$\eta_i = \dfrac{P_{th}}{P_i}$，表征压缩机内部热力过程的完善程度，通常在 $0.6 \sim 0.8$ 范围内。

　　　$\eta_m$——机械效率，$\eta_m = \dfrac{P_i}{P_e}$，反映机械磨损所产生的影响，通常在 $0.8 \sim 0.9$ 之间。

　　　$\eta_s$——总效率，一般在 $0.65 \sim 0.72$ 之间。

③冷凝器负荷 $Q_k$

$$Q_k = M_R \cdot q_k = Q_0 + P_i \tag{6-20}$$

④实际制冷系数 $\varepsilon_s$

$$\varepsilon_s = \frac{Q_0}{P_e} = \frac{Q_0}{P_{th}} \cdot \eta_s = \varepsilon_0 \eta_s \tag{6-21}$$

实际制冷系数又称为性能系数，通常用 COP 表示。由上可见，实际制冷系数 $\varepsilon_s$ 小于理论制冷系数 $\varepsilon_0$。

**例 6-2**　某空调系统，如例 6-1，条件如前，但过热为无效过热，制冷剂采用 R134a，压

缩机输气系数 $\lambda = 0.8$，指示效率 $\eta_i = 0.8$，机械效率 $\eta_m = 0.9$，试进行热力计算。

**解：**（1）工况确定　如例6-1，取 $t_0 = 3℃$，$t_k = 40℃$，过冷温度 $t_g = 35℃$，过热温度 $t_r = 10℃$。

（2）参数查取　循环示意如图6-8，各状态点的参数如表6-1所示。

（3）热力计算

1）单位质量制冷量。因题中指明蒸气过热为无效过热，故过程 1—1' 的吸热量不能计入制冷量。

$$q_0 = h_0 - h_5 = (405.98 - 243)\text{kJ/kg} = 162.98\text{kJ/kg}$$

2）单位容积制冷量

$$q_v = \frac{q_0}{v_1} = \frac{162.98}{0.047}\text{kJ/m}^3 = 3467.66\text{kJ/m}^3$$

3）单位理论压缩功

$$w_0 = h_2 - h_1 = (439 - 412)\text{kJ/kg} = 27\text{kJ/kg}$$

4）单位冷凝热负荷

$$q_k = h_2 - h_4 = 196\text{kJ/kg}$$

5）制冷剂质量流量

$$M_R = \frac{Q_0}{q_0} = \frac{100}{162.98}\text{kg/s} = 0.6136\text{kg/s}$$

6）实际输气量和理论输气量

$$V_s = M_R \cdot v_1 = 0.6136 \times 0.047\text{m}^3/\text{s} = 0.0288\text{m}^3/\text{s}$$

$$V_h = \frac{V_s}{\lambda} = \frac{0.0288}{0.8}\text{m}^3/\text{s} = 0.036\text{m}^3/\text{s}$$

7）压缩机消耗的理论功率、指示功率和轴功率

理论功率　　　　$P_{th} = M_R \cdot w_0 = 0.6136 \times 27\text{kW} = 16.57\text{kW}$

指示功率　　　　$P_i = \dfrac{P_{th}}{\eta_i} = \dfrac{16.57}{0.8}\text{kW} = 20.71\text{kW}$

轴功率　　　　$P_e = \dfrac{P_i}{\eta_m} = \dfrac{20.71}{0.9}\text{kW} = 23\text{kW}$

8）冷凝器负荷

$$Q_k = M_R \cdot q_k = 0.6136 \times 196\text{kW} = 120.3\text{kW}$$

$$Q_k = Q_0 + P_i = (100 + 20.71)\text{kW} = 120.71\text{kW}$$

9）理论制冷系数和实际制冷系数

$$\varepsilon_{th} = \frac{q_0}{w_0} = \frac{162.98}{27} = 6.036$$

$$\varepsilon_s = \frac{Q_0}{P_e} = \frac{100}{23} = 4.35 < \varepsilon_{th}$$

## 课题3 制冷运行工况及其对制冷循环性能的影响

### 1. 蒸气压缩式制冷循环性能与制冷运行工况的关系

如前所述，制冷机的一组工作参数 $t_0$、$t_k$、$t_g$ 等称为制冷机的运行工况。转速一定的情况下，同一台制冷机，在不同工况下运行时，其制冷量是不同的，而其理论输气量 $V_h$ 却是个定值；从公式

$$Q_0 = V_h \lambda q_v = V_h \lambda \frac{q_0}{v_1} \tag{6-22}$$

$$P_{th} = M_R w_0 = \frac{V_h \lambda}{v_1} w_0 \tag{6-23}$$

可以看出，制冷机一定时，$Q_0$、$P_{th}$ 与 $v_1$（运行工况）、$q_0$、$\lambda$ 有关。$\lambda$ 的影响将在后面讨论，下面讨论运行工况对 $Q_0$、$P_{th}$ 的影响，亦即主要是 $t_0$ 和 $t_k$ 的影响。

（1）冷凝温度 $t_k$ 的影响 从图6-10可看出，在蒸发温度 $t_0$ 不变的情况下，当冷凝温度 $t_k$ 升高为 $t_k'$ 时，制冷循环由 1—2—3—4—1 变为 1—2′—3′—4′—1，性能指标变化如下：

1）单位质量制冷量 $q_0$ 减少为 $q_0'$，而吸气比体积 $v_1$ 不变，故 $q_v$ 及 $Q_0$ 均减少。

2）单位压缩功 $w_0$ 有所增大，$w_0' > w_0$。

所以，当 $t_0$ 不变、$t_k$ 升高时，制冷机制冷量下降，耗功增加，$\varepsilon$ 减少；反之，当 $t_0$ 不变，$t_k$ 降低时，则制冷量增加，耗功减少，$\varepsilon$ 增大。

（2）蒸发温度 $t_0$ 的影响 如图6-11所示，当制冷循环的冷凝温度 $t_k$ 不变时，蒸发温度 $t_0$ 降低为 $t_0'$ 时，制冷循环由 1—2—3—4—1 变为循环 1′—2′—3—4′—1′，性能指标有如下变化：

1）单位质量制冷量 $q_0$ 减少为 $q_0'$。

2）单位质量耗功量 $w_0$ 增加到 $w_0'$。

3）$\varepsilon$ 减少。

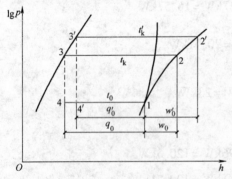

图6-10 冷凝温度的影响

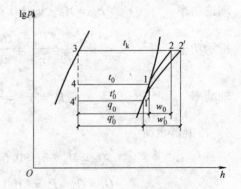

图6-11 蒸发温度的影响

可见，当 $t_k$ 不变，$t_0$ 降低时，制冷量下降，耗功增加，制冷系数降低；反之，则 $\varepsilon$ 增大。

### 2. 制冷机的名义工况

通过上面的讨论，制冷机制冷量的大小与运行工况有关系，为了便于在同一条件下评价

制冷机的性能，使制冷量具有可比性，我国相继出台了各种类型制冷机使用对应制冷剂时的名义工况。所谓名义工况，就是人为规定的为进行制冷机性能比较的基准性能工况。

表 6-2、表 6-3 是《活塞式单级制冷压缩机》（GB/T 10079—2001）给出的名义工况。

**表 6-2　有机制冷剂压缩机名义工况**　　　　　　　　　　　（单位：℃）

| 类型 | 吸入压力饱和温度 | 排出压力饱和温度 | 吸入温度 | 环境温度 |
|---|---|---|---|---|
| 高温 | 7.2 | 54.4[①] | 18.3 | 35 |
| | 7.2 | 48.9[②] | 18.3 | 35 |
| 中温 | -6.7 | 48.9 | 18.3 | 35 |
| 低温 | -31.7 | 40.6 | 18.3 | 35 |

注：表中工况制冷剂液体的过冷度为 0℃；①为高冷凝压力工况，②为低冷凝压力工况。

**表 6-3　无机制冷剂压缩机名义工况**　　　　　　　　　　　（单位：℃）

| 类型 | 吸入压力饱和温度 | 排出压力饱和温度 | 吸入温度 | 制冷剂液体温度 | 环境温度 |
|---|---|---|---|---|---|
| 中低温 | -15 | 30 | -10 | 25 | 32 |

类似的标准还有很多，同类制冷机铭牌上标注的制冷量均应是国家规定的名义工况下的制冷量，这样才能让设计人员或用户对该产品的性能有准确的了解。

我国以前曾规定过"空调工况"和"标准工况"两个旧的名义工况，如表 6-4 所示。现有些在用的制冷机铭牌参数按此标出。

**表 6-4　标准工况和空调工况**

| 工况名称 | 制冷剂 | 蒸发温度/℃ | 吸气温度/℃ | 冷凝温度/℃ | 过冷温度/℃ |
|---|---|---|---|---|---|
| 标准工况 | R717 | -15 | -10 | 30 | 25 |
| | R22、R502、R12 | | 15 | | |
| 空调工况 | R717 | 5 | 10 | 40 | 35 |
| | R22、R502 | | 15 | | |
| | R12 | 10 | | | |

需要指出的是，制冷机的实际运行工况不一定就是这些规定的名义工况，但选用时应注意实际运行不能超出限定的工作条件，否则，运行的经济性和安全性难以保证。表 6-5 和表 6-6 是 GB/T 10079—2001 限定的使用范围，供参考。

**表 6-5　有机制冷剂压缩机使用范围**

| 类型 | 吸入压力饱和温度/℃ | 排出压力饱和温度/℃ | | 压缩比 |
|---|---|---|---|---|
| | | 高冷凝压力 | 低冷凝压力 | |
| 高温 | -15~12.5 | 25~60 | 25~50 | ≤6 |
| 中温 | -25~0 | 25~55 | 25~50 | ≤16 |
| 低温 | -40~-12.5 | 25~50 | 25~45 | ≤18 |

表6-6　无机制冷剂压缩机使用范围

| 类型 | 吸入压力饱和温度/℃ | 排出压力饱和温度/℃ | 压缩比 |
|---|---|---|---|
| 中低温 | -30~5 | 25~45 | ≤8 |

# 课题4　热泵循环简介

### 1. 热泵循环

普通水泵可以通过消耗电能或机械能将水从低处"泵"至高处，所谓热泵，是利用外界输入一定能量，而将热能从低温转移至高温的供热装置。热泵循环本质上与制冷循环是一致的，仅有以下两点区别：①目的不同，制冷循环的目的是为获得预期的低温（环境），而热泵循环的目的是为获得预期的高温（环境）；②两者的工作温度区间不同，制冷循环通常是从低温热源吸热后通过冷凝器将大气环境温度作为高温热源进行放热，而热泵循环则是把大气环境温度作为低温热源从其中进行吸热。

热泵循环用制热性能系数（供热系数）来衡量其循环性能的优劣，对蒸气压缩式热泵循环，供热系数 $\varepsilon_h$ 用下式表示

$$\varepsilon_h = \frac{Q_k}{P} = \frac{Q_0 + P}{P} = \varepsilon + 1 \tag{6-24}$$

式中　$Q_k$——热泵供热量，即冷凝器负荷（kW）；

　　　$P$——耗功率（kW）；

　　　$\varepsilon_h$——供热系数。

可见，热泵的供热系数 $\varepsilon_h$ 永远大于1。当 $\varepsilon_h$ 达到2.8~3.0时，用电（按火力发电考虑）驱动热泵供热要比采用一次能源（燃煤、燃气等）供暖更为节能。如果能将制冷与供热同时结合起来，即所谓的制冷与供热的联合循环，节能更加理想。例如将游泳馆供热与人工冰场制冷结合起来的热泵系统。

前面讨论的运行工况对制冷循环的影响，也完全适合于热泵循环分析。

### 2. 热泵种类

如前所述，热泵实质上是一种热量提升装置，它本身消耗一部分能量，把环境介质中贮存的能量加以挖掘，提高温度以便进行利用，而整个热泵装置所消耗的功仅为供热量的三分之一或更低，这也是热泵的节能特点。

冬季，采用热泵循环是需要冷凝器散出的热量，蒸发器则从环境中取热，此时从环境取热的对象称为热源；相反，夏季进行制冷循环是需要蒸发器提供的冷量，冷凝器则向环境排热，此时，排热的对象称为冷源。根据循环工质与环境换热介质的不同，即热泵循环涉及到的冷、热源不同，热泵系统主要分为空气源热泵、水源热泵、地源热泵等类型。

利用空气作冷源的热泵，称为空气源热泵。空气源热泵有着悠久的历史，而且其安装和使用都很方便，应用较广泛。但由于地区空气温度的差别，在我国典型应用范围是长江以南地区。在华北地区，冬季平均气温低于0℃，空气源热泵不仅运行条件恶劣，稳定性差，而且因为存在结霜问题，效率低下。

利用水作冷热源的热泵，称为水源热泵。水是一种优良的热源，其热容量大，传热性能

好，一般水源热泵的制冷供热效率或能力高于空气源热泵。目前，水源热泵的应用虽不及空气源热泵普及，但利用污水处理厂污水所含能量进行热泵循环节能效果明显，正被广泛推广使用。

地源热泵则是利用地能（地下水、土壤）进行冷热交换来作为热泵系统的冷热源，冬季把地能中的热量"取"出来，供给室内采暖，此时地能为"热源"；夏季把室内热量取出来，释放到地下水、土壤中，此时地能为"冷源"。

地源热泵同空气源热泵相比，有许多优点：①全年温度波动小，冬季地源温度比环境空气温度高，夏季比空气温度低，因此地源热泵的制热、制冷系数要高于空气源热泵，一般可高40%，因此可节能和节省费用40%左右。②冬季运行不需要除霜，减少了结霜和除霜的损失。③地源有较好的蓄能作用。缺点是运行若干年后热泵性能可能会下降。

地源按照室外换热方式不同可分为三类：①土壤埋盘管系统（垂直埋管或水平埋管）。②地下水系统。③直接膨胀式系统（直接将热泵的换热器或蒸发器埋入地下进行换热）。

地源热泵的应用方式根据应用的建筑物对象可分为家用和商用两大类，根据输送冷热量方式又可分为集中系统、分散系统和混合系统。

### 3. 家用热泵型空调器

家用热泵型空调器指的是具有交替制冷与供热功能的热泵装置，常用的为空气源热泵型窗式空调器和分体式空调器。

窗式空调器制冷量一般为 1500～6000W，电压 220V。其优点是结构紧凑，安装维护方便，价格便宜，可补充新风。但噪声较大，冬季室外温度低于 0℃时，供热效果不理想。

家用分体式热泵型空调器制冷（供热）量一般为 2500～7000W，电压 220V。按构造分为室内机组（包括换热器、风扇）与室外机组（包括换热器、风扇、压缩机、四通换向阀等）两部分，二者之间由制冷剂管道连接。按照室内机组的型式不同，又可分为壁挂式、落地式、吊顶式等，而室外机结构基本相同。图 6-12 所示为分体式热泵型空调器外形示意图，图 6-13 所示为分体式家用热泵型空调器工作原理示意图。下面简要说明热泵型空调器冬季和夏季循环原理。

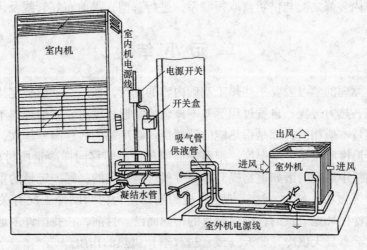

图 6-12　分体式热泵型空调器外形示意图

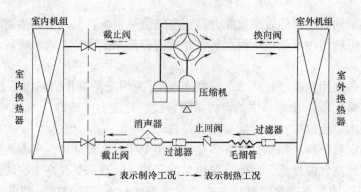

图 6-13　分体式家用热泵型空调器工作原理示意图

1）制冷循环工况（夏季）。此时室内换热器为蒸发器，风扇作用下室内空气掠过换热器（蒸发器）被吸热降温，达到制冷目的。室外机的换热器为冷凝器，利用室外风机使室外空气掠过换热器进行吸热，使制冷剂蒸气冷凝，节流装置一般采用毛细管。

2）供热循环工况（冬季）。通过四通换向阀的控制，制冷剂流动通道改变，夏季制冷循环时压缩机出口的高温高压蒸气在四通阀变换后不再流至室外换热器，而是流向室内换热器（此时作为冷凝器）进行冷凝放热，达到供热目的，然后高压液态制冷剂经毛细管降压后在室外换热器（蒸发器）内吸热，经四通阀后至压缩机被压缩，如此进行供热循环。

由此可见，交替进行制冷和供热循环的热泵装置关键是通过四通换向阀来进行制冷剂流向的切换，使室内和室外换热器在冬、夏季时分别充当冷凝器和蒸发器的作用，而工作原理是一致的。

需要指出的是，一般的分体式热泵型空调器在冬季供热时室外温度也不能过低（一般不低于零下5℃），否则难以保证供热效果。

分体式家用热泵型空调器按室内机的数量又可分为一（一个室外机）拖一（一个室内机），一拖二（两个室内机）、一拖三等几种类型，即一台室外机配置一台或几台室内机。

户式中央空调是家用分体式空调器在技术上的延伸：增大容量，可配置一定长度的风管，但需要在室内装修之前与供货商取得联系，进行选型，提前布好管线及风口位置等。

# 单 元 小 结

本单元制冷原理的学习需要一些热工基础内容的支持，如热力学第一定律、热力学第二定律、饱和状态、热力过程、自发过程等基本概念的掌握程度对较好地理解本单元内容至关重要。冷量和热量本质相同，都是指热能的转移量。制冷量的转移温差越大，则制冷系数越小，如果把冷凝温度看做是环境温度，则蒸发温度越低，转移同样冷量所付出的代价越大，这和我们日常生活中遇到的诸如重物提升做功等概念是一致的，即一定量的重物提升高差越大，则所付代价（做功）越大。这就是制冷机的制冷量为何与制冷工况有关的原因。热泵循环本质上与制冷循环是一致的，仅仅是目的不同而已。目前，在我国许多地区普遍使用热泵型空调机，它起着夏天供冷、冬天（或者过渡季）供热的作用。

对理想制冷循环、理论制冷循环、实际制冷循环的理解要从其各自组成、区别、作用及可行性等方面去理解和掌握。液体过冷的目的和方法、蒸气过热产生的原因及影响都具有非常实际的意义，在后续内容的设备选型、管路设计中都要涉及到。

## 复习思考题

6-1　什么是制冷？冷量与热量有何异同？

6-2　请说明制冷工况、运行工况的含义及制定名义工况的意义。

6-3　简述逆卡诺循环（理想制冷循环）与理论制冷循环的差异。

6-4　简述理论制冷循环与实际制冷循环的差异。

6-5　试说明液体过冷的含义、目的和方法。

6-6　试说明蒸气过热产生的原因及影响。

6-7　热泵循环与制冷循环有何区别与联系？

6-8　制冷机的制冷量为何与工况有关？

6-9　实际工程中如何区分有效过热和无效过热？

6-10　实际工程中如何尽量避免有害过热的发生？

6-11　请说明理论输气量与实际输气量的含义。

6-12　已知制冷剂为 R22，将绝对压力为 0.2MPa 的饱和蒸气等熵压缩到 1MPa，求压缩后的比焓 $h$ 和温度 $t$。

6-13　已知某制冷机以 R134a 作为制冷剂，制冷量为 20kW。循环的蒸发温度 $t_0 = -10℃$，冷凝温度 $t_k = 30℃$，过冷温度 $t_{rc} = 25℃$，压缩机吸气温度 $t_1 = 15℃$。

（1）将该循环画在 $\lg p$-$h$ 图上。

（2）确定各状态下的有关参数值（$V$、$h$、$S$、$t$、$p$）。

（3）进行理论循环的热力计算。

6-14　已知制冷工况：蒸发温度 $t_0 = -15℃$，冷凝温度 $t_k = 40℃$，节流阀前液体制冷剂的温度为 35℃，压缩过程为绝热压缩。试分别对 R22 与 R717 两种制冷剂，在以下两种情况下的制冷循环进行计算和分析讨论。

（1）压缩机吸入口为 -15℃ 的干饱和蒸气。

（2）压缩机吸入口为 0℃ 的过热蒸气。

6-15　某 R717 压缩制冷装置，蒸发器出口温度为 -20℃ 的干饱和蒸气，被压缩机绝热压缩后，进入冷凝器，冷凝温度为 30℃，冷凝器出口氨液温度为 25℃，试将该制冷工况与没有过冷时的单位质量制冷量、单位耗功量和制冷系数加以比较。

6-16　某氨压缩制冷装置，已知蒸发温度 $t_0 = -10℃$，冷凝温度 $t_k = 40℃$（相应的 $p_k = 1.5549MPa$），过冷温度 $t_{rc} = 35℃$，压缩机吸入干饱和蒸气，系统制冷量 $Q_0 = 174.45kW$，试进行制冷理论循环的热力计算。

6-17　某空调系统需要制冷量为 35kW，采用 R22 制冷剂，采用回热循环，工况条件：蒸发温度 $t_0 = 0℃$，冷凝温度 $t_k = 40℃$，过冷度为 5℃，吸气温度 $t_1 = 15℃$，试进行理论循环的热力计算。

6-18　某使用 R134a 为工质的制冷机，制冷量为 500kW，蒸发温度 $t_0$ 为 5℃，冷凝温度 $t_k$ 为 40℃，不考虑其过热与过冷，试进行制冷理论循环的热力计算。

6-19　某使用 R134a 的制冷机运行工况为 $t_0$ 为 -5℃，冷凝温度 $t_k$ 为 40℃，压缩机吸气温度为 15℃，过冷以后的温度为 35℃，制冷机制冷量为 500kW，试进行制冷理论循环的热力计算。

6-20　请自行查阅资料学习有关"多联机"的知识内容。

# 单元7 制冷剂与载冷剂

**主要知识点:** 常用制冷剂种类、性质及环保要求，载冷剂选择的基本要求及常用载冷剂种类。

**学习目标:** 熟悉常用制冷剂、载冷剂的种类及性质，了解制冷剂的环保要求。

## 课题1 制 冷 剂

在制冷装置中进行制冷循环的工作物质（工质）称为制冷剂。

**1. 对制冷剂的要求**

（1）热力学方面的要求

1）工艺要求的蒸发温度下所对应的蒸发压力稍高于大气压力，这样保证系统处于正压状态，避免空气进入。

2）环境温度（即冷凝温度）下对应的冷凝压力不宜过高，以便于保持系统的严密性，减少系统中制冷剂外漏，提高系统安全性和经济性。

3）单位容积制冷量要适宜。对于大中型制冷机，制冷剂的单位容积制冷量宜大些，这样在相同制冷量情况下，可缩小制冷机的制造尺寸和制冷剂的充注量。但对于微型制冷机（如家用冰箱）来说，单位容积制冷量不能过大，否则制冷压缩机难以制造（尺寸太小），制冷剂充注量太少，难以使运行稳定。

4）制冷剂的临界温度要远高于环境温度，以便于在环境温度下用普通冷却介质（如水、空气）进行冷凝，同时能保证有较大的汽化热。凝固温度要低些，以避免在较低的蒸发温度下运行时因凝固而阻塞管路。

5）制冷剂的绝热指数应低些，这样排气温度相应也低些，有利于提高压缩机效率，利于润滑系统正常工作。表7-1为常用几种制冷剂的绝热指数及在蒸发温度 $t_0 = -20℃$、冷凝温度 $t_k = 30℃$ 工况下绝热压缩后的排气温度。从表中可以看出，氨（R717）的绝热指数较大，故排气温度较高，因此，氨压缩机在汽缸外设冷却水套降温。

表7-1 常用制冷剂的绝热指数及绝热压缩温度（蒸发温度 -20℃，冷凝温度 30℃）

| 制冷剂 | R717 | R12 | R22 | R502 |
|---|---|---|---|---|
| 压缩比 | 6.13 | 4.92 | 4.88 | 4.5 |
| 绝热指数 | 1.31 | 1.136 | 1.184 | 1.132 |
| 绝热压缩温度/℃ | 110 | 40 | 60 | 36 |

（2）物理化学方面的要求

1）制冷剂的粘度和密度越小越好。

2）热导率和传热系数越高越好。

3）具有好的化学稳定性和安全性，不燃爆，不分解，无腐蚀作用。

4）制冷剂在润滑油中的可溶性。按制冷剂在润滑油中的可溶性可分为有限溶于润滑油和无限溶于润滑油两种。前者易于在制冷设备中将制冷剂和润滑油分开，使制冷剂热力性质稳定，但在设备换热面上会形成油膜，不利传热；后者则由于与润滑油相溶性好，随制冷剂进入压缩机各部件，有利于润滑，且在换热面上不会形成油膜，但制冷剂中溶有较多润滑油后，制冷剂热力性质变坏，蒸发温度升高，制冷量减少。

5）具有一定的吸水性。这样当系统中存在较少水分时，不至于在低温部位（节流阀处）形成"冰塞"而影响系统运行。当然，制冷剂中含有水分时会导致其热力性能变坏。

（3）其他方面的要求

1）无毒性，对人体健康无损害。

2）环保性要好。使用的制冷剂在破坏臭氧潜值（ODP）和全球变暖潜值（GWP）方面应满足各国对《蒙特利尔议定书》及其修正案的承诺。

3）泄露时易被检测，且具有良好的电气绝缘性。

4）经济上要求制冷剂价格便宜，易获得。

以上对制冷剂的要求完全出于理论上的考虑，实际中难以获得如此理想的制冷剂。

《制冷剂编号方法和安全性分类》（GB/T 7778—2008）规定，制冷剂的毒性危害分为 A、B、C 三类。

A 类：根据已确定的 $LC_{50(4-hr)}$ 和 TLV—TWA 值，制冷剂的 $LC_{50(4-hr)}$ 大于等于 0.1%（体积分数）和 TLV—TWA 大于等于 0.04%（体积分数），即低毒性。

B 类：按已确定的 $LC_{50(4-hr)}$ 和 TLV—TWA 值，制冷剂的 $LC_{50(4-hr)}$ 大于等于 0.1%（体积分数）和 TLV—TWA 小于 0.04%（体积分数），即中毒性。

C 类：按已确定的 $LC_{50(4-hr)}$ 和 TLV—TWA 值，制冷剂的 $LC_{50(4-hr)}$ 小于 0.1%（体积分数）和 TLV—TWA 小于 0.04%（体积分数），即高毒性。

注：①$LC_{50(4-hr)}$ 表示物质在空气中的体积分数，在此浓度的环境下持续暴露 4h 可导致试验动物 50% 死亡。

②TLV—TWA：安全阈值—时间加权平均值（Threshold Limit Value-Time Weighted Average），按在一周 40h 工作制的任何 8h 工作日内，制冷剂 TLV 值的时间加权平均浓度，暴露在此浓度下的工作人员对健康无不利影响。

③TLV—安全阈值，表示各种工作人员可以长时间暴露在这种条件下而无不利于健康影响的浓度值。

《制冷剂编号方法和安全性分类》（GB/T 7778—2008）规定，制冷剂的燃烧性分为 1、2、3 三类。

第 1 类：在 101kPa 和 18℃ 大气中实验时，无火焰蔓延的制冷剂，即不可燃。

第 2 类：在 101kPa、21℃ 和相对湿度为 50% 的条件下，制冷剂浓度 >0.1kg/m³，且燃烧产生热量小于 19000kJ/kg 者，即有燃烧性。

第 3 类：在 101kPa、21℃ 和相对湿度为 50% 的条件下，制冷剂浓度 ≤0.1kg/m³，且燃烧产生热量大于等于 19000kJ/kg 者为有很高的燃烧性，即有爆炸性。

根据毒性危害和燃烧性危害程度，制冷剂分为 9 种安全分组类型，如表 7-2 所示。

**2. 制冷剂的种类**

（1）制冷剂的分类　制冷剂从化学角度可分为有机化合物和无机化合物两大类；按生成的原因又可分为天然工质和合成工质；按制冷剂组分不同又可分为纯制冷剂和混合制冷

剂，其中混合制冷剂又可分为共沸混合物（沸点单一）和非共沸混合物。

表 7-2　制冷剂安全分组类型

| 燃烧性危害 | 毒 性 危 害 | | |
|---|---|---|---|
| | 低毒性 | 中毒性 | 高毒性 |
| 不可燃、无火焰蔓延 | A1 | B1 | C1 |
| 燃烧性 | A2 | B2 | C2 |
| 爆炸性 | A3 | B3 | C3 |

有机化合物制冷剂又可分为卤化烃、碳氢化合物和有机氧化物等。卤化烃是一个碳氢化合物分子包含有一个或多个卤原子，目前制冷剂中多用氯（Cl）和氟（F）。人们习惯上将甲烷和乙烷的卤族衍生物称为氟利昂。由于含氯（Cl）原子的氟利昂对臭氧层有破坏作用，为了便于区分，通常将不含氯的氟利昂称为 HFC（氢氟烃），将含有氯（Cl）原子的氟利昂称为 HCFC（氢氯氟烃），将含氯不含氢的氟利昂称为 CFC（氯氟烃）。

GB/T 7778—2008 标准中，为便于代号编写，将制冷剂分为：甲烷系列、乙烷系列、丙烷系列、环状有机化合物、非共沸化合物、共沸化合物、有机化合物（烃类、氧化合物、硫化合物、氮化合物）、无机化合物、不饱和有机化合物。表 7-3 是部分摘录。

表 7-3　制冷剂编号及安全分类

| 制冷剂编号 | 化 学 名 称 | 化学分子式 | 相对分子质量 | 标准沸点/℃ | 安全分类 |
|---|---|---|---|---|---|
| 甲 烷 系 列 | | | | | |
| 11 | 三氯一氟甲烷 | $CCl_3F$ | 137.4 | 24 | A1 |
| 12 | 二氯二氟甲烷 | $CCl_2F_2$ | 120.9 | −30 | A1 |
| 13 | 氯三氟甲烷 | $CClF_3$ | 104.5 | −81 | A1 |
| 22 | 氯二氟甲烷 | $CHClF_2$ | 86.5 | −41 | A1 |
| 41 | 氟甲烷(甲基氟) | $CH_3F$ | 34.0 | −78 | |
| 50 | 甲烷 | $CH_4$ | 16.0 | −161 | A3 |
| 乙 烷 系 列 | | | | | |
| 114 | 1,2-二氯−1,1,2,2-四氟乙烷 | $CClF_2CClF_2$ | 170.9 | 4 | A1 |
| 123 | 2,2-二氯−1,1,1-三氯乙烷 | $CHCl_2CF_3$ | 153.0 | 27 | B1 |
| 124 | 2-氯−1,1,1,2-四氟乙烷 | $CHClFCF_3$ | 136.5 | −12 | A1 |
| 125 | 五氟乙烷 | $CHF_2CF_3$ | 120.0 | −49 | A1 |
| 134a | 1,1,1,2-四氟乙烷 | $CH_2FCF_3$ | 102.0 | −26 | A1 |
| 152a | 1,1-二氟乙烷 | $CH_3CHF_2$ | 66.0 | −25 | A2 |
| 丙 烷 系 列 | | | | | |
| 218 | 八氟丙烷 | $CF_3CF_2CF_3$ | 188.0 | −37 | A1 |
| 245CB | 1,1,1,2,2-五氟丙烷 | $CF_3CF_2CH_3$ | 134.0 | −18 | |
| 290 | 丙烷 | $CH_3CH_2CH_3$ | 44.0 | −42 | A3 |
| 环状有机化合物 | | | | | |
| C317 | 氯七氟环丁烷 | $C_4ClF_7$ | 216.5 | 26 | |
| C318 | 八氟环丁烷 | $C_4F_8$ | 200.0 | −6 | |

（续）

| 制冷剂编号 | 化学名称 | 化学分子式 | 相对分子质量 | 标准沸点/℃ | 安全分类 |
|---|---|---|---|---|---|
| | | 非共沸混合物 | | | |
| 401A | R22/152a/124(53/13/34) | | | | A1/A1 |
| 407B | R32/125/134a(10/70/20) | | | | A1/A1 |
| 407C | R32/125/134a(23/25/52) | | | | A1/A1 |
| 410A | R32/125(50/50) | | | | A1/A1 |
| | | 共沸混合物 | | | |
| 500 | R12/152a/(73.8/26.2) | | | −33 | A1 |
| 502 | R22/115(48.8/51.2) | | | −45 | A1 |
| | | 有机化合物 | | | |
| | | 烃类 | | | |
| 600a | 2-甲基丙烷(异丁烷) | $CH(CH_3)_3$ | 58.1 | −12 | A3 |
| | | 氧化合物 | | | |
| 611 | 甲酸甲酯 | $HCOOCH_3$ | 60.0 | 32 | B2 |
| | | 氮化合物 | | | |
| 630 | 甲胺 | $CH_3NH_2$ | 31.1 | −7 | |
| | | 无机化合物 | | | |
| 717 | 氨 | $NH_3$ | 17.0 | −33 | B2 |
| 718 | 水 | $H_2O$ | 18.0 | 100 | A1 |
| 729 | 空气 | — | 29.0 | −194 | A1 |
| 744 | 二氧化碳 | $CO_2$ | 44.0 | −78 | A1 |
| | | 不饱和有机化合物 | | | |
| 1140 | 1-氯乙烯(氯乙烯) | $CH_2=CHCl$ | 62.5 | −14 | |
| 1270 | 丙烯 | $CH_2CH=CH_2$ | 42.1 | −48 | A3 |

（2）部分制冷剂对臭氧层的破坏及其替代　臭氧（$O_3$）气体分布在大气平流层中，对太阳光中紫外线具有较强的单色吸收能力。在人工合成的化学品出现以前，臭氧含量处于动态平衡，平均体积分数约（5~8）×$10^{-4}$%，20 世纪 70 年代开始，人们发现大气臭氧总量有明显下降趋势，并在南极（北极也有）上空测到臭氧空洞（含量减少 50%~60%），而且逐渐认识到消耗臭氧层物质（Ozone Depleting Substances，简称 ODS）主要是含氯制冷剂（CFC）及发泡剂、电子器件生产过程中用的清洗剂等，长寿命的含溴化合物，如哈龙（HaLon）灭火剂也对臭氧消耗作用很大。这类物质有两个特征：①含有氯、溴或另一种类似原子，能与臭氧发生化学反应，而使 $O_3$ 变成 $O_2$；②在低层大气中十分稳定（大气寿命足够长）而能到达 15~19km 的大气平流层（臭氧分布区域）。例如 HCFC22 制冷剂，虽含有一个氯原子，能消耗臭氧，但其大气寿命较短，且氢原子较活泼，在大气低层易分解，故对臭氧的破坏要较 CFC 小得多。基于以上原因，人们用臭氧耗损潜值 ODP（Ozone Depletion Potential）来表示 ODS 物质分解臭氧的能力。ODP 值以 CFC11 为基准（取 CFC11 的 ODP 值

为 1 ），表 7-4 给出部分制冷剂的 ODP 值和 GWP 值。

**表 7-4 部分制冷剂 ODP 值和 GWP 值**

| 非技术性前缀 | 制冷剂编号 | 大气中寿命/年 | ODP 值 | GWP 值 | 非技术性前缀 | 制冷剂编号 | 大气中寿命/年 | ODP 值 | GWP 值 |
|---|---|---|---|---|---|---|---|---|---|
| CFCs | R11 | 50±5 | 1.0 | 4000 | HFCs | R23 | 264 | 0 | 11.700 |
| | R12 | 102 | 1.0 | 8500 | | R32 | 5.6 | 0 | 650 |
| | R113 | 85 | 0.8 | 5000 | | R125 | 32.6 | 0 | 2800 |
| | R114 | 300 | 1.0 | 9300 | | R134a | 14.6 | 0 | 1300 |
| | R115 | 1700 | 0.6 | 9300 | | R152a | 1.5 | 0 | 140 |
| HCFCs | R22 | 13.3 | 0.055 | 1700 | 混合物制冷剂 | R401A | — | 0.037 | 970 |
| | R123 | 1.4 | 0.02 | 93 | | R407A | — | 0 | 1770 |
| | R124 | 5.9 | 0.022 | 480 | | R407B | — | 0 | 2290 |
| | R141b | 9.4 | 0.11 | 630 | | R500 | — | 0.74 | 6010 |
| | R142b | 19.5 | 0.065 | 2000 | | R502 | — | 0.29 | 5260 |

注：表中 GWP 值是指以 $CO_2$ 为基准的积分时间 100 年的值。

从 1977 年 3 月开始，联合国环境规划署组织召开了一系列关于臭氧层损耗的国际会议。1987 年 9 月在加拿大蒙特利尔召开的有 36 个国家，10 个国际组织参加的国际会议上，形成了有 24 个国家签署的《关于消耗臭氧层物质的蒙特利尔议定书》（以下简称《议定书》）。我国在 1990 年 6 月英国伦敦通过对《议定书》修正案后表示加入 ODS 淘汰行动。表 7-5 和表 7-6 是我国为完成《议定书》伦敦修正案所规定的目标而制定的《中国逐步淘汰消耗臭氧层物质国家方案》（以下简称《国家方案》）中各阶段 CFCs 生产和消费控制目标。

**表 7-5 中国 CFCs 最大允许消费目标**（ODP）　　　　　　　（单位：t）

| 年份 | 1995 | 1996 | 1997 | 1999 | 2005 | 2007 | 2010 |
|---|---|---|---|---|---|---|---|
| | | | | 《议定书》控制目标 | | | |
| A 组 CFCs | 69 221 | 46 976 | 51 056 | 55 751 | 27 876 | 8 363 | 0 |
| CFC-13 | 136 | 193 | 50 | | | 19 | 0 |

**表 7-6 中国 CFCs 最大允许生产目标**（ODP）　　　　　　　（单位：t）

| 年份 | 1995 | 1996 | 1997 | 1999 | 2005 | 2007 | 2010 |
|---|---|---|---|---|---|---|---|
| | | | | 《议定书》控制目标 | | | |
| A 组 CFCs | 40 592 | 43 878 | 50 323 | 49 424 | 26 959 | 11 232 | 0 |
| CFC-13 | 35 | 17 | 27 | | | 4 | 0 |

在《国家方案》中，还给出了对 CFC 物质的替代物选择指导意见，要点如下：

1）对冷藏业：用 R22 或 R134a 代替 R12。

2）对空调机：用 R22 代替 R12。

3）对冷水机组：用 R123 或 R134a 代替 R11。

4）对冰箱冰柜等家电产品：用 R601a、R141b 替代 R11，或用 R134a、R600a、R152a 和混合工质替代 R12。

上述的替代物有些尚需进一步调整。

表 7-7 是 R12 和 R134a 在冰箱工况下的性能指标（理论循环），表 7-8 是 R22 与其替代物在空调工况下的性能指标（理论循环）。

**表 7-7　R12 和 R134a 在冰箱工况下的性能指标**

| 制冷剂 | 蒸发压力 /MPa | 冷凝压力 /MPa | 压　比 | 排气温度 /℃ | 质量制冷量（相对值） | COP | 容积制冷量（相对量） |
|---|---|---|---|---|---|---|---|
| R12 | 0.129 | 1.352 | 10.46 | 145.7 | 1 | 1 | 1 |
| R134a | 0.115 | 1.457 | 12.85 | 134.9 | 1.25 | 0.979 | 0.932 |

**表 7-8　R22 与其替代物在空调工况下的性能指标**

| 制冷剂 | R22 | R407C | R410A | 制冷剂 | R22 | R407C | R410A |
|---|---|---|---|---|---|---|---|
| 冷凝压力/MPa | 2152.3 | 2316.6 | 3350.8 | 滑移温度/℃ | 0 | 4.5 | 0.1 |
| 蒸发压力/MPa | 625.3 | 632.0 | 996.1 | 制冷量（相对值） | 1 | 0.994 | 1.42 |
| 压比 | 3.44 | 3.67 | 3.36 | COP（相对值） | 1 | 1.03 | 0.92 |
| 排气温度/℃ | 107.8 | 96.8 | 102.9 | | | | |

注：计算工况为蒸发温度 7.2℃，冷凝温度 54.4℃，过冷度 8.3℃，过热度 11.1℃。

（3）制冷剂与全球性温室效应　大气中的水蒸气、二氧化碳、大部分制冷剂气体及其他一些多原子气体通常被称为"温室气体"，这些气体对太阳辐射几乎是开放的。但对地球的反射能及辐射能（红外线范围）却几乎全部被截留。正常的这种温室效应对维持地球表面温度是很重要的，但温室气体的加剧排放却是有害于生态环境的。据测评，近 100 年中大气温度约上升 0.8℃，按此推算今后 100 年大气温度可能会再升高 1.4 ~ 5.8℃，这样的温度变化恐怕会带来极为严重的后果。

"全球变暖潜值" GWP（Global Warming Potential）是目前国际上评价气体对温室效应影响的三种方法之一（另外两种方法是"变暖总当量"和"寿命期气候性能"）。GWP 值也是规定 $CO_2$ 的 GWP 值等于 1（不考虑时间框架）时其他气体相对于 $CO_2$ 的值。一种气体 GWP 值的大小既取决于其吸收红外辐射的能力，还与其在大气中的寿命和与 $CO_2$ 比较的时间区间有关。表 7-9 是常见制冷剂在不同时间区间下的 GWP 值，有关机构公布的 GWP 值可能不尽相同，但长远的时间区间多为 100 年。表 7-4 中的 GWP 值即按 100 年时间区间给出。

**表 7-9　常见制冷剂在不同时间区间的 GWP 值**

| 制冷剂 | 20 年 | 50 年 | 100 年 | 200 年 | 500 年 |
|---|---|---|---|---|---|
| $CO_2$ | 1 | 1 | 1 | 1 | 1 |
| CFC11 | 4500 | 4100 | 3400 | 2400 | 1400 |
| CFC12 | 7100 | 7400 | 7100 | 6200 | 4100 |
| HCFC123 | 330 | 150 | 90 | 55 | 30 |
| HFC134a | 3100 | 1900 | 1200 | 730 | 400 |
| HCFC22 | 4200 | 2600 | 1600 | 970 | 540 |

注：由于计算模型的不同，不同机构给出的制冷剂 GWP 值会有些差别，本表中常见制冷剂基于 100 年时间区间的 GWP 值，其不确定度约为 ±20% 左右。

1997 年 12 月在日本京都召开的《联合国气候变化框架公约》第五次缔约方会议上签署的《京都议定书》确认了温室气体对全球变化的影响，明确了 $CO_2$、CFC、HCFC 和 HFC 等温室气体的范围，并提出了冻结和削减发达国家排放量水平的要求。我国在 2002 年 9 月宣布中国政府核准《京都议定书》。

基于以上原因，选择制冷剂时，还应考虑 ODP 值和 GWP 值。

**3. 常用制冷剂的性质**

（1）水（$H_2O$，R718）　水作为制冷剂，在空调用制冷技术中主要是用于溴化锂—水吸收式制冷系统中，其优点是无毒性，不燃爆，易获取，汽化热大，但水蒸气的比热容比较大，单位容积制冷量小，水的凝固点高，只适用于蒸发温度 0℃ 以上的制冷工况。

水的物性参数详见表 7-10。

（2）氨（$NH_3$，R717）　氨作为制冷剂使用可追溯到 19 世纪 60 年代。到目前为止，其仍是应用最广泛的制冷剂之一。氨的价格便宜，以前主要用于大中型冷库制冷和冷藏，近年来，由于其良好的环保性能，已开始在空调冷水机组中被应用。氨作为制冷剂，蒸发温度、蒸发压力与冷凝温度、冷凝压力适中，单位容积制冷量大，粘性较小，传热性能好，对钢铁不产生腐蚀作用，氨易溶于水，故系统不易产生"冰塞"，但含有水分后会对铜及铜合金（磷青铜除外）有腐蚀作用，所以氨系统不用铜制的控制阀件。

氨的缺点是有刺激性气味，毒性大，且具有燃烧性，安全性类别为 B2，故氨制冷机房要考虑通风。

另外，氨的溶油性较差，必须设油分离装置，在氨系统的冷凝器、贮液器、蒸发器等设备下部都设集油包，定期排油。

（3）氟利昂　氟利昂制冷剂种类较多，性能不尽相同，但常用氟利昂有些共性：安全性较好（参表 7-3），单位容积制冷量较小，绝热指数较小；密度大、流动阻力较大；传热系数低；大多氟利昂制冷剂不溶于水，故系统中需设置干燥器以防冰塞产生；多数氟利昂溶油性好，润滑油回油好，故一般设备上不需设置油包；另外，氟利昂渗透性强，易泄露，而且价格较贵。

常用制冷剂的性质见表 7-10，常用制冷剂的使用范围见表 7-11。

**表 7-10　常用制冷剂的性质**

| 制冷剂代号 | 分子式 | 相对分子质量 | 标准沸点/℃ | 凝固温度/℃ | 临界温度/℃ | 临界压力/MPa | 绝热指数（20℃，101.325kPa） | 安全性类别 |
|---|---|---|---|---|---|---|---|---|
| R718 | $H_2O$ | 18.02 | 100.0 | 0.0 | 374.12 | 22.12 | 1.33（0℃） | $A_1$ |
| R717 | $NH_3$ | 17.03 | -33.35 | -77.7 | 132.4 | 11.52 | 1.32 | $B_2$ |
| R11 | $CFCl_3$ | 137.39 | 23.7 | -111.0 | 198.0 | 4.37 | 1.135 | $A_1$ |
| R12 | $CF_2Cl_2$ | 120.92 | -29.8 | -155.0 | 112.04 | 4.12 | 1.138 | $A_1$ |
| R22 | $CHF_2Cl$ | 86.48 | -40.84 | -160.0 | 96.13 | 4.986 | 1.194（10℃） | $A_1$ |
| R114 | $C_2F_4Cl_2$ | 170.91 | 3.5 | -94.0 | 145.8 | 3.275 | 1.092（10℃） | $A_1$ |
| R134a | $C_2F_2F_4$ | 102.0 | -26.25 | -101.0 | 101.1 | 4.06 | 1.11 | $A_1$ |
| R500 | $CF_2Cl_2/C_2H_4F_2$ 73.8/26.2 | 99.30 | -33.3 | -158.9 | 105.5 | 4.30 | 1.127（30℃） | $A_1$ |
| R502 | $CF_2Cl_2/C_2H_4Cl$ 48.8/51.2 | 111.64 | -45.6 | — | 90.0 | 42.66 | 1.133（30℃） | $A_1$ |

表 7-11　常用制冷剂的使用范围

| 制冷剂名称 | 使用压力范围 | 使用温度范围 | 制冷机种类 | 用　途 |
|---|---|---|---|---|
| R717 | 中压 | 低、中 | 活塞式、离心式、螺杆式、吸收式 | 制冷、冷藏及其他 |
| R718 | 低压 | 高 | 吸收式、蒸汽喷射式 | 空调、化工 |
| R11 | 低压 | 高 | 离心式、回转式 | 空调（限用） |
| R12 | 中压 | 低～高 | 活塞式、离心式、螺杆式 | 冷藏、空调、船舶（限用） |
| R22 | 中压 | 超低～高 | 活塞式、离心式、螺杆式 | 低温制冷、小冷机、空调 |
| R113 | 低压 | 高 | 离心式 | 空调（限用） |
| R410A | 中压 | 低、中 | 活塞式、螺杆式 | 低温制冷、小冷机、空调 |
| R114 | 低压 | 中、高 | 回转式、离心式 | 小型制冷机（限用） |
| R134a | 中压 | 低～高 | 活塞式、离心式、螺杆式 | 冷藏、空调、船舶（限用） |
| R502 | 中压 | 低、中 | 活塞式 | 冷藏及其他 |
| R500 | 低压 | 中、高 | 活塞式 | 冷藏、空调、船舶及其他 |

#### 4. 制冷剂的贮运

空调制冷工程中，制冷剂一般均装入钢瓶贮运，不同制冷剂的钢瓶不得互用，在钢瓶上应标明制冷剂种类，钢瓶要定期检验并限定使用年限，存放时要防暴晒、远离明火及高温，运输时要防碰撞。当钢瓶内制冷剂用完后（表压力趋于零）应关紧控制阀，以防空气进入。

## 课题 2　载　冷　剂

间接制冷系统中，用以吸收被冷却空间或介质的热量，并将其转移给制冷剂的物质，称为载冷剂，也称冷媒。常用的载冷剂有空气、冷冻水及盐水等。

#### 1. 载冷剂选择基本要求

如前所述，载冷剂用于间接制冷系统中。与直接制冷系统比较，间接制冷系统由于采用载冷剂来转移被冷却物与制冷剂之间的冷量（热量），就使得制冷剂管线简短许多，制冷剂充灌量大大减少，初投资降低。但在制冷剂与被冷却物之间多了一次温差传热，势必导致制冷循环运行工况的蒸发温度下降，制冷系数降低。有些情况下，载冷剂是必不可少的，如食品冷藏，必须借助空气冷却。有些情况下，载冷剂可用可不用，如空调工程中就有直接式蒸发系统，不通过冷冻水，直接由制冷剂在蒸发器中吸热来冷却空气。

所以，是否选用载冷剂，即是否采用间接制冷，不但要考虑直接制冷的可行性，还要考虑经济性、技术性因素。

选择理想载冷剂的要求如下：

1）在工作温度范围内不产生相变。

2）比热容越大越好，密度和粘度越小越好，热导率高，传热性能好。

3）对金属无腐蚀性，环保性、安全性好，化学稳定性好。

4）易于获得，价格便宜。

**2. 常用载冷剂**

1）空气，空气作为载冷剂，容易取得，所用设备简单，安全性、稳定性均很好，但比热容小，主要是用于冷藏库中。

2）水，水作为载冷剂具有安全性和稳定性好、比热容大、容易获得等优点，但水的凝固点高，只能用于0℃以上的载冷剂，在空调制冷系统中广泛采用。

3）盐水，盐水是盐的水溶液，常用的盐水溶液有氯化钠（NaCl）水溶液，氯化钙（CaCl₂）水溶液。从图7-1和图7-2中可以看出，盐水可作为低于0℃的载冷剂，其固体析出温度和凝固温度与盐水含量有关。下面以氯化钠溶液为例，说明盐水含量与凝固温度的关系。

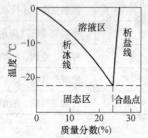

图7-1　氯化钠水溶液

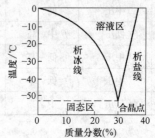

图7-2　氯化钙水溶液

图7-1中的析冰线和析盐线可认为是这样得到的：用若干个杯子，内盛不同质量分数（如5%、10%、15%、20%、25%、30%等）的盐水，并插入温度计，放入冰柜内降温。观察发现，对于氯化钠（NaCl）盐水，在质量分数小于23.1%时，盐水质量分数越低的杯中越先有固态体析出，经分析，是冰块析出，而质量分数大于23.1%的杯中，则是质量分数越大，越先有固态体析出，经分析，析出物是盐。将不同质量分数下盐水开始有冰析出和有盐析出的温度标注在纵坐标是温度，横坐标是含量（质量分数）的坐标中，则得到图7-3中的析冰线和析盐线。

将质量分数23.1%的盐水降温至−21.2℃时，则不再是析出冰和盐，而是盐水全部凝固成固体，这个点称为冰盐合晶点。这样，如图7-3所示，析冰线与析盐线上方是盐水溶液区，析冰线下方合晶点温度以上是冰和盐水的共存区，而析盐线以下，合晶点温度以上是盐和盐水的共存区，在合晶点温度以下，则是完全固态区。

工程中盐水作为载冷剂，是不允许出现固态的，所以要保证盐水始终处于溶液区。而盐水质量分数大于合晶点处质量分数时并不能获得温度更低的溶液，反而由于盐水质量分数增大，流量阻力增加使运行费用增加，故盐水质量分数的确定基于以下两点：第一，盐水质量分数要小于合晶点处质量分数；第二，所确定的盐水质量分数所对应的析冰温度要比制冷剂的蒸发温度低5～8℃，以防运行时冻结。

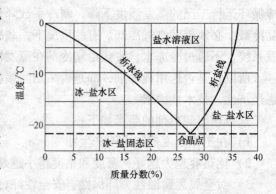

图7-3　盐水溶液的浓度与凝固点的关系

这样，氯化钠盐水只可用于蒸发温度不低于 $-15℃$ 的场合。当蒸发温度需更低时，则要选用氯化钙盐水或其他合晶温度更低的盐水。

由于盐水对金属有一定的腐蚀性，工程中常在盐水中加入一定量的缓蚀剂。另外，盐水具有吸湿性，吸收空气中水分后会使盐水中盐的含量降低，故运行时尽量减少与空气接触（在盐水池上浮些木板）的同时，还应定时测定并保持盐水质量分数，以防冻结。

# 课题 3  润 滑 油

蒸气压缩式制冷机械通常要用到润滑油。

**1. 润滑油的重要功能**

1）在零件表面形成油膜，减少机械摩擦力的损耗和降低零件磨损，同时尽可能多地带走摩擦热（另有冷却水套也起此作用），使零件的温度降低。

2）在活塞环与气缸壁之间、轴封摩擦面上利用油膜起一定的密封作用，减少制冷剂泄漏。

3）制冷机荷载调节机构要用润滑油作为液压传动介质。

4）润滑油能减少机械噪声。

5）润滑油流经各摩擦面和间隙时，能带走机械杂质，起防锈和清洗作用。

不论是润滑系统，还是荷载调节系统，所用润滑油均由制冷机附带的油泵进行加压才能正常工作。

**2. 制冷压缩机对润滑油的要求**

1）在压缩过程中其与制冷剂混合的情况下应仍能保持足够的粘度，以确保形成具有一定承受力的油膜。在降温节流后仍不会凝固。

2）高温下挥发性要小，同时闪点要高。

3）化学稳定性要好，对金属及轴封填料等相关材质无腐蚀作用。

4）绝缘电阻值大。

5）粘度受温度影响越小越好，不要因温度升高而使粘度下降太多。

由于所用制冷剂的性质不尽相同，所以对润滑油的选用要与制冷剂匹配。如 R12 所用的润滑油为矿物油，而 R134a 必须用酯类油（POE），某些场合也用聚亚烃基乙二醇类油（PAGs）。

**3. 制冷压缩机用润滑油特性**

1）粘度。润滑油的粘度是一个很重要的性能指标。粘度过大，会使压缩机的起动力矩增大，摩擦功耗增大；粘度过小，会使轴瓦等接触面上形不成需要的油膜层，使零件磨损增大。

当润滑油与制冷剂互溶时，会使粘性降低，故此时应选用粘度较高的润滑油。

2）闪点。所谓闪点是指引起气态润滑油燃烧的最低温度。一般国产制冷压缩机温度为 $150 \sim 180℃$。

3）溶解性。所谓溶解性是指制冷剂与润滑油的互溶性能。互溶性好时，回油方便，但制冷剂热力性质变坏的同时，油的粘度也会降低。润滑油不溶于制冷剂时，制冷剂和润滑油的性质稳定，但要加强油分离措施。

表 7-12 为 GB/T 16630 对常用冷冻机油的技术要求，表中 DRA 表示润滑油与制冷剂高度互溶，DRB 表示润滑油与制冷剂中度互溶（DRC 表示润滑油与制冷剂低度互溶，可应用于全封闭空调压缩机和热泵，我国尚未标准化）。

表 7-12　常用冷冻机油技术要求

| 项目 | 质 量 指 标 | | | | | | | | | | | | | | | | | | | | |
|---|---|---|---|---|---|---|---|---|---|---|---|---|---|---|---|---|---|---|---|---|---|
| 品种 | L—DRA/A | | | | | L—DRA/B | | | | | L—DRB/A | | | | | L—DRB/B | | | | | |
| 质量等级 | 一等品 | | | | | 一等品 | | | | | 优等品 | | | | | 优等品 | | | | | |
| ISO 粘度等级 | 15 | 22 | 32 | 46 | 68 | 15 | 22 | 32 | 46 | 68 | 15 | 22 | 32 | 46 | 68 | 15 | 22 | 32 | 46 | 68 | |
| 运动粘度 (40°)/(mm²/s) | 13.5~16.5 | 19.8~24.2 | 28.8~35.2 | 41.4~50.6 | 61.2~74.8 | 13.5~16.5 | 19.8~24.2 | 28.8~35.2 | 41.4~50.6 | 61.2~74.8 | 13.5~16.5 | 19.8~24.2 | 28.8~35.2 | 41.4~50.6 | 61.2~74.8 | 13.5~16.5 | 19.8~24.2 | 28.8~35.2 | 41.4~50.6 | 61.2~74.8 | |
| 闪点(开口)/°C 不低于 | 150 | 150 | 160 | 160 | 170 | 150 | 150 | 160 | 160 | 170 | 150 | 160 | 165 | 170 | 175 | 150 | 160 | 165 | 170 | 175 | |
| 燃点/°C 不低于 | — | | | | | — | | | | | 162 | 172 | 177 | 182 | 187 | 162 | 172 | 177 | 182 | 187 | |
| 硫含量(%)不大于 | — | | | | | 0.3 | | | | | 0.3 | | | | | 0.1 | | | | | |
| 灰分(%)不大于 | 0.01 | | | | | 0.005 | | | | | 0.003 | | | | | 0.003 | | | | | |
| 残炭量(%)不大于 | 0.10 | | | | | 0.05 | | | | | 0.03 | | | | | 0.03 | | | | | |
| 适用工质 | R717 | | | | | R717、HCFCs、CFCs、以 HCFCs 为主的混合物 | | | | | HCFCs、CFCs、以 HCFs 为主的混合物 | | | | | | | | | | |
| 典型应用 | 开启式。普通冷冻机 | | | | | 半封闭。普通冷冻机；冷冻、冷藏设备；空调 | | | | | 全封闭。冷冻、冷藏设备；电冰箱 | | | | | | | | | | |

4）浊点。润滑油温度下降到某一数值时，油中开始析出石蜡而变得混浊，该温度称为浊点。一般情况下，润滑油的浊点越低越好。对于空调用制冷机，蒸发温度较高，所用润滑油浊点均能保证。

5）粘温性。制冷剂润滑油的粘度受温度影响的性能称为润滑油的粘温性。粘温性好的润滑油在温度变化时其粘度变化小，以保证油品具有良好的润滑性能。

# 单 元 小 结

常用制冷剂种类及性质直接与制冷压缩机、冷凝器、蒸发器等制冷设备的选型设计、系统运行维护有密切关系。从大气变暖及臭氧层破坏等环保角度考虑，应选择环境友好型制冷剂。

理解和掌握常用载冷剂种类及性质、制冷机常用润滑油种类及性质、环保要求等相关知识，有助于后续其他内容的学习和掌握。

# 复习思考题

7-1　选择制冷剂时应考虑哪些因素?

7-2　请解释 GWP 和 ODP 的含义。

7-3　简述我国近期对 CFC 限制及替代物选择的要点。

7-4　氨和 R134a 各有何性质? 使用时应注意什么问题?

7-5　制冷剂的单位容积制冷量越大越好吗? 为什么?

7-6　试说明制冷剂溶油性的好坏所产生的影响。

7-7　什么叫载冷剂? 选择载冷剂时应注意哪些因素?

7-8　试分析直接制冷系统和间接制冷系统各自的利弊。

7-9　水可以作制冷剂吗? 水可以作载冷剂吗? 为什么?

7-10　什么叫盐水的"冰盐合晶点"?

7-11　制冷压缩机对润滑油有何要求?

# 单元8　蒸气压缩式制冷装置

**主要知识点：** 制冷压缩机的种类、基本性能参数、结构特点及工作原理；冷凝器的种类、构造和工作原理；蒸发器的种类、构造和工作原理；节流机构及辅助设备。

**学习目标：** 掌握蒸气压缩式制冷压缩机的分类、特点及使用情况；掌握冷凝器和蒸发器的作用、类型、基本构造和工作原理；了解活塞式制冷压缩机、滚动转子式制冷压缩机、涡旋式制冷压缩机、螺杆式制冷压缩机及离心式制冷压缩机的构造及工作原理；了解节流机构和辅助设备的作用、类型及工作原理。

## 课题1　制冷压缩机

制冷压缩机是决定蒸气压缩式制冷（热泵）机组能力大小的关键部件，对机组的运行性能、噪声、振动、维护和使用寿命等都有着直接的影响，是机组的"心脏"。本课题着重学习常用制冷压缩机的结构特点、性能及相关选择计算。

**1. 制冷压缩机的种类**

制冷压缩机根据其工作原理可分为容积型和速度型两大类。

（1）容积型制冷压缩机　在容积型制冷压缩机中，一定容积的工质蒸气被吸入到压缩机的气缸内，继而在气缸中被强制缩小，单位容积内气体分子数增加，导致气体压力上升，当达到一定压力时，气体被强制从气缸排出。因而，容积型制冷压缩机的吸排气过程一般是间歇进行的，其流动并非连续稳定。

容积型制冷压缩机有两种结构形式：往复式和回转式。回转式又可根据压缩机的结构分为滚动转子式、涡旋式、螺杆式（包括单螺杆和双螺杆）等。图8-1表示制冷压缩机的分类及其结构示意图。

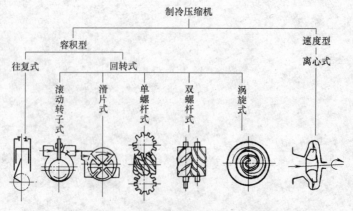

图8-1　制冷压缩机的分类及其结构示意图

（2）速度型制冷压缩机　在速度型制冷压缩机中，气体压力的增长由气体的速度转化而来，即先使吸入的工质蒸气获得一定的高速，然后速度减缓，动能转化为气体压能，使压力升高，而后排出。速度型制冷压缩机中的压缩过程可以连续进行，其流动是稳定的。

在制冷和热泵机组中应用的速度型制冷压缩机几乎都是离心式压缩机。

（3）制冷压缩机的分类

1）按工作的蒸发温度范围分类：对于单级制冷压缩机，一般可按其工作蒸发温度的范围分为高温、中温和低温压缩机三种，但在具体蒸发温度区域的划分上并不统一。例如某些压缩机产品沿用的大致工作蒸发温度的分类范围如下：

高温制冷压缩机　（−10 ~ 0）℃；

中温制冷压缩机　（−15 ~ 0）℃；

低温制冷压缩机　（−40 ~ −15）℃。

2）按密封结构形式分类。如图 8-2 所示，从防止工质泄露所采取的密封方式的不同，压缩机可分为开启式、半封闭式和全封闭式三种形式。

a)　　　　　　　　　b)　　　　　　　　　c)

图 8-2　开启式、半封闭式和全封闭式制冷压缩机
a）开启式　b）半封闭式　c）全封闭式

①开启式制冷压缩机。开启式制冷压缩机的曲轴一端伸出压缩机的机体外，通过传动装置与原动机相连。曲轴伸出部位装有轴封装置，防止泄漏。利用这种轴封装置的隔离作用使原动机独立于制冷系统之外的压缩机形式称为开启式压缩机。由于原动机独立于制冷系统之外，不与制冷剂和润滑油接触，因而不需要采用耐制冷剂和耐润滑油的措施。如果原动机为电动机，只需使用普通的电动机。比如，在以氨为制冷剂的制冷系统中，因氨对铜有腐蚀性，所以不能将电动机包含在制冷系统中，以免电动机受氨的破坏。即使在以氟利昂为制冷剂的制冷系统中，因氟利昂对电动机的绝缘有腐蚀作用，所以也只能采用开启式的形式。

通常，原动机的冷却与制冷剂无关，压缩机吸入制冷剂蒸气的过热度减少，此外，压缩机也容易拆卸维修。然而，开启式压缩机除了制冷剂和润滑油较容易泄漏的缺点外，尚有质量大、占地面积多、噪声大等缺点。

②半封闭式压缩机是把电动机和压缩机连成一整体，装在同一机体内，共用一根主轴，从而可以取消轴封装置，避免了轴封泄露的可能性。半封闭式压缩机的电动机处于制冷剂蒸气的环境中，因而被称为内置电动机。

半封闭式压缩机结构紧凑、噪声低，同时又保持了开启式压缩机易于拆卸、维修的优点。由于是内置电动机，电动机的绕组必须耐制冷剂和润滑油。但是，由于机壳存有用螺栓连接的密封面，所以不能完全消除泄漏。半封闭式制冷压缩机的制冷量一般居中等水平。

③全封闭式压缩机和半封闭式一样，连成一整体的压缩机—电动机组安装在同一主轴上。所不同之处在于：连成一整体的压缩机—电动机组安装在一个由上、下两部分焊接制成的封闭钢制薄壁机壳内，露在机壳外面的只有吸气口和排气口、工艺管以及一些必要的进出管道的连接口和电源接线柱等。大部分全封闭式往复压缩机的电动机由吸入的低温工质蒸气冷却。全封闭式压缩机提高了机器的密封性能和紧凑性，降低了振动和噪声，运行可靠。这种压缩机产量大，价格便宜，但是整个电动机和压缩机封装在密封的机壳内很难拆卸修理，为了保证使用寿命，对加工、装配要求较高。全封闭式压缩机一般用于小冷量的制冷压缩机中。

**2. 制冷压缩机的基本性能参数**

由前面的知识，我们知道制冷压缩机的实际性能和按理论循环所得的理想性能存在着一定的差距，为了能表征压缩机的实际性能，下面列举一些常用的主要性能参数。

（1）压缩机的理论输气量　压缩机在单位时间内经过压缩并输送到排气管内的气体，换算到吸气状态下所占有的容积，称为压缩机的容积输气量，简称输气量。理论输气量是单位时间内压缩机最大可吸入的体积流量，它与压缩机的转速和气缸的结构尺寸、数目有关。

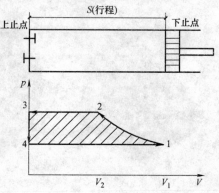

图 8-3　活塞式制冷压缩机的工作过程

1）活塞式制冷压缩机的理论输气量。活塞式制冷压缩机的理论输气量与气缸直径 $D$（m）、活塞行程 $S$（m）、气缸数 $z$ 和压缩机转速 $n$（r/min）有关，如图 8-3 所示，压缩机在理想工作过程下，活塞每往复运动一次，压缩机的一个气缸所吸入的低压气体体积 $V_g$（m³）称为气缸的工作容积，对于单级压缩机

$$V_g = \frac{\pi}{4}D^2S \tag{8-1}$$

式中　$V_g$——气缸工作容积（m³）；

　　　$D$——气缸直径（m）；

　　　$S$——活塞行程（m）。

如果有 $z$ 个气缸，转速为 $n$（r/min），则压缩机理论输气量 $V_h$（活塞排量）

$$V_h = \frac{V_g nz}{60} = \frac{\pi}{240}D^2Snz \tag{8-2}$$

式中　$V_h$——压缩机理论输气量（m³/s）；

　　　$z$——压缩机气缸数目；

　　　$n$——压缩机转速（r/min）。

2）滚动转子式压缩机的理论输气量。滚动转子式压缩机的理论输气量与气缸半径 $R$（cm）、转子半径 $r$（cm）、气缸轴向厚度 $L$（cm）、压缩机转速 $n$（r/min）和气缸数 $z$ 有关，其值为

$$V_h = \frac{\pi}{60}n(R^2 - r^2)Lz \tag{8-3}$$

3）螺杆式制冷压缩机的理论输气量

①双螺杆式制冷压缩机的理论输气量与螺杆主动转子的公称直径 $D_0$（m）、螺杆转子长度 $L$（m）、面积利用系数 $C_n$、扭角系数 $C_\phi$ 和转子的转速 $n$（r/min）有关，其值为

$$V_h = \frac{1}{60}C_n C_\phi D_0^2 Ln \tag{8-4}$$

②单螺杆式制冷压缩机的理论输气量与一星轮片刚封闭转子一齿槽时的齿槽容积 $V_P$（m³）、转子齿数 $z$ 和转子转速 $n$（r/min）有关，其值为

$$V_h = \frac{2V_p Zn}{60} \tag{8-5}$$

（2）容积效率　压缩机的容积效率是指压缩机的实际输气量 $V_R$ 与理论输气量 $V_h$ 之比，$\lambda_a = V_R/V_h$。容积效率 $\lambda_a$ 与余隙容积、压缩比和压缩机种类有关，与压缩机大小关系不大，可以由经验公式或查表得出。由此，就可以根据理论输气量和容积效率 $\lambda_a$ 计算实际输气量。

（3）制冷量　制冷压缩机的工作能力是指在一定工况下制冷剂所能供应的制冷量，单位为 W 或 kW。制冷压缩机在一定工况下的制冷量 $Q_0$，即

$$Q_0 = V_R q_v = \lambda_a V_h q_v \tag{8-6}$$

式中　$Q_0$——压缩机制冷量（kW）；

$\quad\quad q_v$——制冷剂在给定工况下的单位容积制冷量（kJ/m³）；

$\quad\quad \lambda_a$——容积效率。

制冷压缩机的制冷量随工况不同而发生变化，故当说明一台制冷压缩机的制冷量时，必须同时说明其使用的工况。为了对不同的制冷压缩机进行性能测试，也为了制冷压缩机的使用者能对不同产品的容量及其他性能指标作出对比与评价，因此，需要有一个共同的比较条件，即要规定一个共同的工况。制冷压缩机在铭牌上的制冷量应该是在名义工况下测得的制冷量，不同制冷压缩机的名义工况由国家标准给出。《活塞式单级制冷压缩机》（GB/T 10079—2001）给出的名义工况见表 8-1 和表 8-2；《全封闭涡旋式制冷压缩机》（GB/T 18429—2001）给出的名义工况见表 8-3。

表 8-1　有机制冷剂压缩机名义工况　　　　　　　　　　　（单位：℃）

| 类型 | 吸入压力饱和温度 | 排出压力饱和温度 | 吸入温度 | 环境温度 |
|------|------|------|------|------|
| 高温 | 7.2 | 54.4[①] | 18.3 | 35 |
|      | 7.2 | 48.9[②] | 18.3 | 35 |
| 中温 | -6.7 | 48.9 | 18.3 | 35 |
| 低温 | -31.7 | 40.6 | 18.3 | 35 |

注：表中工况制冷剂液体的过冷度为 0℃。

① 为高冷凝压力工况。

② 为低冷凝压力工况。

（4）制热量　当压缩机用于热泵系统工作而获得供热目的时，其工作能力可用在一定工况下热泵系统利用它能供应的热量 $Q_h$（单位为 W 或 kW）来表示。压缩机的制热量也随工

况不同而发生变化，其名义制热量，应是在相关标准规定的名义工况下测得的制热量。

表 8-2　无机制冷剂压缩机名义工况　　　　　　　　（单位：℃）

| 类型 | 吸入压力饱和温度 | 排出压力饱和温度 | 吸入温度 | 制冷剂液体温度 | 环境温度 |
|------|------|------|------|------|------|
| 中低温 | -15 | 30 | -10 | 25 | 32 |

表 8-3　涡旋式制冷压缩机名义工况　　　　　　　　（单位：℃）

| 类型 | 吸气饱和<br>（蒸发）温度 | 排气饱和<br>（冷凝）温度 | 吸气温度 | 液体温度 | 环境温度 |
|------|------|------|------|------|------|
| 高温 | 7.2 | 54.4 | 18.3 | 46.1 | 35 |
| 中温 | -6.7 | 48.9 | 4.4 | 48.9 | 35 |
| 低温 | -31.7 | 40.6 | 4.4 | 40.6 | 35 |

（5）压缩机的耗功率

1）指示功率 $P_i$ 和指示效率 $\eta_i$。制冷压缩机在一定工况下，单位时间内压缩气态制冷剂所消耗的功率称为制冷压缩机的指示功率 $P_i$。指示效率 $\eta_i$ 为压缩机的理论功率 $P_{th}$ 与指示功率 $P_i$ 之比，通过理论循环热力计算求得压缩机的理论功率 $P_{th}$ 后，即可用下式计算压缩机的指示功率，即

$$P_i = \frac{P_{th}}{\eta_i} \tag{8-7}$$

2）轴功率 $P_e$、轴效率 $\eta_e$ 和摩擦效率 $\eta_m$。由电动机传至压缩机轴上的功率，称为压缩机的轴功率 $P_e$。压缩机的轴功率消耗在两个方面，一部分直接用于压缩气体，即为指示功率 $P_i$；另一部分用于克服运动机构摩擦阻力，也包括了制冷压缩机润滑油消耗的功率，为摩擦功率 $P_m$。因此，压缩机的轴功率

$$P_e = P_i + P_m \tag{8-8}$$

而摩擦效率 $\eta_m$ 是指指示功率 $P_i$ 与轴功率 $P_e$ 之比，即

$$\eta_m = \frac{P_i}{P_e} \tag{8-9}$$

这样压缩机轴功率

$$P_e = \frac{P_i}{\eta_m} = \frac{P_{th}}{\eta_i \eta_m} \tag{8-10}$$

制冷压缩机 $\eta_i$ 和 $\eta_m$ 的值均随其运行时的压缩比和转速变化，这两个效率值可通过实验图表查得。

3）电动机输入功率 $P_{in}$ 和绝热效率 $\eta_s$。从电源输入的驱动制冷压缩机电动机的功率称为制冷压缩机的电动机输入功率 $P_{in}$，即

$$P_{in} = P_{th} / \eta_i \eta_m \eta_e \tag{8-11}$$

式中　　$\eta_e$——电动机效率。

对于封闭式制冷压缩机来说，电动机输入的能量传递给被压缩的气体工质，因此，公式（8-11）可写为

$$P_{in} = P_{th}/\eta_s \tag{8-12}$$

式中　$\eta_s$——绝热效率，等于 $\eta_i\eta_m\eta_e$，对于开启式制冷压缩机来说，$\eta_s = \eta_i\eta_m$。

4）制冷压缩机配用电动机的功率 $P$。在确定压缩机配用电动机的功率时，除应考虑该制冷压缩机的运行工况以外，还应该考虑到压缩机与电动机的连接方式，并有一定的富余量。因此，压缩机配用电机功率 $P$ 应为

$$P = (1.10 \sim 1.15)\frac{P_e}{\eta_d} \tag{8-13}$$

式中　$\eta_d$——传动效率，当压缩机与电动机直接连接时为 1，当采用三角带连接时为 0.9 $\sim 0.95$；

1.10 $\sim$ 1.15——附加系数，考虑到电网对电压的变化和非正常工况等因素的影响，电动机应有 10% $\sim$ 15% 的储备功率。

（6）性能系数

1）制冷性能系数。为衡量制冷压缩机的动力经济性，常采用性能系数 COP（Coefficient of Performance）值来衡量，它是指在一定工况下制冷压缩机的制冷量与所消耗的功率之比。对于开启式制冷压缩机，制冷性能系数 COP 是指在一定工况下，制冷压缩机的制冷量 $Q_0$ 与同一工况下制冷压缩机轴功率 $P_e$ 的比值。

$$COP = \frac{Q_0}{P_e} = \frac{Q_0}{P_{th}}\eta_i\eta_m \tag{8-14}$$

对于封闭式制冷压缩机，制冷性能系数 COP 是指在一定工况下，制冷压缩机的制冷量 $Q_0$ 与同一工况下制冷压缩机电动机的输入功率 $P_{in}$ 的比值。

$$COP = \frac{Q_0}{P_{in}} \tag{8-15}$$

2）制热性能系数。开启式压缩机在热泵循环中工作时，其制热性能系数 $COP_h$ 是指在一定工况下，压缩机的制热量 $Q_h$ 与同一工况下压缩机的轴功率 $P_e$ 的比值。

$$COP_h = \frac{Q_h}{P_e} \tag{8-16}$$

封闭式压缩机在热泵循环中工作时，其制热性能系数 $COP_h$ 是指在一定工况下，压缩机的制热量 $Q_h$ 与同一工况下压缩机电动机的输入功率 $P_{in}$ 的比值。

$$COP = \frac{Q_h}{P_{in}} \tag{8-17}$$

**3. 往复（活塞）式制冷压缩机基本结构和工作原理**

（1）往复（活塞）式制冷压缩机的基本结构

往复（活塞）式压缩机广泛用于中、小型制冷装置中，其结构如图8-4所示。图中画出了压缩机的主要零、部件及其组成。压缩机的机体由气缸体 1 和曲轴箱 3 组成。气缸体中装有活塞 5，曲轴箱中装有曲轴

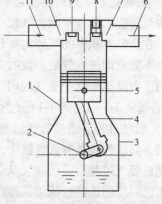

图8-4　往复（活塞）式压缩机示意图
1—气缸体　2—曲轴　3—曲轴箱　4—连杆
5—活塞　6—排气管　7—排气腔　8—排气阀
9—吸气阀　10—吸气腔　11—吸气管

2，通过连杆 4 将曲轴和活塞连接起来。在气缸顶部装有吸气阀 9 和排气阀 8，通过吸气腔 10 和排气腔 7 分别与吸气管 11 和排气管 6 相连。当曲轴被原动机带动而旋转时，通过连杆的传动，活塞在气缸内上、下往复运动，并在吸、排气阀的配合下，完成对制冷剂的吸入、压缩和输送。

（2）往复（活塞）式制冷压缩机的工作原理　往复（活塞）式制冷压缩机的工作循环分为四个过程，如图 8-5 所示。

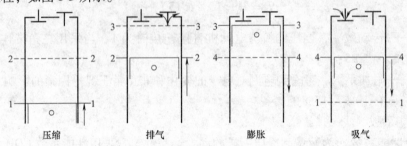

压缩　　　　　排气　　　　　膨胀　　　　　吸气

图 8-5　压缩机的工作过程

1）压缩过程。通过压缩过程将制冷剂的压力提高。当活塞处于最下端位置 1-1（称为内止点或下止点）时，气缸内充满了从蒸发器吸入的低压蒸气，吸气过程结束；活塞在曲轴—连杆机构的带动下开始向上移动，此时吸气阀关闭，气缸工作容积逐渐减小，处于缸内的制冷剂受压缩，温度和压力逐渐升高。活塞移动到 2-2 位置时，气缸内的蒸气压力升高到略高于排气腔中的制冷剂压力，排气阀开启，开始排气。制冷剂在气缸内从吸气时的低压升高到排气压力的过程称为压缩过程。

2）排气过程。通过排气过程，制冷剂进入冷凝器。活塞继续向上运动，气缸内制冷剂的压力不再升高，制冷剂不断地通过排气管流出，直到活塞运动到最高位置 3-3（称为外止点或上止点）时排气过程结束。制冷剂从气缸向排气管输出的过程称为排气过程。

3）膨胀过程。通过膨胀过程将制冷剂的压力降低。活塞运动到上止点时，由于压缩机的结构及制造工艺等原因，气缸中仍有一些空间，该空间的容积称为余隙容积。排气过程结束时，在余隙容积中的气体为高压气体。活塞开始向下移动时，排气阀关闭，吸气腔内的低压气体不能立即进入气缸，此时余隙容积内的高压气体因容积增加而压力下降，直至气缸内气体的压力降至稍低于吸气腔内气体的压力，即将开始吸气过程时为止，此时活塞处于位置 4-4。活塞从 3-3 移动到 4-4 的过程称为膨胀过程。

4）吸气过程。通过吸气过程，从蒸发器吸入制冷剂。活塞位置 4-4 向下运动时，吸气阀开启，低压气体被吸入气缸中，直到活塞到达下止点 1-1 的位置。此过程称为吸气过程。

完成吸气过程后，活塞又从下止点向上止点运动，重新开始压缩过程。如此周而复始，循环不已。压缩机经过压缩、排气、膨胀和吸气四个过程，将蒸发器内的低压蒸汽吸入，使其压力升高排入冷凝器，完成吸入、压缩和输送制冷剂的作用。

（3）往复（活塞）式制冷压缩机的特点　往复（活塞）式制冷压缩机是问世最早的压缩机，直到目前为止，高速多缸活塞式制冷压缩机还广泛应用于制冷的各个领域。活塞式制冷压缩机单机功率范围为 0.1～150kW，缸径为 20～180mm，单机气缸数为 2～16，气缸排列形式有直立形、V 形、W 形、Y 形、扇形（S 形）、十字形等，压缩机转速在小型机中可达 3600r/min，其至更高（如变频压缩机），在大中型机中可达 1750r/min。

1）活塞式制冷压缩机用材为普通金属材料，加工容易，成本低，但单位制冷量的质量指标大。

2）活塞式制冷压缩机往复运动的惯性大，转速不能太高，振动较大，影响了单机制冷量的提高。

3）活塞式制冷压缩机因结构原因，其容积效率相对其他形式的压缩机要低，正因为如此，活塞式制冷压缩机的单机压缩的压缩比不应超过 8～10。

4）活塞式制冷压缩机在定转速下工作，只能通过改变工作气缸数来实现跳跃式的分级能量调节，部分负荷下的调节特性较差。

**4. 滚动转子式制冷压缩机工作过程和结构特点**

滚动转子式、涡旋式及螺杆式制冷压缩机是典型的回转式制冷压缩机，它们是靠回转体的旋转运动代替活塞式压缩机中活塞的往复运动，以改变气缸的工作容积，从而实现对一定数量的低压气态制冷剂进行压缩。回转式制冷压缩机和活塞式制冷压缩机都属于容积型压缩机。回转式制冷压缩机构造简单、容积效率高、运转平稳，能够实现高速和小型化。但是，由于回转式制冷压缩机主要依靠滑动进行密封，故要求的加工精度较高。

（1）滚动转子式制冷压缩机工作过程　滚动转子式制冷压缩机的发展历史仅有 60～70 年，从 20 世纪 70 年代后，小型全封闭滚动转子式压缩机日趋成熟，并在制冷领域得到广泛应用，其制冷量范围在 0.3～5kW。滚动转子式制冷压缩机结构如图 8-6 所示，它利用一个偏心圆筒形转子在气缸内旋转，使工作容积缩小从而达到提高气体压力的目的。

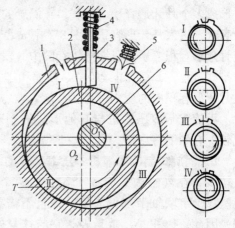

圆筒形气缸 1 的圆心为 $O_1$，内装一偏心的转轴 6，绕圆心 $O_2$ 旋转，在转轴上装一套筒 2。在转动时，套筒 2 在气缸内表面上滚动，故名为滚动转子式压缩机。在气缸上开有进气孔和排气孔，在排气孔上装有弹簧排气阀 5，在气缸的吸、排气孔之间开有一径向槽，内装一滑片 3。滑片顶部装

图 8-6　滚动转子式制冷压缩机结构图
1—气缸　2—套筒　3—滑片　4—弹簧
5—排气阀　6—转轴

有弹簧 4，使滑片端部紧贴套筒外表面。滑片将气缸分成吸气腔和排气腔，两端被气缸盖所封闭。当转子在气缸内滚动时，滑片做径向往复运动，吸气腔和排气腔的容积不断变化。图中右 I 是开始吸气；II 是吸气腔容积不断增大，排气腔容积减小，气体压缩过程；III 是边吸气边排气过程；IV 是吸气腔容积达到最大值，排气终了过程。转子每转一轴，即完成一次吸气、压缩和排气过程。

（2）滚动转子式制冷压缩机的特点　滚动转子式制冷压缩机分立式和卧式两种，在空调工程中大多采用立式，并作成全封闭式。滚动转子式制冷压缩机的具体特点如下：

1）滚动转子式制冷压缩机结构紧凑、零件少、重量轻、体积小，运行平稳、可靠，噪声低。

2）滚动转子式制冷压缩机是在转子回转 720° 内完成一次吸气、压缩、排气、膨胀过程

循环，因此，气流的流动速度较为缓慢，从而减少气体的流动损失，提高了滚动转子式压缩机的容积效率和等熵效率。

3）滚动转子式制冷压缩机由于结构上的原因，在其滑板与进排气口之间存在空挡角。排气口侧空挡角使气缸具有余隙容积，但是空挡角为30°时，其间包括的容积还不到气缸工作容积的0.5%，因此，在压缩比较大的工况下，容积效率和等熵效率比往复活塞式压缩机高。

4）滚动转子式制冷压缩机设有排气阀，不存在压缩过程中的过压缩与欠压缩问题。

5）滚动转子式制冷压缩机气缸密封要求高，因此，相关零件的制造、装配精度要求也很高，只有在拥有专用高精度工艺设备的条件下，方可达到批量生产。

**5. 涡旋式制冷压缩机工作原理、运用场合及其特点**

涡旋式制冷压缩机也是一种回转式制冷压缩机，其机理是1905年由法国Creux提出的。20世纪70年代由于制造技术的发展，直到80年代初期才开发出应用于空调制冷的涡旋压缩机。目前，涡旋式制冷压缩机功率范围大致在0.75~11kW范围内。涡旋式制冷压缩机工作原理如图8-7所示，涡旋式制冷压缩机主要由两个涡旋盘相错180对置而成，其中一个是固定涡旋盘，而另一个是旋转涡旋盘，它们在几条直线（在横截面上则是几个点）上接触并形成多个月牙形容积。吸气口在涡旋的外表面，随着旋转涡旋盘的顺时针转动，气体由边缘吸入，进入月牙形容积。图8-7中a表示吸气完毕的位置，旋转涡旋盘继续顺时针转动，使月牙形容积缩小而压缩气体；图中b表示涡旋外围为吸气过程，中间为压缩过程，中心处为排气过程；d表示继续吸气、压缩和排气过程。图中的阴影部分表示在图a时吸入的气体在月牙形容积内的变化过程。

涡旋式制冷压缩机与其他形式的制冷压缩机比较，有如下特点：

1）涡旋式制冷压缩机中压缩部分的结构零部件较少，在气缸内只有5个零件：两个涡旋体、机座、十字联轴节和偏心轴，并且不需要进排气阀，因此，体积小，重量轻。它与往复式压缩机相比，在同等制冷量条件下，体积少了约40%，重量减轻了约15%。

2）涡旋式制冷压缩机回转半径很小，仅有几毫米，相对滑动速度低，流动损失小；并且同时对称地形成几个压缩室，不平衡力与力矩较小，流动接近连续，所以，此种压缩机不仅运行可靠、效率高，而且振动小、噪声低。

3）涡旋式制冷压缩机由于没有进、排气阀，不存在余隙容积，再加上采用了专门的轴向和径向柔性密封装置。因此，内部泄漏小，容积效率高。此外，这种轴向和径向的柔性密封还能在特别恶劣的带液工况下使压缩机维持运转，这为压缩机吸气喷液冷却创造了条件。

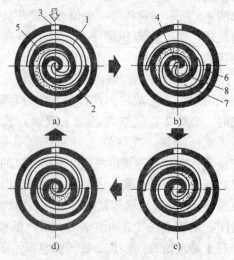

图8-7 涡旋式制冷压缩机工作原理图
1—旋转涡旋盘 2—固定涡旋盘 3—进气口
4—排气口 5—压缩室 6—吸气过程
7—排气过程 8—压缩过程

4）工质在涡旋体中流速低，给变频运行创造了极佳条件，它可以在900~10000r/min

的范围内良好运转，所以变频输气量调节是涡旋式制冷压缩机很合适的输气量调节方法。特别值得提出的是双涡旋式压缩机，双涡旋式压缩机是能够实现进行调频而无级调速的涡旋式压缩机。该种涡旋式压缩机的特点是在 0.75～7.5kW 的功率范围内，可实现无级调节，部分负荷效率降低减少。

5）涡旋式制冷压缩机在工作中，其压缩室向中心移动，具有内压缩的特点，因此具有实现中间补气的可能性，而不影响压缩机的吸入气量，故可实现带经济器运行，使效率得到进一步提高。

6）在热泵式空调装置中，涡旋式制冷压缩机有着良好的工作特性。

7）旋转涡旋盘上承受的轴向气体作用力，随主轴转角发生变化，很难精确地加以平衡，因此轴向气体力往往带来摩擦功率消耗。

8）涡旋盘的加工精度，特别是涡旋体的几何公差有很高要求，端板平面的平面度以及端板平面与涡旋体侧壁面的垂直度，应控制在微米级，因此，需采用专门的加工方法、加工技术和加工设备。

**6. 双螺杆式制冷压缩机和单螺杆式制冷压缩机**

螺杆式制冷压缩机也是回转式制冷压缩机的一种类型。与活塞式制冷压缩机相比，具有结构简单、体积小、重量轻、易损件小、操作方便，单机压比大，排气温度低，对湿压缩不敏感，平衡性好、振动小，能量可无级调节等优点。在大、中型冷量范围内得到广泛的应用。其在空调工程中主要用于冷水机组。螺杆式制冷压缩机的结构有两种型式：双螺杆式制冷压缩机（图 8-8）和单螺杆式制冷压缩机（图 8-9）。

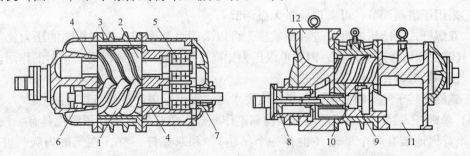

图 8-8　双螺杆式制冷压缩机

1—阳转子　2—阴转子　3—机体　4—滑动轴承　5—推力轴承　6—平衡活塞　7—轴封
8—能量调节用滑阀　9—卸载滑阀　10—喷油孔　11—排气口　12—吸气口

（1）双螺杆式制冷压缩机的基本结构和工作原理　双螺杆式制冷压缩机具有一对互相啮合、相反旋向的螺旋形齿的转子。造成由齿型空间组成的基元容积的变化，进行制冷剂气体的压缩。图 8-8 是双螺杆式制冷压缩机的结构剖面图，由图可知，压缩机的气缸里具有一对互相啮合的转子，其齿面凸起的转子称为阳转子 1，齿面凹下的转子称为阴转子 2，转子的齿相当于活塞。转子的齿槽、机体 3 的内壁面和两端端盖等共同构成的工作容积，相当于气缸。机体的两端设有成对角线布置的吸气口 12 和排气口 11，随着转子在机体内的旋转运动，使工作容积由于齿的侵入或脱开而不断发生变化，从而周期性地改变转子每对齿槽间的容积，来达到吸气、压缩和排气的目的。由于在气缸的两端不设有吸排气阀，所以双螺杆式压缩机输气量的调节是通过油压控制的油活塞推动滑阀 8 来实现的。滑阀调节是螺杆压缩机最常用的调节方法，它是在两个转子之间设置一个轴向可以移动的滑阀，移动滑阀改变转子的有效工作长度，可以使部分制冷剂气体未经压缩就通过旁通口流到压缩机的吸气侧，从而使输气量得到调节。滑阀能量调节可在 10% ~100% 范围内进行，一般在负荷 50% 以上运行时，功率和输气量几乎是正比关系；在负荷 50% 以下运行时，性能系数会大幅下降，经济性明显变差。根据滑阀移动方式的不同，滑阀调节又分为分级调节和无级调节两种。平衡活塞 6 主要平衡转子上的轴向力，以防止其轴向窜动。由滑阀 8 上的喷油孔 10 喷入的润滑油具有使正在压缩中的基元容积里达到冷却、润滑和密封的作用。

（2）双螺杆式制冷压缩机的特点

1）与往复活塞式制冷压缩机相比，双螺杆式制冷压缩机具有转速高、重量轻、体积小、占地面积小及排气脉动低等一系列优点。

2）双螺杆式制冷压缩机没有往复质量惯性力，动力平衡性能好，运转平稳，机座振动小，基础可做得较小。

3）双螺杆式制冷压缩机结构简单，机件数量少，没有像气阀、活塞环等易损件，它的主要摩擦件（如转子、轴承等）强度和耐磨程度都比较高，而且润滑条件良好，因而机加工量少，材料消耗低，运行周期长，使用比较可靠，维修简单，有利于实现操纵自动化。

4）与速度型压缩机相比，双螺杆式压缩机具有强制输气的特点，即排气量几乎不受排气压力的影响，在小排气量时不发生喘振现象，在宽广的工况范围内，仍可保持较高的效率。

5）采用了滑阀调节，可实现能量无级调节。

6）双螺杆式制冷压缩机对进液不敏感，可以采用喷油冷却，故在相同的压力比下，压缩机排气温度比活塞式低得多，因此单级压力比高。喷油还可起到润滑、密封的作用。

7）没有余隙容积，因而容积效率高。

8）螺旋形转子的空间曲面的加工精度要求高，需用专用设备和刀具来加工。

（3）单螺杆式制冷压缩机的基本结构和工作原理　单螺杆式制冷压缩机具有一根螺杆，螺杆两侧对称地装有两个星轮（也有一个星轮），和双螺杆一样，在气缸内吸气并压缩。1978 年日本引进该专利技术，1983 年最先生产出用于空调的单螺杆压缩机。单螺杆式制冷压缩机如图 8-9 所示。

（4）单螺杆式制冷压缩机的特点

1）结构合理，平衡性好，构造简单，体积小，质量轻，寿命长。单螺杆式制冷压缩机具有一个转子和两个星轮结构，因此，在转子两侧不仅能平衡压力，延长轴承寿命，而且减少了转子弯曲所造成的转子与壳体的接触和振动，并且上下两个独立压缩结构，有利于提高部分负荷效率，在 50% ~100% 负荷内保持较好的节能效果。

2）摩擦损失小，噪声低，振动小，容积效率高，能耗低。星轮与螺杆转子相互啮合，不受压力引起的传递动力作用，因此可用密封性和润滑性能好的树脂材料制造，以减少振动和运行噪声。转子旋转一圈，每个基元容积压缩两次，压缩速度快，工质气体泄漏时间短，有利于提高效率。但由于单螺杆压缩机发展时间不长，设备结构和制作选材还不完善，在效率方面通过比较不同厂家样本中数种容量的单、双螺杆机组，单螺杆冷水机组的 COP 并不高。近年来单螺杆压缩机凭借其振动和噪声小的优点，得到越来越广的应用。

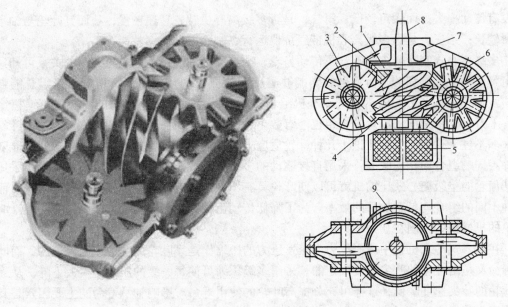

图 8-9　单螺杆式制冷压缩机
1—螺杆　2—排气口　3、6—星轮　4—壳体　5—吸气腔　7—排气腔　8—主轴　9—气缸

**7. 离心式制冷压缩机典型结构、特点及应用场合**

从 20 世纪 20 年代初世界上第一台离心式制冷压缩机诞生到现在，已有 90 多年的历史，随着大型空气调节系统和石油化工业的日益发展，离心式制冷压缩机得到广泛应用。离心式制冷压缩机是一种速度型压缩机。

离心式制冷压缩机的工作原理与容积型压缩机不同，它是依靠动能的变化来提高气体压力的，它由转子与定子等部分组成。当带叶片的转子（即工作轮）转动时，叶片带动气体转动，把功传递给气体，使气体获得动能。定子部分则包括扩压器、弯道、回流器、蜗壳等，它们是用来改变气流的运动方向以及把速度能转变为压力能的部件。制冷剂蒸气由轴向吸入，沿半径方向甩出，故称离心式压缩机。典型离心式制冷压缩机结构如图 8-10 所示。

（1）单级和多级离心式制冷压缩机的比较　离心式制冷压缩机的构造与离心式水泵相似。低压气体从侧面进入叶轮中心以后，靠叶轮高速旋转产生的离心力作用，获得动能和压力能，流向叶轮的外缘。由于对离心式制冷压缩机的制冷温度和制冷量有不同要求，需要采用不同种类的制冷剂，而且，压缩机要在不同的蒸发压力和冷凝压力下进行工

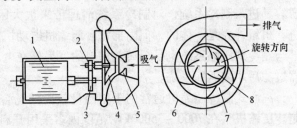

图 8-10　典型离心式制冷压缩机结构示意图
1—电动机　2—增速齿轮　3—主动齿轮　4、8—叶轮
5—导叶调节阀　6—蜗壳　7—扩压器

作，这就要求离心式压缩机能够产生不同的能量头。因此，离心式压缩机也像离心水泵一样有单级和多级之分，也就是说，主轴上的叶轮可以是一个，也可以有几个。显然，工作叶轮的转速越高，级数越多，离心压缩机产生的能量头也越高。目前在有关离心式冷水机组单级与多级的比较中，争论较大的主要有以下三个问题。第一，是否多级离心机无传动齿轮，从

而没有传动损失，而噪声较低；第二，是否多级离心机叶轮转速较慢，从而其叶轮与轴承的寿命较长；第三，是否多级离心机带经济器运行，制冷循环效率就能提高。

多级离心式制冷压缩机省却了传动齿轮，由前面提到的传动齿轮与噪声的关系可知这对机组降低噪声是有利的，而且也的确能够避免传动损失（在机组满负荷时占机组总能耗的3%）。由于目前各公司的离心式冷水机组均采用电脑选型，一个公司的离心式压缩机产品可有上万种，单是同一冷量的机组也能有数十种的组合，而一个公司的离心式压缩机叶轮型号大多不过十几种，如何让这十几种叶轮适应上万种的组合呢？这就要求叶轮的转速能随着各种不同的组合而相应改变，采用直接驱动的多级离心式压缩机就很难实现这一点。采用带传动齿轮的单级离心式压缩机就可以使叶轮具有不同的转速以适应不同组合的需求，从而使各种不同的组合均具有较高的效率。为了降低传动齿轮的机械损失，许多公司均在设计时将齿轮的机械损失控制在0.5%以下。

在离心式冷水机组中冷凝压力与蒸发压力的压缩比是靠叶轮的叶尖速度保证的，而叶轮的寿命又是由叶轮的叶尖速度决定的。采用多级压缩可使每一级的压缩比大大下降，从而使其叶轮的叶尖速度降低，这样可充分提高叶轮的使用寿命。影响轴承寿命的主要因素是其表面速度和其承载量。对于多级离心式压缩机由于其叶尖速度较低，因而使其轴承表面速度也较低，有利于延长其寿命。但多级离心式压缩机采用多个叶轮，这无疑增大了轴承的承载量，另外采用R123作工质的三级离心式压缩机叶轮直径较大，这也增加了轴承的承载量，影响了轴承的寿命。所以单级与多级离心式压缩机对轴承寿命的影响需综合考虑。

目前市场上带经济器的空调用多级离心式压缩机，其制冷工质为R123，据理论计算，在相同工况下采用R123工质的多级离心式压缩机比单级离心式压缩机效率可提高7%。但在实际工作中由于每级压缩的吸排气均有一定的阻力，所以实际节能效果受到一定影响。

（2）开启式与封闭式离心式制冷压缩机的比较　所谓开启式离心式制冷压缩机是指离心式压缩机和其电动机彼此分开，中间采用联轴器联接。而封闭式离心式压缩机和电动机彼此直联，做在一个壳体内。在开启式机组和封闭式机组之间争论最大的问题在于机组的可靠性，对于开启式机组，当其电动机因故烧毁后，由于其电动机和压缩机分开设置，所以不会对制冷剂系统造成大的影响，可靠性高；而封闭式机组发生电动机烧毁故障时，电动机内杂质容易进入制冷系统，对制冷系统清理带来很大困难。目前的封闭式机组结构已有很大改进，机组外壳是一体的，但内部每台压缩机电动机与制冷回路是隔绝的，压缩机电动机腔内部与制冷剂压缩系统也是分离并密封的。另外在电动机腔内蒸发的制冷剂必须通过干燥过滤器过滤后才能返回系统。

离心式制冷压缩机通常用于制冷量较大的场合，在350～7000kW内采用封闭式离心式制冷压缩机，在7000～35000kW范围内多采用开启式离心式制冷压缩机。

（3）离心式制冷压缩机的能量调节与喘振　离心式制冷压缩机目前主要有以下几种能量调节方法：进口导叶调节、压缩机变频调速、无叶扩压器宽度调节，也有厂家将上述方法综合在一起调节。然而，采用不同能量调节方法又是决定离心式压缩机喘振点的一个重要因数。

1）用普通进口导叶调节，其喘振点在20%～30%负荷之间，不同品牌机组有所不同。

2）采用进口导叶调节阀辅以压缩机叶轮变频调速，其喘振点可控制在10%负荷左右。

3）采用进口导叶调节辅以压缩机扩压器宽度调节，其喘振点可控制在10%负荷左右。

4）多级离心式压缩机组采用每级进口均配置进口导叶调节，也可将其喘振点控制在10%负荷左右。

（4）离心式制冷压缩机的特点　单机容量大，体积小，重量轻，占地少；无往复运动部件，运转平稳，振动小，基础要求简单；无进（排）气阀、气缸、活塞等易损件，工作可靠，寿命长，操作简单，维护费用低；制冷量调节范围大，且可无级调节；换热器效率高；可由汽轮机或燃气轮机直接驱动；单级压力比不大；制冷量不能太小；变工质性能差。

# 课题 2　冷凝器、蒸发器

蒸气压缩式制冷循环是由压缩、冷凝、节流和蒸发四个主要热力过程组成的。一台制冷装置的基本热力设备，除了起"心脏"作用的压缩机和起节流作用的膨胀阀以外，还必须有基本的换热设备——蒸发器和冷凝器，它们换热效果的好坏对整个制冷机的性能有重大的影响。各种型式制冷机中所使用的换热器多种多样，本课题重点介绍蒸气压缩式制冷机中所涉及的一些典型蒸发器与冷凝器。

## 1. 冷凝器

冷凝器按其冷却介质和冷却方式的不同，可以分为水冷式、空冷式和蒸发式三种类型。

（1）水冷式冷凝器　用水作为介质，使高温、高压气态制冷剂冷凝的设备，称为水冷式冷凝器。常用的水冷式冷凝器有卧式管壳式、立式管壳式及套管式等型式。

1）卧式管壳式冷凝器。属于管壳式换热器，卧式管壳式冷凝器的主体部分如图 8-11 所示。卧式管壳式冷凝器用钢板焊成卧式圆筒形壳体，壳体内装有许多根无缝钢管，用焊接或胀接法固定在筒体两端的管板上，两端管板的外面用带有隔板的封盖封闭，使冷却水在筒内分成几个流程。冷却水在管内流动，从一端封盖的下部进入，按顺序通过每个管组，最后从同一端封盖上部流出。这样可以提高冷却水的流动速度，增强传热效果。高压高温的氨气从上部进入冷凝器管间，与管内冷却水充分发生热量交换后，氨气冷凝为氨液从下部排至贮液器。筒体上设有安全阀、平衡管、放空气管和压力表、冷却水进出口等管接头。此外，在封盖上还设有放空气阀，在冷凝器开始运转时，可打开放空气阀，以排除冷却水管内的空气。冷凝器检修或停止运转时，可利用放水阀将其冷却水排出。

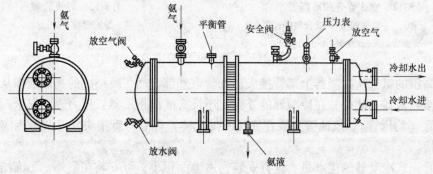

图 8-11　卧式管壳式冷凝器

卧式管壳式冷凝器的主要优点是传热系数较高，耗水量较少，操作管理方便。但是要求冷却水的水质要好，清洗水垢时不太方便，需要冷凝器停止工作。

这种冷凝器一般应用在中、小型制冷装置中，特别是压缩式冷凝机组中使用最为广泛。氟利昂用卧式管壳式冷凝器与氨用卧式管壳式冷凝器的不同之处在于用铜管代替无缝钢管。由于氟利昂侧传热系数较低，所以在铜管外表面轧成肋片状；此外，由于氟利昂能和润滑油相溶解，润滑油随氟利昂一起在整个系统内循环，所以不需要设放油管接头。冷凝器的下侧还设有一个安全塞，它用易熔合金制成，当遇火灾或严重缺水时，熔塞自行熔化，氟利昂能自动地从冷凝器排出，避免发生爆炸。卧式管壳式冷凝器传热系数高，耗水量少，操作管理方便，占空间高度小，要求水质好，水温低，清洗不便，水流动阻力大。

2）立式管壳式冷凝器。这种冷凝器的构造如图 8-12 所示，其外壳是由钢板卷焊而成的大圆筒，上下两端各焊一块多孔管板，板上用胀管法或焊接法固定着许多无缝钢管。冷凝器顶部装有配水箱，箱内设有均水板。冷却水自顶部进入水箱后，被均匀地分配到各个管口，每根钢管顶部装有一个带斜槽的导流管嘴，如图 8-13 所示。冷却水通过斜槽沿切线方向流入管中，并以螺旋线状沿管内壁向下流动，在管内壁形成一层水膜，这样可使冷却水充分吸收制冷剂的热量而节省水量。沿管壁顺流而下的冷却水流入冷凝器下部的钢筋混凝土水池内。通常在冷凝器的一侧需装设扶梯，便于攀登到配水箱进行检查和清除污垢。

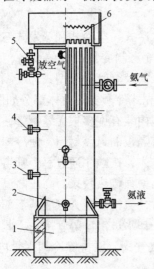

图 8-12　立式管壳式冷凝器
1—水池　2—放油阀　3—混合气体管
4—平衡管　5—安全阀　6—配水箱

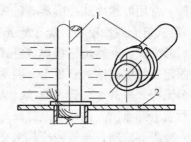

图 8-13　导流管嘴
1—导流管嘴　2—管板

高温高压的氨气从冷凝器上部管接头进入管束外部空间，凝结成的高压液体从下部管接头进入排至贮液器。此外，在冷凝器的外壳上还设有液面指示器、压力表、安全阀、放空气管、平衡管（均压管）、放油管和混合气（不凝气体）体管等管接头，以便与相应的设备和管路相连接。

立式管壳式冷凝器的优点是：垂直安装，占地面积小，可安装在室外，无冻结危险，便于清除污垢，而且清洗时不必停止制冷系统的运行，对冷却水的水质要求不高。其主要缺点是耗水量大、笨重、搬运不方便，制冷剂在里面泄漏不易发现。尽管如此，目前我国大中型氨制冷装置中多采用此种冷凝器。

3）套管式冷凝器　套管式冷凝器一般用于小型氟利昂制冷机组，例如柜式空调机、恒温恒湿机组等，其构造如图 8-14 所示。它的外管采用 φ50mm 的无缝钢管，内管套有一根或若干根纯钢管或低肋铜管，内外管套在一起后，用弯管机弯成圆螺旋形。

冷却水在管内流动，流向为下进上出；制冷剂在大管内小管外的管间流动，制冷剂由上部进入，凝结后的制冷剂液体从下面流出。制冷剂与冷却水的流动方向相反，呈逆流换热，因此，它的传热效果好。

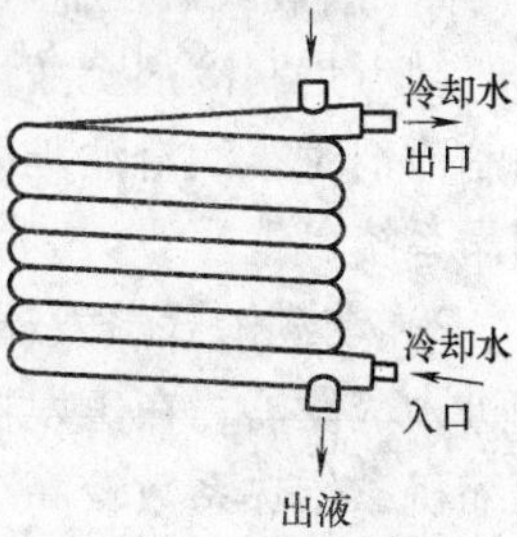

套管式冷凝器的优点是结构简单、制造方便、体积小、紧凑、占地少、传热效果好；其缺点是冷却水流动阻力大、清洗水垢不方便、单位传热面积的金属消耗量大。

（2）空冷式冷凝器　空冷式冷凝器又称风冷式冷凝器，它用空气作为冷却介质使制冷剂蒸气冷凝为液体。根据空气流动的方式可分为自然对流式和强迫对流式。自然对流冷却的空冷式冷凝器传热效果差，只用在电冰箱或微型制冷机中，强迫对流冷却的冷凝器广泛应用于中小型氟利昂制冷和空调装置中。

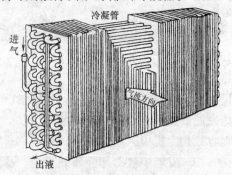

图 8-14　套管式冷凝器

图 8-15 所示为空冷式冷凝器。制冷剂蒸气从进气口进入各列传热管中，空气以 $2 \sim 3$m/s 的迎面流速横向掠过管束，带走制冷剂的冷凝热，制冷剂液体由下部排出冷凝器。

空冷式冷凝器由于空气侧的传热系数较小，其传热系数：强迫对流式（以外表面积为准）约为 24 $\sim 28$W/（$m^2 \cdot ℃$），自然对流式约为 $7 \sim 9$W/（$m^2 \cdot ℃$）。为了强化空气侧的传热，传热管均采用肋片管。肋片管分为铜管铝片、铜管铜片和钢管铜片，通常采用铜管铝片。

空冷式冷凝器和水冷式冷凝器相比，其优点是可以不用水，使冷却系统变得十分简单，因此它适宜于缺水地区或用水不适合的场所（如冰箱、冷藏车等）。一般情况下，它不受污染空气的影响（即一般不会产生腐蚀）；而水冷式冷凝器用冷却塔的循环水时，水有被污染的可能，进而腐蚀设备。

图 8-15　空冷式冷凝器

这种冷凝器的冷凝温度受环境温度影响很大。夏季的冷凝温度可高达 50℃ 左右，而冬季的冷凝温度就很低。太低的冷凝压力会导致膨胀阀的液体通过量减小，使蒸发器缺液而制冷量下降。因此，应注意防止空冷式冷凝器冬季运行时压力过低，可采用减少风量或停止分机运行等措施弥补。

（3）蒸发式冷凝器　蒸发式冷凝器以水和空气作为冷却介质。它利用水蒸发时吸收热量使管内制冷剂蒸气凝结。水经水泵提升再由喷嘴喷淋到传热管的外表面，形成水膜吸热蒸发变成水蒸气，然后被进入冷凝器的空气带走。

蒸发式冷凝器与水冷式冷凝器相比，用水量要少得多，实际耗水量约为水冷式冷凝器的 5% $\sim 10$%，故可明显节水。但在一般情况下，冷却水在管外蒸发，其管外容易结垢，清洗又较困难，且因造价高等，在实际推广中受到一定影响。

**2. 蒸发器**

蒸发器可用来冷却空气或各种液体（如水、盐水等），其型式很多，按制冷剂的供液方式不同，蒸发器可分为以下几种：

1）满液式蒸发器（图8-16a）：满液式蒸发器传热面与液体制冷剂充分接触，传热效果好，缺点是制冷剂充液量大，液柱对蒸发温度产生一定的影响。此外，当采用与润滑油互溶的制冷剂时，润滑油难以返回压缩机。此类蒸发器多用于氨系统以及采用离心式压缩机的氟利昂系统。

2）非满液式蒸发器（图8-16b）：该蒸发器的特点是制冷剂液体经膨胀阀节流降压后直接进入蒸发器，在蒸发器内制冷剂处于气、液共存状态。其优点是充液量少，润滑油易返回压缩机，传热系数较高。由于有一部分传热面与气态制冷剂接触，所以其传热效果不及满液式，多用于氟利昂系统。

3）循环式蒸发器（图8-16c）：该蒸发器依靠泵强迫制冷剂在蒸发器里循环，沸腾传热强度较高，并且润滑油不易在蒸发器内积存。其缺点是设备运转费用较高，多用于冷库制冷系统中。

4）淋激式蒸发器（图8-16d）：其特点是利用泵把制冷剂喷淋在传热面上，因此蒸发器中制冷剂充液量很少，而且不会产生液柱高度对蒸发温度的影响。一般常在溴化锂吸收式制冷机中采用。

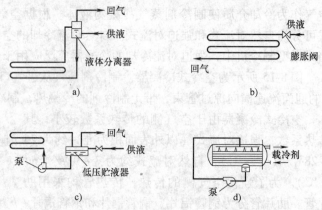

图8-16　蒸发器的种类
a）满液式　b）非满液式　c）循环式　d）淋激式

按蒸发器中被冷却介质的种类，蒸发器可分为冷却液体载冷剂的蒸发器和冷却空气的蒸发器。

（1）冷却液体载冷剂的蒸发器

1）卧式管壳式蒸发器。它的结构形式及工作原理与卧式管壳式冷凝器相似，所不同的是制冷剂在管外进行的是蒸发换热过程。这种蒸发器其外壳用钢板焊成圆筒体，在筒体的两端焊有管板，钢管扩胀或焊接在管板上。制冷剂在管外空间汽化，载冷剂（冷冻水或盐水）在管内流动。为了保证载冷剂在管内具有一定的流速，在两端盖内铸有隔板，使载冷剂多流程通过蒸发器。

制冷剂液体通过浮球阀节流降压后，由壳体下部进入蒸发器内吸收冷冻水或盐水的热量而汽化，汽化后的制冷剂蒸气上升至干气室（起气液分离作用），分离出来的液滴流回蒸发器内，蒸气被压缩机吸走。氨蒸发器壳体底部焊有集油器，沉积下来的润滑油流经放油管放出。

在顶部干气室和壳体之间装设一根旁通管，旁通管上的结霜处即表示蒸发器内制冷剂的液位，可以方便地观察到蒸发器内的液位。此外，为了避免未汽化的液体被带出蒸发器，其充液量应该不浸没全部传热表面，一般氨制冷系统，其充液高度约为筒径的70% ~80%，氟利昂制冷系统，其充液量为筒径的55% ~65%。

卧式管壳式蒸发器的传热性能好，结构紧凑。当制冷剂为氨，平均传热温差 $\Delta t$ 为 5 ~ 6℃，蒸发温度在 +5 ~ −15℃ 范围内，管内水流速为 1.0 ~ 1.5m/s 时，其传热系数约为 450 ~ 500W/($m^2$·K)。但是，当用来冷却普通淡水时，其出水温度应控制在 2℃ 以上，否则易发生冻结现象，从而致使传热管冻裂。

在氟利昂系统中，目前也使用卧式管壳式蒸发器，所不同的是采用低肋铜管代替光滑铜管，以增强传热系数。为了使润滑油随制冷剂蒸气返回压缩机，采用干式蒸发器（属非满液式蒸发器），即制冷剂在管内蒸发吸热，冷冻水在管间流动。

卧式管壳式蒸发器广泛用于氨制冷系统，也可用于氟利昂系统。其结构紧凑，占地面积小，制造工艺简单，传热性能好；载冷剂可采用闭式循环，可采用易挥发的载冷剂。其缺点是易积油，制冷剂充注量大，运行中热稳定性稍差，载冷剂有发生冻结的可能。

2）干式管壳式蒸发器。如图 8-17 所示，它的结构与卧式蒸发器很相似，两者主要区别是：干式管壳式蒸发器的制冷剂在传热管内汽化吸热，载冷剂在管外流动。在壳体内横跨管簇装设多块折流板，以提高载冷剂流速。

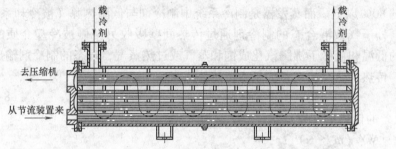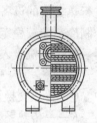

图 8-17　干式管壳式蒸发器

干式管壳式蒸发器的特点是：制冷剂充注量少，压缩机回油容易，热稳定性好，载冷剂不易冻结，结构紧凑；但装配工艺较复杂，水垢只能用化学方法去除。此外，干式管壳式蒸发器属低温设备，壳体周围要做隔热。

3）水箱式蒸发器。蒸发管组浸于水或盐水箱中，制冷剂液体在管内蒸发，水或盐水在搅拌器的作用下在箱内流动，以增强传热。换热管根据需要可制成直管或螺旋管。

水箱式蒸发器占地面积大，结构不够紧凑，一般用于氨制冷系统的非整体机组系统。其优点是热稳定性好，便于观察、运行和检修。由于它是开式设备，只能使用非挥发性载冷剂，并且要注意盐水的吸湿性问题。

（2）冷却空气的蒸发器　冷却空气的蒸发器都是以制冷剂在管内蒸发直接冷却空气的，包括冷却排管和冷风机的蒸发器两种。

1）冷却排管。多用于冷库及试验用制冷装置中，其制冷剂在管内蒸发，空气在管外自然对流。排管可以是光管，也可以是肋片管。氨系统的管材用无缝钢管，而氟利昂系统则多用铜管。

冷却排管按其在室内的安装方式，可分为墙排管、顶排管和搁架式排管。按结构型式，墙排管又有立管式及蛇形管式。立管式墙排管只适用于重力供液系统，其特点是：易排出蒸气、排油容易、存氨量较大（60% ~ 80%）、静液高度影响换热。蛇形管式排管适用于直流供液系统、重力供液系统、液泵供液系统下进上出式系统（单根盘管的蛇形管式排管也可用于液泵供液系统上进下出式系统）。蛇形管式排管具有构造简单，制作方便，充液量小（50%）的优点。其缺点是吸热蒸气要经过盘管的全部长度才能排出，换热较差。蛇形管式排管可制成翅片管式，但除霜不易，且容易生锈。

U形顶排管适用于重力供液系统、液泵下进上出系统，一般用于氨系统。其特点是结霜均匀，制作安装方便，充液量较小（50%）。搁架式排管的结构与蛇形管式排管相似，它适用于小型冷库的冻结间。

2）冷风机。冷风机是一种直接蒸发式空气冷却器，其结构与风冷式冷凝器相似，被广泛用于冷库和各种空调机组中，用于冷库时有落地式冷风机和吊顶式冷风机。

**3. 冷凝器和蒸发器的传热分析**

制冷系统中所使用的冷凝器和蒸发器，尽管结构型式多样，大多数都属于间壁式热交换器。冷凝器中的传热过程是制冷剂流体将热量通过间壁式热交换器传向冷却介质（水或空气），再利用冷却介质传向室外环境。在冷凝器中的液化放热过程中，由于制冷剂的过热蒸气放出热量后被冷却、冷凝成液体，因此其放热量包括气体冷却热、凝结热两部分。其中，凝结热约占总放热量的80%以上。而蒸发器是制冷系统中制冷剂与低温热源（被冷却系统）间进行热交换的设备，处于气液混合态的制冷剂通过传热间壁吸收另一侧被冷却介质的热量，制冷剂在较稳定的低温和低压下沸腾汽化成饱和蒸气或过热蒸气，气态的制冷剂输出蒸发器后被压缩机吸入。传热学热交换设备的基本传热公式为

$$Q = KF\Delta t \tag{8-18}$$

式中　$Q$——热交换设备的传热量（W）；

$K$——传热系数 $[W/(m^2 \cdot K)]$；

$F$——换热面积（$m^2$）；

$\Delta t$——平均温差（℃）。

对于已选定的冷凝器和蒸发器，其换热面积是一定的，因此在正常使用中要提高冷凝器或蒸发器单位面积的传热量，除了提高冷凝器或蒸发器内冷热流体间的传热温差外，主要是提高冷凝器或蒸发器的传热系数。下面分别重点分析影响它们的传热系数的因素，以便于在设计、安装、管理、操作维修中采取相应的措施来提高其传热性能。

（1）冷凝器中影响制冷剂侧蒸气凝结放热的因素

1）制冷剂蒸气的流速和流向。制冷剂蒸气在冷凝器中，其凝结形式分为膜状和珠状，一般均属于膜状凝结，只有在冷却壁面上或蒸气中有油类物质时才会形成珠状凝结。

当制冷剂蒸气与低于饱和温度的壁面接触时，便凝结成一层液体薄膜。制冷剂凝结时放出的热量必须通过液膜层才能传递到冷却壁面。液膜越厚制冷剂蒸气凝结时所遇到的热阻越大，放热系数也越小。因此，设法不使液膜增厚并能很快地脱开冷却壁面，这和制冷剂蒸气的流速与流向有关。蒸气与凝结的液膜作同向运动时，气流能促使冷凝器膜减薄和较快地与冷却壁面脱开，液膜层会随着气流运动与冷却壁面脱开，这种情况下传热系数会增大。

2）传热壁面粗糙度的影响。同一种制冷剂若冷却壁面光滑、清洁，液膜流动阻力就小，凝结的液体能较快流去，使液膜层减薄，传热系数相应增大。如果壁面粗糙，液膜的流动阻力增大，使液膜层增厚，传热系数也就降低。

3）制冷剂蒸气中含油时对凝结放热的影响。蒸气中含有油时对凝结传热系数的影响，与油在制冷剂中的溶解度有关。如氨和润滑油不易相溶，当制冷剂蒸气中混有润滑油时，油

将沉积在冷却壁面上形成热导率很低的油膜,造成附加热阻,使氨侧的传热系数降低。但对于氟利昂系统,由于氟和润滑油容易溶解,因此当油含量在一定范围内(小于6%~7%)时,可不考虑对传热的影响,超过此范围时,也会使传热系数降低。在冷凝器的设计和运行中,设置高效的油分离器,以减少制冷剂蒸气中的含油量,从而降低其对凝结放热的不良影响。

4)制冷剂蒸气中含有空气或其他不凝性气体的影响。系统不严密或调试过程中空气没有排除干净,加制冷剂或润滑油时带入,以及制冷剂和润滑油在高温下分解的气体,因此制冷系统中存在空气或其他不凝性气体是难以避免的。这些气体随制冷剂蒸气进入冷凝器,附着在凝结液膜附近,使制冷剂蒸气的分压力减低,不及时排除会使制冷剂传热系数大大降低,影响了制冷剂蒸气的凝结放热。

为了防止冷凝器中不凝性气体体积积聚过多,恶化传热过程,必须采取措施,既要防止空气渗入制冷系统内,又要及时地将系统中的不凝性气体通过专门设备排出。

5)冷凝器结构形式的影响。无论何种结构的冷凝器,都应设法使冷凝液体迅速地从冷却壁面离开。如常用的管壳式冷凝器是用管子作热交换壁面的冷凝器,管子有横放和直立两种。单根横管的外表面冷凝时传热系数要高于直立管,因为单根横管的凝结液膜比直立单管容易分离。一定长度的直立单管凝结液膜向下流动时,使下部的液膜层的厚度增加,平均传热系数下降。但多根横管集成管簇时,上部横管壁面上凝结的液体流到下面的管壁面上会形成较厚的液膜层,平均传热系数就减小,也有可能低于直立管簇的平均传热系数。所以现在卧式壳管式冷凝器设计向增大长径比的方向发展,相同的传热面积增加每根单管长度,减少垂直方向管子的排数,以提高整体的传热系数。

(2)冷凝器中影响冷却介质侧放热的因素　冷凝器的冷却介质通常采用水或空气,由于水的热容量大于空气的热容量,因此用水作冷却介质的冷凝器的传热性能要优于用空气作冷却介质的冷凝器。另外,用水作冷却介质时,制冷系统的冷凝压力明显低于用空气作冷却介质的,这有利于制冷系统的安全工作。

在冷凝器传热壁的冷却介质一侧,流动的冷却水或空气的流速对冷却介质一侧的传热系数有很大的影响。随着冷却介质流速的增加,传热系数也增大。但是流速太大,会使设备中的流动阻力损失增加,使水泵和风机的功率消耗增大。一般冷凝器内最佳水流速度约为0.8~1.5m/s,空气流速约为2~4m/s。对于不同结构形式的冷凝器,由于冷却介质流动途径不同(如管内、管外、自由空间流动等)、流动方式不同(如自然对流、强迫流动等),在各种具体情况下传热系数的大小也是各不相同的。

用水冷却时,不管使用地下水或是地表水,水中含有某些矿物质和泥沙之类的杂质,因此,使用一段时间后,在冷凝器的传热壁面上会逐步附着一层水垢,形成附加热阻,使传热系数显著下降。水垢层的厚度取决于冷却水质的好坏、冷凝器使用时间的长短及设备的操作管理情况等因素。

用空气冷却时,传热表面会被灰尘覆盖,杂物以及传热表面的油漆、锈蚀等污垢等会对传热带来不利影响,因此,在制冷设备运转期间,应经常对冷凝器的各种污垢进行清除。

(3)蒸发器中制冷剂特性对蒸发器传热的影响　在给定的压力下,蒸发器内的制冷剂液体吸收热量后汽化沸腾。制冷剂在蒸发器内的沸腾主要表现为泡状沸腾和膜状沸腾。泡状沸腾时,制冷剂的传热系数和热流密度(单位面积热负荷)随温差 $\Delta t$ 的增大而增大。膜状沸腾时，由于气膜的存在增大了传热热阻，传热系数值会急剧下降。介于泡状沸腾和膜状沸腾之间的状态称为临界状态。制冷剂在蒸发器内的温度差、传热系数和单位面积热负荷的值是远低于临界值的，因此制冷剂液体吸热后在蒸发器内沸腾属于泡状沸腾。

制冷剂的许多物理性质，如热导率 $\lambda$、粘度 $\mu$、密度 $\rho$、表面张力 $\alpha$ 和汽化热 $\gamma$ 等均会影响到制冷剂侧的传热系数。当热导率 $\lambda$ 增大、粘度 $\mu$ 下降、密度 $\rho$ 增大、汽化热 $\gamma$ 增大时，都能使制冷剂侧的传热系数增大。

氟利昂与氨的物理性质有着显著的差别，一般来说，氟利昂的热导率比氨的小，密度、粘度和表面张力都比氨的大。

（4）蒸发器中制冷剂液体润湿能力的影响　如果制冷剂液体对传热表面的润湿能力强，则沸腾中生成的气泡具有细小的根部，能够迅速地从传热表面脱离，传热系数也就较大。相反，若制冷剂液体不能很好地润湿传热面时，则形成的气泡根部很大，减少了汽化核心的数目，甚至沿传热表面形成气膜，使热阻增大，传热系数显著降低。常用的一些制冷剂液体均具有良好的润湿性能，因此具有良好的放热效能，但氨的润湿能力比氟利昂的强得多。

（5）蒸发器中换热面状况对蒸发器传热的影响　在蒸发器中，当制冷剂侧的制冷剂液体中混入润滑油时，油在低温下粘度很大，容易附着在传热面上形成油膜而不易排除，从而增大热阻，同时还会妨碍制冷剂液体润湿传热表面，降低传热效能，严重时会使制冷剂完全不吸收外界热量，失去换热效果。

（6）蒸发器构造对蒸发器传热的影响　蒸发器的有效面积是与制冷剂液体相接触的部分，因此传热系数的大小，除了与制冷剂的性质等因素有关外，还与蒸发器的构造有关。蒸发器的构造应该保证制冷剂蒸气能很快地脱离传热表面和保持合理的液面高度，充分利用传热表面。制冷剂液体节流时产生的少量蒸气可通过气液分离设备与液体分离，只将制冷剂液体送入蒸发器内吸热，以提高蒸发器的传热效果。

此外，实验结果表明，翅片管上的沸腾传热系数大于光管，而且管束上的大于单管的。在相同的饱和温度下，R12 在翅片管束的沸腾传热系数比光管管束大 70%，R22 则大 90%。

**4. 冷凝器和蒸发器的选择计算**

（1）冷凝器的选择　冷凝器型式的选择应根据制冷剂和冷却介质（水或空气）的种类及冷却介质的品质优劣而定。

1）在冷却水质较差、水温较高和水量充足的地区，宜采用立式管壳式冷凝器（仅用于氨系统）。

2）在冷却水质较好、水温较低的地区，宜采用卧式管壳式和组合式冷凝器。

3）在水质较差和夏季室外空气湿球温度较低的地区，可采用淋激式冷凝器。

4）在缺少水源和夏季室外空气湿球温度较低的地区，宜采用蒸发式冷凝器。

5）在缺水或无法供水的场合，可采用空冷式冷凝器。

此外，由于冷却水系统现多采用循环水，故在选择冷凝器型式时，不一定按上述 1）~4）条执行，而更多地考虑其他一些因素，如机房占地面积、初投资、运行费、管理、维修等。

冷凝器台数的确定，可参考压缩机的台数以及系统的型式、冷负荷变化情况及运行调节要求而定。

（2）冷凝负荷的确定

$$Q_k \approx Q_0 + P_i \tag{8-19}$$

式中　$Q_k$——冷凝器热负荷（kW）；

$\quad\quad Q_0$——制冷机冷负荷（kW）；

$\quad\quad P_i$——压缩机指示功率（kW）。

（3）传热温差

$$\Delta t = \frac{t_2 - t_1}{\ln \dfrac{t_k - t_1}{t_k - t_2}} \tag{8-20}$$

式中　$t_1$、$t_2$——冷却剂进、出口温度（℃）；

$\quad\quad t_k$——冷凝器温度（℃）。

（4）传热面积

$$F_k = \frac{Q_k}{K\Delta t} = \frac{Q_k}{q} \tag{8-21}$$

式中　$K$——冷凝器传热系数 [W/(m² · k)]；

$\quad\quad q$——热流密度（W/m²）。

（5）蒸发器的选择　蒸发器型式的选择应根据载冷剂（冷媒）和制冷剂的种类以及空气处理的型式而定。如空气处理使用水冷式表面冷却器，以氨为载冷剂时，可采用卧式管壳式蒸发器，但冷冻水在蒸发器换热管内的流速不得小于 1~2m/s；如仍使用水冷式表面冷却器处理空气，以氟利昂为制冷剂时，宜采用干式管壳式蒸发器。当采用喷淋室处理空气，即冷冻水喷淋室使用时，宜采用水箱式蒸发器（包括直立管式蒸发器和螺旋管式蒸发器）。在冷库中则采用各种冷却排管或冷风机。

（6）蒸发器台数的确定　可根据蒸发器换热面积的大小、压缩机台数、系统型式、冷负荷变化情况及运行调节要求而定。对于冷却液体的蒸发器的选择计算，方法与冷凝器的选择计算相似，这里不再重复。

# 课题 3　节流机构与辅助设备

节流机构是制冷装置中完成蒸气压缩式制冷循环的必备部件之一，在实现制冷热力循环过程中，具有以下两方面的作用：一是对高压制冷剂液体进行节流降压，保证冷凝器与蒸发器之间的压力差，以使蒸发器中的液态制冷剂在低压下汽化吸热，从而达到制冷的目的；二是调节进入蒸发器的制冷剂流量，以适应蒸发器热负荷的变化，使制冷装置正常运行。

制冷系统中除压缩机、冷凝器、蒸发器、节流机构等主要设备外，还包括一些辅助设备，如润滑油的分离和收集设备、制冷剂的贮存及分离设备、制冷剂的净化设备、安全设备等。这些设备的作用是保证制冷装置的正常运行，提高运行的经济性，保证操作的安全可靠。

本课题重点介绍蒸气压缩式制冷机中所涉及的一些典型节流机构及其辅助设备。

## 1. 节流机构

常用的节流机构有手动膨胀阀（节流阀）、浮球膨胀阀、热力膨胀阀、电子脉冲式膨胀阀以及毛细管等。

（1）手动膨胀阀（节流阀） 手动节流是用手动方式调整阀孔的流通面积来改变向蒸发器的供液量。图8-18所示为手动膨胀阀阀芯。手动膨胀阀要求管理人员根据负荷的变化随

时调节阀门的开启度，管理麻烦，如果操作人员一时疏忽，还会导致运行工况失常，甚至造成事故。因此，手动膨胀阀现在已较少单独使用，一般都用于辅助性流量调节。把它装在自动膨胀阀的旁通管道上，以备应急或检修自动阀门时使用，或者同液面控制器及电磁阀配合使用，共同实现供液量的控制。

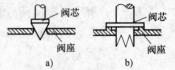

图8-18 手动膨胀阀阀芯

a）针形阀芯 b）具有
V缺口的阀芯

（2）浮球膨胀阀 浮球膨胀阀是一种自动膨胀阀，它依靠浮球室中的浮球受液面的影响，控制阀门的启闭。即根据满液式蒸发器液面的变化来控制蒸发器的供液量，并同时起节流降压的作用。

根据供给蒸发器的液态制冷剂是否通过浮球室而分为直通式和非直通式两种，如图8-19所示。直通式构造简单，浮球受液面波动大，易损坏，下部供液。非直通式液面平稳，不易损坏，构造、安装较复杂。

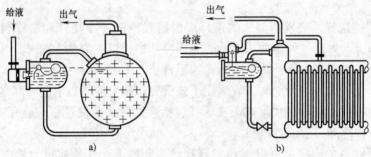

图8-19 浮球膨胀阀

a）直通式 b）非直通式

（3）热力膨胀阀 热力膨胀阀是温度调节方式的节流阀，又称热力调节阀，是应用最广泛的一类节流机构。它的结构如图8-20所示，由图可知热力膨胀阀的工作原理是建立在

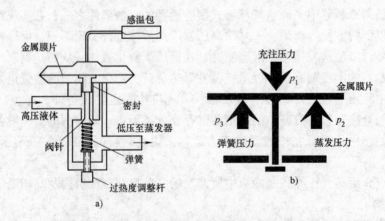

图8-20 热力膨胀阀及其工作原理图

a）热力膨胀阀 b）工作原理图

力平衡的基础上的。工作时，金属膜片上侧受感温包内工质的饱和压力 $p_1$ 作用，下侧受制冷剂蒸发压力 $p_2$ 与弹簧力 $p_3$ 的作用，当三者处于平衡时，$p_1 = p_2 + p_3$。

当蒸发器的供液量小于蒸发器热负荷的需要时，蒸发器出口侧蒸气的过热度就增大，则感温包感受的温度就高，使对应的 $p_1$ 随之增大。此时，$p_1 > p_2 + p_3$，即金属膜片上方的压力大于下方的压力，这样膜片就向下鼓出，通过顶杆压缩弹簧，把阀针顶开，使阀孔通道面积增大，则蒸发器的供液量增加，制冷量也随之增大。反之当供液量大于蒸发器热负荷的需要时，蒸发器出口蒸气的过热度减小，感温系统中的压力降低，使 $p_1 < p_2 + p_3$，膜片上方的作用力小于下方的作用力，使膜片向上鼓出，弹簧伸长，顶杆上移使阀孔通道面积减小，蒸发器供液量也就随之减少。由此可见，膜片上下侧的压力平衡是以蒸发器内压力 $p_2$ 作为稳定条件的，因此称为内平衡式热力膨胀阀。

在一些制冷装置中，蒸发器的管组长度较大时，从进口到出口存在较大的压降，造成蒸发器进出口处的温度相差较大，若仍采用内平衡式热力膨胀阀，则会因蒸发器出口温度过低造成 $p_1 < p_2 + p_3$，使热力膨胀阀过度关闭，以致丧失对蒸发器实施供液量控制的能力。当遇此情况可采用外平衡式热力膨胀阀，外平衡式热力膨胀阀与内平衡式热力膨胀阀基本相似，但是其金属膜片不与下方供入的液体接触，而是在阀的进出口处用一隔板隔开，在膜片与隔板之间引出一根平衡管连接到蒸发器的回气管上，另外调节杆的形式也有所不同。外平衡式热力膨胀阀的工作原理是将内平衡热力膨胀阀膜片驱动力系中蒸发器压力 $p_2$，改为由外平衡接头引入的蒸发器出口压力，以此来消除蒸发器管组内压降所造成的膜片力系失衡而带来的不利影响。

外平衡式热力膨胀阀的调节特性，基本不受蒸发器中压力损失的影响，但是由于它的结构复杂，因此一般只有当膨胀阀出口至蒸发器出口的制冷剂压降相应的温度超过 2 ~ 3℃ 时，才应用外平衡式热力膨胀阀。目前一般中小型氟利昂制冷系统除了使用分液器的蒸发器外，蒸发器的压力损失都比较小，所以采用内平衡式热力膨胀阀较多。

（4）电子脉冲式膨胀阀　电子脉冲式膨胀阀由压缩机变频脉冲控制阀孔开度，向蒸发器提供与压缩机变频条件相适应的制冷剂量，时刻保持在蒸发器和压缩机之间的能量和质量的平衡性，满足高级舒适性空气调节的要求。它是制冷技术中出现的机电一体化的产物。它可根据检测到的房间舒适度（即 PMV 值大小），相应改变压缩机转速，产生最佳舒适状态所需要的制冷（制热）量，从而有效地避免了开停调节式空调器因开停温差产生的能量浪费。

电子膨胀阀与热力膨胀阀相比，具有如下特点：

1）由于电子膨胀阀的开度不受冷凝温度的影响，可以在很低的冷凝压力下工作，这大大提高了制冷装置在部分负荷下的性能系数。

2）电子式膨胀阀可以在接近于零过热度下平稳运行，不会产生振荡，从而充分发挥蒸发器的传热效率。

3）电子式膨胀阀具有很好的双向流通性能，两个流向的流量系数相差很小，偏差小于 4%。因此，电子膨胀阀特别适用于与系统制冷剂循环量变化很大的变频空调机、一拖多空调系统和热泵机组等。

（5）毛细管　在小型氟利昂制冷装置中，如电冰箱、窗式空调器、小型降湿机等，由于冷凝温度和蒸发温度变化不大，制冷量小，为了简化结构，一般都用毛细管作为制冷系统中的节流降压机构。

　　所谓毛细管，实际上就是一根直径很小的紫铜管。流体流经管道时克服管道阻力，会形成一定的压降，而且管径越小，管道越长，阻力就越大，即压降越大。基于该原理，选择适当直径和长度的毛细管就可实现降压节流的作用。毛细管结构简单、制造方便、价格便宜且不易发生故障；压缩机停止运行后，冷凝器和蒸发器的压力可以自动达到平衡，减轻了再次起动时电动机的负荷。要求充注制冷剂的量很准确，适用于工况较稳定、负荷变化不大的场合。使用时，在毛细管前需要装设过滤器，以防毛细管被杂物堵塞。

　　电子膨胀阀与毛细管、热力膨胀阀的特点比较如表 8-4 所示。

表 8-4　电子膨胀阀与毛细管、热力膨胀阀的特点比较

| 节流机构类型<br>比较内容 | 毛细管 | 热力膨胀阀 | 电子膨胀阀 |
| --- | --- | --- | --- |
| 制冷剂与阀的选择是否相关 | 无关 | 由感温包充注的制冷剂决定 | 无关 |
| 制冷剂流量调节范围 | 小 | 较大 | 大 |
| 流量调节机构 | 毛细管流动阻力 | 调节阀开度 | 调节阀开度 |
| 调节控制信号 | 过冷度 | 蒸发器出口过热度 | 蒸发器出口过热度 |
| 调节方法 | 回热循环，降低毛细管出口段温度 | 检测出口过热度，控制调节阀开度 | 检测出口过热度，控制调节阀开度 |
| 对蒸发器过热度控制偏差 | 大 | 较小，4 ~ 7℃，但蒸发温度低时大 | 很小，1 ~ 2℃ |
| 流量调节特性补偿 | 困难 | 困难 | 可以 |
| 调节的过渡过程特性 | 不好 | 较好 | 优 |
| 允许负荷波动 | 很小 | 较大，但不适合于能量可调节系统 | 很大，适合于能量可调节系统 |
| 流量前馈调节 | 困难 | 困难 | 可以 |
| 价格 | 便宜 | 较高 | 高 |

### 2. 辅助设备

　　(1) 润滑油的分离与收集设备　制冷压缩机工作时需要润滑油在机内起润滑、冷却和密封作用。系统在运行过程中润滑油容易随压缩机排气进入冷凝器，甚至蒸发器，在传热壁面形成油膜，由于油膜热导率小，使冷凝器或蒸发器的传热效率降低，所以应在压缩机和冷凝器之间设置油分离器，其作用是分离压缩机排气中的润滑油，以免过多的润滑油进入换热器，影响传热效果。对于氨制冷装置，还要设集油器。

　　油分离器是一种气液分离设备，将制冷剂过热蒸气中夹带的润滑油蒸气和微小油粒分离出来。其工作原理是利用油滴与制冷剂蒸气密度的不同，通过降低混有润滑油的制冷剂蒸气的温度和流速分离出润滑油。目前，常用在氨系统的油分离器有洗涤式、离心式、填料式三种，用于氟利昂系统的主要是过滤式，过滤式油分离器结构如图 8-21 所示。

　　选择油分离器可根据进排汽管径进行，一般要求管内气体流速为 10 ~ 25m/s；或者根据油分离器的筒体直径来选择，筒内气流速度一般要求为 0.8m/s 以下。应该注意的是，为了

保证制冷装置运行时的安全、可靠和切换灵活，一台压缩机要有一台油分离器，不应两台压缩机合用一台油分离器。

由于氨液与润滑油不相溶，且润滑油比氨液重，易积存在容器底部，所以集油器只在氨制冷系统中应用。为了不影响换热设备的换热效果，必须定期将润滑油从容器中排放出来。集油器的作用就是遵照一定的操作规程将沉积在油分离器、冷凝器、贮液器及蒸发器中的油在低压状态下放出系统，以保证安全放油，同时减少制冷系统中制冷剂的损失。

氟利昂制冷系统由于油溶解于氟利昂中，没有润滑油管道系统，所以不需要集油器。较大的氟利昂制冷系统只在压缩机排气管上装油分离器，分离下来的油靠手动阀或浮球阀排回压缩机曲轴箱。集油器一般不进行计算，而是根据经验来选用。目前国内生产三种规格的集油器：当冷冻站标准工况下的制冷量为 $250 \sim 350kW$ 时，采用直径为 150mm 的集油器一台；当标准工况下的制冷量为 $350 \sim 600kW$ 时，采用直径为 200mm 的集油器一台；当标准工况下的制冷量大于 600kW 时，采用直径为 300mm 的集油器一台。

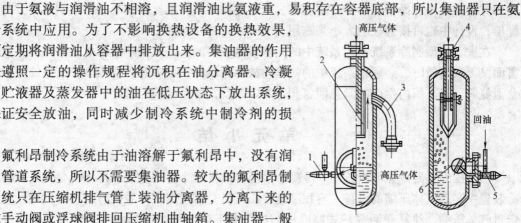

图 8-21　过滤式油分离器结构
1—手动回油阀　2—滤油网
3—高压气体出口管　4—高
压气体入口管　5—回油阀
6—浮球阀

（2）制冷剂的分离与贮存设备　为了使制冷系统安全稳定运行，应防止制冷剂液体进入压缩机。在氟利昂系统中，可以利用汽液热交换器，让液体和气体进行热交换，使吸气过热，或采用热力膨胀阀控制蒸发器排气过热度，以保证压缩机安全运行。而氨制冷系统中，由于不允许吸气过热度太大，因此在蒸发器通往压缩机的回气管路上须设置气液分离器以保证压缩机的干压缩。

贮液器作用是贮存和供应冷凝液体，稳定冷凝器的工作状态，还可起到液封的作用。根据工作压力的不同分为高压贮液器和低压贮液器两种。高压贮液器位于冷凝器之后，用于贮存来自冷凝器的高压制冷剂液体，不使液体淹没冷凝器表面。它可使冷凝器的传热面积充分发挥作用，并为适应工况变动而调节和稳定制冷剂的循环量。此外，高压贮液器还起到液封的作用，防止高压制冷剂气体窜到低压系统管路中。低压贮液器是设置在低压侧的贮液器，仅在氨制冷系统中使用。

贮液器可选用单台或多台并联使用，多台并联时应选用相同型号的产品。对于小型制冷系统，系统内制冷剂量较少，又选用了卧式管壳式冷凝器，因此在冷凝器下部空间可考虑贮存一部分制冷剂，一般系统可不再单独设置贮液器。

（3）制冷剂的净化与安全设备　制冷剂的净化设备包括空气分离器、过滤器及干燥过滤器。制冷系统由于抽真空不彻底、充灌制冷剂、补充润滑油等都会有空气残留或混入，运行、维修时也可能有空气渗入或产生其他不凝性气体，由于它们的存在，即使数量很少，也会给制冷系统带来很不利的影响。对于氨活塞式制冷系统，为减少排出空气时氨的消耗量，一般均设置空气分离器（不凝性气体分离器）。对于氟利昂活塞式制冷系统，由于空气中氟利昂蒸气的饱和含量较高，很难将空气分离出来，所以很少单独设置空气分离器，空气排放用冷凝器上的放空阀。

过滤器用来清除制冷剂中的机械杂质。干燥过滤器只用于氟利昂制冷系统中，用吸附干燥的方法清除氟利昂中的水分。过滤器、干燥过滤器结构都比较简单，一般制造厂方都成套配给，设计中也可按管径的大小来选用。

在大、中型制冷系统中，系统中的充氨量是较多的。当发生严重事故或出现严重自然灾害而又无法抢救时，必须将系统中的氨迅速放掉，以保护设备和人身安全，故系统应设置紧急泄氨阀。目前国内生产的紧急泄氨阀为 SA-25 型，各系统均可选用。

# 单 元 小 结

蒸气压缩式制冷循环由压缩、冷凝、节流和蒸发四个过程组成，压缩机是蒸气压缩式制冷装置中实现气体压缩的设备。容积型制冷压缩机是靠改变工作腔的容积，将周期性吸入的定量气体压缩。往复（活塞）式制冷压缩机，由于活塞和连杆等惯性力较大，限制了活塞运动速度和气缸容积的增加，故排气量不会太大。往复（活塞）式制冷压缩机多为中小型，一般空调工况制冷量小于 300kW。滚动转子式、涡旋式和螺杆式压缩机统称为回转式压缩机。回转式制冷压缩机构造简单，容积效率高，运行平稳，实现了高速和小型化，其中滚动转子式压缩机制冷量为 5kW 以下，涡旋式压缩机制冷量为 4～40kW，螺杆式压缩机制冷量为 100～1200kW。速度型离心式制冷压缩机是靠离心力的作用，连续地将所吸入的气体压缩。离心式制冷压缩机单机容量大，效率高，空气调节用大型离心式制冷压缩机制冷量可达 30000kW。

冷凝器和蒸发器是蒸气压缩式制冷循环过程中的换热设备，其传热效果直接影响制冷装置的性能和运行的经济性。节流机构是制冷装置中完成蒸气压缩式制冷循环的必备部件之一。

对于一个完整的制冷系统，除了压缩机，冷凝器、蒸发器、节流机构以外，还配有一些相关的辅助设备，它们通常不是完成循环所必需的设备，但有了它们，才可以保证制冷系统正常运行，提高运行的安全性和经济性。

## 复习思考题

8-1　制冷压缩机可按哪些方法进行分类？常用的制冷压缩机有哪几种形式？

8-2　蒸气压缩式制冷机组由哪些基本部件组成？它们在制冷系统中各有什么作用？

8-3　活塞式制冷压缩机、螺杆式制冷压缩机及离心式制冷压缩机的特点及能量调解方式是什么？

8-4　简述开启式、半封闭式、全封闭式制冷压缩机各自的特点。

8-5　什么是制冷压缩机的理论输气量？它与制冷压缩机哪些因素有关？

8-6　什么是制冷压缩机的容积效率？它受哪些因素影响？

8-7　有一台活塞式制冷压缩机，气缸直径为 100mm，活塞行程为 70mm；四缸；转速 $n = 960 \mathrm{r/min}$；试计算一个气缸的工作容积和压缩机的理论输气量。

8-8　制冷压缩机的主要性能参数有哪些？

8-9　某氨压缩机的理论输气量 $V_\mathrm{h} = 452 \mathrm{m^3/h}$，压缩机吸入蒸气温度 $-5\,^\circ\!\mathrm{C}$，氨气密度 $\rho = 1.964 \mathrm{kg/m^3}$，压缩机输入功率 $p_\mathrm{in} = 75 \mathrm{kW}$，氨单位质量制冷量 $q_0 = 1128 \mathrm{kJ/kg}$，如该压缩机容积效率 $\lambda_\mathrm{a} = 0.75$，其制冷系数是多少？

8-10　冷凝器的作用是什么？根据所采用的冷却剂不同可分为哪几类？

8-11　蒸发器和冷凝器在制冷系统中的功能是什么？

8-12　水冷式冷凝器有哪几种形式？试比较它们的优缺点和使用场合。

8-13　风冷式冷凝器有何特点？宜用在何处？

8-14　蒸发器根据供液方式不同可分为哪几种形式？各有什么特点？

8-15　满液式和非满液式蒸发器各有什么优缺点？

8-16　说明热力膨胀阀的分类、组成、工作原理及安装位置。在什么情况下采用外平衡式热力膨胀阀？

8-17　如何选择冷凝器和蒸发器？

8-18　已知某一冷凝器的负荷290kW，冷凝温度 $t_k = 30℃$，冷却水入口温度为22℃，出口温度为27℃，试求其传热面积。

8-19　油分离器有哪几种类型？

# 单元 9 冷水机组

**主要知识点：**常用冷水机组类型；吸收式冷（热）水机组工作原理；常用冷水机组特点及主要性能参数。

**学习目标：**掌握空调工程常用冷水机组的类型及特点；掌握溴化锂吸收式冷（热）水机组的工作原理；了解常用冷水机组的结构和主要性能参数。

## 课题 1    常用冷水机组类型

空调系统一般由制冷站、换热站、末端设备（风机盘管、空气处理机组等）以及一系列的水管系统和风管系统组成。空调系统中末端设备夏季提供的冷量来自制冷站的冷水机组，而冬季提供的热量来自换热站。制冷站是专门提供空调用冷冻水的功能性建筑，通常设置有冷水机组、冷却塔、水泵、水处理仪、定压装置、水箱、管道系统以及配电系统等，其核心部分是冷水机组。

冷水机组类型有许多不同的分类方法，常见的有以下几种。

**1. 按冷水机组所用动力分类**

（1）电力驱动的冷水机组　电力驱动冷水机组又多是采用蒸气压缩制冷原理的冷水机组，又称为蒸气压缩式冷水机组，该类型机组具有上百年的发展历史，技术成熟、节能、环保、寿命长，是目前空调市场上主流的冷水机组。尤其是螺杆式和离心式冷水机组，是当今大面积建筑物的主导产品，较知名的品牌有美国约克（YORK）和美国特灵（TRANE）。

（2）热力驱动的冷水机组　热力驱动的冷水机组多是采用吸收式制冷原理的冷水机组，其中溴化锂吸收式冷水机组是其典型代表，广泛被应用在空调系统中，它是 20 世纪 90 年代初，因电力紧张应运而生的冷水机组。溴化锂水溶液在真空状态下具有较强的吸水性，通过燃油、燃气或使用蒸汽来驱动。该类型机组省电不省能，构造复杂，体积大；真空度及溶液洁净度保持不好会产生冷量衰减，对机房管理人员素质要求高。省电是此类制冷机最大的优势。国内市场较好的品牌有大连三洋、江苏双良和长沙远大。

吸收式冷水机组根据热源方式不同又可分为蒸汽型、热水型和直燃型冷水机组。根据工质的不同又分为氨吸收式和溴化锂吸收式冷水机组。根据热能利用程度不同又分为单效和双效吸收式冷水机组。根据应用范围又分为单冷型和冷热水型吸收式机组。通常更习惯加以综合，如蒸气型双效溴化锂吸收式、直燃型溴化锂冷（热）水机组。中央空调常用冷水机组见表 9-1。

表9-1　中央空调常用冷水机组

| 驱动能源 | 功能 | 制冷机 | 冷媒 | 制冷容量/kW |
|---|---|---|---|---|
| 电动式 | 单冷式 | 活塞式冷水机组 | R22 | 5 ~ 250 |
|  |  | 螺杆式冷水机组 | R134a | 22 ~ 1500 |

（续）

| 驱动能源 | 功能 | | 制冷机 | 冷媒 | 制冷容量/kW |
|---|---|---|---|---|---|
| 电动式 | 单冷式 | | 涡旋式冷水机组 | R22 | 50～180 |
| | | | 离心式冷水机组 | R123 | 100～5500 |
| | 冷热源合一 | | 风冷热泵机组 | R22 | 5～700 |
| | | | 水冷热泵机组 | R22 | 22～1500 |
| 热力式 | 单冷式 | 蒸汽 | 单效吸收机组 | $H_2O$ | 230～5200 |
| | | | 双效吸收机组 | $H_2O$ | 230～1750 |
| | | 热水 | 单效吸收机组 | $H_2O$ | 230～3500 |
| | | | 双效吸收机组 | $H_2O$ | 350～3500 |
| | 冷热源合一 | | 直燃型冷水机组 | $H_2O$ | 230～7000 |

**2. 根据压缩式冷水机组采用的压缩机形式分类**

（1）活塞式冷水机组　活塞式冷水机组采用活塞式压缩机，该机组的特点是：结构简单，维修方便，价格较低，但可靠性和性能指标较差，用量逐渐减少。目前国内生产的活塞式冷水机组大多采用进口半封闭或全封闭式压缩机进行组装。此外，活塞式压缩机也可应用在模块化冷水机组中，其结构设计独特，冷量调节灵活，自动化和智能化程度高，被广泛应用在中、小型空调系统中。

（2）螺杆式冷水机组　螺杆式冷水机组采用螺杆压缩机，螺杆式压缩机又分为单螺杆和双螺杆，该类型机组由于部分负荷性能好，无喘振现象，可在 15%～100% 范围内无级调节，受到设计人员的青睐，一般用于单台负荷在 120～1200kW 之间的冷水机组。

（3）离心式冷水机组　离心式冷水机组采用离心式压缩机，广泛用于大型空调系统中，在大冷量时效率高，机构紧凑，但部分负荷时有发生喘振的可能。离心式冷水机组有单级压缩、双级压缩和三级压缩，其中采用双级和三级压缩机的离心式冷水机组由于压缩机转速较低，一般不会发生喘振现象。

（4）涡旋式冷水机组　涡旋式冷水机组采用涡旋式压缩机，一般应用在小型空调系统中，其中冷水机组冷凝器采用冷却方式以风冷式居多。涡旋式压缩机运动部件少，摩擦小，运行效率高，噪声较低。

**3. 根据压缩式冷水机组冷凝器冷却介质分类**

（1）风冷式冷水机组　风冷式冷水机组采用空气冷却式冷凝器，又称风冷式冷凝器。由于空气的导热系数小，通常在盘管外面加肋片，以增加空气侧传热面积，同时采用风机加速空气流动，这种冷凝器的传热系数较水冷式传热系数小，主要应用于小型制冷机组、家用空调和汽车空调机组中。

（2）水冷式冷水机组　水冷式冷水机组采用水冷式冷凝器，用水作为介质，带走高温、高压制冷剂的热量。水冷式冷水机组需配置冷却塔、冷却水循环泵及水处理装置等，由于水冷式冷凝器效率较高，被广泛应用于大中型空调系统中。但冷却水系统较风冷式复杂，管理维修量较大，因此在中型空调系统选择时应做经济技术比较后再确定其采用形式。

（3）蒸发式冷水机组　蒸发式冷水机组利用水蒸发时吸热使制冷剂凝结，蒸发式冷凝器与冷却水直流供水的水冷式冷凝器相比，可明显节水，但在一般情况下并无优势，其管外容易结垢，且不易清理，所以应用很少。

**4. 根据压缩式冷水机组功能不同分类**

（1）单冷型冷水机组 单冷型冷水机组指的是只能夏季完成制冷功能，冷水机组只在空调系统共冷的要求下工作，在非共冷时可以对机组进行维护或清洗的工作。

（2）热泵型冷水机组 所谓热泵型冷水机组指的是机组能制冷也能制热，目前常用的热泵按其低温热源的种类大致可分为空气源热泵、水源热泵、地源热泵和水环热泵。

1）空气源热泵指的是以空气为低位热源的热泵。空气作为低位热源的优点是取之不尽、用之不竭，可无偿获得，安装使用方便，对换热设备无害。其缺点是室外空气温度越低，蒸发温度也越低，热泵效率下降；低温时的凝露与结霜会影响热泵的运行可靠性；冬季使用时，室外气温的变化，会引起热泵的供热与建筑物耗热的供需矛盾。

2）水源热泵指的是以水为低位热源的热泵。水作为热泵低位热源的特点是水的传热性能好，对换热器有利；夏季水温低于空气温度，冬季水温高于空气温度，热泵制热性能系数高，无须除霜；但在取水设施和水处理方面要增加一次投资费用。此外，取水对生态的影响问题，也是应该考虑的。

3）地源热泵指的是以土壤或水为热源，水为载体在封闭环路中循环进行热交换的热泵。地源热泵其主要优点是节能、环保，温度稳定，不需要通过使用风机或水泵采热，无噪声，无结霜，但土壤的传热性能较差，需要较多的传热面积，导致占地面积大，水平埋管时石方工程量大，垂直埋管时占地面积小，打井费用高。

4）水环热泵空气调节系统是水源热泵的一种应用方式。通过水环路将众多的热泵机组并联成一个以回收建筑物余热为主要特征的空气调节系统。水环热泵系统在各种不同情况下的工作原理如图9-1所示，它可利用冷却塔和锅炉来控制循环水温度，使循环水成为室内机组的冷却水或低位热源。它可以让不同房间的用户根据个人要求，在任何时候实现同时供冷

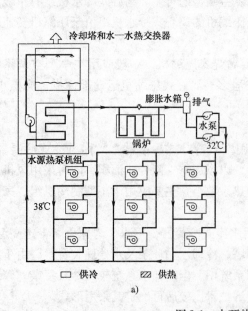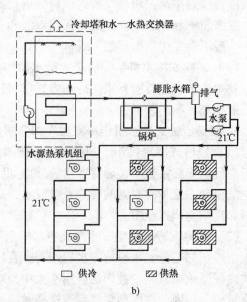

图 9-1 水环热泵系统工作原理图

a）全部空调房间制冷运行 b）部分空调房间制冷运行，部分房间空调制热运行

或供热。但这种系统只有当建筑物内区的冷负荷与外区的热负荷接近时，才有较好的节能效果，并且由于压缩机放在室内，在设计安装时需注意合理解决机组噪声的问题。

## 课题 2 吸收式冷（热）水机组工作原理

吸收式制冷是液体气化制冷的一种，它和蒸气压缩式制冷一样，是利用液态制冷剂在低压低温下汽化以达到制冷的目的。所不同的是，蒸气压缩式制冷是依靠消耗机械功（或电能）使热量从低温物体向高温物体转移，而吸收式制冷是依靠消耗热能来完成这种非自发过程。目前常用的吸收式制冷机组，一种是氨吸收式制冷机，其工质对为氨—水溶液，氨为制冷剂，水为吸收剂，它的制冷温度在 +1 ～ –45℃ 范围内。氨吸收式制冷机构造非常复杂，加以热力系数较低和难以忍受的气味，有爆炸危险等缘故，在空调中应用很少，主要用于工艺生产过程中的冷源。本课题主要学习另一种吸收式制冷机，即溴化锂吸收式制冷机组，它以溴化锂—水溶液作为工质对，水为制冷剂，溴化锂为吸收剂，其制冷温度只能在 0℃ 以上，主要用作空调系统冷源。

### 1. 溴化锂吸收式冷（热）水机组的工作原理

液体蒸发时必须从周围取得热量。把酒精洒在手上会感到凉爽，就是因为酒精吸入了人体的热量而蒸发。常用制冷装置都是根据蒸发吸热的原理而设计的。在正常大气压力（760 mm 汞柱）条件下，水要达到 100℃ 才能沸腾蒸发，而在低于大气压力（即真空）环境下，水可以在温度很低时就沸腾。比如在密封的容器里制造 6mm 汞柱的真空条件，水的沸点只有 4℃。溴化锂溶液就可以创造这种真空条件，因为溴化锂是一种吸水性极强的盐类物质，可以连续不断地将周围的水蒸气吸收过来，维持容器中的真空度。吸收式制冷机正是利用溴化锂作吸收剂，用水作制冷剂，用热源浓缩稀溶液。冷剂水喷洒在蒸发器管束上，管内的冷水将热量传递给冷剂水降为 7℃，冷剂水受热后蒸发，溴化锂溶液将蒸发的热量吸收，通过冷却水系统释放到大气中去。变稀了的溶液经过热源（蒸气、热水、烟气）加热，分离出的水再次去蒸发，浓溶液再次去吸收。

溴化锂吸收式制冷装置主要由发生器、吸收器、冷凝器、节流阀和蒸发器组成，如图 9-2 所示，它们组成两个循环环路，即制冷剂循环和吸收剂循环。发生器内的溴化锂水溶液，由于外部热源的加热，溴化锂水溶液中所含的比溴化锂沸点低得多的水分，气化成水蒸气；水蒸气进入冷凝器，被冷却水冷却，凝结成冷剂水；冷剂水经膨胀阀，节流降压后进入蒸发器，在蒸发器内，低压冷剂水吸收被冷却介质的热量，在低压下蒸发成水蒸气。被冷却介质因失去热量，温度降低而产生制冷效应。低温制冷剂水蒸气进入吸收器，被其中的溴化锂溶液吸

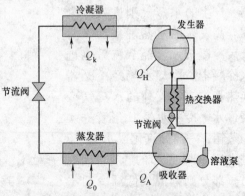

图 9-2 溴化锂吸收式
制冷机原理图

收，吸收过程中放出的熔解热，由冷却水带走；吸收了冷剂水蒸气的溴化锂水溶液，变为稀溶液后，由溶液泵送入发生器中，发生器由于外部热源加热，使溴化锂稀溶液不断释放出水

蒸气而浓度升高，变为浓溶液。浓溶液经膨胀阀降低压力后进入吸收器，吸收来自蒸发器的冷剂水蒸气而浓度降低，再由溶液泵将吸收器的溴化锂稀溶液送入发生器。

**2. 溴化锂水溶液的性质**

溴化锂的分子式是 LiBr，通常固体溴化锂中含有一个或两个结晶水，则分子式应为 $LiBr \cdot H_2O$ 或 $LiBr \cdot 2H_2O$。溴化锂是无色粒状结晶物，性质和食盐相似，化学性质稳定，在大气中不会变质挥发。无水溴化锂的熔点是 549℃，沸点为 1265℃。溴化锂具有较强的吸水性，并极易溶于水而形成溴化锂水溶液。溴化锂水溶液的主要特点如下：

1）溴化锂水溶液具有较强的吸湿性；在同样的温度下，溴化锂水溶液的浓度越大，饱和压力越低；在同样的压力下，溴化锂水溶液的温度比纯水要高得多。因此，溴化锂溶液具有吸收温度比它低得多的水蒸气的能力。

2）溴化锂水溶液的温度过低或浓度过高，均容易发生结晶。这也是在实际应用中，为什么要求冷却水温度不能过低的原因。

3）溴化锂水溶液对一般金属材料具有很强的腐蚀性，特别是在当空气存在时，腐蚀会更加严重。

4）溴化锂水溶液无毒，入口有咸味，对人体无损害。

**3. 溴化锂吸收式制冷机的典型结构与流程**

如图 9-3 所示是一个双效蒸汽型溴化锂吸收式制冷机的制冷循环流程图。机组设有高压与低压两个发生器。高压发生器（简称高发）采用压力较高的蒸气，产生大量水蒸气，同时将溶液浓缩为中间溶液。中间溶液经高温热交换器换热降温后进入低压发生器（简称低发），水蒸气也进入低压发生器。温度降低后进入低压发生器的中间溶液被高发来的水蒸气再次加热，产生水蒸气，浓度进一步浓缩。浓溶液经低温热交换器换热降温后流回吸收器，产生的水蒸气则进入冷凝器。高发来的水蒸气在加热溶液后冷凝成水，经节流后也进入冷凝器。冷却水流经冷凝器换热管内，将管外的水蒸气冷凝成水。冷凝水经 U 形管进入闪蒸箱，一部分汽化成水蒸气，进入吸收器底部的再吸收腔，另一部分则降温成低温冷剂水后进入蒸发器制冷。

直燃型溴化锂吸收式制冷机制冷及制热循环流程如图 9-4 和图 9-5 所示，其实际上是双效吸收式制冷机的另一种形式，

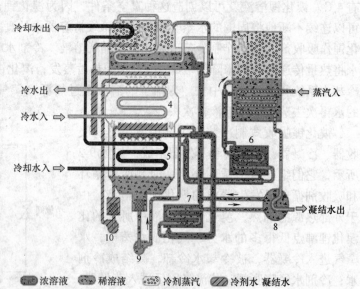

图 9-3 双效蒸汽型溴化锂吸收
式制冷机制冷循环流程图

1—高温发生器 2—低温发生器 3—冷凝器 4—蒸发器
5—吸收器 6—高温热交换器 7—低温热交换器
8—凝水回热器 9—溶液泵 10—冷剂泵

只是高压发生器相当于一个火管锅炉,而其他部分与双效溴化锂吸收式制冷机均相同。它不用蒸汽作热源,而采用燃气或燃油燃烧直接加热溴化锂水溶液。这种机组的最大优点是夏季可用来制冷,冬季可用来供热,甚至可以提供生活热水,可用于缺电、电力增容困难的地方。

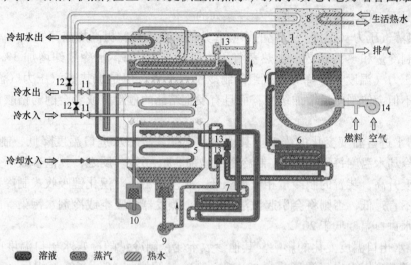

图9-4　直燃型溴化锂吸收式制冷机制冷循环流程图

1—高温发生器　2—低温发生器　3—冷凝器　4—蒸发器　5—吸收器

6—高温热交换器　7—低温热交换器　8—热水器　9—溶液泵

10—冷剂泵　11—冷水阀（开）　12—温水阀（关）

13—冷热切换阀（开）　14—燃烧机

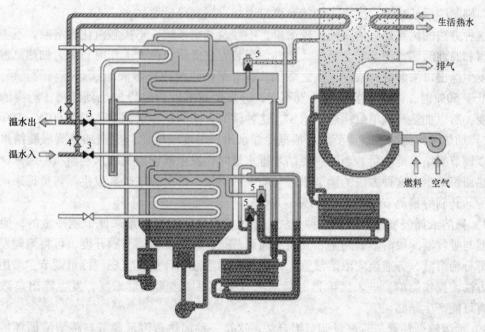

图9-5　直燃型溴化锂吸收式制冷机制热循环流程图

1—高温发生器　2—热水器　3—冷水阀（开）　4—温水阀（关）　5—冷热切换阀（开）

**4. 溴化锂吸收式制冷机的性能及其调节**

（1）影响溴化锂吸收式制冷机性能的因素 溴化锂吸收式制冷装置在实际运行中，常常由于热源工作参数（压力或温度）的波动、气候变化和用户空调负荷的改变，使装置不能在设计工况下工作，其工作性能产生一系列的变化。

1）加热蒸气压力（温度）变化的影响。其他参数不变，提高加热蒸气压力（温度）可增加机组的制冷量和热力系数。加热蒸气压力每提高 $10^5$Pa，制冷量约增加 3% ~ 5%。相反，当蒸汽压力（温度）下降时，机组的制冷量将下降。但是加热蒸汽压力（温度）不宜过高，否则不但会使制冷量增加缓慢，而且有发生结晶的危险，或者会削弱铬酸钾的缓蚀作用。

2）冷却水进口温度变化的影响。其他参数不变，冷却水进口温度降低，制冷量增大。一般来说，冷却水温度每降低 1℃，制冷量约增加 5% ~ 6%。反之，其他参数不变，随着冷却水进口温度升高，装置的制冷量相应地降低。必须指出，对溴化锂吸收式制冷装置，冷却水进口温度不宜过低，否则将会引起浓溶液结晶、蒸发器泵吸空或冷剂水污染等问题。一般不允许冷却水进口温度低于20℃。

3）冷媒水出口温度变化的影响。其他参数不变，制冷量随冷媒水出口温度的升高而增加，一般来说，冷媒水出口温度每增加 1℃，制冷量约增加 4% ~ 6%。相反，其他参数不变，随冷媒水出口温度的降低，制冷量会下降。

（2）制冷量调节

1）加热蒸气量的调节法。根据冷媒水出口温度的变化，控制蒸气调节阀开度，调节加热蒸气量，实现制冷量的调节。若加热蒸汽量减少，发生器出口浓溶液浓度降低，冷剂水量减少，则制冷量就减少；反之，加热蒸汽量增加，则制冷量增加。

这种方法的优点是具体实施比较简单，不涉及真空系统，不接触溴化锂溶液，不考虑有关泄露和腐蚀问题，调节安全可靠。此外，当装置在低压负荷下工作时，因为加热蒸汽量减小，发生器出口浓溶液的浓度也随之降低，这对于防止溴化锂溶液结晶是有利的。缺点是：负荷低于50%时，因其稀溶液循环量不变，进发生器溶液由过冷加热到沸腾，所需的热量也不变，所以加热蒸汽单位耗热量增加，这种调节方法的制冷量调节范围为60% ~ 100%。

2）加热蒸汽凝结水量调节法。根据冷媒水出口温度的变化，控制加热蒸汽凝结水调节阀，以调节凝结水排出量。当减少凝结水排水量时，发生器管内凝结水逐渐积存起来，有效的传热面积减少。这种方法的调节原理与前一种类似，都是通过改变发生器热负荷来调节制冷量的。其制冷量调节范围也是60% ~ 100%。

3）稀溶液循环量调节法。这种方法是通过控制稀溶液循环量来调节制冷量的，通常在发生器与吸收器的稀溶液管路上，安装三通调节阀，改变三通调节阀开度，可将流向发生器的一部分稀溶液，旁通流向浓溶液管，以致改变稀溶液循环量，实现制冷量调节。采用这种调节方法，操作简单，进入发生器的稀溶液减少，而加热蒸汽量未变，发生器出口浓度增高，有可能产生结晶。

4）稀溶液循环量与蒸汽量调节组合法。这是一种加热蒸汽量调节与稀溶液循环量调节结合起来，实现制冷量调节的方法。采用这种方法进行制冷量调节，能获得良好的效果。在实际应用中，也有采用稀溶液循环量调节与加热蒸汽凝结水量调节组合法来调节装置制冷量的，同样也可获得较好的效果。

## 课题3 常用冷水机组特点及主要性能参数

冷水机组是中央空调系统的关键设备，也是需要冷水的生产工艺过程中的关键设备，选择使用前必须熟悉各种冷水机组的特点。表9-1给出了不同型式的冷水机组的制冷容量及使用工质。

**1. 活塞式冷水机组的结构、特点及主要性能参数**

（1）活塞式冷水机组的结构　活塞式冷水机组由活塞式压缩机、冷凝器、蒸发器、热力膨胀阀等组成的制冷系统，电柜和机架三大部分构成。压缩机台数可以是单台、两台或两台以上。两台以上压缩机的冷水机组称为多机头冷水机组。多机头冷水机组的压缩机台数最多为8台。冷凝器可以是水冷，也可以是风冷。采用水冷冷凝器的称为水冷活塞式冷水机组，采用风冷冷凝器的称为风冷活塞式冷水机组。

水冷活塞式冷水机组一般多为卧式框架结构，压缩机可置于框架的上方或下方，冷凝器和蒸发器可放在下方或上方，电控柜安装在框架上，如图9-6所示为水冷活塞式冷水机组的外形图。

图9-6　水冷活塞式冷水机组外形图

风冷冷水机组由于不需要冷却水，近年来发展很快，尤其是小型风冷冷水机组，在我国发展迅速。大型风冷冷水机组也有采用活塞式制冷压缩机的，该机组多采用整体式。压缩机和蒸发器放置在机架的底部，翅片管冷凝器放置在机架的上部，轴流风机安装在机架的顶部。如图9-7所示为风冷活塞式冷水机组外形图。

图9-7  风冷活塞式冷水机组外形图

（2）活塞式冷水机组的特点

1）活塞式冷水机组属于中小型冷量范围的冷水机组，它有如下优点：

①机组装置简单，技术完善。

②在空调制冷范围内具有较高的容积效率。

③使用金属普通材料，加工容易，造价低。

④采用多机头、高速多缸、短行程、大缸径后，容量有所增大，性能可得到改善。

⑤模块式冷水机组是活塞式冷水机组的改良型，采用了高效板式换热器，机组体积小，重量轻，噪声低，占地少，采用标准化生产的模块单元，可组合成多种容量，调节性能好，部分负荷性能不变，电脑控制，自动化程度高，安装简便。

2）活塞式冷水机组也有其缺点，具体表现在以下几个方面：

①往复运动的惯性力大，转速不能太高，振动较大。

②单机容量不宜过大。

③单位制冷量金属耗量较大。

④当单机头机组转速不变时，只能通过改变工质气缸数来实现能量调节，部分负荷下的调节性能较差。

⑤模块式冷水机组当组合超过八个模块单元时，蒸发器和冷凝器水侧阻力较大。

（3）活塞式冷水机组的主要性能参数  表9-2为某一系列风冷活塞式冷水机组的性能参数表，表9-3为某一系列风冷活塞式热泵机组性能参数表，表9-4为某一系列水冷活塞式冷水机组性能参数表。

表9-2 某一系列风冷活塞式冷水机组性能参数表

| | | | | | | | | |
|---|---|---|---|---|---|---|---|---|
| | 机组制冷量 | kW | 333 | 373 | 403 | 419 | 432 | 447 |
| | 制冷剂 | | R22 | R22 | R22 | R22 | R22 | R22 |
| | 压缩机台数 | | 4台 | 4台 | 4台 | 4台 | 4台 | 4台 |
| | 电源 | | 380V/50Hz | | | | | |
| | 输入功率 | kW | 103 | 108 | 115 | 125 | 132 | 137 |
| 重量 | 机组重量 | kg | 3858 | 3974 | 4242 | 4416 | 4554 | 4668 |
| | 机组运行重量 | kg | 3992 | 4173 | 4445 | 4609 | 4736 | 4849 |
| 蒸发器 | 进水温度 | ℃ | 12 | 12 | 12 | 12 | 12 | 12 |
| | 出水温度 | ℃ | 7 | 7 | 7 | 7 | 7 | 7 |
| | 流量 | L/s | 15.9 | 17.8 | 19.3 | 20.0 | 20.6 | 21.4 |
| | 压力损失 | kPa | 27 | 36 | 24 | 27 | 25 | 24 |
| | 进出口管径 | mm | DN150 | DN150 | DN150 | DN150 | DN150 | DN150 |
| 冷凝器 | 排数 | 排 | 2 | 2 | 3 | 3 | 3 | 3 |
| | 风量 | m³/s | 37.3 | 37.3 | 42.6 | 42.6 | 42.6 | 42.5 |
| | 风机数量 | 台 | 10 | 10 | 12 | 12 | 12 | 12 |
| | 风机直径 | mm | 711 | 711 | 711 | 700 | 711 | 711 |
| | 电动机功率 | kW | 1.1 | 1.1 | 1.1 | 1.1 | 1.1 | 1.1 |
| 尺寸 | 长度 | mm | 5809 | 5809 | 5809 | 5817 | 5817 | 5817 |
| | 宽度 | mm | 2118 | 2118 | 2118 | 2118 | 2118 | 2118 |
| | 高度 | mm | 2369 | 2369 | 2369 | 2369 | 2369 | 2369 |

表9-3 某一系列风冷活塞式热泵机组性能参数表

| | | | | | | | | |
|---|---|---|---|---|---|---|---|---|
| | 机组制冷量 | kW | 318 | 404 | 462 | 529 | 649 | 718 |
| | 机组制热量 | kW | 290 | 375 | 435 | 522 | 608 | 695 |
| | 制冷剂 | | R22 | R22 | R22 | R22 | R22 | R22 |
| | 压缩机台数 | | 2台 | 2台 | 2台 | 2台 | 2台 | 2台 |
| | 电源 | | 380V/50Hz | | | | | |
| | 额定工况机组输入功率（制冷） | kW | 98 | 130 | 148 | 178 | 203 | 227 |
| | 额定工况机组输入功率（制热） | kW | 76 | 99 | 114 | 137 | 160 | 183 |
| 重量 | 机组重量 | kg | 3020 | 3441 | 3882 | 4053 | 4485 | 4636 |
| | 机组运行重量 | kg | 3112 | 3600 | 4021 | 4192 | 4660 | 4811 |
| 蒸发器 | 进/出水温度（制冷） | ℃ | 12/7 | 12/7 | 12/7 | 12/7 | 12/7 | 12/7 |
| | 进/出水温度（制热） | ℃ | 40/45 | 40/45 | 40/45 | 40/45 | 40/45 | 40/45 |
| | 流量 | L/s | 15.2 | 19.3 | 22.1 | 25.3 | 31.0 | 34.3 |
| | 压力损失 | kPa | 20 | 22 | 14 | 15 | 34 | 40 |
| | 进出口管径 | mm | DN100 | DN150 | DN150 | DN150 | DN150 | DN150 |

（续）

| 冷凝器 | 排 数 | 排 | 2 | 2 | 3 | 3 | 3 | 3 |
|---|---|---|---|---|---|---|---|---|
| | 风 量 | m³/s | 25.06 | 41.27 | 48.20 | 54.20 | 60.85 | 66.56 |
| | 风机数量 | 台 | 4 | 6 | 7 | 8 | 9 | 10 |
| | 电动机功率 | kW | 1.9 | 1.9 | 1.9 | 1.9 | 1.9 | 1.9 |
| 尺寸 | 长 度 | mm | 2862 | 3934 | 5000 | 5000 | 6070 | 6070 |
| | 宽 度 | mm | 2225 | 2225 | 2225 | 2225 | 2225 | 2225 |
| | 高 度 | mm | 2350 | 2350 | 2350 | 2350 | 2350 | 2350 |

表9-4　某一系列水冷活塞式冷水机组性能参数表

| | | | | | | | | |
|---|---|---|---|---|---|---|---|---|
| 机组制冷量 | | kW | 116 | 231 | 349 | 465 | 582 | 698 |
| 制冷剂 | | | R22 | R22 | R22 | R22 | R22 | R22 |
| 压缩机台数 | 第一回路 | | 1台 | 1台 | 1台/2台 | 2台 | 2台 | 3台 |
| | 第二回路 | | / | 1台 | / | 2台 | 3台 | 3台 |
| 冷量调节范围 | | % | 33/66/100 | 33/50/83/100 | 22/33/66/100 | 16/25/41/50/67/75/91/100 | 20/40/60/80/100 | 16/33/50/67/83/100 |
| 电源 | | | 380V/50Hz | | | | | |
| 运行控制方式 | | | 全自动 | | | | | |
| 安全保护装置 | | | 高低压、冷水断水、冷水低温、油加热及排温控制 | | | | | |
| 输入功率 | | kW | 30 | 59.5 | 88.6 | 118 | 146.5 | 178.4 |
| 重量 | R22 加入量 | kg | 23 | 37 | 63 | 78 | 110 | 126 |
| | 机组重量 | kg | 940 | 1400 | 1920 | 2770 | 3710 | 3930 |
| | 机组运行重量 | kg | 1000 | 1530 | 2154 | 3120 | 4157 | 4440 |
| 冷冻水 | 进水温度 | ℃ | 12 | 12 | 12 | 12 | 12 | 12 |
| | 出水温度 | ℃ | 7 | 7 | 7 | 7 | 7 | 7 |
| | 流量 | m³/h | 20 | 40 | 60 | 80 | 100 | 120 |
| | 压力损失 | kPa | 44 | 44 | 21 | 30 | 36 | 51 |
| | 污垢系数 | m²·℃/kW | 0.086 | 0.086 | 0.086 | 0.086 | 0.086 | 0.086 |
| | 进出口管径 | mm | DN50 | DN80 | DN125 | DN150 | DN175 | DN175 |
| 冷却水 | 进水温度 | ℃ | 32 | 32 | 32 | 32 | 32 | 32 |
| | 出水温度 | ℃ | 37 | 37 | 37 | 37 | 37 | 37 |
| | 流 量 | m³/h | 25 | 50 | 75 | 100 | 124 | 148 |
| | 压力损失 | kPa | 26 | 26 | 93 | 38 | 93 | 93 |
| | 污垢系数 | m²·℃/kW | 0.086 | 0.086 | 0.086 | 0.086 | 0.086 | 0.086 |
| | 进出口管径 | mm | DN50 | DN50 | DN70 | DN70 | DN70 | DN70 |
| 尺寸 | 长 度 | mm | 2580 | 2470 | 3200 | 3125 | 4255 | 4255 |
| | 宽 度 | mm | 910 | 885 | 1020 | 940 | 912 | 912 |
| | 高 度 | mm | 1205 | 1470 | 1630 | 1929 | 1956 | 1956 |

**2. 螺杆式冷水机组的分类、特点及主要性能参数**

（1）螺杆式冷水机组的分类 螺杆式冷水机组是由螺杆压缩机、油分离器、油冷却器、冷凝器、热力膨胀阀、蒸发器、自控元件和仪表等组成一个完整的制冷装置。螺杆式冷水机组根据其所用螺杆式制冷压缩机的不同分为双螺杆式和单螺杆式；根据电动机与螺杆的连接方式分为开启式、半封闭式和封闭式；根据螺杆放置的位置又分为卧式和立式。图9-8所示为卧式半封闭双螺杆式冷水机组的外型图。螺杆式制冷压缩机运行平稳，可以直接放置在具有足够强度的水平地面或楼板上。机组在出厂前已通过各种试验，在现场安装后（包括机组、连接水管和电源安装），如无意外情况，只要加足润滑油，抽真空，就可按说明书要求加制冷剂进行调试。

图9-8 卧式半封闭双螺杆式冷水机组外型图

表9-5 某一系列水冷全封闭螺杆冷水机组性能参数表

| | 机组制冷量 | kW | 373 | 464 | 559 | 608 | 749 | 844 | 1034 | 1132 |
|---|---|---|---|---|---|---|---|---|---|---|
| | 制冷剂 | | R22 | R22 | R22 | R22 | R22 | R22 | R22 | R22 |
| | 压缩机台数 | | 1台 | 1台 | 1台 | 2台 | 2台 | 2台 | 2台 | 2台 |
| | 输入功率 | kW | 79 | 97 | 112 | 125 | 155 | 173 | 204 | 219 |
| | 电源 | | 380V/50Hz | | | | | | | |
| | 冷量调节范围 | | 25%～100% | | | 15%～100% | | | | |
| 重量 | 机组重量 | kg | 1750 | 2090 | 2350 | 3060 | 3270 | 3760 | 4430 | 4690 |
| | 机组运行重量 | kg | 1890 | 2300 | 2610 | 3370 | 3660 | 4200 | 4680 | 4970 |
| 蒸发器 | 进水温度 | ℃ | 12 | 12 | 12 | 12 | 12 | 12 | 12 | 12 |
| | 出水温度 | ℃ | 7 | 7 | 7 | 7 | 7 | 7 | 7 | 7 |
| | 流量 | m³/h | 64 | 80 | 96 | 105 | 129 | 145 | 178 | 195 |
| | 压力损失 | kPa | 46 | 42 | 48 | 67 | 71 | 69 | 69 | 68 |
| | 进出口管径 | mm | DN125 | DN150 | DN150 | DN150 | DN150 | DN150 | DN200 | DN200 |

（续）

| | | | | | | | | | | |
|---|---|---|---|---|---|---|---|---|---|---|
| 冷凝器 | 进水温度 | ℃ | 32 | 32 | 32 | 32 | 32 | 32 | 32 | 32 |
| | 出水温度 | ℃ | 37 | 37 | 37 | 37 | 37 | 37 | 37 | 37 |
| | 流量 | m³/h | 80 | 97 | 115 | 126 | 156 | 175 | 213 | 232 |
| | 压力损失 | kPa | 48 | 51 | 47 | 72 | 76 | 73 | 77 | 77 |
| | 进出口管径 | mm | DN100 | DN100 | DN125 | DN125 | DN150 | DN150 | DN150 | DN150 |
| 外形尺寸 | 长　度 | mm | 3152 | 3060 | 3179 | 4296 | 4325 | 4210 | 4215 | 4215 |
| | 宽　度 | mm | 876 | 978 | 1013 | 1013 | 1064 | 1172 | 1223 | 1223 |
| | 高　度 | mm | 1910 | 2140 | 2140 | 2000 | 2000 | 2170 | 2230 | 2230 |

（2）螺杆式冷水机组的特点　该机组具有结构简单、紧凑，能适用于大压比工况，对湿行程不敏感，能耗低，具有良好的能量调节特性，使用耐久，故障率低，维修方便等特点，在 120～1200kW 的中、小型冷水机组及热泵机组中得到了广泛的应用，并在这个冷量范围内占据了绝大部分市场，而且应用范围越来越广。

（3）螺杆式冷水机组的主要性能参数　表9-5 为某一系列水冷全封闭螺杆冷水机组的性能参数表，表9-6 为某一系列水冷半封闭单机头螺杆冷水机组的性能参数表，表9-7 为某一系列水冷半封闭双机头螺杆冷水机组性能参数表，表9-8 为某一系列风冷螺杆热泵机组的性能参数表。

表9-6　某一系列水冷半封闭单机头螺杆冷水机组性能参数表

| | | | | | | | | | | |
|---|---|---|---|---|---|---|---|---|---|---|
| 机组制冷量 | | kW | 188 | 218 | 268 | 322 | 384 | 474 | 558 | 642 |
| 制冷剂 | | | R22 | R22 | R22 | R22 | R22 | R22 | R22 | R22 |
| 压缩机台数 | | | 1台 | 1台 | 1台 | 1台 | 1台 | 1台 | 1台 | 1台 |
| 输入功率 | | kW | 39 | 45 | 55 | 67 | 79 | 97 | 114 | 132 |
| 电源 | | | 380V/50Hz | | | | | | | |
| 重量 | 机组重量 | kg | 1430 | 1520 | 1680 | 1890 | 2100 | 2590 | 2680 | 2890 |
| | 机组运行重量 | kg | 1510 | 1600 | 1710 | 1970 | 2300 | 2970 | 3090 | 3300 |
| 蒸发器 | 进水温度 | ℃ | 12 | 12 | 12 | 12 | 12 | 12 | 12 | 12 |
| | 出水温度 | ℃ | 7 | 7 | 7 | 7 | 7 | 7 | 7 | 7 |
| | 流量 | m³/h | 32 | 38 | 46 | 55 | 66 | 82 | 96 | 110 |
| | 压力损失 | kPa | 40 | 42 | 40 | 42 | 43 | 45 | 50 | 52 |
| | 进出口管径 | mm | DN80 | DN100 | DN100 | DN125 | DN125 | DN125 | DN125 | DN150 |
| 冷凝器 | 进水温度 | ℃ | 32 | 32 | 32 | 32 | 32 | 32 | 32 | 32 |
| | 出水温度 | ℃ | 37 | 37 | 37 | 37 | 37 | 37 | 37 | 37 |
| | 流量 | m³/h | 80 | 97 | 115 | 126 | 156 | 175 | 213 | 232 |
| | 压力损失 | kPa | 48 | 51 | 47 | 72 | 76 | 73 | 77 | 77 |
| | 进出口管径 | mm | DN80 | DN80 | DN100 | DN100 | DN125 | DN125 | DN125 | DN150 |

表 9-7　某一系列水冷半封闭双机头螺杆冷水机组性能参数表

| | 机组制冷量 | kW | 590 | 706 | 768 | 858 | 948 | 1044 | 1116 | 1284 |
|---|---|---|---|---|---|---|---|---|---|---|
| | 制冷剂 | | R22 | R22 | R22 | R22 | R22 | R22 | R22 | R22 |
| | 压缩机台数 | | 2台 | 2台 | 2台 | 2台 | 2台 | 2台 | 2台 | 2台 |
| | 输入功率 | kW | 55/67 | 67/79 | 79/79 | 88/88 | 97/97 | 107/107 | 114/114 | 132/132 |
| | 电源 | | 380V/50Hz | | | | | | | |
| 重量 | 机组重量 | kg | 3350 | 3500 | 3750 | 4100 | 4600 | 4740 | 4970 | 5230 |
| | 运行重量 | kg | 3550 | 3950 | 4220 | 4620 | 5300 | 5360 | 5870 | 6130 |
| 蒸发器 | 进水温度 | ℃ | 12 | 12 | 12 | 12 | 12 | 12 | 12 | 12 |
| | 出水温度 | ℃ | 7 | 7 | 7 | 7 | 7 | 7 | 7 | 7 |
| | 流量 | m³/h | 105 | 121 | 132 | 148 | 163 | 180 | 192 | 221 |
| | 压力损失 | kPa | 42 | 42 | 45 | 46 | 49 | 52 | 54 | 54 |
| | 进出口管径 | mm | DN125 | DN150 | DN150 | DN150 | DN150 | DN150 | DN200 | DN200 |
| 冷凝器 | 进水温度 | ℃ | 32 | 32 | 32 | 32 | 32 | 32 | 32 | 32 |
| | 出水温度 | ℃ | 37 | 37 | 37 | 37 | 37 | 37 | 37 | 37 |
| | 流量 | m³/h | 123 | 147 | 160 | 178 | 197 | 217 | 232 | 267 |
| | 压力损失 | kPa | 42 | 42 | 45 | 46 | 49 | 52 | 54 | 54 |
| | 进出口管径 | mm | DN100 | DN100 | DN125 | DN125 | DN150 | DN150 | DN150 | DN150 |

表 9-8　某一系列风冷螺杆热泵机组性能参数表

| | 机组制冷量 | kW | 249 | 289 | 339 | 483 | 578 | 678 | 966 | 1156 |
|---|---|---|---|---|---|---|---|---|---|---|
| | 机组制热量 | kW | 291 | 341 | 398 | 556 | 682 | 796 | 1112 | 1364 |
| | 制冷剂 | | R22 | R22 | R22 | R22 | R22 | R22 | R22 | R22 |
| | 压缩机台数 | | 1台 | 1台 | 1台 | 1台 | 2台 | 2台 | 2台 | 4台 |
| | 电源 | | 380V/50Hz | | | | | | | |
| | 输入功率（制冷） | kW | 78 | 90 | 105 | 148 | 180 | 210 | 296 | 360 |
| | 输入功率（制热） | kW | 76 | 88 | 102 | 144 | 176 | 204 | 288 | 352 |
| 重量 | 机组重量 | kg | 3800 | 4150 | 4500 | 5680 | 7100 | 8250 | 11360 | 14200 |
| | 运行重量 | kg | 3980 | 4380 | 4780 | 5980 | 7450 | 8650 | 11960 | 14900 |
| 蒸发器 | 进/出水温度（制冷） | ℃ | 12/7 | 12/7 | 12/7 | 12/7 | 12/7 | 12/7 | 12/7 | 12/7 |
| | 进/出水温度（制热） | ℃ | 40/45 | 40/45 | 40/45 | 40/45 | 40/45 | 40/45 | 40/45 | 40/45 |
| | 流量 | m³/h | 43 | 50 | 58 | 83 | 99 | 117 | 166 | 199 |
| | 压力损失 | kPa | 75 | 80 | 80 | 70 | 65 | 70 | 70 | 65 |
| | 进出口管径 | mm | DN125 | DN125 | DN125 | DN125 | DN150 | DN150 | DN150 | DN150 |
| | 防冻电加热器功率 | kW | 1.5 | 1.5 | 1.5 | 3 | 3 | 3 | 6 | 6 |
| 冷凝器 | 风机数量 | 台 | 6 | 6 | 6 | 12 | 12 | 12 | 24 | 24 |
| | 电动机功率 | kW | 1.3 | 1.3 | 1.3 | 1.3 | 1.3 | 1.3 | 1.3 | 1.3 |
| 尺寸 | 长　度 | mm | 3405 | 3405 | 3405 | 6544 | 6544 | 6544 | 13588 | 13588 |
| | 宽　度 | mm | 2295 | 2295 | 2295 | 2295 | 2295 | 2295 | 2295 | 2295 |
| | 高　度 | mm | 2540 | 2540 | 2540 | 2700 | 2580 | 2580 | 2700 | 2580 |

### 3. 离心式冷水机组的结构、特点及主要性能参数

（1）离心式冷水机组的结构　离心式冷水机组由离心式制冷压缩机、蒸发器、冷凝器、节流机构、主电动机、抽气回收装置、润滑油系统和电气控制柜等组成，按其装配形式有组装型和分散型两类。组装型是指各部件在制造厂内组装成一体，有一公用底座，如图9-9所示。这种机组结构紧凑、占地面积小，对基础要求低，运输和管理方便。另一种分散型是现场将部件组装成一体，无公用底座，如图9-10所示。这种机型占地面积大，维护管理不方便，目前主要作为工艺生产的冷源机组。

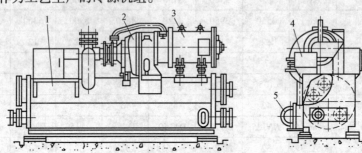

图 9-9　组装型离心式冷水机组
1—蒸发—冷凝器　2—离心压缩机　3—主电动机
4—抽气回收装置　5—润滑油系统

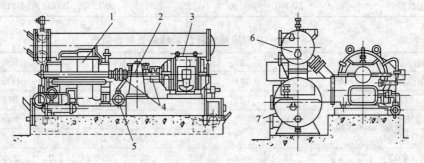

图 9-10　分散型离心式冷水机组
1—压缩机　2—增速箱　3—主电动机　4—联轴器
5—润滑油系统　6—冷凝器　7—蒸发器

离心式冷水机组生产厂家较多，如何因地制宜地根据工程实际情况选择合适的冷水机组，成为每个空调制冷设计人员必须面对的课题，这就要求设计人员首先要对离心式冷水机组的特点有充分的认识，下面着重讨论离心式冷水机组的特点及实际应用过程中应注意的几个问题。

（2）离心式冷水机组的特点　离心式冷水机组因其单机制冷量大，占地面积少，初期投资省，能耗低，易损件少，可靠性高，维修率低等优点广泛应用于需求大、中等冷量的高层办公楼、宾馆、剧院、商场、医院等场所的舒适性集中空调系统中。由于离心式冷水机组在实际应用中有些特殊要求，使得离心式冷水机组在选择时，应注意以下两个方面：

1）离心式冷水机组的性能指标

①单机制冷量。单机制冷量是指机组在设计工况下所具备的制冷量，它是决定离心式冷

水机组能否正常使用的最关键的技术参数，由于每台离心机的高效运行范围在其制冷量的40% ~100% 之间，应尽量使所选的机组能运行在高效区内，避免机组运行在其喘振区（离心机的喘振点同其能量调节方式有关，将在后面分析）。

②离心机的制冷性能系数（COP）。《采暖通风与空气调节设计规范》（GB 50019—2003）要求选择冷水机组时，应采用名义工况制冷性能系数（COP）较高的产品。制冷性能系数（COP）应同时考虑满负荷和部分负荷因数，实践证明，冷水机组满负荷运行率极少，大部分时间是在部分负荷下运行的。因此部分负荷时的性能系数更能体现机组的性能优势。目前各厂家所提供的冷水机组部分负荷 COP 值曲线均是在变冷却水水温条件下得到的，而实际使用中冷却水水温存在变化很小的时候，因此应请厂家提供定水温下的部分负荷COP 值曲线。

③噪声。噪声是衡量离心机性能好坏的重要参数，直接关系到离心机运行时对周围环境的影响，目前国外采用的离心机其 A 声级一般控制在 85 ~90dB 之间。了解各厂家产品样本提供的噪声指标时，必须明确以下两点：第一，该噪声测试的环境，究竟是现场测试的还是在特定环境（如静音室）测试的；第二，了解测点距冷水机组的距离（一般分 1m 和 3m 两种）。影响离心机噪声的主要因数是传动齿轮及机组排气，对于前者，采用三级离心机可以较好地解决，对于后者可以通过选配压缩机排气侧冷媒喷液装置和选用吸声材料制成的降噪垫使之得到改善。

④外形尺寸和重量。离心式冷水机组多数都布置在室内，在进行设备选型时必须考虑所选设备尺寸是否符合布置要求，对性能相同的机组，应优先选用尺寸较小的，重量较轻的，以减小设备占地面积，降低对基础的承重要求。

2）离心式冷水机组的结构特点

①单机头机组和多机头机组。目前离心式冷水机组存在单压缩机和多压缩机组合两种情况，即单机头机组和多机头机组。从使用角度看，多机头机组更合理，究其原因：第一，多机头机组可靠性要比单机头机组高，在使用过程中如果压缩机多机头机组出现故障，那么只要将其对应的吸气阀门关闭，其余压缩机机头仍可正常使用；第二，多机头机组在部分负荷时的制冷性能系数（COP）较高，由于机组大部分时间在部分负荷下运行，其在 40% ~100% 负荷下运行时效率较高，采用单机头机组比较容易遇到在 40% 以下负荷运行的情况。

②开式与闭式机组。所谓开式机组是指离心式冷水机组压缩机和其电动机彼此分开，中间采用联轴器联接。而闭式机组的压缩机和电动机彼此直联，在一个壳体内。在开式机组和闭式机组之间争论最大的问题在于机组的可靠性，对于开式机组，当其电动机因故烧毁后，由于其电动机和压缩机分开设置，所以不会对制冷剂系统造成大的影响，可靠性高；而闭式机组发生电动机烧毁故障时，电动机内杂质容易进入制冷系统，对制冷系统清理带来很大困难。目前的闭式机组结构已有很大改进，机组外壳是一体的，但内部每台压缩机电动机与制冷回路是隔绝的，压缩机电动机腔内部与制冷剂压缩系统也是分离并密封的。另外在电动机腔内蒸发的制冷剂必须通过干燥过滤器过滤后才能返回系统。

③能量调节与喘振。离心式冷水机组目前主要有以下几种能量调节方法：进口导叶调节、压缩机变频调速、无叶扩压器宽度调节，也有厂家将上述方法综合在一起进行能量调节。然而，采用不同能量调节方法又是决定离心机喘振点的一个重要因数。

（a）采用普通进口导叶调节，其喘振点在 20% ~30% 负荷之间，不同品牌机组有所不同。

（b）采用进口导叶调节阀辅以压缩机叶轮变频调速，其喘振点可控制在10%负荷左右。

（c）采用进口导叶调节辅以压缩机扩压器宽度调节，其喘振点可控制在10%负荷左右。

（d）多级离心机组采用每级进口均配置进口导叶调节，也可将其喘振点控制在10%负荷左右。

同部分负荷COP值一样，上述喘振点均是在变冷却水进水温度情况下测得的，而实际使用中冷却水温度变化并不大，这就是实际使用过程中发生喘振时的负荷率总比厂家承诺的要高的原因。所以在选择机组时应请厂家提供定冷却水水温下的喘振点，这才有真正的意义。

④节流装置。目前用于离心式冷水机组的节流装置主要有电子膨胀阀和节流孔板两种。电子膨胀阀的主要特点如下：

（a）运用自适应控制逻辑，形成自适应PSD（即比例P、求和S、微分D）的控制规律。在制冷环路负荷和压力不断变化的情况下，能稳定运行。

（b）电子膨胀阀由步进电动机带动，不仅反应快速，而且精确到位，膨胀阀可在30s内完成全开或全闭过程。

（c）冷凝温度影响，能在很低冷凝压力下工作，大大提高部分负荷下的COP值。

（d）在接近零过热度时能平稳运行，不产生振荡，从而充分提高蒸发器的效率，密封性能好，全关时能全部封死管路，不需要另外配电磁阀隔断。

所以采用它作为节流装置可以使整台机组效率与可靠性提高。但电子膨胀阀的制造成本较高，目前在离心式制冷压缩机中的使用还不普遍。

以节流孔板作为冷水机组的节流装置的主要优点是制造成本较低。缺点是随着热负荷的增加，要求蒸发器供液量增加，而这时却由于冷凝压力与蒸发压力差的减小，使供入蒸发器的制冷剂量减少，从而形成了矛盾。因此该种节流方式不适合工况变化较大的场合。对于节流孔板的缺点，许多公司都已意识到，因此在采用R134a作为工质的离心机中各个厂家基本上均采用电子膨胀阀或类似产品。但在采用R123作为工质的离心机中，由于R123工质空调工况的冷凝与蒸发压力之差较小，而R123与R134a在空调工况下单位制冷量的质量流量基本相同，如系统采用电子膨胀阀作节流装置势必使膨胀阀的口径很大，所以目前以R123为工质的离心机其节流装置均采用节流孔板。

（3）离心式冷水机组的主要性能参数　表9-9为某一系列水冷三级压缩离心式冷水机组的性能参数表。

表9-9　某一系列水冷三级压缩离心式冷水机组性能参数表

| | | | | | | | | | |
|---|---|---|---|---|---|---|---|---|---|
| 机组制冷量 | | kW | 1582 | 1934 | 2285 | 2637 | 2989 | 3340 | 3868 | 4571 |
| 制冷剂 | | | R123 | R123 | R123 | R123 | R123 | R123 | R123 | R123 |
| 额定工况机组输入功率 | | kW | 286 | 333 | 401 | 472 | 512 | 563 | 656 | 779 |
| 电源 | | | 380V/50Hz | | | | | | | |
| 冷量调节范围 | | | 无级调节 | | | | | | | |
| 重量 | 机组重量 | kg | 6857 | 7338 | 9355 | 9496 | 10725 | 13987 | 14439 | 16229 |
| | 机组运行重量 | kg | 7801 | 8351 | 10600 | 10832 | 12609 | 16227 | 17093 | 19106 |

（续）

| | | | | | | | | | | |
|---|---|---|---|---|---|---|---|---|---|---|
| 蒸发器 | 进水温度 | ℃ | 12 | 12 | 12 | 12 | 12 | 12 | 12 | 12 |
| | 出水温度 | ℃ | 7 | 7 | 7 | 7 | 7 | 7 | 7 | 7 |
| | 流量 | m³/h | 271 | 332 | 392 | 452 | 512 | 573 | 663 | 784 |
| | 压力损失 | kPa | 80 | 80 | 84 | 87 | 96 | 86 | 58 | 130 |
| | 进出口管径 | mm | DN200 | DN200 | DN250 | DN250 | DN250 | DN300 | DN300 | DN300 |
| 冷凝器 | 进水温度 | ℃ | 32 | 32 | 32 | 32 | 32 | 32 | 32 | 32 |
| | 出水温度 | ℃ | 37 | 37 | 37 | 37 | 37 | 37 | 37 | 37 |
| | 流量 | m³/h | 326 | 394 | 467 | 543 | 611 | 683 | 791 | 936 |
| | 压力损失 | kPa | 68 | 94 | 64 | 68 | 89 | 61 | 66 | 119 |
| | 进出口管径 | mm | DN200 | DN200 | DN250 | DN250 | DN250 | DN300 | DN300 | DN300 |
| 外形尺寸 | 长度 | mm | 5045 | 5045 | 4054 | 4054 | 5202 | 5267 | 5267 | 5267 |
| | 宽度 | mm | 2056 | 2056 | 2435 | 2435 | 2436 | 3058 | 3058 | 3058 |
| | 高度 | mm | 2627 | 2741 | 3044 | 3044 | 3044 | 3217 | 3217 | 3217 |

**4. 涡旋式冷水机组的结构和特点及主要性能参数**

（1）涡旋式冷水机组的结构和特点　涡旋式冷水机组采用涡旋式制冷压缩机，涡旋式制冷压缩机是一种新技术产品，20 世纪七八十年代才得以发展。它与活塞式制冷压缩机相比，效率高 5% ~6%，噪声低 3 ~5dB（A），零部件少 80%，重量轻 40%，体积小 49%，节约能耗 5% ~6%，且振动小。近年来，涡旋式制冷压缩机发展很快，在房间空调器和单元式空调中得到了广泛应用。

目前，涡旋式制冷压缩机制冷量较小，单机制冷量一般为 2.5 ~45kW 之间，且多为全封闭式，因此，涡旋式冷水机组多为小型，其中有风冷式和水冷式之分，组成结构与全封闭活塞式冷水机组相同。

（2）涡旋式冷水机组的主要性能参数　表 9-10 为某一系列分体式风冷涡旋冷水机组的性能参数表，表 9-11 为某一系列风冷涡旋冷水机组的性能参数表，表 9-12 为某一系列水冷涡旋冷水机组的性能参数表。

**表 9-10　某一系列分体式风冷涡旋冷水机组性能参数表**

| 机组制冷量 | kW | 7.2 | 10 | 12 | 14 | 10 | 12 | 16.5 |
|---|---|---|---|---|---|---|---|---|
| 机组制热量 | kW | 8.3 | 11.5 | 12.5 | 15.8 | 11.5 | 13.5 | 17.6 |
| 电源 | | 220V/50Hz | | | | 380V/50Hz | | |
| 室外机组输入功率（制冷） | kW | 2.5 | 3.2 | 3.9 | 5.2 | 3.2 | 4.05 | 5.55 |
| 室外机组输入功率（制热） | kW | 2.85 | 3.7 | 4.4 | 5.72 | 3.7 | 4.25 | 5.66 |
| 室外机压缩机型式 | | 涡旋 | | 转子 | | 涡旋 | | |
| 室外机压缩机数量 | 台 | 1 | 1 | 2 | 2 | 1 | 1 | 1 |
| 室外机风机型式 | | 轴流式 | | | | | | |
| 室外机噪声值 | dB（A） | 59 | 60 | 61 | 59 | 60 | 61 | 62 |
| 室外机运行重量 | kg | 76 | 121 | 135 | 152 | 125 | 127 | 135 |

（续）

| 室外机冷冻水泵形式 | | 直结式多段离心水泵 | | | | | | |
|---|---|---|---|---|---|---|---|---|
| 冷冻水泵输入功率 | kW | 0.46 | 0.46 | 0.46 | 0.46 | 0.46 | 0.46 | 0.46 |
| 冷冻水泵机外扬程 | m | 21 | 21 | 19 | 18 | 21 | 19 | 16 |
| 室内机蒸发器形式 | | 不锈钢平板式 | | | | | | |
| 室内机噪声值 | dB（A） | 45 | 47 | 45 | 47 | 47 | 47 | 47 |
| 室内机进出水管 | mm | DN25 | | | | | | |
| 室内机补水管 | mm | DN20 | | | | | | |
| 室内机排水管 | mm | DN20 | | | | | | |
| 室内机外形尺寸 | 高度 mm | 335 | 446 | 335 | 335 | 446 | 446 | 600 |
| | 宽度 mm | 1000 | 842 | 1000 | 1000 | 842 | 842 | 842 |
| | 深度 mm | 400 | 355 | 400 | 400 | 355 | 355 | 355 |
| 室外机外形尺寸 | 长度 mm | 854 | 1285 | 1285 | 1285 | 1285 | 1285 | 1285 |
| | 宽度 mm | 950 | | | | | | |
| | 高度 mm | 350 | 390 | 390 | 390 | 390 | 390 | 390 |

**表 9-11  某一系列风冷涡旋冷水机组性能参数表**

| 机组制冷量 | kW | 25 | 32 | 39 | 50 | 64 | 72 |
|---|---|---|---|---|---|---|---|
| 机组制热量 | kW | 30 | 38.5 | 41 | 65 | 77 | 83 |
| 电　源 | | 380V/50Hz | | | | | |
| 压缩机输入功率(制冷) | kW | 7.7 | 11.2 | 5.8×2 | 7.8×2 | 10.4×2 | 10.6×2 |
| 压缩机输入功率(制热) | kW | 7.85 | 11.7 | 6.1×2 | 8.9×2 | 10.7×2 | 12.8×2 |
| 室外机压缩机型式 | | 全封闭涡旋式 | | | | | |
| 室外机压缩机数量 | 台 | 1 | 1 | 2 | 2 | 1 | 1 |
| 运行重量 | kg | 260 | 265 | 470 | 445 | 465 | 900 |
| 冷冻水泵形式 | | 直结式多段离心水泵 | | | | | |
| 冷冻水泵输入功率 | kW | 0.72 | 1.0 | 1.5 | 2.4 | 2.85 | 2.2 |
| 冷冻水泵机外扬程 | m | 18 | 18 | 20 | 25 | 25 | 25 |
| 蒸发器形式 | | 不锈钢平板式 | | | | | |
| 进出水管 | mm | DN32 | DN32 | DN40 | DN40 | DN40 | DN50 |
| 机组外形尺寸 | 高度 mm | 1137 | | | | | 1390 |
| | 宽度 mm | 1300 | 1300 | 2375 | 2375 | 2375 | 2674 |
| | 深度 mm | 965 | 965 | 1118 | | | |

**表 9-12  某一系列水冷涡旋冷水机组性能参数表**

| 机组制冷量 | kW | 76 | 88.5 | 117.5 | 146.5 | 176 | 243.5 | 270.5 |
|---|---|---|---|---|---|---|---|---|
| 电　源 | | 220V/50Hz | | | | 380V/50Hz | | |
| 输入功率 | kW | 2.5 | 3.2 | 3.9 | 5.2 | 3.2 | 4.05 | 5.55 |
| 压缩机型式 | | 涡旋式 | | | | | | |

（续）

| 压缩机数量 | 台 | 2 | 21 | 4 | | | | |
|---|---|---|---|---|---|---|---|---|
| 调节范围 | % | 50/100 | | 25/50/75/100 | 30/60/80/100 | 25/50/75/100 | 25/50/75/100 | 30/60/80/100 |
| 蒸发器形式 | | 板式 | | | | | | |
| 蒸发器水流量 | L/min | 218 | 254 | 337 | 420 | 505 | 698 | 776 |
| 蒸发器水压降 | kPa | 25 | 25 | 24 | 25 | 24 | 12 | 14 |
| 冷凝器形式 | | 壳管式 | | | | | | |
| 冷凝器水流量 | L/min | 265 | 309 | 413 | 512 | 618 | 843 | 938 |
| 冷凝器水压降 | kPa | 25 | 25 | 10.5 | 16 | 21.5 | 29 | 24 |
| 机组外形尺寸 | 宽度 mm | 1270 | 1270 | 1525 | 1525 | 1525 | 2121 | 2121 |
| | 深度 mm | 630 | 630 | 1121 | 1121 | 1121 | 1171 | 1171 |
| | 高度 mm | 1220 | 1220 | 1441 | 1441 | 1441 | 1625 | 1625 |
| 运行重量 | kg | 540 | 580 | 980 | 1060 | 1140 | 1900 | 2000 |

### 5. 溴化锂吸收式冷水机组的特点及主要性能参数

（1）溴化锂吸收式冷水机组的特点

1）利用热能为动力，不但能源利用范围广，而且具有两个重要特点。

①能利用低势热能（余热、废热、排热），使溴化锂吸收式技术可以大量节约能耗。

②以热能为动力，溴化锂吸收式冷水机组比利用电能为动力的压缩式制冷机可以明显节约电耗。但是不能笼统地讲溴化锂吸收式制冷机是节能产品。若以一次能源（煤）的消耗来作比较，制取 11.6kW（10000kcal/h）冷量，标煤的耗量是：电动压缩式为 1.42kg，双效溴化锂吸收式为 2kg，单效溴化锂吸收式为 4kg，很明显压缩式的标煤消耗量低于吸收式。

2）整个机组除功率较小的屏蔽泵外，无其他运动部件，运转安静，噪声值仅为 75～80dB（A）。

3）溴化锂水溶液为工质，无臭、无毒，有利于环保要求，特别是蒙特利尔协议书签订后，国际上禁用氟氯烃化合物，迫切要求寻找代用工质。除对新工质的开发研究外，对不含氟氯烃化合物的溴化锂吸收式制冷机的发展更为重视。

4）制冷机在真空状态下运行，无高压爆炸危险，安全可靠。

5）制冷量调节范围广，在 20%～100% 的负荷内可进行冷量的无级调节，随着负荷的变化调节溶液循环量，有着优良的调节特性。

6）对外界调节变化的适应性强，可在加热蒸汽压力 0.2～0.8MPa（表），冷却水温度 20～35℃，冷水出水温度 5～15℃ 的调节范围内稳定运转。

7）对安装基础的要求低，无需特殊的机座，可安装在室内、室外，甚至地下室、屋顶等。

8）腐蚀性强。溴化锂水溶液对普通碳钢有较强的腐蚀性，不仅影响到机组的性能与正常运行，而且影响到机组的寿命。

表 9-13　某一系列双效蒸汽溴化锂吸收式冷水机组性能参数表

| 机组制冷量 | kW | 11630 | 9304 | 6978 | 5815 | 4652 | 3489 | 2908 | 2326 | 2035 | 1745 | 1454 | 1163 | 989 | 872 | 756 | 582 | 465 | 349 |
|---|---|---|---|---|---|---|---|---|---|---|---|---|---|---|---|---|---|---|---|
| **冷水 7℃/12℃ 高流量型(A)** | | | | | | | | | | | | | | | | | | | |
| 流量 | m³/h | 2000 | 1600 | 1200 | 1000 | 800 | 600 | 500 | 400 | 350 | 300 | 250 | 200 | 170 | 150 | 130 | 100 | 80 | 60 |
| 压力损失 | kPa | 90 | 46 | 46 | 46 | 77 | 77 | 77 | 46 | 46 | 46 | 46 | 25 | 25 | 25 | 20 | 20 | 10 | 10 |
| **冷水 7℃/14℃ 低流量型(B)** | | | | | | | | | | | | | | | | | | | |
| 流量 | m³/h | 1429 | 1143 | 857 | 714 | 571 | 429 | 357 | 286 | 250 | 214 | 179 | 143 | 121 | 107 | 92.9 | 71.4 | 57.1 | 42.9 |
| 压力损失 | kPa | 49 | 25 | 25 | 25 | 42 | 42 | 42 | 25 | 25 | 25 | 25 | 14 | 14 | 14 | 11 | 11 | 5 | 5 |
| **冷却水 37℃/30℃ 低流量型(A)** | | | | | | | | | | | | | | | | | | | |
| 流量 | m³/h | 2452 | 1963 | 1472 | 1226 | 881 | 736 | 613 | 490 | 429 | 368 | 306 | 245 | 208 | 184 | 159 | 123 | 97.9 | 73.4 |
| 压力损失 | kPa | 90 | 70 | 70 | 70 | 62 | 62 | 62 | 51 | 51 | 51 | 51 | 51 | 51 | 51 | 38 | 62 | 62 | 62 |
| **冷却水 37.5℃/32℃ 高流量型(B)** | | | | | | | | | | | | | | | | | | | |
| 流量 | m³/h | 3121 | 2498 | 1873 | 1560 | 1249 | 936 | 780 | 624 | 546 | 468 | 390 | 312 | 265 | 234 | 203 | 156 | 125 | 93.4 |
| 压力损失 | kPa | 140 | 110 | 110 | 110 | 97 | 97 | 78 | 78 | 78 | 78 | 78 | 78 | 59 | 59 | 59 | 97 | 97 | 97 |
| **0.8MPa 双效蒸汽型** | | | | | | | | | | | | | | | | | | | |
| 蒸汽耗量 | kg/h | 12632 | 10116 | 7584 | 6316 | 5058 | 3792 | 3158 | 2524 | 2210 | 1893 | 1576 | 1262 | 1072 | 945 | 818 | 630 | 504 | 377 |
| 溶液量 | t | 28.0 | 22.5 | 17.2 | 14.5 | 12.0 | 9.2 | 8.2 | 6.6 | 5.6 | 4.3 | 3.8 | 3.1 | 2.5 | 2.2 | 1.9 | 1.6 | 1.3 | 1.1 |
| 运行重量 | t | 107 | 86 | 69 | 61 | 47 | 38 | 32.8 | 27.9 | 23.0 | 19.8 | 17.5 | 14.0 | 12.5 | 10.5 | 9.3 | 7.8 | 6.9 | 6.2 |
| **0.6MPa 双效蒸汽型** | | | | | | | | | | | | | | | | | | | |
| 蒸汽耗量 | kg/h | 12685 | 10159 | 7616 | 6343 | 5080 | 3808 | 3171 | 2535 | 2219 | 1901 | 1583 | 1267 | 1076 | 949 | 822 | 633 | 506 | 378 |
| 溶液量 | t | 31 | 24.5 | 19.5 | 15.8 | 13.2 | 10.6 | 8.7 | 7.4 | 6.1 | 4.9 | 4.0 | 3.5 | 2.8 | 2.3 | 2.0 | 1.8 | 1.5 | 1.2 |
| 运行重量 | t | 113 | 91 | 73 | 63.8 | 52.2 | 40.7 | 34.4 | 29.7 | 24.3 | 20.7 | 18.3 | 15.1 | 13.0 | 11.2 | 9.6 | 8.2 | 7.2 | 6.4 |

表9-14　某一系列单效蒸汽溴化锂吸收式冷水机组性能参数表

| 项目 | 单位 | | | | | | | | | | | | | | | | | | |
|---|---|---|---|---|---|---|---|---|---|---|---|---|---|---|---|---|---|---|---|
| 机组制冷量 | kW | 349 | 465 | 582 | 756 | 872 | 989 | 1163 | 1454 | 1745 | 2035 | 2326 | 2908 | 3489 | 4652 | 5815 | 6978 | 9304 | 11630 |
| 冷水7℃/12℃高流量型(A) | | | | | | | | | | | | | | | | | | | |
| 流量 | m³/h | 60 | 80 | 100 | 130 | 150 | 170 | 200 | 250 | 300 | 350 | 400 | 500 | 600 | 800 | 1000 | 1200 | 1600 | 2000 |
| 压力损失 | kPa | 10 | 10 | 20 | 20 | 25 | 25 | 25 | 46 | 46 | 46 | 46 | 77 | 77 | 77 | 46 | 46 | 46 | 90 |
| 冷水7℃/14℃低流量型(B) | | | | | | | | | | | | | | | | | | | |
| 流量 | m³/h | 42.9 | 57.1 | 71.4 | 92.9 | 107 | 121 | 143 | 179 | 214 | 250 | 286 | 357 | 429 | 571 | 714 | 857 | 1143 | 1429 |
| 压力损失 | kPa | 5 | 5 | 11 | 11 | 14 | 14 | 14 | 25 | 25 | 25 | 25 | 42 | 42 | 42 | 25 | 25 | 25 | 49 |
| 冷却水37℃/30℃低流量型(A) | | | | | | | | | | | | | | | | | | | |
| 流量 | m³/h | 97.8 | 130 | 163 | 212 | 245 | 277 | 326 | 408 | 489 | 571 | 652 | 815 | 978 | 1304 | 1630 | 1956 | 2608 | 3260 |
| 压力损失 | kPa | 83 | 83 | 83 | 51 | 67 | 67 | 67 | 67 | 67 | 67 | 67 | 83 | 83 | 83 | 94 | 94 | 94 | 121 |
| 0.1MPa蒸汽 | | | | | | | | | | | | | | | | | | | |
| 蒸汽耗量 | kg/h | 698 | 930 | 1163 | 1511 | 1744 | 1976 | 2325 | 2906 | 3488 | 4069 | 4650 | 5813 | 6975 | 9300 | 11625 | 13951 | 18601 | 23251 |
| 配电量 | kW | 2.2 | 2.2 | 2.2 | 4.8 | 4.8 | 5.0 | 5.0 | 6.9 | 6.9 | 8.4 | 8.4 | 8.7 | 8.7 | 10.5 | 13.5 | 17.2 | 21.0 | 27.2 |
| 溶液量 | t | 1.1 | 1.3 | 1.5 | 1.8 | 2.1 | 2.3 | 2.8 | 3.3 | 3.7 | 5.2 | 6.0 | 6.9 | 7.5 | 9.6 | 11.6 | 14.3 | 18.3 | 23.0 |
| 运输重量 | t | 4.5 | 6.0 | 6.5 | 7.4 | 8.1 | 9.5 | 11.0 | 13.3 | 16.1 | 18.6 | 21.5 | 24.4 | 29 | 29 | 37 | 44 | 52 | 62 |
| 运行重量 | t | 4.9 | 6.6 | 7.1 | 8.2 | 9.4 | 10.8 | 12.5 | 15.8 | 18.7 | 21.8 | 25.0 | 28.6 | 33.2 | 44 | 55 | 64 | 78 | 95 |

9）气密性要求高。实践证明，即使漏入微量的空气也会影响机器的性能。这就对制造有严格要求，国外以制造原子能工业中的技术，用于这种机器的制造工艺，对其气密性的严格要求是可想而知的。

10）机组的排热负荷较大，因为制冷剂蒸气的冷凝和吸收过程，均需冷却。此外，对冷却水的水质要求也比较高，在水质差的地方，使用时应进行专门的水质处理，否则将影响机组性能的正常发挥。

（2）溴化锂吸收式冷水机组的主要性能参数　表9-13 为某一系列双效蒸气溴化锂吸收式冷水机组性能参数表，表9-14 为某一系列单效蒸汽溴化锂吸收式冷水机组性能参数表，表9-15 为某一系列直燃溴化锂吸收式冷水机组性能参数表。

表9-15　某一系列直燃溴化锂吸收式冷水机组性能参数表

| | | | | | | | | | | | | |
|---|---|---|---|---|---|---|---|---|---|---|---|---|
| 机组制冷量 | | kW | 470 | 580 | 700 | 810 | 930 | 1160 | 1450 | 1740 | 2040 |
| 机组制热量 | | kW | 376 | 464 | 560 | 648 | 744 | 928 | 1160 | 1392 | 1632 |
| 冷热水 | 流量 | m³/h | 80 | 100 | 120 | 140 | 160 | 200 | 250 | 300 | 350 |
| | 压力损失 | kPa | 25 | 25 | 25 | 25 | 30 | 30 | 49 | 60 | 50 |
| | 接管管径 | mm | 100 | 125 | 125 | 150 | 150 | 150 | 200 | 200 | 200 |
| 冷却水 | 流量 | m³/h | 114 | 143 | 171 | 200 | 228 | 285 | 356 | 428 | 499 |
| | 压力损失 | kPa | 69 | 69 | 69 | 69 | 45 | 45 | 63 | 66 | 60 |
| | 接管管径 | mm | 125 | 150 | 150 | 150 | 200 | 200 | 200 | 250 | 250 |
| 燃料 | 轻油 制冷 | kg/h | 29 | 37 | 44 | 51 | 59 | 73 | 91 | 110 | 128 |
| | 轻油 制热 | | 33 | 41 | 50 | 58 | 66 | 83 | 103 | 124 | 145 |
| | 轻油 接管管径 | in | 3/8 | | | | | | 1 | | |
| | 重油 制冷 | kg/h | 30 | 38 | 46 | 53 | 61 | 76 | 95 | 114 | 133 |
| | 重油 制热 | | 34 | 43 | 52 | 60 | 69 | 86 | 108 | 129 | 151 |
| | 重油 接管管径 | in | 2 | | | | | | | | |
| | 人工煤气 制冷 | m³(标态)/h | 87 | 109 | 130 | 152 | 174 | 217 | 271 | 326 | 380 |
| | 人工煤气 制热 | | 98 | 123 | 147 | 172 | 197 | 246 | 307 | 369 | 430 |
| | 人工煤气 进口压力 | kPa | 5~30 | | | | | | 7~30 | | |
| | 人工煤气 接管管径 | mm | 50 | 65 | 65 | 65 | 80 | 80 | 80 | 80 | 100 |
| | 天然气 制冷 | m³(标态)/h | 30 | 38 | 46 | 53 | 61 | 76 | 95 | 114 | 133 |
| | 天然气 制热 | | 34 | 43 | 52 | 60 | 69 | 86 | 108 | 129 | 151 |
| | 天然气 进口压力 | kPa | 2~25 | | | | 3~25 | | | 4.5~30 | |
| | 天然气 接管管径 | mm | 40 | 50 | 50 | 50 | 65 | 65 | 65 | 65 | 65 |
| 燃用空气量30℃ | 制冷 | m³/h | 441 | 552 | 662 | 772 | 883 | 1103 | 1379 | 1655 | 1931 |
| | 制热 | | 499 | 624 | 749 | 874 | 998 | 1248 | 1560 | 1872 | 2184 |
| 排烟量 | 制冷 | m³/h | 720 | 900 | 1080 | 1260 | 1440 | 1800 | 2249 | 2699 | 3149 |
| | 制热 | | 815 | 1019 | 1222 | 1426 | 1630 | 2037 | 2546 | 3056 | 3565 |
| 电源 | | | 380V/50Hz | | | | | | | | |

（续）

| 输入功率 | 轻 油 | kW | 4.2 | 4.7 | 5.5 | 5.9 | 6.1 | 7.1 | 7.5 | 9.8 | 11 |
|---|---|---|---|---|---|---|---|---|---|---|---|
| | 重 油 | | 8.8 | 8.8 | 10.3 | 10.3 | 10.5 | 21.1 | 21.5 | 23.3 | 24.3 |
| | 气 | | 4.2 | 4.7 | 5.5 | 5.9 | 6.1 | 7.1 | 7.5 | 9.8 | 10.8 |
| 外形尺寸 | 长 度 | mm | 3780 | 3790 | 3810 | 3840 | 4305 | 4330 | 4800 | 4830 | 5285 |
| | 宽 度 | | 2082 | 2189 | 2305 | 2514 | 2497 | 2650 | 2797 | 3043 | 3140 |
| | 高 度 | | 2171 | 2169 | 2279 | 2364 | 2364 | 2489 | 2564 | 2778 | 2887 |
| 运行重量 | | t | 9.6 | 11.1 | 12.8 | 14.4 | 15.6 | 17.2 | 21.3 | 25.4 | 29.2 |

注：1. 冷水进/出口温度 12℃/7℃，允许最低出口温度为 5℃。

2. 热水进/出口温度 56℃/60℃。

3. 冷却水进/出口温度 32℃/38℃；进口温度允许变化范围 18～34℃。

4. 冷/热水，冷却水侧污垢系数：$0.086m^2 \cdot ℃/kW$。

5. 额定排烟温度 170℃，供热排烟温度 155℃。

6. 常压型冷水机组冷水、冷却水的水室最高承压 0.8MPa。

7. 表列燃气进口压力是指球阀出口处压力。

（3）溴化锂吸收式冷水机组的选用

1）溴化锂吸收式冷水机组机型选择，应根据用户具备的热源（燃料）种类和参数合理确定。

2）直燃式溴化锂吸收式冷水机组的燃料应优先采用天然气或人工煤气或液化石油气，当无上述气源供应时，宜采用轻柴油。

3）溴化锂吸收式冷水机组在名义工况下的性能参数，应符合《蒸汽和热水型溴化锂吸收式冷水机组》（GB/T 18431—2001）和《直燃型溴化锂吸收式冷（温）水机组》（GB/T 18362—2008）的规定，并且应满足下列要求：

①完全满足冷（热）水与生活热水日负荷变化和季节变化的要求，并达到实用、经济、合理。

②设置与机组配合的控制系统，按冷（温）水及生活热水的负荷需求进行调节。

③当生活热水负荷大、波动大或使用要求高时，应另设专用热水机组供给生活热水。

4）选用直燃型溴化锂吸收式冷（温）水机组时应符合以下原则。

①应按冷负荷选型，并考虑冷、热负荷与机组供冷、供热量的匹配。

②当热负荷大于机组供热量时，不应以加大机型的方式增加供热量，当通过技术经济比较合理时，可加大高压发生器和燃烧器以增加供热量，但增加的供热量不应大于机组原供热量的 50%。

5）吸收式制冷机组的冷却水、补水的水质，直燃机组的储油、供油系统、燃气系统、烟道设置、防火消防措施，均应符合国家现行有关标准的规定。

6）选择溴化锂吸收式制冷机时，应考虑机组水侧污垢及腐蚀等因素，对制冷（热）量进行修正。

# 单 元 小 结

冷水机组（制冷机组）是将制冷系统所需的设备部分或全部组装在一个公共的底座或

机架上，它的功能是制备空调用冷冻水。这种机组具有结构紧凑，占地面积小，安装方便，使用灵活，管理方便等特点，已被广泛应用于空调工程和工业生产工艺中。

根据冷水机组所用动力不同，冷水机组分为电力驱动的冷水机组和热力驱动的冷水机组；根据压缩式冷水机组采用的压缩机形式不同，可分为活塞式冷水机组、螺杆式冷水机组、离心式冷水机组及涡旋式冷水机组；根据压缩式冷水机组冷凝器冷却介质不同，可分为风冷式冷水机组、水冷式冷水机组及蒸发式冷水机组；根据压缩式冷水机组功能不同，可分为单冷型冷水机组和热泵型冷水机组。

吸收式冷水机组根据工质的不同分为氨吸收式和溴化锂吸收式冷水机组。溴化锂吸收式冷水机组能利用低势热能（余热、废热、排热），被广泛应用于空调系统中。该类型机组比利用电能为动力的压缩式制冷机可以明显节约电耗。

冷水机组是中央空调系统的关键设备，也是需要冷水的生产工艺过程中的关键设备，选择使用前必须熟悉各种冷水机组的特点。熟悉活塞式冷水机组、螺杆式冷水机组、离心式冷水机组、涡旋式冷水机组、溴化锂吸收式冷水机组的结构、特点及主要性能参数。

## 复习思考题

9-1 各类冷水机组单机制冷量的适用范围如何划分？

9-2 为什么说冷水机组在名义工况下的性能系数不是决定机组性能的唯一指标？

9-3 冷水（热泵）机组选用时应注意哪些问题？

9-4 什么是冷水机组的名义工况值和变工况范围值？它们有何工程实际意义？

9-5 试比较活塞式冷水机组、螺杆式冷水机组和离心式冷水机组的主要性能，并说明各自适用于什么场合。

9-6 吸收式制冷与蒸气压缩式制冷有何相同和不同之处？

9-7 溴化锂吸收式冷（热）水机组主要有哪些类型？与动力驱动的制冷机组相比有哪些优点和不足？

9-8 直燃型溴化锂吸收式冷（温）水机组与蒸汽型溴化锂吸收式制冷机组相比，有何不同？

9-9 国家现行标准对蒸汽型溴化锂吸收式冷水机组和直燃型溴化锂吸收式冷（温）水机组的性能参数有何规定？

9-10 试述溴化锂吸收式制冷机组的工作原理。

9-11 溴化锂吸收式制冷机中溶液热交换器的作用是什么？

9-12 蒸汽型溴化锂吸收式制冷机组在运行中若加热蒸汽压力过高会造成什么影响？

# 单元 10　制冷系统的安装与调试

**主要知识点:** 空调用制冷系统安装;空调用制冷系统竣工验收。

**学习目标:** 掌握空调用制冷系统安装的一般规定;掌握空调用制冷系统竣工验收的有关规定及质量评定标准;了解制冷系统试验及试运转的程序及要求。

## 课题 1　空调用制冷系统的安装

### 1. 制冷机房施工准备

(1) 技术准备工作　技术准备工作是施工准备工作的核心。由于技术准备不足而产生的任何差错和隐患都可能导致质量和安全事故,考虑不周全可能导致施工停滞或混乱,造成生命、经济、信誉等方面的巨大损失。所以,必须高度重视技术准备工作。

1) 熟悉、审查施工图纸和有关设计资料。项目经理在这一阶段要着重把握以下工作要点:

①了解设计意图、设计内容、设备技术性能、工艺流程和建设方的要求等。

②仔细审查图纸,掌握设计要求的尺寸,诸如制冷主机及制冷机房其他设备的相关尺寸。还应了解各方面的技术要求、消防与电气的具体布置及与土建工程的关系,同时核对各专业图纸中所述相同部位、相同内容的统一性,掌握其是否存在矛盾和误差。

③结合设计情况,学习相应的标准图集、施工验收规范、质量验收标准和有关技术规定。在此基础上,形成对工程施工的总体印象和施工组织设想。

④综合以上工作,对审查出的问题、不明的疑问及施工的合理化建议做出归纳总结,提交技术部门向建设方和设计人员反映,尽量把问题解决在施工前,为工程的施工组织者提供尽可能准确、完整的依据。

2) 认真学习施工组织设计。施工组织设计作为指导施工全过程的综合的技术经济文件,对于项目经理而言,与施工图纸和规范规程具有同等重要的地位。因此,应该认真学习施工组织设计,对其所规定的施工部署、施工方案和主要施工方法、进度、质量、技术、安全、环保、降低成本等措施和要求,要了然于胸。同时将各项要求与自己所担负的工作职责相联系。

(2) 现场准备工作　施工现场的施工准备工作,实际上从施工合同签订之日起即应开始,直至工程正式开工。现场准备工作的好坏,直接关系到工程能否按时开工,而且在很大程度上影响施工全过程。现场准备工作主要包括施工用电源、水源、施工场地和施工用临时设施的准备。

(3) 劳动组织准备工作　熟悉和掌握各工种、各班组情况,包括人员配备、技术力量及施工能力,以便针对各班组的特点,合理调配。根据已有施工组织设计确定的施工顺序,进而明确各班组工作范围、人员安排、材料供应及其分配使用等。

施工管理者应向相关人员进行技术交底,交底的内容如下:

1) 计划交底:包括任务的部位、数量、开始及完成时间,该项目在全部工程中对其他工序的影响和重要程度等。

2）技术质量交底：包括施工做法、质量标准，自检、互检、交接检的具体时间要求和部位，样板工程和项目安排与要求等。

3）定额交底：包括任务的劳动定额、材料消耗定额、机械配给台班及每台班产量，任务完成情况与班组的收益、奖励关系等。

4）安全生产交底：施工操作、运输过程中的安全注意事项，机电设备安全操作事项，消防安全规定及注意事项等。

5）各项管理制度交底：一般包括作息制度、工作纪律、交接班程序、文明施工、现场管理规定和要求等。

（4）机具、工具准备工作　对于施工中需要的机具、工具，如电焊机、千斤顶、倒链、钢丝绳、弯管机、电钻、电源箱等的规格、数量、使用时间等都应提交计划，以便生产和材料部门组织供应。

**2. 制冷机房主要设备安装的一般规定**

（1）设备安装的一般规定

1）制冷设备的开箱检查。根据设备装箱清单说明书、合格证、检验记录和必要的装配图和其他技术文件，核对型号、规格以及全部零件、部件、附属材料和专用工具。核对主体和零、部件等表面有无缺损和锈蚀等情况；设备充填的保护气体应无泄漏，油封应完好。开箱检查后，设备应采取保护措施，不宜过早或任意拆除，以免设备受损。

2）制冷设备的搬运和吊装应符合下列规定：

①安装前放置设备，应用衬垫将设备垫妥。

②吊运前应核对设备重量，吊运捆扎应稳固，主要承力点应高于设备重心。

③吊装具有公共底座的机组，其受力点不得使机组底座产生扭曲和变形。

④吊索的转折处与设备接触部位，应采用软质材料来衬垫。

3）在混凝土基础达到养护强度时，表面平整，位置、尺寸、标高、预留孔洞及预埋件等均符合设计要求后，方可安装。

（2）活塞式制冷机的安装规定

1）整体安装的活塞式制冷机组，其机身纵、横向水平度允许偏差为1/1000，测量部位应在主轴外露部分和其他基准面上，对于有公共底座的冷水机组，应按主机结构选择适当位置作基准面。

2）制冷设备的拆卸和清洗。用油封的活塞式制冷机，如在技术文件规定期限内，外观完整，机体无损伤和锈蚀等现象，可仅拆卸缸盖、活塞、气缸内壁、吸排气阀、曲轴箱等均应清洗干净，油系统应畅通，检查紧固件是否牢固，并更换曲轴箱的润滑油；如在技术文件规定期限外，或机体有损伤和锈蚀等现象，则必须全面检查，并按设备技术文件的规定拆洗装配，调整各部位间隙，并做好记录。充入保护气体的机组在设备技术文件规定期内，外观完整和氮封压力无变化的情况下，不作内部清洗，仅作外表擦洗，如需清洗时，严禁混入水汽。制冷系统中的浮球阀和过滤器均应检查和清洗。

3）制冷机的辅助设备，单体安装前必须吹污，并保持内壁清洁。承受压力的辅助设备应在制造厂进行强度试验，并具有合格证，在技术文件的期限内，设备无损伤和锈蚀现象条件下，可不做强度试验。

①辅助设备的安装

（a）辅助设备安装位置应正确，各管口必须畅通。

（b）立式设备的垂直度、卧式设备的水平度允许偏差均为 1/1000。

（c）卧式冷凝器、管壳式蒸发器和贮液器，应坡向集油的一端，其倾斜度为 1/1000 ~ 2/1000。

（d）贮液器及洗涤式油氨分离器的进液口均应低于冷凝器的出液口。

②直接膨胀表面式冷却器，表面应保持清洁、完整，安装时空气与制冷剂呈逆向流动。冷却器四周的缝隙应堵严，冷凝水应排除畅通。

③卧式及组合式冷凝器、贮液器在室外露天布置时，应有遮阳与防冻措施。

（3）模块式冷水机组的安装规定

1）机组安装应对机座进行找平，其纵横向水平度允许偏差均为 1/1000。

2）多台模块冷水机组单元并联组合，应牢固地固定在型钢基础上，连接后模块机组外壳应保持完好无损，表面平整，接口牢固。

3）模块式冷水机组进、出水管连接位置应正确，严密不漏。

（4）螺杆式制冷机组的安装规定

1）机组安装应对机座进行找平，其纵横向水平度允许偏差均为 1/1000。

2）机组接管前应先清洗吸、排气管道，合格后方能连接。接管不得影响电机与压缩机的同轴度。

（5）离心式制冷机组的安装规定

1）安装前，机组的内压应符合设备技术文件规定的出厂压力。

2）机组应在压缩机的加工平面上找正水平，其纵、横向水平度允许偏差均为 1/1000。

3）基础底板应平整，底座安装应设置隔振器，隔振器压缩量应均匀一致。

（6）溴化锂吸收式制冷机组的安装规定

1）安装前，设备的内压应符合设备技术文件的出厂压力。

2）机组就位后，应找正水平，其纵、横向水平度允许偏差均为 1/1000。

3）双筒吸收式制冷机应分别找正上、下筒的水平。

4）机组配套的燃油系统等安装应符合产品技术文件的规定。

（7）大、中型热泵机组的安装规定

1）空气热源热泵机组周围应按不同设备留有一定的通风空间。

2）机组应设置隔振垫，并有定位措施。

3）机组供回水管侧应留有检修距离。

（8）冷却塔的安装规定

1）冷却塔安装应平稳，地脚螺栓的固定应牢固。

2）冷却塔的出水管口及喷嘴的方向和位置应正确，布水均匀，有转动布水器的冷却塔，其转动部分必须灵活，喷水出口宜向下与水平呈 30°夹角，且方向一致，不应垂直向下。

3）玻璃钢冷却塔和用塑料制品作填料的冷却塔安装应严格执行防火规定。

**3. 制冷管道及附件安装的一般规定**

（1）冷冻水（载冷剂）、冷却水及冷凝水管道的安装规定

1）管道安装前必须将管内的污物及锈蚀清除干净，安装停顿期间对管道开口应采取封闭保护措施。

2）冷冻水管道系统应在该系统最高处，且在便于操作的部位设置放气阀。

3）管道安装后应进行系统冲洗，系统清洁后方能与制冷设备或空调设备连接。

4）水系统管道安装后必须进行水压试验，水压试验分为强度试验和严密性试验，试验压力应满足设计要求，当设计无要求时，应符合《通风与空调工程施工规范》（GB 50738—2011）中相关条文的规定。对于大型或高层建筑垂直差较大的冷（热）媒水、冷却水系统宜采用分区、分层试压和系统试压相结合的方法。

5）冷凝水的水平应坡向排水口，坡度应符合设计要求。当设计无规定时，其坡度宜大于或等于0.8%。软管连接应牢固，不得有瘪管和强扭现象。冷凝水系统的渗漏试验可采用充水试验，无渗漏为合格。冷凝水排放应按设计要求安装水封弯管。

6）管道与设备的连接应采用弹性连接，并在管道处设置独立支架。

7）管道支、吊架的形式、位置、间距、标高应符合设计要求，连接制冷机的吸、排气管道需设单独支架。管径小于或等于20mm的铜管道，在阀门等处应设置支架。管道上下平行敷设时，冷管道应在下部。

8）保温管道与支、吊架之间应垫以绝热衬垫或经防腐处理的木衬垫，其厚度应与绝热层厚度相同，表面平整。衬垫接合面的空隙应填实。

（2）阀门及附件的安装规定

1）阀门的安装位置、方向与高度应符合设计要求，不得反装。

2）安装带手柄的手动截止阀，手柄不得向下。电磁阀、调节阀、热力膨胀阀、升降式止回阀等的阀头均应向上竖直安装。

3）热力膨胀阀的安装位置应高于感温包。感温包应安装在蒸发器末端的回气管上，与管道接触良好，绑扎紧密，并用绝热材料密封包扎，其厚度宜与管道绝热层相同。

4）自控阀门须按设计要求安装，在连接封口前应做开启动作试验。

# 课题2　空调用制冷系统的竣工验收

制冷系统安装完毕后，应进行竣工验收工作。竣工验收工作包括交工验收和安装系统的调试。所谓交工验收是指在安装工程的最后阶段，对最终工程施工产品即竣工工程项目进行检查验收，是交付使用的一种法定手续。验收包括国家对建设单位的验收；建设单位（发包方）对总承包施工单位的验收；总承包施工单位对分包施工单位的验收。安装系统的调试，是指为保证空调工程施工质量，实现空调功能，对于新建成的空调系统，在完成安装交付使用之前，需要通过测试、调整和试运转，来检验设计、施工安装和设备性能等各方面是否符合生产工艺和使用要求；对于已投入使用的空调系统，当发现某些方面不能满足生产工艺和使用要求时，也需要通过测试查明原因，以便采取措施予以解决。本课题主要介绍建设单位（发包方）对总承包施工单位的验收和新建成空调系统的调试工作。

**1. 空调制冷系统安装工程的交工验收**

交工验收依据主要有设计图纸、设备技术说明书、设计变更通知和预检、隐检及施工过程中的检验签证资料；现行建筑安装工程验收规范；工程承包合同及其他有关技术文件等。

验收前由总承包施工单位整理有关资料，验收后将整理好的验收资料交建设单位。

（1）空调制冷系统安装工程的交工资料

1）交工工程项目一览表，包括单位工程名称、面积、开竣工日期等。

2）竣工图纸与图纸会审记录，包括设计变更通知。

3）隐蔽工程验收单，工程质量事故发生和处理记录，材料、半成品的试验和检验记录。

4）水系统管道打压和清洗记录。

5）材料、配件和设备的质量合格证。

6）设备安装，即制冷设备、水管道等安装施工和调试记录。

7）工程结算资料、文件和签证。

（2）交工验收过程　建设单位收到安装单位提供的交工资料后，应派人会同安装单位对交工工程进行检查。根据有关技术资料，双方共同对工程进行全面的检查和鉴定，对已分期分批验收过的单位工程不再办理手续。交工验收的全过程应包括隐蔽工程验收、分部分项工程验收、分期验收、试车检验。下面分别叙述上述四种验收的内容。

1）隐蔽工程验收及验收签证。隐蔽工程验收是对施工过程中前一项工序被后一项工序掩盖掉的工程，如安装管道工程完成后隐蔽之前所进行的质量检验。这些项目的共同特点是一经隐蔽，不能或不便进行质量检验。因此，必须在隐蔽前进行检验，一般的隐蔽项目由建筑企业内部组织进行。重点检验项目应由建设单位、设计单位、安装单位三方会同进行，隐蔽工程验收应签署正式的验收记录。

2）分部分项工程验收。分部分项工程验收是指对大型或特大型工程在分部分项工程完工后所进行的检查和验收。它包括对安装工程的分部分项工程的检验和试车（运转）检验，对中、小型工程不必作分部分项验收。

3）分期验收。分期验收是指对大型或特大型工程中已竣工的一个或一组具备使用条件的单位工程所进行的中间性检查和验收。一般按施工部署中的分期分批投产计划安排进行分期交工验收，对中小型工程则不必进行分期验收。

4）试车检验

①单体试车。按规程分别对机器和设备进行单体试车。单体试车由总承包施工单位自行组织进行，但应做好调试记录。

②无负荷联动试车。在单体试车以后根据设计要求和试车规程进行。通过无负荷的联动试车，检查仪表、设备以及介质的通路，如水系统、油系统、电路等是否畅通，有无问题。在规定的时间内，如未发生问题就认为试车合格。无负荷联动试车一般由总承包施工单位组织，建设单位参加。

③有负荷联动试车。无负荷联动试车合格后，由建设单位组织总承包施工单位参加。近来又有总承包单位主持，安装单位负责，建设单位参加的形式。不论是总承包单位或建设单位主持，这种试车都要达到带负荷运转正常，参数符合规定的要求。

（3）工程检查验收用表

1）水系统工程加工、安装与检验用表。空调制冷工程检查验收用表一般包括：空调水系统安装分项工程质量检验评定表（金属管道），空调水管道焊口检查评定表，防腐与绝热施工质量检验评定表（管道系统），管道（设备）水压试验记录表，管道系统冲洗记录表，制冷系统气密性、真空、充制冷剂及吹污试验记录表等。

2）中央空调设备安装检验与调试用表。中央空调设备安装检验与调试用表一般包括：设备开箱检查记录表、空调水系统设备安装质量检验评定表、空调制冷系统安装质量检验评定表、冷却塔安装记录表、空调系统制冷机组检查试运转记录表、空调系统调试检验评定表等。

**2. 空调制冷系统安装工程的调试**

制冷装置的单机试运转、系统吹污、气密性试验、检漏、抽真空、充注制冷剂及带负荷试运转除按照《制冷设备、空气分离设备安装工程施工及验收规范》（GB 50274—2010）规定执行外，还需符合有关的设备技术文件规定的程序和要求，并做好各项记录。

1）活塞式压缩机和压缩机组试运转前应符合下列要求：

①汽缸盖、吸排气阀及曲轴箱盖等应拆下检查，其内部清洁及固定情况良好；气缸内壁面应加入少量冷冻机油；盘动压缩机数转，各运动部件应转动灵活、无过紧和卡阻现象。

②加入曲轴箱冷冻机油的规格及油面高度，应符合随机文件的规定。

③冷却水系统供水应畅通。

④安全阀应经检验、整定，其动作应灵敏、可靠。

⑤压力、温度、压差等继电器的整定值应符合随机技术文件的规定。

⑥控制系统、报警及停机连锁机构应调试，其动作应灵活、正确、可靠。

⑦点动电动机应进行检查，其转向应正确。

⑧润滑系统的油压和曲轴箱中压力的差值不应低于 0.1MPa。

2）离心式制冷机组试运转前应符合下列规定：

①冲洗润滑系统应符合随机技术文件的规定。

②加入油箱的冷冻机油的规格及油面高度应符合随机技术文件的规定。

③抽气回收装置中压缩机的油位应正常，转向应正确，运转应无异常现象。

④各保护继电器的整定值应整定正确。

⑤导向叶片实际开度和仪表指示值，应按随机技术文件的规定调整一致。

3）螺杆式制冷压缩机组试运转前应符合下列要求：

①脱开联轴器，单独检查电动机的转向应符合压缩机要求；连接联轴器，其找正允许偏差应符合随机技术文件的规定。

②盘动压缩机应无阻滞、卡阻等现象。

③应向油分离器、贮油器及油冷却器中加注冷冻机油，油的规格及油面高度应符合随机技术文件的规定。

④油泵的转向应正确；油压宜调节至 0.15 ~ 0.3MPa；应调节四通阀至增、减负荷位置；滑阀的移动应正确、灵敏，并应将滑阀调至最小负荷位置。

⑤各保护继电器、安全装置的整定值应符合随机技术文件的规定，其动作应灵敏、可靠。

⑥机组能量调节装置应灵活、可靠。

⑦机组的安全阀门应动作灵敏、不漏气、安全可靠。

# 单　元　小　结

　　本单元主要介绍空调制冷机房主要设备的安装，以及空调系统施工完毕后，系统调试过程中，涉及制冷机房设备部分的调试和竣工验收。目前空调制冷工程施工验收遵照的规范包括《通风与空调工程施工规范》（GB 50738—2011）、《通风与空调工程施工质量验收规范》（GB 50243—2002）、《制冷设备、空气分离设备安装工程施工及验收规范》（GB 50274—2010）、《风机、压缩机、泵安装工程施工及验收规范》（GB 50275—2010）、《工业金属管道工程施工规范》（GB 50235—2010）与《建筑给水排水及采暖工程施工质量验收规范》（GB 50242—2002）等。

　　空调制冷机房系统安装工程是空调工程施工项目中的一个子项目。其施工程序分为施工准备、工艺系统安装、电气控制系统安装、系统调试和验收、交付使用等几个阶段。对于新建成的空调系统，在完成安装交付使用之前，需要通过测试、调整和试运转，来检验设计、施工安装和涉及性能等各方面是否符合生产工艺和使用要求；对于已投入使用的空调系统，当发现某些方面不能满足生产工艺和使用要求时，也需要通过测试查明原因，以便采取措施予以解决。

　　制冷系统安装完毕后，进行竣工验收工作，验收包括国家对建设单位的验收、建设单位对承包施工单位的验收、承包施工单位对分包施工单位的验收。

## 复习思考题

10-1　制冷机房施工准备工作有哪些？

10-2　制冷机房主要设备安装的一般规定有哪些？

10-3　对进入施工现场的制冷设备、附属设备等应检查哪些内容？

10-4　制冷设备搬运和吊装，应符合哪些规定？

10-5　阀门及附件安装应符合哪些规定？

10-6　冷却塔安装应符合哪些规定？

10-7　空调制冷系统无负荷联动试车应符合哪些规定？

10-8　空调制冷系统安装工程交工验收时，应有什么文件和记录？

10-9　空调制冷系统试运转应符合哪些规定？

10-10　根据现行施工质量验收规范设计一般空调系统验收用表。

# 单元11   制冷机房设计

**主要知识点**：空调冷源方案确定；制冷机房组成；设备选型；制冷机房布置原则等。

**学习目标**：掌握空调冷源方案的确定方法和一般步骤；掌握制冷设备的选择及机房的布置原则和要求；掌握制冷机房水系统的组成及工作原理。

## 课题1   空调冷源方案的确定

本课题重点介绍空调冷源方案的确定方法和一般步骤，能因地制宜地确定空调冷源形式，力求达到技术经济最优化。

**1. 空调冷源方案设计的基础条件**

（1）冷负荷条件   冷负荷条件是由暖通专业设计者根据具体设计的建筑工程，经过计算得出的。冷负荷数值是确定选用空调制冷机组容量的重要条件之一。

（2）能源调节   根据建设单位的电力条件或拟议中的电力增容数量，确定是否可选用电动压缩式制冷机。如电力不足，而具备蒸汽锅炉、热水锅炉或具备生产工艺余热提供蒸汽和热水的条件，可选用蒸汽型或热水型溴化锂吸收式制冷机；如电力不足又无工业余热可利用，但具备城市煤气、天然气或轻重油条件时，可选用直燃式溴化锂冷（热）水机组。

（3）水源及水质条件   水源条件是指供水条件（流量、压力）应满足制冷系统中冷冻水、冷却水系统的要求。水质条件是指确定使用的冷冻水、冷却水水源的水质资料，其主要指标包括总硬度、总碱度、水中的各种离子碳酸盐硬度和酸碱度（pH）值等。

（4）水文地质条件   水文地质条件是指建设地区的地质构造、土壤等级、土壤酸碱度、地下水质和地震烈度等。如果地下水根据当地建设规划部门批准可以利用，即可考虑选用水源热泵机组。该机组可以夏季供冷，冬季供热。

（5）相关专业的配合条件   在设计空调冷源时，需要各有关专业共同配合与协商，特别是在设计工作中互相提供必需的条件、图纸和设计资料。对改建和扩建的空调冷源设计，除上述资料外，还必须了解原制冷系统工作运行实际情况等。

**2. 空调冷源设计方案确定的原则**

（1）空气调节系统的冷源应优先考虑采用天然冷源   天然冷源主要有地下水或深井水（14~18℃）。在地面下一定深度处的水，一年四季温度始终能维持较低的温度（14~18℃）。因此，不仅它可以用做空调系统中末端空气处理设备的冷源，而且成本较低、设备简单、经济实惠。但是这种利用通常只能是一次性的，也无法大量获取低于零度的冷量，且我国地下水储量并不丰富，有的城市因开采过量，已造成地面下降。

对大、中型空调系统当无条件采用天然冷源时，可采用人工冷源。即利用制冷机制取冷量，通过冷媒输送至空调系统中。采用人工冷源时，制冷方式的选择应根据建筑物的性质、制冷容量、供水温度、电源、热源和水源等情况，通过技术经济比较确定。民用建筑应采用电动压缩式和溴化锂吸收式制冷。根据实际情况，有时制冷机也可选用热泵型机组。

（2）冷热源应综合考虑　在我国绝大部分地区的民用建筑中，中央空调系统不仅夏季制冷，而且冬季也承担供热的功能。因此对于中央空调系统往往冷热源相互结合，综合考虑，只有这样，确立的空调冷热源方案才更有可行性和实用性。目前空气调节系统冷热源及设备的选择可以有以下几种常用的组合方案。

1）电制冷、城市或小区热网（蒸汽、热水）供热。

2）电制冷、人工煤气或天然气供热。

3）电制冷、燃油锅炉供热。

4）电制冷、电热水机（炉）供热。

5）空气源热泵、水源（地源）热泵冷（热）水机组供冷、供热。

6）直燃式溴化锂吸收式冷（温）水机组供冷、供热。

7）蒸汽（热水）溴化锂吸收式冷水机组供冷、城市或小区蒸汽（热水）热网供热。

在选择空调冷源设备时，需要对设备的初投资和运行费用进行综合分析。溴化锂吸收式制冷机组耗电少、电力增容费低，但价格比同等产冷量的电制冷机组高。从初投资、一次能耗、运行成本来看，电动式优于热力式。风冷热泵机组比常规的制冷机加锅炉方案一般节省初投资 25%。

吸收式冷水机组的一次能耗比电动式制冷机组高，其中蒸汽型或热水型吸收式制冷机的能耗为电动式的 2~3 倍。直燃式约为电动式的 1.6~2.1 倍。若无余热可利用，热水型机组一般情况下应尽量少用，无特殊情况不宜提倡用锅炉产生蒸汽作吸收式制冷机组的热源。制冷机制冷时，COP 值降低，所以蓄冷空调比常规空调要消耗更多的电能，不能称为节能。但就电力供应系统而言，蓄冷所起到的移峰填谷作用，均衡了电网负荷，提高了电网的供电能力。在环境污染方面，应考虑电动式机组的 CFC 对臭氧层的影响。《中国消耗臭氧层物质逐步淘汰国家方案》中规定，对臭氧层有破坏作用的制冷剂 CFC-11、CFC-12 最终禁用时间为 2010 年 1 月 1 日，对于当前广泛用于空调制冷设备的制冷剂 HCFC-22、HCFC-123，按国际公约的规定执行，我国禁用年限为 2040 年。

溴化锂吸收式机组在保持真空度、防结垢、防腐蚀等方面要求严格，从某些工程运行情况看，因结垢、腐蚀造成的冷量衰减现象很严重，近几年各厂家在这些方面对产品的质量有了较大的提高，但要真正做好，管理好，还有一定难度。因此选型和设计中需注意机组的可靠性、技术先进性和水系统水质处理问题。

总体来说，电动式冷热水机组在技术上比热力式冷热水机组成熟可靠，在调试、运行维护方面比热力式机组方便。但是，从设备适用性方面考虑，由于不同的空调冷热源设备具有各自不同的性能特点，各适用于一定的外部条件。例如我国工矿企业余热资源潜力很大，在化工、建材企业生产过程中都会产生大量的余热，具有工厂余热时，蒸汽、热水型溴化锂吸收式机组可作为空调冷源的优先选择，这样可利用工业余热，节约一次能源，减少重复建设，这也是国家当前能源政策和节能标准一贯的指导方针。

目前国内各城市能源形式有电力、热和燃气等，其中城市煤气发展较快。西部天然气的开发利用，西气东输工程的实施，中俄将共建管道以引进俄罗斯天然气，液化天然气码头的建设等，都标志着燃气行业的迅猛发展。空调系统也应适应城市多元化能源结构，用能源的峰谷、季节差价进行设备选型，提高能源的一次能效。天然气燃烧转化效率高，污染少，利用燃气型溴化锂吸收式机组具有的优点有：①有利于环境质量的改善；②解决燃气季节调峰；③平衡电力负荷；④提高能源利用率。

空气源热泵机组、水源热泵机组近些年作为空调冷源也得到了较好的应用，其中空气源热泵机组在夏热冬冷地区的写字楼、银行、商店等以日间使用为主的建筑物中应用广泛，空气源热泵机组安装方便，不占机房面积，管理维护方便，但是由于热泵机组价格较高，耗电较多，采用时应进行全方位比较，一般适合于中小型建筑。水源热泵机组可利用地下水、江河、湖水或工业余热作为热源，供采暖和空调系统使用，冬季供热运行时性能系数（COP）一般大于4，节能效果显著，该方案还具有运转灵活方便、便于管理和计量收费等优点。因此在具有低位热能可利用的条件时，尤其对于无城市热源的情况应优先考虑采用水源热泵机组作为空调系统的冷热源。

空气源热泵机组在选用时，应注意下列几点：

1) 选择热泵机组时，除了将铭牌上标准工况（干球温度7℃，湿球温度6℃）下制热量变为使用工况下制热量外，还要考虑使用工况下结霜除霜的热量损失。

2) 按最佳平衡点温度（热泵供热量等于建筑物耗热量时的室外计算温度）来选择热泵机组和辅助热源。

3) 对于长江流域及以南地区，可采用复合式冷却的热泵机组。

4) 对于供热负荷远小于供冷负荷的场合，供热负荷相应的冷量部分，由热泵机组提供，其余的冷量由COP较高的制冷机组供给。

空气源热泵机组是否具备先进科学的融霜技术也是选型时需要注意的关键问题。机组冬季运行时换热盘管温度低于室外空气露点温度时，表面产生冷凝水，冷凝水低于0℃就会结霜，明显降低机组效率。为此必须融霜，以保证冬季供热的可靠性。此外空气源热泵机组多数安装在屋面，应考虑机组噪声对周边建筑物环境的影响，尤其是当夜间运行时，若噪声超标不但会遭到投诉，还会被勒令停止运行。

水源热泵机组是使用地下水和地表水作为热源和冷源的热泵系统。在选用时，应注意下列几点。

1) 设计地下水热泵系统，必须考虑防止水井老化，要考虑保证设计水量能长期稳定运行；确保地下水回灌技术，保护地下水资源不遭到破坏。没有完整准确的产品性能资料，以及成熟可靠的地下水热泵系统设计方法，不宜采用地下水热泵系统。

2) 地表水热泵系统采用清洁的江河水作为冬季的热源、夏季仍采用冷却塔冷却，或用江水作为冷、热源的水—水热泵。

其中水源热泵空调制冷机组当利用地下水时，应把回灌措施视为重点工程，国家关于采用地下水有严格要求。《中华人民共和国水法》、《城市地下水开发利用保护管理规定》要求加强地下水资源开发利用的统一管理，保护地下水资源，防止因抽水造成地面下沉。这项工作做不好，采用地下水的水源热泵也就难以得到发展和应用。

（3）制冷机类型及工质应符合节能与环保要求　制冷机的选择应根据制冷工质的种类、装机容量、运行工况、节能效果、环保安全以及负荷变化情况和运转调节要求等因素确定。水冷电动压缩式冷水机组的机型，宜按表11-1中制冷量范围，经过性能，价格比较后确定。选择时应选用较高性能系数的机组，以实现节能，除考虑满负荷运行时性能系数外，还应考虑部分负荷时性能系数。实践证明，冷水机组满负荷运行率极少，大部分是在部分负荷下运行的。因此部分负荷时的性能系数更能体现机组的优劣。选择制冷机工质时，应考虑CFCs

对大气臭氧层的危害和 CFCs 的禁用时间表。

**表 11-1 水冷电动压缩式冷水机组选用范围**

| 单机名义工况制冷量 /kW | 冷水机组机型 | 单机名义工况制冷量 /kW | 冷水机组机型 |
|---|---|---|---|
| ≤116 | 往复式、涡旋式 | 1054～1758 | 螺杆式 |
| 116～700 | 往复式 | | 离心式 |
| | 螺杆式 | | |
| 700～1054 | 螺杆式 | ≥1758 | 离心式 |

（4）风冷冷水机组宜用于干球温度较低或昼夜温差较大，缺乏水源地区的中小型空调制冷系统。选择制冷机时，不仅要考虑满负荷的 COP 值，还要考虑部分负荷的 COP 值，衡量全年的综合效益。

（5）确定制冷机容量时，应考虑不同朝向和不同用途房间的空调峰值负荷同时出现的可能性，以及各建筑用冷工况的不同，乘以小于 1 的负荷修正系数。该系数一般在 0.85～0.9 之间。

选择制冷机时，台数不宜过多，一般为 2～4 台，不考虑备用。多机头制冷机可以选用单台。当采用多台相同型号制冷机，单机容量调节下限的产冷量大于建筑物的最小负荷时，应选一台小型制冷机来适应低负荷的需要。并联的冷水机组至少应选一台节能显著（特别是部分负荷）、自动化程度高、调节性能好的冷水机组。

制冷装置和冷水系统的冷损失应根据计算确定，概略计算时，可按下列数值选用。

氟利昂直接蒸发式系统 5%～10%；间接式系统 10%～15%。

# 课题 2 制冷机房的组成

目前广泛采用的中央空调制冷系统均以集成化的冷水机组为核心，以冷却塔（风冷冷水机组除外）、冷却水循环泵、冷冻水循环泵、水处理装置、定压补水装置、水管道及附件等为辅助设备构成，该系统可为空调系统提供 7/12℃冷冻水。本课题重点介绍不同冷源方式下典型制冷机房的组成和特点。

**1. 水冷冷水式空调冷源方案**

（1）水冷冷水式空调制冷系统流程图 流程图如图 11-1 所示。

（2）制冷机房的组成及特点

1）本系统中冷水机组可以是电制冷机组或蒸汽吸收式冷水机组，冷水机组台数的选择：每个空调冷水系统中的冷水机组为 2～4 台，其中，中、小规模宜为 2 台，较大规模宜为 3 台，特大规模宜为 4 台，规模程度确认可参考表 11-2。当系统冷量小于 1200kW 时，可采用单台冷水机组，但此机组应为模块式或多机头型，采用多台冷水机组配置时，未必每台容量相同，对于功能繁多，空调使用时间不一，负荷峰谷差异大的系统，应注意最小负荷特征，因此在多台机组中设一台小容量机组与最低负荷匹配更好。

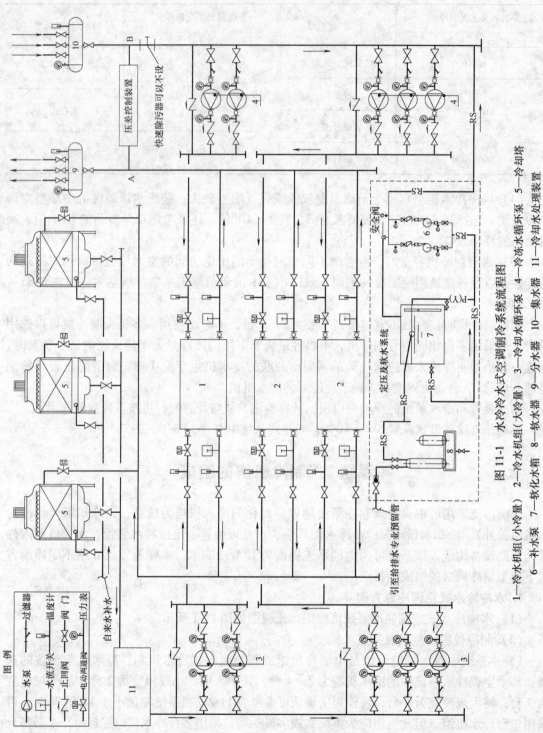

图 11-1 水冷冷水式空调制冷系统流程图

1—冷水机组（小冷量）　2—冷水机组（大冷量）　3—冷却水循环泵　4—冷冻水循环泵　5—冷却塔
6—补水泵　7—软化水箱　8—软化水器　9—分水器　10—集水器　11—冷却水处理装置

表 11-2

| 系统冷量 kW | ≤5000 | 5000≤20000 | ≥20000 |
|---|---|---|---|
| 规模程度 | 中、小 | 较大 | 特大 |

2）本系统中冷冻水系统为单级泵变流量形式。当取消图 11-1 中 A、B 之间管道及压差旁通装置时，为单级泵恒流量系统。变流量系统适用于空调末端用户侧采用电动两通阀，恒流量系统适用于用户侧不设电动调节阀或设电动三通调节阀。按水流方向，冷冻水循环泵及冷却水循环泵设在冷水机组之前，这种方式称为压入式，冷水机组中蒸发器及冷凝器工作压力较高，如将循环水泵设在机组之后，则称为吸入式。一般对电制冷冷水机组，当水泵吸入口处静水压大于 0.45MPa 时，宜采用吸入式，对于吸收式冷水机组当水泵吸入口处的静水压大于 0.3MPa 时，宜采用吸入式。

3）冷冻水系统的补水应进行软化水处理，仅夏季供冷的系统可采用静电除垢的水处理设施，处理后经变频补水定压装置补入系统中。冷冻水系统一般采用开式膨胀水箱定压方式，当采用开式膨胀水箱有困难时，可设置闭式隔膜膨胀水罐或补水泵变频定压方式。本系统图中采用的是补水泵变频定压方式。补水泵由电接点压力表控制启停，以达到控制点所需水压。当系统压力升高超过控制值时，打开安全阀泄水降压，排泄的水通过管道输送回软化水箱。

4）冷却水应保持一定的水质条件，以防止设备腐蚀、结垢和产生微生物与藻类物质等。在冷却水系统中可以选用化学药剂法和电子水处理仪处理水质法，其中化学药剂法可以作为在水系统投入运行前的清洗处理、水系统运行前管道内壁成膜（钝化和预膜）处理、水系统运行期的药剂量控制和水质控制三个阶段的处理方法，投加药剂有分散剂、螯合剂、清洁剂、消泡剂以及防腐剂等以使水达到净化目的。电子水处理仪处理水质法利用电子水处理仪释放出的电场或磁场的作用来处理水。

**2. 直燃式溴化锂吸收式空调冷源方案**

（1）直燃式溴化锂吸收式空调制冷系统流程图 流程图如图 11-2 所示。

（2）制冷机房的组成及特点 本系统中热水循环泵供冬季空调供热使用，一般在空调系统中，冬季供热时其流量和扬程均比冷冻水循环泵小得多，所以单独设置热水循环泵，提高系统运行的经济性，其余部分同前一系统。

**3. 浅层地下水源热泵空调冷源方案和埋管地源热泵空调冷源方案**

（1）空调制冷系统流程图 该制冷系统流程图如图 11-3 所示。

（2）制冷机房的组成及特点 热泵靠高位能拖动，迫使热量由低位热源流向高位热源。也就是说热泵可以把不能直接利用的低品味热能（空气、土壤、水、太阳能、工业余热等）转化为可以利用的高位热能，从而达到节约部分高位热能（煤、石油、燃气、电能等）的目的。在工程实践中，常采用的热泵系统主要有空气源热泵系统、水源热泵系统、土壤源热泵系统和水环热泵系统。

目前，空气源热泵机组在我国有着相当广泛的应用，但它存在着热泵供热量随着室外气温的降低而减少和结霜的问题，而水源热泵能够克服这两个问题。在水源热泵空调系统中，单井抽灌技术通过浅层地下水的循环流动，在冬季采集浅层地下水中的低位热能，地下水通过热泵机组蒸发器，为热泵机组提供持续热源；夏季将浅层地下水作为冷源，地下水通过

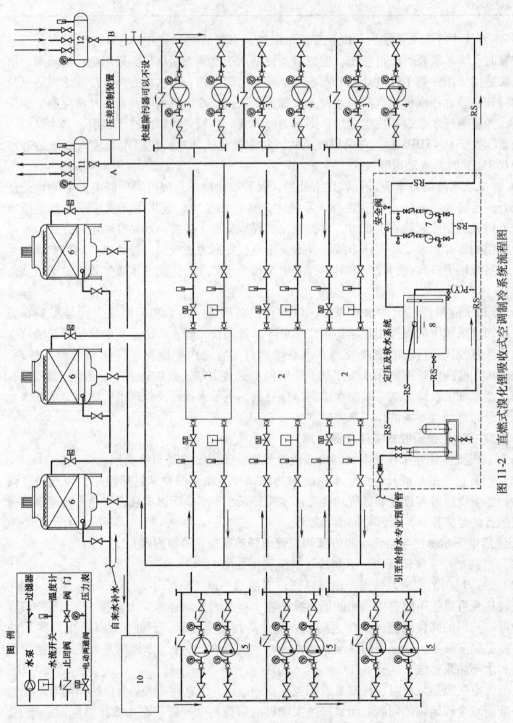

图 11-2 直燃式溴化锂吸收式空调制冷系统流程图

1—溴化锂直燃冷热水机组（小冷量） 2—溴化锂直燃冷热水机组（大冷量） 3—冷冻水循环泵 4—热水循环泵
5—冷却水循环泵 6—冷却塔 7—补水泵 8—软化水箱 9—软水器 10—冷却水处理装置 11—分水器 12—集水器

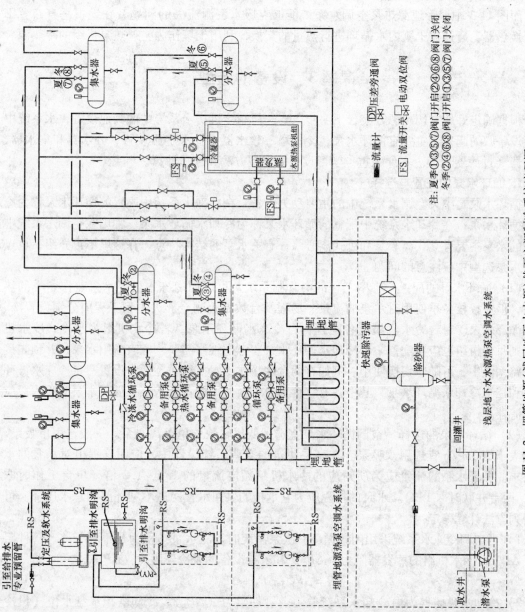

图 11-3　埋管地源（浅层地下水源）热泵空调制冷系统流程图

热泵机组冷凝器,利用其低温特性对系统循环水进行冷却,实现空调夏季供冷和冬季供热的目的。该系统有效利用低位热源,一方面减少空调工程对高位热能的消耗,同时也是暖通空调减少 $CO_2$、$SO_2$、$NO_2$ 排放量的一种有效方法。但是对于水源热泵系统在选择方案确定之前,应对当地地质结构和地理资源进行论证,在很多地质条件下回灌的速度大大低于抽水速度,从地下抽出来的水经过热泵机组换热器后很难再被回灌到含水层内,造成水资源的流失。而图 11-3 中埋管地源热泵空调水系统能够克服水资源流失的问题,在地下垂直布置 U 型管换热器,通过在土壤内水循环进行热量的交换,利用土壤作为空调热泵机组的冷热源。

## 课题3 设备的选型

根据确定好的空调冷源方案,下一步主要选择制冷机房水系统中的其他设备,水系统中主要设备归纳起来,主要有循环水泵、冷却塔、软水器、补水定压装置、分水器和集水器、除污器(过滤器)等。本课题重点学习设备的选型方法和选择计算。

**1. 循环水泵的配置与选择**

循环水泵是中央空调水系统中的主要动力设备,在冷冻水系统中配置的循环水泵称为冷冻水循环水泵,在冷却水系统中配置的循环水泵称为冷却水循环水泵。常用在空调水系统中应用的水泵主要有立式离心泵和卧式离心泵,有关水泵的结构特点,在这里不再介绍,重点学习水泵选型中应注意的问题。

(1)循环水泵的配置 小型工程的两管制系统,可以用冷冻水循环水泵兼作冬季的热水泵,但应校核冬季使用时水泵的流量、扬程及台数是否吻合。大中型工程应分别设置冷、热水循环水泵。每台冷水机组应各配置一台冷冻水循环水泵,若冷水机组为水冷式冷水机组,则每台机组也应各配置一台冷却水循环水泵。考虑维修需要,宜有备用水泵,并预先接在管路系统中,可随时切换使用。例如有两台水冷式冷水机组时,通常设置三台冷冻水循环水泵和三台冷却水循环水泵,其中各有一台为可切换使用的备用水泵。循环水泵的吸入段应设过滤器。

(2)循环水泵的选择 空调循环水泵宜选用低比转数的单级离心泵。一般选用单吸泵,流量大于 $500m^3/h$ 宜选用双吸泵。在高层建筑的空调系统设计中,应明确提出对水泵的承压要求。循环水泵的流量应为所对应的冷水机组额定流量的 1.1~1.2 倍(单台工作时取 1.1,两台并联时取 1.2)。水泵的扬程应为它承担的供回水管网最不利环路的总水压降。可按下列方法计算确定:

1)当空调冷冻水系统采用闭式循环一次泵系统时,冷水泵扬程为最不利管路、管件阻力($\Delta P_1$)、冷水机组的蒸发器阻力($\Delta P_2$)和末端设备的表冷器阻力($\Delta P_3$)之和,即

$$H = \Delta P_1 + \Delta P_2 + \Delta P_3 \tag{11-1}$$

2)冷却水泵扬程为由冷却水系统管道、管件阻力($\Delta P_1$),冷却塔积水盘水位(设冷却水箱时为水箱最低水位)至冷却塔布水器的高差($\Delta h$),冷却塔布水器所需压力 $P_2$ 之和,即

$$H = \Delta P_1 + \Delta h + P_2 \tag{11-2}$$

3)所有系统的水泵扬程,均应对计算值附加 5%~10% 的余量。

$$H' = (1.05 \sim 1.1) H \tag{11-3}$$

4）冷水机组蒸发器阻力、冷凝器阻力、空调末端设备的表冷器阻力、冷却塔积水盘水位（设冷却水箱时水箱最低水位）至冷却塔布水器的高差及冷却塔布水器所需压力，可由设备厂家提供的产品样本中查到。管道、管件阻力应进行阻力计算求出。

**2. 冷却塔及冷却水系统水质处理装置的配置与选择**

（1）冷却塔种类及特点　中央空调工程中常用的冷却塔型式为机械通风冷却塔。机械通风冷却塔均设置风机，利用风机工作将室外空气与冷却水接触，将冷却水的热量转移至室外空气中。根据冷却水与室外空气是否直接接触，冷却塔分为开式冷却塔和闭式冷却塔。在开式冷却塔中，室外空气直接与冷却水接触，冷却水热量转移至室外空气中依靠两种方式，一是在冷却水与室外空气温差作用下，热量由温度较高的冷却水传至温度较低的室外空气中，另外，在热量传递的同时，冷却水同时有部分蒸发进入室外空气中，而蒸发过程是吸热过程，因此蒸发的过程同样带走部分热量。闭式冷却塔冷却水走管程，表冷器在风机的作用下，使管束内循环水依靠与室外空气温差，将热量带走。显然，闭式冷却塔的优点是节约水资源，水质不易被污染，但闭式冷却塔体积、重量较大，设备投资较高（一般同样冷却能力的约为开式冷却塔价格的 8~10 倍）。相比较而言，目前在空调工程中应用较多的仍是开式冷却塔。

冷却塔还有其他分类方法，如按冷却塔外形可分为圆形塔和方型塔；按空气流动方向分为逆流塔和横流塔；按噪声等级分为普通型、低噪声型和超低噪声型；按集水盘深度分为标准型和深水盘型；按冷却水进、出水温度分为普通型（$\Delta t = 5℃$）、中温型（$\Delta t = 8℃$）和高温型（$\Delta t = 28℃$，工业用）。双效溴化锂制冷机组冷却水进出口温差一般为 $\Delta t = 6.5℃$，故应选用中温型（$\Delta t = 8℃$）。若选用普通型（$\Delta t = 5℃$）时，需对冷却水流量重新核算。在空调工程中，一般对冷却塔的要求如下：

1）冷却塔应冷效高、电耗低、重量轻、体积小、安全维护简单，并符合国家和地方有关标准和规定。

2）塔体结构应有足够的强度和稳定性，组装精良，材料应耐腐蚀、耐老化。

3）运行噪声较低，符合环境保护要求。

4）冷却塔应具有良好的阻燃性能，符合防火规范。

5）配水部分应配水均匀，壁流少，除水器除水效果正常，飘水少。

根据技术要求可选择逆流、横流、组合、混合、喷射等型式。考虑配水均匀、壁流较少；分流分布均匀，应尽量减少涡流和尖端效应，通风阻力小；除水器效果好，水滴飘溅少；维护、运行、管理操作方便。图 11-4 所示为超低噪声逆流式冷却塔。

（2）冷却塔的配置　当空调制冷机组选择水冷式冷水机组时，应配置冷却塔。冷却塔设置位置应通风良好，避免气流短路及建筑物高温高湿排气或非洁净气体的影响。冷却塔台数宜按制冷机台数一对一匹配设计；多台冷却塔组合设置，应保证单个组合体的处理水量与制

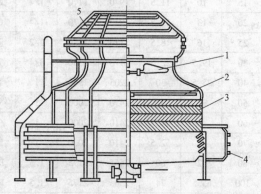

图 11-4　超低噪声逆流式冷却塔

1—冷却塔风机　2—布水器　3—填料

4—进风消声器　5—排风消声器

冷机冷却水量匹配。冷却塔不设备用。多台冷却塔并联使用时，积水盘下应设连通管，或进出水管上均设电动两通阀。多台冷却塔组合在一起，使用同一积水盘时，各并联塔之间风室应做隔断措施。

（3）冷却塔技术参数和选择方法　选择冷却塔的主要依据是冷却循环水量，初选的冷却塔的名义流量应满足冷水机组要求的冷却水量，同时塔的进水、出水温度应分别与冷水机组冷凝器的出水和进水温度相一致。冷却塔的冷却能力与大气的气象参数有密切联系，相同的冷却塔在不同气象条件下，其冷却能力即冷却水量是不同的。因此，在非额定工况下，应根据各状态参数，参照设备厂家提供的设计选型表（表 11-3 冷却塔技术参数选型表）或图进行修正来选型，选型步骤如下：

1）从开式、闭式两者中选一项。

2）噪声标准。噪声无规定场合，通常选用 R 型（低噪音型）；噪声有规定的场合，在选择机种后，确定噪声值表的数值，并决定机型。

3）从符合上述选择条件的机型目录页码中选择合适的机型。

4）按照以下的顺序，从极限水量表中选定冷吨数值。

①按照纵方向入口水温、出口水温、室外空气湿球温度一栏中选择合适的温度。如果必要的温度条件没有记录在表内，应向相关厂家询问。

②选用比所需要的循环水量大的型号。

③在选定出的机型一行中，最左端的数值是能满足冷却塔性能的冷吨数。

5）按照上述顺序选定机型以后，参照型号表、噪声表的数值，确定选定出的冷却塔机型是否符合设计条件。如果选定出机型的设置尺寸，噪声数值超过设计条件要求时，返回第3）条开始重新选定。

表 11-3　冷却塔技术参数选型表

| 机型 | 标准水量<br>（m³/hr） | | 外观尺寸<br>/mm | | 送风装置参数 | | 配管尺寸/mm | | | | | |
|---|---|---|---|---|---|---|---|---|---|---|---|---|
| | | | | | | | 温水<br>入管 | 冷水<br>出管 | 排水管 | 溢水管 | 补水管 | |
| CBCH | WB<br>(28℃) | WB<br>(27℃) | 高度 H | 外径 D | 功率/hp | 风叶直<br>径/mm | | | | | 自动 | 手动 |
| 10 | 6.5 | 7.5 | 1690 | 860 | 1/6 | 500 | 40 | 40 | 50 | 25 | 15 | 15 |
| 15 | 10 | 11.5 | 1940 | 1170 | 1/4 | 670 | 50 | 50 | 50 | 25 | 15 | 15 |
| 20 | 13 | 15.2 | 1940 | 1170 | 1/4 | 670 | 50 | 50 | 50 | 25 | 15 | 15 |
| 25 | 16 | 18.5 | 2170 | 1380 | 1/2 | 770 | 50 | 50 | 50 | 25 | 15 | 15 |
| 30 | 19.5 | 22.5 | 2170 | 1380 | 3/4 | 770 | 50 | 50 | 50 | 25 | 15 | 15 |
| 40 | 25.5 | 30 | 2205 | 1580 | 1 | 770 | 65 | 65 | 50 | 25 | 15 | 15 |
| 50 | 32 | 37 | 2410 | 2000 | 1 | 970 | 65 | 65 | 50 | 25 | 20 | 20 |
| 60 | 40 | 44.5 | 2410 | 2000 | 1 | 970 | 65 | 65 | 50 | 25 | 20 | 20 |
| 70 | 46 | 52.5 | 2410 | 2000 | 1 | 970 | 65 | 65 | 50 | 25 | 20 | 20 |
| 80 | 52 | 60 | 2565 | 2175 | 1.5 | 1170 | 100 | 100 | 50 | 25 | 20 | 20 |
| 100 | 65.5 | 74 | 2565 | 2175 | 1.5 | 1170 | 100 | 100 | 50 | 25 | 20 | 20 |
| 125 | 81 | 95 | 2645 | 2650 | 2 | 1470 | 100 | 100 | 50 | 25 | 25 | 25 |
| 150 | 100 | 112 | 2780 | 3050 | 3 | 1470 | 125 | 125 | 50 | 25 | 25 | 25 |

注：上表设计基准为入水口温度37℃，出水口温度32℃，外气湿球温度28℃；1HP = 0.75kW。

（4）冷却水温度控制  当冷却水温度低于冷水机组允许温度时，应进行水温控制。图 11-5 所示为冷却水温度控制图。冷水机组最低启动温度由其性能和参数曲线决定，一般最低 21℃。冷却塔最低出水温度一般设定为 22～24℃。其控制方法如下：

1）由冷却塔出水温度控制风机启闭或变频调速控制，控制点为 24℃ 和 22℃。

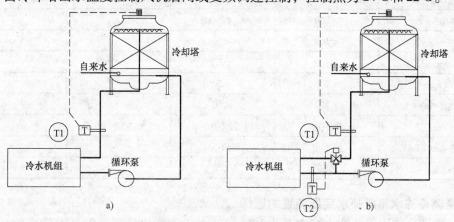

图 11-5  冷却水温度控制图

a）风机调节  b）旁通调节

2）冷却塔进出水三通阀调节控制，保证冷却水混合温度满足冷水机组对冷却水低温保护要求。

3）环境温度低于 0℃ 的地区，室外冷却水系统部分应有防冻措施。冬季使用者，室外管道应设保温和伴热管。冷却塔底盘内应设电加热管并与水位联锁。风机宜具有高低转速和正反转功能。

（5）冷却水水质处理装置的选择  冷却水应保持一定的水质条件，以防止设备腐蚀、结垢和产生微生物与藻类物质。对于冷却水系统的水质指标，应符合表 11-4 的要求。为满足冷却水水质指标要求，冷却水应设置加药装置或静电除垢及防藻等处理设施。水处理装置中以安装软化水设备最好，但其设备价格高，占地面积大，且制备软化水成本较高。电子水处理装置是最近几年来应用较好的一种水处理装置，WT 型高频电子水处理器就是其中一种。WT 高频电子水处理器利用高频电磁场作用流经处理器的水，使水分子间氢键断裂，改变了原水水质的团链大分子结构；同时水分子的电子处于高能位状态，导致水分子电位下降，使水中溶解盐类的离子及带电离子间静电引力减弱，难以相互聚集；且水分子与器壁间电位差减小，各盐类离子趋于分散，不向器壁聚集。当这种电磁极化水流经各类受热体时，形成针状结晶，表现为一种松软、沙状软垢，便于沉淀，不易板结于受热面，还可以随水流动，通过排污渠道顺利排出。因此该设备可以防止硬垢生成。此外，WT 高频电磁极化水，还可以有效杀灭水中菌类、藻类等，有效地抑制水中微生物的繁殖。

表 11-4  冷却水系统的水质指标

| 项　　目 | 允　许　值 | | 危　害　性 | |
| --- | --- | --- | --- | --- |
| | 冷却水 | 补充水 | 腐　蚀 | 结　垢 |
| 酸碱度（pH 值） | 7.0～8.0 | 6.0～8.0 | ✓ | ✓ |

（续）

| 项　目 | 允许值 | | 危害性 | |
|---|---|---|---|---|
| | 冷却水 | 补充水 | 腐　蚀 | 结　垢 |
| 总硬度/mg·L$^{-1}$ | <200 | <50 | | ✓ |
| 电导率/μS·cm$^{-1}$ | <500 | <200 | ✓ | |
| 总碱度/mg·L$^{-1}$ | <100 | <50 | | ✓ |
| 总铁/mg·L$^{-1}$ | <1.0 | <0.3 | ✓ | ✓ |
| 氯离子/mg·L$^{-1}$ | <200 | <50 | ✓ | |
| 碳酸根离子/mg·L$^{-1}$ | <200 | <50 | ✓ | |
| 硫离子/mg·L$^{-1}$ | 测不出 | 测不出 | ✓ | |
| 铵离子/mg·L$^{-1}$ | 测不出 | 测不出 | ✓ | |
| 二氧化硅/mg·L$^{-1}$ | <50 | <30 | | |

**3. 空调冷冻水系统补水定压装置的选择**

（1）空调冷冻水系统补水　空调水系统的补水应经软化处理，仅夏季供冷的系统可采用静电除垢的水处理设施。系统补水量 $V_b$ 与系统的小时泄漏量有关，系统的小时泄漏量通常为系统水容量的1%，则系统补水量可取系统水容量的2%。空调水系统的单位水容量见表11-5。

表11-5　空调水系统的单位水容量　　　　　　　　　（L/m² 建筑面积）

| 空　调　方　式 | | 全空气系统 | 水—空气系统 |
|---|---|---|---|
| 供　冷　时 | | 0.40 ~ 0.55 | 0.7 ~ 1.3 |
| 供热时 | 热水锅炉 | 1.25 ~ 2.0 | 1.2 ~ 1.9 |
| | 热交换器 | 0.4 ~ 0.55 | 0.7 ~ 1.3 |

补水点宜设在循环水泵的吸入段。补水泵流量取补水量的 2.5 ~ 5 倍，扬程应附加 3 ~ 5m。补水泵宜设备用泵。软化宜设软化水箱，储存补水泵 0.5 ~ 1h 的补水水量。

（2）冷冻水系统定压

1）一般采用开式膨胀水箱定压方式。开式膨胀水箱定压的补水系统如图11-6 所示，膨胀水箱有效容积为膨胀水量 $V_p$ 与调节水量 $V_t$ 之和。

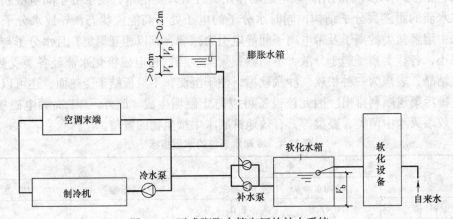

图 11-6　开式膨胀水箱定压的补水系统

①膨胀水量

$$V_p = \alpha V_c \Delta t \tag{11-4}$$

式中　$\alpha$——水的膨胀系数，取 0.0006（1/℃）；

　　　$V_c$——系统水容量（L）；

　　　$\Delta t$——水的平均温差（℃），冷水取 15℃，热水取 45℃。

估算时膨胀水量 $V_p$：冷水约 0.1L/kW，热水约 0.3L/kW。

②调节水量 $V_t$ 为补水泵 3min 的流量，且保持水箱调节水位不小于 200mm。

③最低水位应高于系统最高点 0.5m 以上。

④膨胀管应接在循环水泵吸入侧总管上，膨胀管上不应有任何截断装置，膨胀管管径按表 11-6 确定。

表 11-6　膨胀管管径表

| 系统冷负荷/kW | <350 | 350~1800 | 1800~3500 | 3500~7000 | >7000 |
|---|---|---|---|---|---|
| 膨胀管管径/mm | DN20 | DN25 | DN40 | DN50 | DN70 |

2）当采用开式膨胀水箱有困难时，可设置闭式隔膜膨胀水罐或补水泵变频定压方式。闭式隔膜膨胀水罐定压的补水系统如图 11-7 所示。

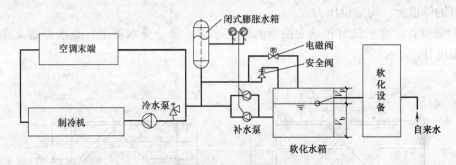

图 11-7　闭式隔膜膨胀水罐定压的补水系统

①总容积

$$V = V_t / (1 - \beta) \tag{11-5}$$

式中　$V_t$——调节水量，同开式膨胀水箱（m³）；

　　　$\beta$——系数，一般 $\beta = 0.65 \sim 0.85$，当 $P_2$ 允许时，尽可能取小值。

②工作压力

a）补水泵启动压力 $P_1$（mH₂O），大于系统最高点 0.5m。

b）补水泵停止压力 $P_2$（mH₂O），$P_2 = (P_1 + 10) / \beta - 10$。$P_2$ 取值应保证系统设备不超压。

c）电磁阀开启压力 $P_3 = P_2 + (2 \sim 4)$。

d）安全阀开启压力即膨胀罐最大工作压力 $P_4 = P_3 + (1 \sim 2)$，且不应超过系统中设备的允许工作压力。

**4. 水系统附属设备的选择**

（1）集、分水器　多于两路供应的空调水系统，宜设置集、分水器，集、分水器的直径应按总流量通过时的断面流速（0.5～1.0m/s）初选，并应大于最大接管开口直径的2倍。

（2）过滤器 冷水机组、水泵、换热器、电动调节阀等设备的入口管道上，应安装过滤器或除污器，以防杂质进入。过滤器结构如图11-8所示，该过滤器由壳体、排污盖、过滤网等组成，内部件全部采用不锈钢。在介质额定流速下过滤器的水头损失为0.1～0.2m。一般过滤网为18～30目/cm²。YGL41H-10.16.25系列过滤器主要外形尺寸见表11-7。当 $DN \leqslant 50$ 时，螺纹连接；$DN > 50$ 时，法兰连接。

表11-7 YGL41H-10.16.25系列过滤器主要外形尺寸 （单位：mm）

| 公称直径 DN | 长度 L | 公称直径 DN | 长度 L | 公称直径 DN | 长度 L |
|---|---|---|---|---|---|
| 15 | 140 | 65 | 260 | 250 | 550 |
| 20 | 150 | 80 | 310 | 300 | 580 |
| 25 | 160 | 100 | 350 | 350 | 760 |
| 32 | 180 | 125 | 400 | 400 | 800 |
| 40 | 200 | 150 | 450 | 450 | 900 |
| 50 | 220 | 200 | 500 | 500 | 1000 |

（3）压力表 集、分水器上、冷水机组的进出水管、水泵进出口，及集、分水器各分路阀门外的管道上，均应设压力表。

（4）温度计 冷水机组和热交换器的进出水管，集、分水器上，集水器各支路阀门后均应设温度计。

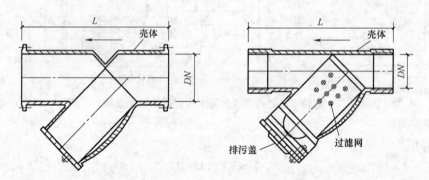

图11-8 过滤器结构

# 课题4 制冷机房、制冷机及其辅助设备的布置原则

中央空调制冷机房的设计与布置是一项综合性的工作，必须与建筑、结构、给排水、建筑电气等专业工种密切配合。

**1. 制冷机房设置的一般规定**

1）制冷机房应设置在靠近空气调节负荷的中心。

①一般应充分利用建筑物的地下室，对于超高层建筑，也可设在设备层或屋顶上。

②由于条件所限不宜设在地下室时，也可设在裙房中或与主建筑分开独立设置。

2）制冷机房的净高（地面到梁底）应根据制冷机的种类和型号而定。

①对于活塞式制冷机、小型螺杆式制冷机，其机房净高控制在 3 ~ 4.5m 之间。

②对于离心式制冷机，大、中型螺杆式制冷机，其机房梁下净高控制在 4.5 ~ 5.0m 之间，有电动起吊设备时，还应考虑起吊设备的安装和工作高度。

③对于吸收式制冷机，原则上同离心式制冷机，设备最高点到梁下不小于 1.5m。

④机房的净高不应小于 3m。

3）制冷机房内主机间宜与水泵间、控制室隔开设置，并根据具体情况设置维修间、储藏室。若主机是燃油式溴化锂吸收式冷水机组的，最理想的方法是通过输油管路从另外设置的专用油库获取燃料。

4）燃气溴化锂吸收式冷水机组的机房应设独立的煤气表间。

5）对于直燃溴化锂吸收机，排放烟气的烟囱宜分类单独设置，当两台或两台以上机组需要合并烟囱时，应在每台机组的排烟支管上加装截断阀。

6）直燃机房、日用油箱间、煤气表间应分别独立设置防爆排风机、燃气浓度报警器，防爆排风机与各自的燃气浓度报警器联锁。当燃气浓度达到爆炸下限 1/4 时报警，并联接防爆排风机排风。同时应有畅通的进风途径。

7）直燃溴化锂吸收机的燃气管及燃油管上应设能自动关闭、现场人工开启的自动切断阀。

8）制冷机房、辅助设备间和水泵房应采用压光水泥地面，并要有冲洗地面的上、下水设施。设备易漏水的地方应设地漏或排水明沟。

9）制冷机房应充分利用天然采光，采用人工照明时的照度可按国家有关标准确定。

**2. 制冷机房内设备布置的一般要求**

1）机房内设备力求布置紧凑，以节约占用的建筑面积。设备布置和管道连接应符合工艺流程要求，并应便于安装、操作和维修。制冷机房设备布置的间隔距离参见表 11-8。兼做检修用的通道宽度，应根据设备种类及规格确定。

表 11-8　制冷机房设备布置间隔距离

| 项　　目 | 间距/m | 项　　目 | 间距/m |
|---|---|---|---|
| 主要通道和操作通道宽度 | >1.5 | 非主要通道 | >0.8 |
| 制冷机突出部分与配电盘之间 | >1.5 | 溴化锂吸收式制冷机侧面突出部分之间 | >1.5 |
| 制冷机突出部分相互间的距离 | >1.0 | 溴化锂吸收式制冷机的一侧与墙面 | >1.2 |

2）布置壳管式换热器冷水机组和吸收式冷水机组时，应考虑有清洗或更换管的可能，一般是在机组一端留出与机组长度相当的空间。如无足够的位置时，可将机组长度方向的某一端直对相当高度的采光窗或直对大门。

3）大、中型冷水机组（离心式制冷机、螺杆式制冷机和吸收式制冷机）其间距为 1.5 ~ 2.0m（控制盘在端部可以小些，控制盘在侧面可以大些），其换热器（蒸发器和冷凝器）一端应留有检修（清洗或更换管簇）的空间，其长度按各厂家要求确定。

4）设置的温度表、压力表及其他测量仪表应设在便于观察的地方。阀门高度一般离地 1.2 ~ 1.5m，高于此高度时，应设工作平台。

5）其他设备布置原则参见换热站设备布置要求。

**3. 冷却塔布置要求**

1）冷却塔尽可能布置在高处，如屋顶、平台、泵房屋顶及水池上面等，并要求其周围无建筑物阻挡。

2）冷却塔应布置在建筑物最小频率风向的上风侧，其四周除应满足冷却塔排出的湿热空气不会被再吸入冷却塔内，并留有安装管道和其他附属设备的足够空间及检修通道外，还应考虑噪声、飘水等对建筑物及周边环境的影响。

3）冷却塔（或塔排）与建筑物之间的距离及冷却塔多台布置时塔与塔之间的距离，应满足如下要求：冷却塔与服务建筑物外墙之间的净距≥塔体进风口高度的2倍，圆形逆流冷却塔之间的净距≥1/2倍塔体直径；方形逆流、横流塔之间的净距≥塔体进口高度的3倍。

4）冷却塔宜单排布置。当需要多排布置时，塔排之间的距离应保证全部冷却塔同时工作的进风量，每排的长度与宽度之比不宜大于5:1。

5）当周边环境对噪声有较高要求时，可采取下列措施。

①冷却塔的位置尽可能远离噪声敏感的区域。

②优先选用超低噪声冷却塔。

③冷却塔进水管、出水管及补水管上安装橡胶性软接头。

④由生产厂家在冷却塔立柱底板与基础预埋钢板之间设计安装橡胶隔振垫。

⑤在对噪声敏感一侧安装隔声吸声屏。

⑥冷却塔风机采用变速电动机。

# 课题5 设 计 实 例

**1. 工程概况**

1）本工程为太原市某酒店宾馆综合楼，地下一层，地上十层，地下一层为水泵间、中央空调制冷机房和车库，地上一层为精品店、咖啡茶座、大堂，二层为包间和厨房，三层为包间和大餐厅，四层为休息室和浴室，五至八层为客房，九层为客房和中会议室，十层为大会议室和休息室。总建筑面积为9518.73$m^2$，空调面积为9518.73$m^2$。

2）设计依据

①建设方设计委托书、建筑专业提供的施工图纸及市规划等部门的批文。

②本工程采用的主要标准和规范。

《民用建筑供暖通风与空气调节设计规范》（GB 50736—2012）

《高层民用建筑设计防火规范》（2005版）（GB 50045—1995）

《公共建筑节能设计标准》（GB 50189—2005）

《采暖通风与空气调节术语标准》（GB 50155—1992）

《建筑给水排水及采暖工程施工质量验收规范》（GB 50242—2002）

《通风与空调工程施工质量验收规范》（GB 50243—2002）

《全国民用建筑工程设计技术措施》《暖通空调·动力》（2009版）

③其他专业提供的本工程设计资料等。

**2. 主要设计参数**

1）室外设计参数。夏季通风室外计算温度28℃，夏季空气调节室外计算干球温度

32.2℃，夏季空气调节室外计算湿球温度23.9℃；冬季通风室外计算温度－5℃，冬季空气调节室外计算干球温度－13℃，冬季空气调节室外计算相对湿度50%。

2）制冷工艺设计参数。夏季空调用冷冻水供/回水温度为7℃/12℃；冬季空调用热水供/回水温度为60℃/50℃。

3）冷热负荷。夏季供冷负荷为880kW；冬季供热负荷为760kW。

**3. 设计思路**

1）本建筑为三星级酒店宾馆综合楼，功能齐全，要求较高，因此要求中央空调冷热源系统安全可靠，同时在考虑运行经济性的前提下，也应降低工程投资。

2）本建筑所在地理位置具备城市集中供热的条件，即可作为冬季空调供热热源。

3）由于蒸汽型或热水型吸收式制冷机的能耗为电动式的2～3倍，直燃式约为电动式的1.6～2.1倍。从初投资、一次能耗、运行成本来看，电动式优于热力式。因此在具备电力供应的条件下优先采用电动式冷水机组。

4）根据空调夏季冷负荷的情况及本建筑空调使用中负荷的变化规律，选用螺杆式水冷冷水机组作为空调冷源，冷水机组台数一方面考虑冷负荷较小，另一方面为了减少工程投资，可选择多机头制冷机组，这样也减少制冷机房占地面积。其次，制冷机房设计在本建筑的地下室内，制冷机组的噪声指标也需要控制。

5）根据以上分析及结合工程实际条件，确定本建筑空调冷热源分别为：夏季空调制冷机组选用双螺杆式水冷冷水机组，冬季利用城市集中供热，采用换热器作为空调热源。

**4. 制冷站设计**

1）制冷机房水系统透视图如图11-9所示，制冷系统工艺流程图如图11-10所示，设备及管道平面布置图如图11-11所示，设备基础详图如图11-12所示。夏季空调冷源为双螺杆式水冷冷水机组（SLSB900Ⅰ），制冷量为923kW，输入功率为201.4kW。其冷冻水供/回水温度为7/12℃，冷冻水流量为162m³/h；冷却水供/回水温度为32/37℃，冷却水流量为195m³/h；蒸发器和冷凝器的压力损失均为5mH₂O。该机组内配置两台双螺杆式压缩机，能量调节范围为25%＋12.5%递增。蒸发器和冷凝器均采用管壳式结构，换热效率高。选用玻璃钢圆形逆流式低噪声型冷却塔（CBCH—300）一台，布置在屋顶。该冷却塔在设计工况下，即入口水温37℃，出口水温32℃，室外空气湿球温度27℃时，处理水量为222.5m³/h，满足冷水机组冷却水用水量要求。冬季热源采用板式水—水换热器，一次热水来自城市集中供热，一次热水供/回水温度为95/70℃，流量为30.4m³/h，热交换后的二次热水（空调热水）供/回水温度为60/50℃。

2）空调冷（热）水系统采用变流量系统，在供回水总干管上设压差调节器，控制供回水干管上的旁通阀开启程度，要求旁通阀的理想特性为直线型、常闭型。以恒定通过冷水机组的流量，保证冷负荷侧压差维持在一定范围。制冷机房内与螺杆式冷水机组配合使用的冷（热）水泵和冷却水泵选择单级立式离心泵各两台（其中一台备用）。其中冷冻水循环泵（DFG125—315/4/22）两台，一用一备，流量为160 m³/h，扬程为32mH₂O，功率22kW；热水循环泵（DFG80—160（Ⅰ）A/2/11）两台，一用一备，流量88 m³/h，扬程为28mH₂O，功率11kW；冷却水泵（DFG150—250/4/18.5）两台，一用一备，流量为200m³/h，扬程为20mH₂O，功率18.5kW。

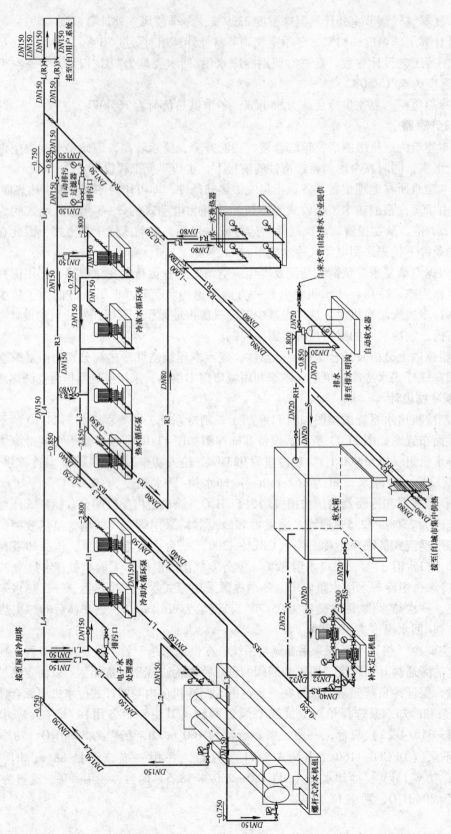

图 11-9 制冷机房水系统透视图

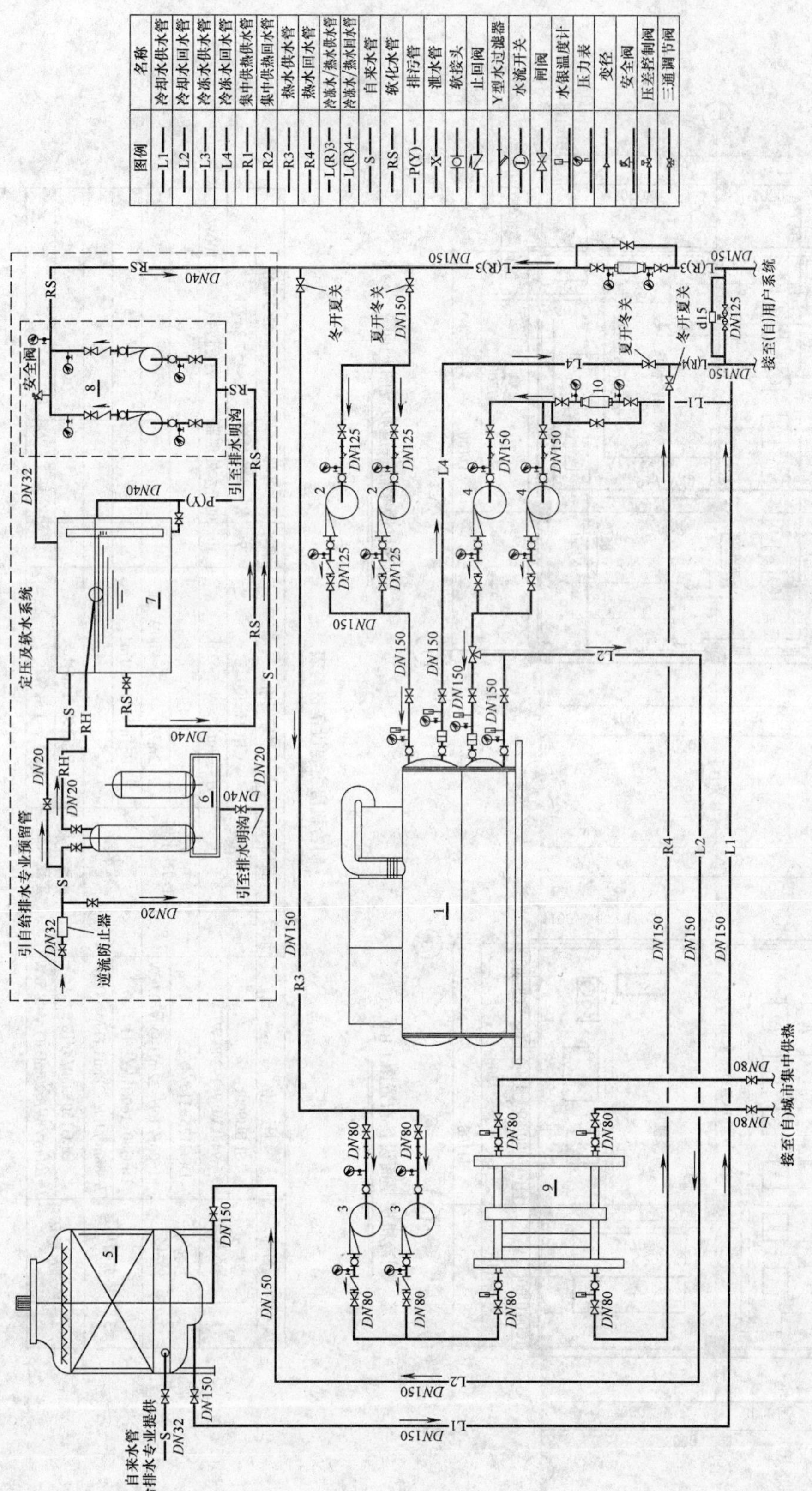

| 图例 | 名称 |
|---|---|
| ——L1—— | 冷却水供水管 |
| ——L2—— | 冷却水回水管 |
| ——L3—— | 冷冻水供水管 |
| ——L4—— | 冷冻水回水管 |
| ——R1—— | 集中供热供水管 |
| ——R2—— | 集中供热回水管 |
| ——R3—— | 热水供水管 |
| ——R4—— | 热水回水管 |
| ——L(R)3—— | 冷冻水/热水供水管 |
| ——L(R)4—— | 冷冻水/热水回水管 |
| ——S—— | 自来水管 |
| ——RS—— | 软化水管 |
| ——P(Y)—— | 排污管 |
| ——X—— | 泄水管 |
| —[ ]— | 软接头 |
| —▷|— | 止回阀 |
| —▷Ⅱ◁— | Y型水过滤器 |
| —◁▷— | 水流开关 |
| —▷◁— | 闸阀 |
| —⊗— | 水温温度计 |
| —Ⴔ— | 压力表 |
| —⚬— | 变径 |
| —⊸— | 安全阀 |
| —⊗— | 压差控制阀 |
| —⋈— | 三通调节阀 |

图 11-10　制冷系统工艺流程图

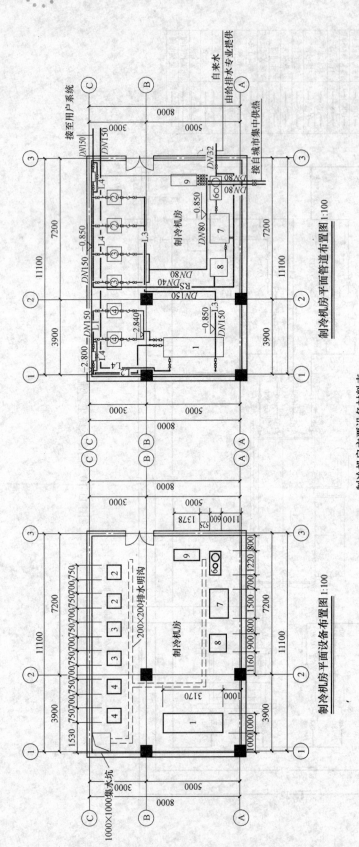

制冷机房平面管道布置图 1:100

制冷机房平面设备布置图 1:100

制冷机房主要设备材料表

| 编号 | 名称 | 型号规格 | |
|---|---|---|---|
| 1 | 螺杆式冷水机组 | SLSB900I | $Q_L$=944kW $N$=193.8kW |
| 2 | 冷冻水循环泵 | DFG125-315/4/22 | $L$=160m³/h $H$=32mH₂O $N$=22kW |
| 3 | 热水循环泵 | DFG80-160(I)A/2/11 | $L$=88m³/h $H$=28mH₂O $N$=11kW |
| 4 | 冷却水循环泵 | DFG150-250/4/18.5 | $L$=200m³/h $H$=20mH₂O $N$=18.5kW |
| 5 | 冷却塔 | CBCH-300 | $H$=3.7m $N$=5.625kW |
| 6 | 自动软水器 | SF-L-2 | $L$=2m³/h $N$=200W |
| 7 | 软水箱 | $V$=1m³=1×1×1m³ | |
| 8 | 数字补水定压机组 | PBDZ0.5/60-1.5 | $N$=1.5kW |
| 9 | 水-水换热器 | $L$=157.2m³/h | |
| 10 | 电子水处理器 | YD-125A | $N$=100W |

图 11-11  设备及管道平面布置图

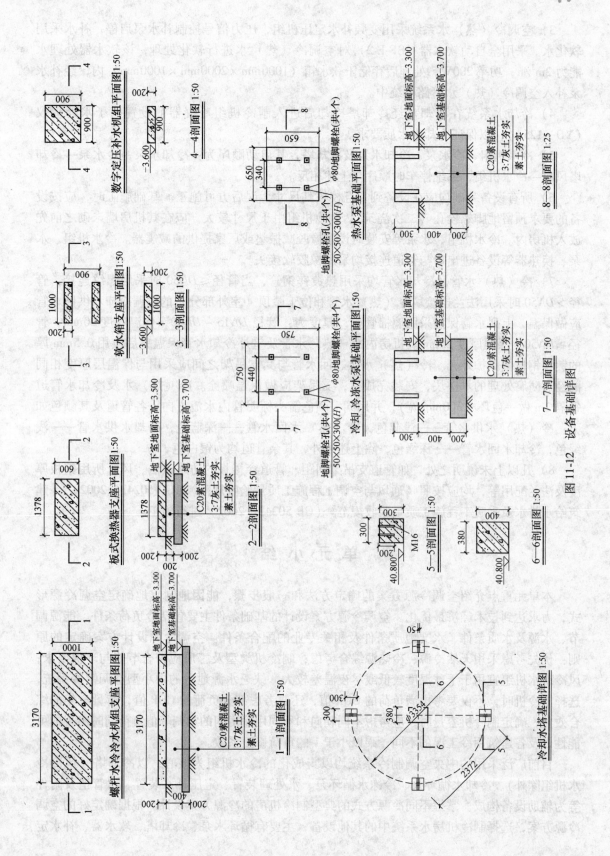

图 11-12　设备基础详图

3）空调冷（热）水系统采用变频补水定压机组，压力信号控制补水泵启停，补水采用软化水。采用全自动软水器（SF-L-2）对空调冷（热）水进行软化处理，该软水器处理水能力 2m³/h，功率200W，处理后存储于软水箱（1000mm×2000mm×1000mm）内，经补水泵补入空调冷（热）水管路系统中。

4）冷却水系统在冷却水经冷却塔冷却后进入制冷机组冷凝器前设置电子水处理仪（YD—125A），以保证冷却水水质要求。

5）冷水机组、冷水泵、冷却水泵及冷却塔，其启动顺序为：冷却水泵→冷水泵→冷却塔风机→冷水机组，系统停车时顺序与上述相反。

6）所有设备基础均应在设备到货且校核其尺寸无误后方可施工。基础施工时，应按设备的要求预留地脚螺栓孔（二次浇筑）。制冷机组由于尺寸较大，应在其机房墙未砌之前先放入机房内。冷水机组、水泵等安装时设置橡胶减振垫或厂家提供的减震器。冷水机组、水泵、换热器等设备进出口与管道连接均采用橡胶软接头。

7）冷（热）水管及冷却水管均采用热镀锌钢管，当管径≤DN50时采用螺纹连接，管径＞DN50时采用法兰连接。冷（热）水管和位于屋顶（室外部分）的空调冷却水供回水管应做保温，上列水管保温采用璃棉管壳，厚度为：管径 DN15～DN40，保温厚度20mm，管径≥DN50，保温厚度25mm。机房内冷（热）水管及室外冷却水管保温完后应用0.5mm厚的镀锌钢板做保护外壳。冷（热）水供、回水管与其支吊架之间应采用与保温层厚度相同的经过防腐处理的木垫块，安装完成后，支吊架应做保温喷涂。冷（热）水及冷却水管道每隔2m做一色环（300mm宽），并用同一颜色箭头标明管内水流方向。各管道及其颜色如下：冷（热）水供水管——浅蓝色，冷（热）水回水管——深蓝色，冷却水供水管——浅绿色，冷却水回水管——深绿色，除上述之外，其余管道均为银白色。

8）凡以上未说明之处，如管道支吊架间距、管道穿楼板的防水做法、风管所用钢板厚度及法兰配用等，均应按照《通风与空调工程施工质量验收规范》（GB 50243—2002）、《建筑给水排水及采暖工程施工质量验收规范》（GB 50242—2002）进行施工。

# 单 元 小 结

本单元重点介绍空调冷源方案的确定方法和一般步骤，能因地制宜地确定空调冷源形式，力求达到技术经济最优化。空调冷源方案设计的基础条件主要包括冷负荷条件、能源调节、水源及水质条件、水文地质条件及相关专业的配合条件。空调冷源设计方案确定的原则：优先考虑采用天然冷源；冷热源综合考虑；制冷机类型及工质应符合节能与环保要求；风冷冷水机组宜用于干球温度较低或尽夜温差较大，缺乏水源地区的中小型空调制冷系统，选择制冷机时，不仅要考虑满负荷的COP值，还要考虑部分负荷的COP值，衡量全年的综合效益；确定制冷机容量时，应考虑不同朝向和不同用途房间的空调峰值负荷同时出现的可能性以及各建筑用冷工况的不同，乘以小于1的负荷修正系数。

目前广泛采用的中央空调制冷系统均以集成化的冷水机组为核心，以冷却塔（风冷冷水机组除外）、冷却水循环泵、冷冻水循环泵、水处理装置、定压补水装置、水管道及附件等为辅助设备构成。掌握不同冷源方式的典型制冷机房的冷源方案设计。根据确定好的空调冷源方案，选择制冷机房水系统中的其他设备，主要有循环水泵、冷却塔、软水器、补水定

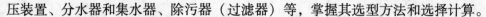

压装置、分水器和集水器、除污器（过滤器）等，掌握其选型方法和选择计算。

　　中央空调制冷机房的设计与布置是一项综合性的工作，必须与建筑、结构、给排水、建筑电气等专业工种密切配合，并按本专业的基本原则和要求进行布置。

## 复习思考题

11-1　空调冷源设计方案确定的原则有哪些？

11-2　简述制冷机房的组成。

11-3　制冷机房冷却水系统水质要求是什么？常用处理措施有哪些？

11-4　制冷机房冷冻水系统定压方式有哪些？适用哪些场合？

11-5　制冷机房冷却水水温控制措施有哪些？

11-6　空调冷源设计方案确定的原则是什么？

11-7　冷却塔选型的一般方法是什么？

11-8　如何选择循环水泵？

11-9　制冷机房设置的一般规定有哪些？

11-10　制冷机房内设备布置的一般要求有哪些？

11-11　冷却塔的布置要求有哪些？

11-12　制冷机房水系统附属设备有哪些？如何选择？

# 参 考 文 献

[1] 航天工业部第七设计研究院. 工业锅炉房设计手册 [M]. 2版. 北京：中国建筑工业出版社，1986.

[2] 陆耀庆. 实用供热空调设计手册 [M]. 2版. 北京：中国建筑工业出版社，2008.

[3] 夏喜英. 锅炉与锅炉房设备 [M]. 哈尔滨：哈尔滨工业大学出版社，2001.

[4] 彦启森，石文星，田长青. 空气调节用制冷技术 [M]. 4版. 北京：中国建筑工业出版社，2010.

[5] 彦启森. 制冷技术及其应用 [M]. 北京：中国建筑工业出版社，2006.

[6] 全国勘察设计注册工程师公用设备专业管理委员会秘书处. 全国勘察设计注册公用设备工程师暖通空调专业考试复习教材 [M]. 2版. 北京：中国建筑工业出版社，2006.

[7] 周邦宁. 中央空调设备选型手册 [M]. 北京：中国建筑工业出版社，1999.

[8] 戴永庆. 溴化锂吸收式制冷技术及应用 [M]. 北京：机械工业出版社，1999.

[9] 住房和城乡建设部工程质量安全监管司，中国建筑标准设计研究院，等. 全国民用建筑工程设计技术措施（2009年版）[M]. 北京：中国计划出版社，2009.

[10] 中华人民共和国机械电子工业部. GB 50041—1992 锅炉房设计规范 [S]. 北京：中国计划出版社，2001.

[11] 全国冷冻空调设备标准化技术委员会. GB/T 10079—2001 活塞式单级制冷压缩机 [S]. 北京：中国标准出版社，2004.

[12] 全国冷冻空调设备标准化技术委员会. GB/T 18429—2001 全封闭涡旋式制冷压缩机 [S]. 北京：中国标准出版社，2004.

[13] 全国冷冻空调设备标准化技术委员会. GB/T 19410—2008 螺杆式制冷压缩机 [S]. 北京：中国标准出版社，2009.

[14] 中国有色工程设计研究总院. GB 50019—2003 采暖通风与空气调节设计规范 [S]. 北京：中国计划出版社，2004.

[15] 上海市安装工程有限公司. GB 50243—2002 通风与空调工程施工质量验收规范 [S]. 北京：中国计划出版社，2002.

[16] 中国机械工业企业联合会. GB 50274—2010 制冷设备、空气分离设备安装工程施工及验收规范 [S]. 北京：中国计划出版社，2011.

[17] 中国机械工业企业联合会. GB 50275—2010 风机、压缩机、泵安装工程施工及验收规范 [S]. 北京：中国计划出版社，2011.

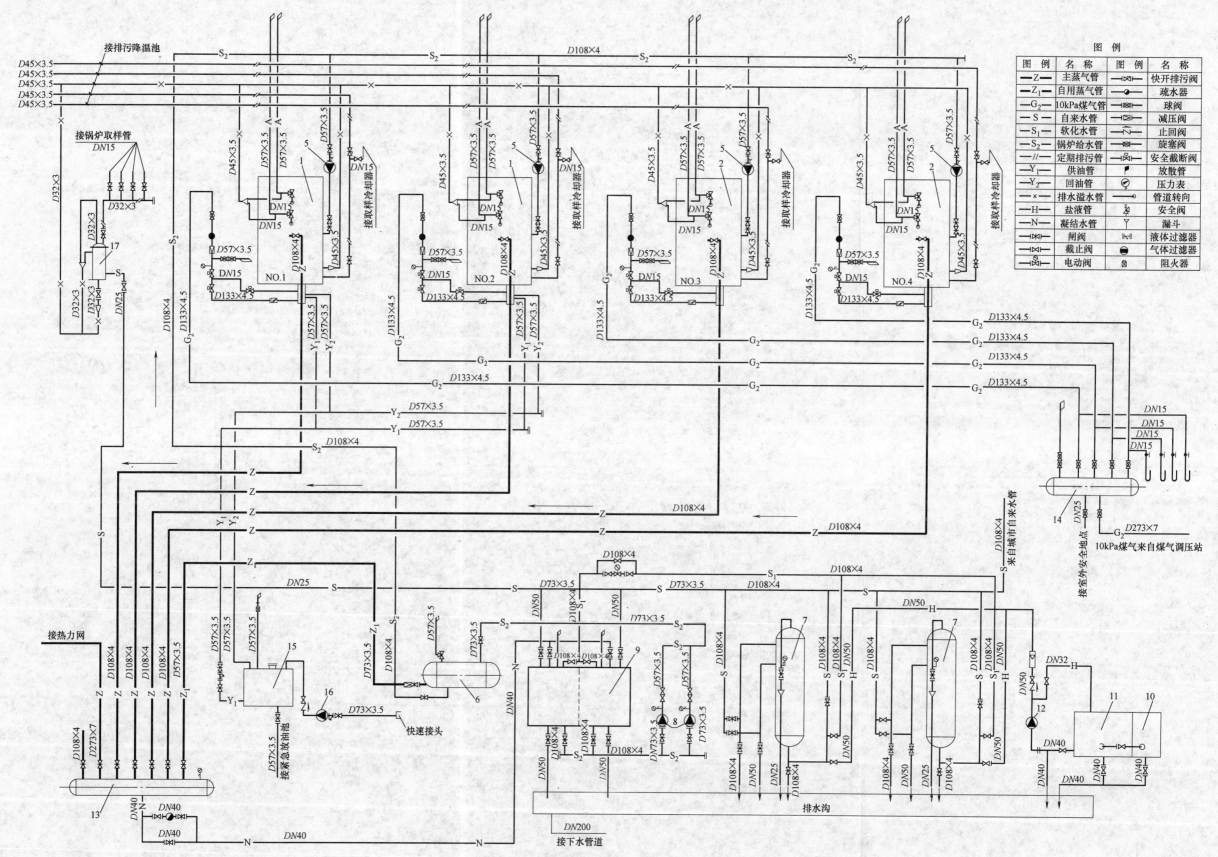

图 5-9  锅炉房热力系统图